Untersuchungen über die mittleren hydrographischen Verhältnisse an der Meeresoberfläche des nördlichen Nordatlantischen Ozeans

von Wolfgang Krauß

I. Das Material

Für die im Anhang wiedergegebenen Darstellungen der Temperatur, des Salzgehaltes und der Dichte wurden alle erreichbaren Beobachtungen aus dem Gebiet zwischen 55° N und 80° N (östlich von 20° W zwischen 60° N und 80° N) des Nordatlantischen Ozeans gesammelt, nach Eingradfeldern geordnet und gemittelt. Die Bearbeitung wurde von G. Koopmann übernommen.

Das gesamte den Karten zugrunde liegende Material umfaßt etwa 400000 Temperatur- und etwa 50000 Salzgehaltswerte; davon entstammen etwa 150000 Temperatur- und etwa 30000 Salzgehaltsbeobachtungen einer Bearbeitung, die von G. Böhnecke durchgeführt worden ist.

Das Gesamtmaterial wurde folgenden Quellen entnommen:

1. Bulletins Hydrographiques 1902—1949,
2. Diverse Veröffentlichungen, welche in Tabelle I zusammengestellt wurden,
3. Hollerith-Kartei des Seewetteramtes Hamburg, z. T. veröffentlicht in: Bullig, H. J. und Binting, P.: Einzelveröffentlichungen d. Seewetteramtes, Nr. 4, Hamburg 1954. (Die Sammlung stellt eine Auswertung der Schiffstagebücher der deutschen Handelsschiffe für den Zeitraum 1906—1939 dar.)

Wie aus Tabelle I zu entnehmen ist, entstammen die frühesten Beobachtungen dem Jahre 1868, die letzten dem Jahre 1953. Die Beobachtungsperiode umspannt somit 86 Jahre.

Die nicht mittels Titration durchgeführten Salzgehaltsbestimmungen wurden überprüft und gegebenenfalls mit den notwendigen Korrekturen versehen. Die Bearbeitung erfolgte analog »Meteor«-Werk Bd. V, 1.

Über die Verteilung der Beobachtungen geben die Materialkarten Beilage I und II für den Monat Juli Aufschluß. In den Monaten Mai bis September liegen in den meisten Regionen Beobachtungen vor.

Die Mittelwerte der Temperatur und des Salzgehaltes sind nach Eingradfeldern geordnet in Tabelle II wiedergegeben. Folgende 10°-Felder (internationale Numerierung) wurden erfaßt: 183—187, 217—223, 246—249, 251—255, 258—261, 281—288. Für die Dichteberechnung dienten diese Mittelwerte als Grundlage.

Tabelle I

Verzeichnis der Expeditionen, deren Beobachtungen nicht den »Bulletins Hydrographiques« 1902—1949 entnommen sind. (Jahreszahlen fett besagen, daß bei diesen Expeditionen auch der Salzgehalt bestimmt wurde.)

Lfd. Nr.	Schiff	Exped. Jahr	Quellennachweis
1	Acadia	**1915**	Bjerkan, P.: Results hydrogr. observ. . . . Ottawa 1919
2	Adolf Vinnen	1940	Beobachtungstagebücher der Bordwetterwarte
3	Ailette	1950	Handschriftl. Material
4a	Albert	1869	Petermanns Mitt. 1870, S. 209—214
b		1872	Petermanns Mitt. 1873, S. 280, Tafel 13
5a	Alert	**1876**	Proc. Roy. Soc. London 1878, S. 555
b		1885/6	Gordon, R. A.: Rep. Hudson's Bay Exped. Ottawa 1886, S. 110—111 u. 1887, S. 128
6	Alpha	1870	Petermanns Mitt. 1871, Tafel 5, 6 und 22
7a	Andrei Perwos-	**1899/00**	Exped. wiss.-prakt. Unters. Murmanküste, St. Petersburg 1902, S. 445
b	wanny	**1901**	Exped. wiss.-prakt. Unters. Murmanküste, St. Petersburg 1904, S. 9—82
c		**1902**	Exped. wiss.-prakt. Unters. Murmanküste, St. Petersburg 1903, S. 98 bis 163 u. 184—218
d		**1903**	Exped. wiss.-prakt. Unters. Murmanküste, St. Petersburg 1906, S. 168 bis 173
e		**1904**	Exped. wiss.-prakt. Unters. Murmanküste, St. Petersburg 1907, S. 127 bis 170 u. 181—231
f		**1905**	Exped. wiss.-prakt. Unters. Murmanküste, St. Petersburg 1912, S. 194, 202, 207
g		**1906**	Breitfuß, L. L.: L'exped. . . . côte de Mourmane, Petrograd 1915, S. 405 bis 492 u. 503—537
8a	(Anonyme Schiffe)	1871	Petermanns Mitt. 1872, S. 381 ff.
b		**1878**	Medd. Grønland 1883, S. 104—105
c		1880/87	Sapiski po Hydrogr. Lfg. I. St. Petersburg 1888, S. I—XXXII
d		**1896/00**	Bergens Museums Aarb. 1901, No. 2, S. 5—20, Bergen 1902
e		**1898**	Rep. Norw. Fish. and Marine Investigat. Vol. I, Nr. 5, S. VII—XXXVIII, Kristiania 1900
f		**1918**	Rep. Sci. Inst. Fish. Vol. II, Teil 1, S. 89—93, Moskau 1927
g		**1923**	Administration de l'Hydrogr. Leningrad 1924, S. 13—26
h		**1923**	Bull. Inst. Hydrol. Russie, No. 10. S. 70, Leningrad 1924
i		1924	Bull. Inst. Hydrol. Russie, No. 12, S. 97, Leningrad 1925
j		1924	Explor. Mers d'U. R. S. S. Fasc. 4, S. 34—36 u. 45, Leningrad 1927
k		1932/3	Arch. Dtsch. Seewarte, Bd. 59, S. 35—39, Hamburg 1939
9a	Antarctic	**1898**	Kungl. Svensk Vet.-Acad. Handl. Bd. 41, Nr. 1 S. 26—32 u. 36—39, Stockholm 1906
b		**1899**	Rech. Océanogr. Upsala Univ. Årsskr. Math.-Nat. Vet. II, S. 22—48, Upsala 1904
c		**1900**	Medd. Grønland 1902, S. 345—347
10	Archangelsk	**1888**	Sapiski po Hydrogr. St. Petersburg 1891, S. 56—66
11	Armauer Hansen	**1913/4**	Geofys. Publ. Oslo 1926, Vol. IV, No. 2, S. 49—50

Lfd. Nr.	Schiff	Exped. Jahr	Quellennachweis
12	Astoria	**1904/5**	Marine biolog. Assoc. U. K. Int. fish. Investigat. London 1907, S. 288 bis 345
13	August	1899	Dittmer, R.: Das Nordpolarmeer, Hannover, Leipzig 1901, S. 330—345
14	Austrian	1870	Petermanns Mitt. 1870, S. 209—214
15	Avance	1898	Kungl. Svensk Vet.-Acad. Handl. Bd. 41, S. 26—32 u. 36—39, Stockholm 1906
16a	l'Aventure	**1949**	Bull. d'Inform. Com. Centr. d'Océanogr. etc., Paris 1950 XI
b		**1950**	Bull. d'Inform. Com. Centr. d'Océanogr. etc., Paris 1951 VI
c		**1951**	Bull. d'Inform. Com. Centr. d'Océanogr. etc., Paris 1952
d		**1952**	Bull. d'Inform. Com. Centr. d'Océanogr. etc., Paris 1953 III
17	Azimut	**1926**	Administration de l'Hydrogr. Leningrad 1929, S. 4—37
18a	Bakan	**1881/7**	Sapiski Imp. Rusk. Geogr. etc. Bd. 34, No. 1, St. Petersburg 1900
b		**1888**	Sapiski po Hydrogr. St. Petersburg 1891, S. 56—66
c		**1889**	Sapiski po Hydrogr. St. Petersburg 1891, S. 56—66
d		**1891/2**	Sapiski Imp. Rusk. Geogr. etc. Bd. 34, No. 1, St. Petersburg 1900
19	Bayern	1932/3	Arch. Dtsch. Seewarte, Bd. 59, S. 33—54, Hamburg 1939
20a	Belgica	**1905**	Duc d'Orléans, Croisière Océanogr. ... Belgica. ... Grönland 1905, Bruxelles 1907
b		1907	Duc d'Orléans Campagne Arctique de 1907, Bruxelles 1911, S. 4—37
21	Belucha	**1930**	Trans. Arct. Inst. Vol. I, Leningrad 1933
22	Bergensfjord.	1932/7	Handschriftl. Material
23	Bienenkorb	1869	Petermanns Mitt. 1870, S. 209—214
24	Blaafjeld	1921	Rep. Sci. Results Norweg. Exped. Novaja Zemlja 1921. Nr. 39, Oslo 1928
25	Botnia	1898	Wandel, Knudsen, Ostenfeld: Jaggtagelser. ... Temp. Saltholdighed og Plankton. ... skibsrouter ... Kopenhagen 1899, S. 5—29
26	Cape Agulhas	**1932**	Rep. Newfoundl. Fish. Res. Comm. Vol. 2, No. 1
27	Capelle	1899	Handschriftl. Material
28	Capricorne	**1926**	Off. Sci. techn. Pêches maritimes. Mémoires No. 7. Terre-Neuve et Islande (Campagne 1926). Paris
29	Carnegie	**1928**	Handschriftl. Material. Stationen 1—34
30	Cecilie Malene	1889	Petermanns Mitt. 1890, S. 75ff.
31a	Ceres	**1879**	Medd. Grønland 1881, S. 205—208
		1899	Kungl. Svensk Vet.-Acad. Handl. Bd. 41, S. 26—32 u. 36—39, Stockholm 1906
32	Champlain	**1934**	Int. Ice Observ. and Ice Patrol Service ... Washington 1937, S. 205—259 u. 1935, S. 81—88
33	Chance	**1926**	Proc. Americ. Acad. Arts and Sciences. Vol. 66, No. 1, Boston 1932
34	Clio Borealis	**1916/8**	Medd. Grønland 1927, S. 93/94
35	Clupea	**1950**	Handschriftl. Material
36	Corean	**1905**	Marine biolog. Assoc. U. K. Int. fish. Investigat. London 1907, S. 288—345
37a	Dana	**1926**	Handschriftl. Material
b		**1933**	Handschriftl. Material
c		**1950**	Handschriftl. Material
d		**1951**	Handschriftl. Material
e		**1952**	Handschriftl. Material
38	Danmark	**1906/8**	Medd. Grønland 1913 S. 307—310, 312, 317—323, 396—398
39	Dänische Schiffe	**1912/37**	Naut. Met. Aarb. 1913—1938
40	Delphin	**1920**	Trans. Northern Sci. and Econom. Exped. No. 23, Moskau 1925, S. 24—27, 37, 47
41	Deutsche Kriegsschiffe	1940/1	Beobachtungstagebücher d. Bordwetterwarten
42	Diana	**1898**	Wandel, Knudsen, Ostenfeld: Jaggtagelser ... Temp. Saltholdighed og Plankton ... skibsrouter ... Kopenhagen 1899, S. 5—29

Lfd. Nr.	Schiff	Exped. Jahr	Quellennachweis
43	Döse	1932/3	Arch. Dtsch. Seewarte, Bd. 59, S. 33—54, Hamburg 1939
44	Drygalskj	1892/3	Ges. f. Erdkunde zu Berlin, Bd. II, Berlin 1897
45	Eclipse	**1914**	Observ. »Eclipse« en 1914—1915, Petrograd 1917, S. 96—97
46	Elbe	**1932**	Handschriftl. Material
47a	Elding	**1925**	Trans. Inst. Sci. Explor. of the North. No. 40, S. 334—355, Moskau 1929
b		**1926**	Trans. Inst. Sci. Explor. of the North. No. 43, S. 35—43, Moskau 1929
48	Ellida	1871	Petermanns Mitt. 1872, S. 120 u. 381 ff.
49	Emden	**1938**	Handschriftl. Material
50a	Ernest Holt	**1950**	Handschriftl. Material
b		**1952**	Handschriftl. Material
51	Ethiopia	**1904**	Marine biolog. Assoc. U. K. Int. fish. Investigat. London 1907, S. 288—345
52	Fanney	**1950**	Handschriftl. Material
53	Farm	**1910**	Vid. Skrifter. Math.-Nat. Kl. No. 12, S. 19, 85—89, Christiania 1912
54	Faxaborg	1951	Handschriftl. Material
55	Fisch. Dir. Lübbert	1932/3	Arch. Dtsch. Seewarte, Bd. 59, S. 33—54, Hamburg 1939
56	Fleur de Lys I u. II	1891/2	v. Barrey, R.: Zwei Fahrten ... Jachten »Fleur de Lys I u. II« ... Pola 1894
57a	Fox II	**1898**	Wandel, Knudsen, Ostenfeld: Iagttagelser ... Temp. Saltholdighed og Plankton ... skibsrouter ... Kopenhagen 1899, S. 5—29
b		**1899**	Wandel, Knudsen, Ostenfeld: Iagttagelser ... Temp. Saltholdighed og Plankton ... skibsrouter ... Kopenhagen 1899, S. 5—29
58a	Fram	**1893/6**	Norw. North Polar-Exped. 1893—1896, Sci. Results, Vol. III, S. 66—68, Christiania 1902
b		1898/02	Vid. i Kristiania. Part II, S. 358—362 u. 392—396, Kristiania 1907
59	Freya	1871	Petermanns Mitt. 1872, S. 120 u. 381 ff.
60a	Frithjof	**1898**	Kungl. Svensk Vet.-Acad. Handl. Bd. 41, S. 26—32 u. 36—39, Stockholm 1906
b		**1910**	Int. Rev. ges. Hydrobiol. u. Hydrogr. Leipzig 1913, S. 122—135
61	Frithjof Nansen	1932	Handschriftl. Material
62a	Fylla	1877	Geogr. T. Bd. 2, S. 97, Kopenhagen 1878
b		**1884**	Medd. Grønland 1893, S. 64—85 u. 100—103
c		**1886**	Medd. Grønland 1893, S. 64—85 u. 100—103
d		1888	Medd. Grønland 1893, S. 64—85 u. 100—103
e		**1889**	Geogr. Bd. 10, S. 100—102, Kopenhagen 1890
f		1924	Handschriftl. Material
63	Gauß	**1954**	Handschriftl. Material
64a	General Greene	**1931**	Int. Ice Observ. and Ice Patrol Service ... Washington 1937, S. 205—259 u. 1935, S. 81—88
b		**1933**	Int. Ice Observ. and Ice Patrol Service ... Washington 1937, S. 205—259 u. 1935, S. 81—88
c		**1934**	Int. Ice Observ. and Ice Patrol Service ... Washington 1937, S. 205—259 u. 1935, S. 81—88
d		**1935/41**	U. S. Treasury Dep. Coast Guard. Bull. 25—31, 34—38, Washington
e		**1948/52**	U. S. Treasury Dep. Coast Guard. Bull. 25—31, 34—38, Washington
65a	Germania	1869/70	Die 2. dtsche. Nordpolarfahrt ... Herausgegeb. Verein Dtsche. Nordpolarfahrt Bremen, 2. Bd., Leipzig 1874, S. 616—623, 624—628
b		1871	Petermanns Mitt. 1872, S. 120 u. 381 ff.
66	Germany	1870	Petermanns Mitt. 1870, S. 209—214
67a	Gjöa	**1901**	Vid. Skrifter, Math.-Nat. Kl. 1906, No. 3, S. 111—137
b		1903	Geofys. Publ. Oslo 1932, S. 134—141
c		**1950**	Handschriftl. Material
68	Goldschmidt	1932/3	Arch. Dtsch. Seewarte, Bd. 59, S. 33—54, Hamburg 1939
69a	G. O. Sars	**1950**	Handschriftl. Material

Lfd. Nr.	Schiff	Exped. Jahr	Quellennachweis
69b	G. O. Sars	**1951**	Handschriftl. Material
70	Grönland	1868	Petermanns Mitt. 1869, S. 205—207
71	Grumant	1926	Administration de l'Hydrogr. Lenindgrad 1929, S. 4—37
72	Haabet	**1905**	Duc d'Orléans, Croisière Océanogr. . . . Belgica . . . Grönland 1905, Bruxelles 1907
73	Hansa	1869/70	Die 2. dtsche. Nordpolarfahrt . . . Herausgegeb. Verein Dtsche. Nordpolarfahrt Bremen, 2. Bd., Leipzig 1874, S. 616—623, 624—628
74	Hellig Olav	**1905**	Marine biolog. Assoc. U. K. Int. fish. Investigat. London 1907, S. 288—345
75a	Heimdal	**1897**	Wandel, Knudsen, Ostenfeld: Iagttagelser . . . Temp. Saltholdighed og Plankton . . . skibsrouter . . . Kopenhagen 1898, S. 14—32
75b		**1898**	Rep. Norw. Fish. and Marine Investigat. Vol. I, No. 5, S. VII—XXXVIII, Kristiania 1900
76	Heimen	1932/3	Arch. Dtsch. Seewarte, Bd. 59, S. 33—54, Hamburg 1939
77	Heimland	**1928**	Trans. Inst. Explor. of the North. No. 45, S. 26—30 u. 45—53, Moskau 1929
78	Hekla	**1891/2**	Medd. Grønland 1895, S. 238—249
79	Henry P. Newman	**1930**	Handschriftl. Material
80	H. F. Schröder	1932/3	Arch. Dtsch. Seewarte, Bd. 59, S. 33—54, Hamburg 1939
81	Hibernian	1870	Petermanns Mitt. 1870, S. 209—214
82	Hobby	**1928**	Trans. Inst. Explor. of the North. No. 45, S. 26—30 u. 45—53, Moskau 1929
83a	Hvidfisken	**1898**	Rep. Norw. Fish. and Marine Investigat. Vol. I, No. 5, S. VII—XXXVIII, Kristiania 1900
b		**1905**	Duc d'Orléans, Croisière Océanogr. . . . Belgica . . . Grönland 1905, Bruxelles 1907
84	Imp. Nicolaus II	1897	Bihang Svensk. Vet.-Akad. Handl., Bd. 17, fd. II, No. 3, S. 80—84
85	Ingolf	**1895/6**	The Danish Ingolf Exped. Vol. I, No. 2, S. 40—61, Kopenhagen 1899
86a	Isbjörn	1871	Petermanns Mitt. 1878, S. 345—346 u. 348—350
b		1872	Petermanns Mitt. 1874, S. 80 (Tafel 4)
c		**1928**	Trans. Inst. Explor. of the North. No. 45, S. 26—30 u. 45—53, Moskau 1929
87	Island	1870	Petermanns Mitt. 1871, Tafel 5, 6 u. 22
88	Islande	1930	Rev. . . . Pêches Martimes, Bd. 4, Fasc. 1, Paris 1931
89a	Jackal	**1893/4**	A. R. Fish. Board f. Scotland No. XII, Part III, S. 364—376, Edinburgh 1894
b		**1902/3**	Rep. Fish. and Hydrogr. Investigat. By D'Arcy W. Thompson, London S. 41—48
90	Jasai	**1898**	Rep. Norw. Fish. and Marine Investigat. Vol. I, No. 5, S. VII—XXXVIII, Kristiania 1900
91	Jason	**1897**	Wandel, Knudsen, Ostenfeld: Iagttagelser . . . Temp. Saltholdighed og Plankton . . . Skibsrouter . . . Kopenhagen 1898, S. 14—32
92	Jermak	1899	Makerow, S.: »Jermak« im Eise, St. Petersburg 1901
93	Johann Hjort	**1950**	Handschriftl. Material
94	Johanna Maria	1870	Petermanns Mitt. 1871, Tafel 5, 6 und 22
95	J. Kronschtadski	1897	Makerow, S.: »Jermak« im Eise, St. Petersburg 1901
96	Kehdingen	**1938**	Handschriftl. Material
97	Kjölva	**1905**	Duc d'Orléans, Croisière Océanogr. . . . Belgica . . . Grönland 1905, Bruxelles 1907
98a	Kola	**1925**	Administration de l'Hydrogr. Leningrad 1927, S. 4—42
b		**1926**	Administration de l'Hydrogr. Leningrad 1929, S. 4—37
99	Köln	**1930**	Handschriftl. Material
100	Krassin	**1932**	Arctica, Leningrad 1933. S. 101—102, 106—109
101	Lake Superior	**1898**	Rech. Océanogr. Upsala Univ. Arsskr. Math.-Nat. Vet. II, S. 22—48, Upsala 1904
102a	La Madeleine	1930	Rev. . . . Pêches Maritimes, Bd. 4, Fasc. 1, Paris 1931
b		1931	Rev. . . . Pêches Maritimes, Bd. 5, Fasc. 1, S. 60—65, Paris 1932
103	La Manche	1892	Ann. Hydrogr. Paris 1893, S. 38—42

Lfd. Nr.	Schiff	Exped. Jahr	Quellennachweis
104a	Laura	**1897**	Wandel, Knudsen, Ostenfeld: Iagttagelser ... Temp. Salthaldighed og Plankton ... skibsrouter ... Kopenhagen 1899, S. 14—32
b		**1898**	Wandel, Knudsen, Ostenfeld: Iagttagelser ... Temp. Salthaldighed og Plankton ... skibsrouter ... Kopenhagen 1899, S. 5—29
c		**1899**	Wandel, Knudsen, Ostenfeld: Iagttagelser ... Temp. Salthaldighed og Plankton ... skibsrouter ... Kopenhagen 1899, S. 14—32
d		1900/4	Medd. Komm. Havundersög. Serie Hydrogr. Bd. 1, 6, Kopenhagen 1905. Karten II—XXI
105	Leipzig	1941	Beobachtungstagebücher d. Bordwetterwarten
106	Lightning	1868	W. Thomson: The Depths of the Sea, London 1874
107	Lobelia	1946	Handschriftl. Material
108a	Lofoten	**1890**	Bihang Svensk. Vet.-Akad. Handl., Bd. 17, fd. II, No. 3, S. 80—84
b		1897	Makerow, S.: »Jermak« im Eise, St. Petersburg 1901
109a	Lomonosoff	1897	Makerow, S.: »Jermak« im Eise, St. Petersburg 1901
b		**1931**	Trans. Arct. Inst. USSR. Leningrad 1935, S. 74—80
110	Lyra	1932/7	Handschriftl. Material
111	Mainz	**1910**	Wiss. Meeresunters. Kiel N. F., Bd. XIII, Heft 1, S. 75, Oldenburg 1919
112a	Malygin	**1921**	Ber. Wiss. Meeresinst. Lfg. 2, S. 8—15 u. 21, Moskau, Saratow 1923
b		**1923**	Administration de l'Hydrogr. Leningrad 1924, S. 13—26
c		**1924**	Administration de l'Hydrogr. Leningrad 1926, S. 3—37 u. 40
d		**1925**	Administration de l'Hydrogr. Leningrad 1927, S. 4—42
e		**1928**	Trans. Inst. Explor. of the North. No. 45, S. 26—30 u. 45—53, Moskau 1929
f		**1931**	Trans. Arct. Inst. Leningrad 1933, S. 14—23
113	Margrethe	**1913**	Medd. Komm. Havundersög. Serie Hydrogr., Bd. II, No. 5, S. 18, Kopenhagen 1916
114a	Maria Julia	**1950**	Handschriftl. Material
b		**1951**	Handschriftl. Material
c		**1952**	Handschriftl. Material
115	Marion	**1928**	Int. Ice Observ. and Ice Patrol Service ... Washington 1937, S. 205—259 u. 1935, S. 81—88
116	Maud	**1918/25**	Sverdrup, H. U.: The Waters on the North Sibirian Shelf. Sci. Results. Vol. IV, No. 2. Bergen 1929
117a	Meteor	**1928**	Arch. Dtsch. Seewarte Hamburg 1930, S. 15—17
b		**1929**	Veröff. Inst. Meereskunde N. F., Reihe A, Heft 32, S. 30—35, Berlin 1936
c		**1930**	Veröff. Inst. Meereskunde N. F. Reihe A, Heft 32, S. 30—35, Berlin 1936
d		**1932**	Handschriftl. Material
e		**1933**	Veröff. Inst. Meereskunde N. F. Reihe A, Heft 32, S. 30—35, Berlin 1936
f		**1935**	Ann. Hydrogr. 1934—1936
118	Miatel	**1925**	Administration de l'Hydrogr. Leningrad 1927, S. 4—42
119a	Michael Sars	**1900**	Nyt Mag. Naturvid. Bd. 39, Heft 2, Kristiania 1901
b		**1901**	Vid. Skrifter. Math.-Nat. Kl. No. 12, S. 19, 85—89, Christiania 1912
c		1905	Handschriftl. Material
d		1910	Helland-Hansen, B.: Phys. Oceanogr. and Met. Part II. Rep. Sci. Results »Michael Sars«, Bergen 1910. Vol. I. Tabelle Ia, Ib.
e		**1924**	Rapp. Proc. Verb. Vol. 56, S. 22—28, Kopenhagen 1929
f		**1928**	Trans. Inst. Explor. of the North. No. 45, S. 26—30 u. 45—53, Moskau 1929
120	Milwaukee	**1934**	Handschriftl. Material
121	Minneapolis	1904/5	Marine biolog. Assoc. U. K. Int. fish. Investigat. London 1907, S. 288—345
122	Moravian	1870	Petermanns Mitt. 1870, S. 209—214
123	Morild	**1925/8**	Rapp. Proc. Verb. Vol. 56 S. 48—61, Kopenhagen 1929
124	Morning	**1905**	Marine biolog. Assoc. U. K. Int. fish. Investigat. London 1907, S. 288—345

Lfd. Nr.	Schiff	Exped. Jahr	Quellennachweis
125	Morissey	1930/8	Pilot Charts N.-Atlant. Ocean. Washington. Juni 1931, März 1932, Juni 1933, April 1935, Februar 1936, März 1937, Januar 1939
126	Mudjug	**1931**	Trans. Arct. Inst. USSR. Leningrad 1935, S. 74—80
127a	Muirchu	**1924**	Rapp. Proc. Verb. Vol. 37, Kopenhagen 1925, S. 19
b		**1925**	Rapp. Proc. Verb. Vol. 40, Kopenhagen 1926, S. 24—25
c		**1926**	Rapp. Proc. Verb. Vol. 54, Kopenhagen 1927, S. 25—26
d		**1928**	Rapp. Proc. Verb. Vol. 62, Kopenhagen 1929, S. 22
128a	Murman	**1894**	Iswestja Imp. Rusk. nauk. Bd. 7, No. 3, S. 272—301, St. Petersburg 1897
b		**1898**	Exped. wiss.-prakt. Unters. Murmanküste, St. Petersburg 1902, S. 445
c		**1924**	Administration de l'Hydrogr. Leningrad 1926, S. 3—37 u. 40
d		**1925**	Administration de l'Hydrogr. Leningrad 1927, S. 4—42
129	Murmanetz	**1930**	Trans. Arct. Inst. Vol. I, Leningrad 1933
130	Naesdnik	**1893**	Iswestja Imp. Rusk. nauk. Bd. 7, No. 3, S. 272—301, St. Petersburg 1897
131	National	**1889**	Krümmel: Geophys. Beobachtungen. Ergeb. Plankton-Exped. Bd. I, Leipzig 1893
132	Nautilus	1931	Sverdrup, H. U.: Sci. Results ... Nautilus-Exped. Papers in Phys. Oceanogr. and Met. Vol. II, No. 1, 1933
133	Nestorian	1870	Petermanns Mitt. 1870, S. 209—214
134a	Nordlyset	**1898**	Wandel, Knudsen, Ostenfeld: Iagttagelser ... Temp. Saltholdighed og Plankton ... skibsrouter ... Kopenhagen 1898, S. 5—29
b		**1899**	Wandel, Knudsen, Ostenfeld: Iagttagelser ... Temp. Saltholdighed og Plankton ... skibsrouter ... Kopenhagen 1898, S. 5—29
135	North American	1870	Petermanns Mitt. 1870, S. 209—214
136	Northland	1940	Handschriftl. Material
137	Nova Scotian	1870	Petermanns Mitt. 1870, S. 209—214
138	Numidian	**1904/5**	Marine biolog. Assoc. U. K. Int. fish. Investigat. London 1907, S. 288—345
139	Oihonna	**1906**	Breitfuß, L. L.: L'exped. ... côte de Mourmane, Petrograd 1915, S. 405 bis 492, 503—537
140	Olga	**1898**	Wiss. Meeresunters. Kiel, N. F. Bd. 4, 1900, S. 184—193
141	Oscar II	**1904/5**	Marine biolog. Assoc. U. K. Int. fish. Investigat. London 1907, S. 288 bis 345
142	Ostmark	1941	Beobachtungstagebücher d. Bordwetterwarten
143	Øst	**1929**	Braarud, T. and Ruud, J. T.: The Øst-Exped. ... Hvalradets Skrifter Nr. 4, Oslo 1932
144	Otto Kühling	1932/3	Arch. Dtsch. Seewarte, Bd. 59, S. 33—54, Hamburg 1939
145a	Pachtussow	**1901**	Met. u. Hydrol. Beob. ... von der Eismeer-Exped., St. Petersburg 1901 u. 1902
b		**1902**	Met. u. Hydrol. Beob. ... von der Eismeer-Exped., St. Petersburg 1903
c		**1903**	Exped. wiss.-prakt. Unters. Murmanküste, St. Petersburg 1906, S. 168—173
d		**1904**	Exped. wiss.-prakt. Unters. Murmanküste, St. Petersburg 1907, S. 127—170 u. 181—231
e		**1905**	Met. u. Hydrol. Beob. ... von der Eismeer-Exped., St. Petersburg 1907
f		**1907**	Met. u. Hydrol. Beob. ... von der Eismeer-Exped., St. Petersburg 1908
g		**1909**	Met. u. Hydrol. Beob. ... von der Eismeer-Exped., St. Petersburg 1910
h		**1910**	Met. u. Hydrol. Beob. ... von der Eismeer-Exped., St. Petersburg 1911
i		**1911**	Met. u. Hydrol. Beob. ... von der Eismeer-Exped., St. Petersburg 1912
j		**1912**	Met. u. Hydrol. Beob. ... von der Eismeer-Exped., St. Petersburg 1913
k		**1928**	Trans. Inst. Explor. of the North. No. 45, S. 26—30 u. 45—53, Moskau 1929
146a	Persei	**1924/5**	Ber. Wiss. Meeresinst. Bd. 3, Lfg. 1, S. 69—78, Moskau 1928
b		**1926**	Ber. Wiss. Meeresinst. Bd. 4, Lfg. 2, S. 69ff., S. 87ff. Moskau 1929
c		**1924/7**	Trans. Oceanogr. Inst. S. 5ff., S. 59ff., Moskau 1931

Lfd. Nr.	Schiff	Exped. Jahr	Quellennachweis
147	Peru	**1897**	Wandel, Knudsen, Ostenfeld: Jaggtagelser ... Temp. Saltholdighed og Plankton ... skibsrouter ... Kopenhagen 1898, S. 14—32
148	Peruvian	1870	Petermanns Mitt. 1870, S. 209—214
149a	Polarbjörn	**1923**	Ann. Hydrogr. 1927, S. 190—191
b		**1931/2**	Skrifter Svalbardog Ishavet, No. 67, S. 70—79, Oslo 1936
150	Polarstern	1870	Petermanns Mitt. 1871, Tafel 5, 6 und 22
151	Polhem	1872	Kungl. Svensk. Vet. Akad. Handl. Bd. 12, No. 7, S. 6—11, Stockholm 1875
152a	Poljarny	**1924**	Administration de l'Hydrogr. Leningrad 1926, S. 3—37 u. 40
b		**1928**	Trans. Inst. Explor. of the North. No. 45, S. 26—30 u. 45—53, Moskau 1929
153	Pollux	**1932**	Ann. Hydrogr. Paris 1912, S. 387—388
154	Pomor	**1899**	Exped. wiss.-prakt. Unters. Murmanküstc, S. Petersburg 1902, S. 445
155	Porcupine	1869	W. Thomson: The Depths of the Sea, London 1874
156a	Pourquoi Pas?	**1912**	Ann. Hydrogr. Paris 1912, S. 387—388
b		**1921**	Rapp. Proc. Verb. Vol. 29, Kopenhagen 1923, S. 399—400
c		**1922**	Rapp. Proc. Verb. Vol. 29, Kopenhagen 1923, S. 9
d		**1925**	Rapp. Proc. Verb. Vol. 37, Kopenhagen 1925, S. 11
e		**1924/35**	Ann. Hydrogr. Paris 1926—37
157a	Poseidon	**1913**	Wiss. Meeresunters. Kiel N. F., Bd. XIII, Heft 1, S. 75, Oldenburg 1919
b		**1927**	Ber. Dtsch. Wiss. Komm. Meeresforschg. N. F., S. 281—305, Berlin 1929
158	Port Antonio	**1905**	Marine biolog. Assoc. U. K. Int. fish. Investigat. London 1907, S. 288—345
159	Port Royal	1904/5	Handschriftl. Material
160a	Princesse Alice	**1898/9**	Thoulet, I.: Tableaux densités d'eaux de mer etc. Fasc. XXIX, Monaco 1905
b		**1905**	Bull. du musée océanogr. Nr. 54, Monaco 1905
c		**1906**	Bull. de l'inst. océanogr. Nr. 88, Monaco 1907
d		**1906/7**	Bull. de l'inst. océanogr. Nr. 112, Monaco 1908
161	Pröven	**1875**	Bihang Kungl. Svensk. Vet.-Akad. Handl. Bd. 4, No. 1, 110—111 und Bd. 4, No. 11, Stockholm 1876—1878
162	Proteus	1881	Greely, A.: Rep. Proc. U. S. Exped. to Lady Franklin Bay ... Washington 1888, S. 407 u. Lamar, W. H. u. Ellis, F. W.: Phys. Observ. ... Lady Franklin Bay Exped., Washington 1884
163	Prussian	1870	Petermanns Mitt. 1870, S. 209—214
164	Quest	**1931**	Mosby, H.: Svalbard Waters. Geofys. Publ. Vol. 12, No. 4, Oslo
165	Rivalen	**1905**	Duc d'Orléans, Croisière Océanogr. ... Belgica ... Grönland 1905, Bruxelles 1907
166	Rubak	**1905**	Exped. wiss.-prakt. Unters. Murmanküste, St. Petersburg 1912, S. 194, 202, 207
167	Rurik	**1899**	Rech. Océanogr. Upsala Univ. Arsskr. Math.-Nat. Vet. II, S. 22—48, Upsala 1904
168	Russanoff	**1932**	Trans. Arct. Inst., Leningrad 1936, S. 16—17, 22—25
169	Sachsen	1941	Beobachtungstagebücher d. Bordwetterwarten
170a	St. Jeanne D'Arc	**1929**	Rev. ... Pêches Maritimes. Bd. 2, Fasc. 4, Paris 1929, S. 386, 390, 395
b		1930	Rev. ... Pêches Maritimes. Bd. 4, Fasc. 1, Paris 1931, S. 111—112
c		1931	Rev. ... Pêches Maritimes. Bd. 5, Fasc. 1, Paris 1932, S. 60/5
d		1932	Rev. ... Pêches Maritimes. Bd. 6, Fasc. 1, Paris 1933, S. 97/8
171	Samartian	**1909**	Marine biolog. Assoc. U. K. Int. fish. Investigat, London 1907, S. 288—345
172a	Samojed	1871	Bull. de l'Acad. Imp., St. Petersburg 1873, Bd. 18, S. 2—3
b		**1876**	Iswestja Imp. Rusk., St. Petersburg 1878, S. 350—359
c		**1896**	Iswestja Imp. Rusk. Akad. nauk. Bd. 9, Nr. 4, St. Petersburg 1898, S. 334, Tabelle I u. II
173a	Samson	1870	Petermanns Mitt. 1871, Tafel 5, 6 und 22
b		1871	Petermanns Mitt. 1872, S. 120 und 381 ff.
174a	Scotia	**1913**	Rep. on the Work »Scotia« 1913, London 1914, S. 128 u. 132—141
b		**1950**	Handschriftl. Material

Lfd. Nr.	Schiff	Exped. Jahr	Quellennachweis
174c		**1951**	Handschriftl. Material
d		**1952**	Handschriftl. Material
e		**1953**	Handschriftl. Material
175a	Sedow	**1926**	Administration de l'Hydrogr. Leningrad 1929, S. 4—37
b		**1929**	Trans. Inst. Sci. Explor. of the North, Moskau 1929, S. 54—59
c		**1930**	Trans. Arct. Inst. Vol. I, Leningrad 1933
d		**1934**	Trans. Arct. Inst. Vol. 64, Leningrad 1936, S. 99ff., 160—164, 168—170
176	Senator Predöhl	1932/3	Arch. Dtsch. Seewarte, Bd. 59, S. 33—54, Hamburg 1939
177	Seneca	**1914**	Int. Ice Observ. and Ice Patrol Service . . . Washington 1915, S. 52—54, 76—78
178a	Sibiriakoff	**1923**	Administration de l'Hydrogr. Leningrad 1924, S. 13—26
b		**1930**	Trans. Arct. Inst. Vol. I, Leningrad 1933
c		**1931**	Trans. Arct. Inst. Leningrad 1933, S. 14—23
d		**1932**	Rev. Pêches Maritimes, Bd. 7, Fasc. 3, Paris 1934, S. 319—320
179	Siggen	**1898**	Kungl. Svensk. Vet.-Acad. Handl. Bd. 41, S. 26—32 und 36—39. Stockholm 1906
180a	Skagerrak	**1927**	Rapp. Proc. Verb. Vol. 56, S. 48—61, Kopenhagen 1929
b		**1928**	Handschriftl. Material
c		**1950**	Handschriftl. Material
d		**1952**	Handschriftl. Material
181a	Sofia	**1868**	Kungl. Svensk. Vet. Acad. Handl. Stockholm 1870, S. 12—20
b		**1883**	Bihang Kungl. Svensk. Vet. Acad. Handl. Stockholm 1884—1885. S. 14—15, 30—31, 40—42, 58—64
182	Sokolitza	**1921**	Trans. Northern Sci. and Econ. Exped. Moskau, Leningrad 1924, S. 13—22
183a	Solombala	**1924**	Administration de l'Hydrogr. Leningrad 1926, S. 3—37 u. 40
b		**1925**	Administration de l'Hydrogr. Leningrad 1927, S. 4—42
184	Sosnowez	**1925**	Bull. de l'Inst. Hydrolog. de Russie. Leningrad 1927, S. 75—76
185	Stavangerfjord	1932/7	Handschriftl. Material
186	St. Paul	**1904**	Marine biolog. Assoc. U. K. Int. fish. Investigat. London 1907, S. 288—345
187	Svensk	**1899**	Mission Suédoise. Bd. II, Sect. 8, Stockholm 1904, S. 11—22
188a	Svenksund	**1897**	Bihang Kungl. Svensk. Vet.-Acad. Handl. Stockholm 1898, S. 28—40
b		**1908**	Kungl. Svensk. Vet. Acad. Handl. Uppsala/Stockholm 1910, S. 8, 9, 18ff.
c		**1920**	Ur Svenska Hydrogr.-biolog. Komm. Skrifter VII. Göteborg 1922, S. 6—8
189	Swjatogor	1920	Explor. des Mers d'U. R. R. S. S., Fasc. 14, Leningrad 1931, S. 20—24
190a	Swjatoi mutschenik Joka	1912	USSR Arct. Inst. Material of the Arctic Nr. 1, Leningrad 1931, S. 246—248, 250—252
b		1913	USSR Arct. Inst. Material of the Arctic Nr. 2, Leningrad 1933, S. 167—168
191	Syria	**1912**	Ann. Hydr. Bd. 41, S. 74, Berlin 1913
192a	Taimyr	**1921**	Sapiski po Hydrogr. Petrograd 1923, S. 87ff., 93—108. Bull. de l'Inst. Hydr. Russie, Petrograd 1922, S. 56
b		**1913**	Administration de l'Hydrogr. Leningrad 1929, S. 4—37
c		**1928**	Trans. Inst. Explor. of the North. No. 45, S. 26—30 u. 45—53, Moskau 1929
193	Tampa	**1925**	Int. Ice Observ. and Ice Patrol Service . . . Washington 126, S. 88
194a	Tanche	**1922**	Rapp. Proc. Verb. Vol. 29, Kopenhagen 1923, S. 9
b		**1924**	Rapp. Proc. Verb. Vol. 37, Kopenhagen 1925, S. 11 u. 19
c		**1926**	Rapp. Proc. Verb. Vol. 44, Kopenhagen 1927, S. 15—17
195	Tegetthof	1872/4	Petermanns Mitt. 1878, S. 345—346 u. 348—350
196a	Thor	**1903**	Medd. Komm. Havundersög Serie Hydrogr., Kopenhagen 1904, S. 5—8
b		**1904**	Medd. Komm. Havundersög Serie Hydrogr., Kopenhagen 1905, S. 6
c		**1904/5**	Medd. Komm. Havundersög Serie Hydrogr., Kopenhagen 1907, S. 3
d		**1905/6**	Rep. Danish oceanogr. Exped. 1908—1910, Vol. I, S. 41—46, Kopenhagen 1912

Lfd. Nr.	Schiff	Exped. Jahr	Quellennachweis
197	Thorwaldsen	**1898**	Wandel, Knudsen, Ostenfeld: Iagttagelser . . . Temp. Saltholdighed og Plankton . . . skibsrouter . . . Kopenhagen 1898, S. 5—29
198	Thyra	**1898**	Wandel, Knudsen, Ostenfeld: Iagttagelser . . . Temp. Saltholdighed og Planton . . . skibsrouter . . . Kopenhagen 1898, S. 5—29
199	Tjalfe	**1898**	Wandel, Knudsen, Ostenfeld: Iagttagelser . . . Temp. Saltholdighed og Plankton . . . skibsrouter . . . Kopenhagen 1898, S. 5—29
200	Toledo	1932/7	Handschriftl. Material
201	Torensköld	**1928**	Handschriftl. Material
202	Tønsbergfjord	1932/3	Handschriftl. Material
203	Traveller	**1881/2**	Medd. Grønland 1893, S. 64—85 u. 100—103 Geogr. T. Bd. 10, S. 100—102, Kopenhagen 1890
204a	Trawler	**1920**	Trans. Northern Sci. and Econ. Exped. Moskau 1925, S. 24—27, 37, 47
b		**1921**	Trans. Northern Sci. and Econ. Exped. Moskau, Leningrad 1924, S. 13 bis 22
c		**1923**	Explor. des Mers Russes. Fasc. 1, Leningrad 1925, S. 16—22
205	Turjas	**1931**	Buch, K.: Hydrogr.-Kemiska Studier . . . Helsingfors 1933, S. 12—15
206	U-Boote	**1941**	Beobachtungstagebücher d. Bordwetterwarten
207a	United States	**1904/5**	Marine biolog. Assoc. U. K. Int. fish. Investigat. London 1907, S. 288—345
b		1932/3	Handschriftl. Material
208	Valdivia	**1898/9**	Schott, G.: Ozeanogr. u. maritim. Met. Wiss. Ergebn. »Valdivia«, Jena 1902, S. 80 u. 258—262
209	Valorous	1875	Proc. Roy. Soc. London 1877, Tafel III u. IV
210	Varna	1882	Snellen, M. u. Ekama, H.: Rapp. l'expéd. Utrecht 1910, S. 93—94
211	Vega	**1878**	Vega-Exped. . . . utgivet of A. E. Nordenskjöld. Band 2, S. 346 u. 353, Stockholm 1883
212	Vesle Kari	**1930**	Skrifter Svalbardog Ishavet, No. 67, S. 70—79, Oslo 1936
213	Veslemoy	**1912**	Nansen, Fr.: Spitzbergen Waters, Christiania 1915
214	Victoria	**1932**	Rev. Pêches Maritimes. Bd. 6. Fasc. 1, Paris 1933, S. 97—98
215	Viktor Billet	**1951**	Handschriftl. Material
216a	Ville d'Ys	1930	Rev. Pêches Maritimes. Bd. 4, Fasc. 1, Paris 1931, S. 111—112
b		1931	Rev. Pêches Maritimes. Bd. 5, Fasc. 1, Paris 1932, . S. 60—65
c		**1932**	Rev. Pêches Maritimes. Bd. 6, Fasc. 1, Paris 1933, S. 97—98
217	Virgo	**1896**	Bihang Kungl. Svensk. Vet.-Acad. Handl. Stockholm 1898, S. 28—40
218	Vöringen	**1876/8**	The Norw. N. Atlant. Exped. Bd. I, 1882, S. 59—64 u. Bd. II, 1883, S. 49—96, Christiania
219	Volkswohl	**1932/3**	Arch. Dtsch. Seewarte, Bd. 59, S. 33—54, Hamburg 1939
220	Walwin	**1899/02**	Geogr. J. London 1903, S. 432—436
221	Warjach	1870	Sapiski Imp. Rusk. Geogr. St. Petersburg 1871, S. 502—514
222	Weser	**1932**	Ber. Dtsch. Wiss. Komm. Meeresforschg. N. F. Leipzig 1933, S. 298 bis 299
223	Westbye Egeberg	**1898**	Rep. Norw. Fish. and Marine Investigat. Vol. I, No. 5, S. VII—XXXVIII, Kristiania 1900
224	Westnik	**1894**	Iswestja Imp. Rusk. nauk. Bd. 7, No. 3, S. 272—301, St. Petersburg 1897
225a	Wetterschiff A	**1951**	Handschriftl. Material
b		**1952**	Handschriftl. Material
c		**1953**	Handschriftl. Material
226a	Wetterschiff I	**1950**	Handschriftl. Material
b		**1951**	Handschriftl. Material
c		**1952**	Handschriftl. Material
d		**1953**	Handschriftl. Material
227	Wiesbaden	1931	Ann. Hydr. u. marit. Met. Bd. 60, S. 278
228a	Willem Barents	1878	Met. Waarnemingen en Diepzeeloodingen . . . Met. Inst. Utrecht 1879
b		1879	Met. Waarnemingen en Diepzeeloodingen . . . Met. Inst. Utrecht 1880

Lfd. Nr.	Schiff	Exped. Jahr	Quellennachweis
228c	Willem Barents	1880/1	Met. Waarnemingen en Diepzeeloodingen . . . Met. Inst. Utrecht 1883
d		1882	Verslag van den Vijfden Tocht. Harlem 1883
e		1883	Verslag van den Zesden, Harlem 1884, S. 68—70 u. 90
f		1884	Verslag van den Zevenden, Harlem 1885, S. 62
229	Yana	**1934**	Handschriftl. Material
230	Ymer	**1876**	Bihang Kungl. Svensk. Vet.-Acad. Handl. Bd. 4, No. 1, S. 93—105, 110 bis 111, Bd. 4, No. 11, Stockholm 1876—1878
231a	Zieten	**1926**	Ber. Dtsch. Wiss. Komm. Meeresforschg. N. F. Berlin 1927, S. 234—242
b		**1930**	Handschriftl. Material
c		**1931**	Handschriftl. Material

Tabelle II
Eingradfeld-Mittelwerte der Temperatur und des Salzgehaltes
(Eingradfelder nach Marsden)

Eingradfeld	Temperatur t°	Temperatur Anzahl	Salzgehalt ‰	Salzgehalt Anzahl
Januar				
Zehngradfeld 183				
50	9.4	5	—	—
51	8.9	11	—	—
52	9.0	23	35.35	1
53	8.6	38	35,41	1
54	8.3	56	35.22	4
55	8.1	52	35.21	7
56	8.1	65	35.14	2
57	7.9	61	35.21	1
58	7.7	67	35.10	1
59	7.4	70	35.03	2
60	8.8	47	35.33	4
61	8.9	76	35.20	2
62	8.6	73	35.30	2
63	8.5	77	35.37	1
64	8.6	82	35.30	5
65	8.3	64	35.27	4
66	8.0	62	35.11	2
67	7.9	71	35.22	5
68	7.7	50	35.47	2
69	7.5	43	35.06	2
70	9.0	96	35.32	8
71	8.7	90	35.37	7
72	8.8	67	35.37	2
73	8.6	55	35.41	1
74	8.2	37	35.32	2
75	8.1	53	35.25	3
76	7.7	13	—	—
77	8.0	7	—	—
78	8.1	2	—	—
79	9.0	2	—	—
80	9.1	33	35.43	1
81	8.5	24	—	—
82	8.8	14	—	—
83	8.6	2	—	—
84	8.9	4	—	—
Januar				
85	8.2	4	–	—
86	8.5	1	—	—
88	8.2	2	—	—
89	9.0	1	—	—
90	8.5	13	35.17	19
91	8.3	2	35.30	1
92	9.0	3	35.20	1
93	7.5	1	—	—
94	10.2	2	—	—
95	9.3	1	35.23	1
96	11.0	3	—	—
97	10.7	2	—	—
98	10.9	2	—	—
99	8.4	3	35.27	1
Zehngradfeld 184				
50	7,3	61	35.01	3
51	6.9	69	35.11	5
52	6.8	50	35.23	2
53	6.3	36	35.07	1
54	6.5	15	35.05	1
55	6.9	6	35.21	1
56	6.2	3	—	—
57	5.4	2	—	—
58	5.5	1	—	—
60	7.6	30	35.26	3
61	7.3	8	—	—
62	7.9	2	—	—
63	6.9	3	—	—
64	7.6	2	—	—
65	5.6	2	—	—
66	5.5	1	—	—
68	5.5	1	—	—
69	5.0	1	—	—
70	7.5	2	—	—
71	7.6	3	—	—
Januar				
72	6.5	1	—	—
73	6.0	2	—	—
74	6.5	2	—	—
75	5.5	1	—	—
76	5.5	1	—	—
77	6.0	1	—	—
78	3.5	1	—	—
79	3.5	1	—	—
81	6.0	1	—	—
82	6.8	2	—	—
85	5.8	2	—	—
86	4.5	1	—	—
87	4.9	1	35.10	1
90	6.3	3	—	—
91	8.0	2	—	—
92	6.2	2	34.96	1
93	6.7	2	35.26	1
94	5.4	1	34.90	1
95	4.8	2	—	—
96	4.2	2	34.88	2
97	5.3	1	—	—
98	3.6	4	34.99	2
99	2.9	3	34.95	1
Zehngradfeld 185				
50	5.4	2	—	—
52	3.0	1	—	—
61	4.0	1	—	—
80	7.2	1	35.03	1
82	2.8	1	34.81	1
83	3.6	1	34.79	1
84	3.0	1	34.96	1
90	3.6	9	34.89	5
91	3.8	2	—	—
92	2.7	5	34.84	3
93	3.2	3	34.86	1
Januar				
94	3.1	4	34.86	3
95	1.2	3	34.74	2
96	0.8	5	34.95	5
97	0.0	2	35.00	1
Zehngradfeld 248				
81	0.1	2	—	—
82	0.0	4	—	—
83	1.0	4	—	—
93	0.5	1	—	—
Zehngradfeld 249				
86	1,5	1	34.34	1
91	—0.5	2	33.42	1
92	0.9	5	34.41	2
93	2.1	13	—	—
95	1.7	1	—	—
99	4.0	2	—	—
Zehngradfeld 251				
30	4.9	6	32.90	6
40	4.7	15	33.50	1
41	4.1	6	33.62	1
50	5.9	27	—	—
51	4.0	17	—	—
52	3.7	19	33.12	2
60	5.6	102	—	—
61	5.5	94	—	—
62	4.4	44	32.58	2
63	4.2	14	—	—
64	5.2	2	—	—
70	7.0	17	—	—
71	6.1	34	—	—
72	4.6	74	33.31	5
73	4.4	91	33.17	8
74	4.2	75	33.16	7

Eingradfeld	Temperatur t°	Temperatur Anzahl	Salzgehalt ‰	Salzgehalt Anzahl
Januar				
75	3.5	9	—	—
76	5.0	2	—	—
80	6.4	4	—	—
81	6.1	25	—	—
82	6.5	80	—	—
83	6.7	15	—	—
84	4.3	28	32.87	5
85	3.2	48	—	—
86	3.7	24	—	—
87	3.3	8	—	—
93	6.4	7	—	—
94	6.5	121	—	—
95	6.4	225	—	—
96	5.5	49	—	—
97	4.0	7	—	—
98	4.1	7	—	—
99	3.6	5	—	—
Zehngradfeld 252				
00	7.9	26	35.36	10
1	7.5	23	35.26	3
2	7.5	29	35.26	2
3	7.0	90	34.17	7
4	6.1	197	33.33	42
5	5.3	29	32.85	8
6	6.2	3	33.08	1
10	8.5	21	35.44	1
11	8.6	16	35.15	1
12	7.8	24	—	—
13	6.1	44	—	—
14	6.1	194	32.92	16
15	5.5	25	32.43	11
16	7.6	2	—	—
17	7.1	4	—	—
23	6.1	16	—	—
24	6.4	153	34.80	4
25	5.9	125	33.36	17
26	5.2	76	32.49	45
28	7.0	4	—	—
31	7.1	1	—	—
33	8.0	2	35.26	2
34	6.3	7	—	—
35	6.7	86	—	—
36	6.7	131	—	—
37	5.5	25	—	—
38	4.9	9	—	—
39	5.1	16	33.19	3
45	5.2	4	—	—
46	6.9	46	—	—
47	6.5	116	—	—

Eingradfeld	Temperatur t°	Temperatur Anzahl	Salzgehalt ‰	Salzgehalt Anzahl
Januar				
48	6.5	55	—	—
49	5.3	11	—	—
56	4.9	3	—	—
57	5.9	12	—	—
58	6.3	84	—	—
59	6.4	103	—	—
63	7.0	1	—	—
68	7.3	5	—	—
69	6.8	28	—	—
Zehngradfeld 217				
00	8.0	41	35.28	6
1	7.6	18	35.40	1
2	7.9	25	35.36	1
3	8.0	96	35.34	18
4	7.7	96	35.33	14
5	7.9	68	35.28	6
6	7.6	54	35.28	4
7	8.1	94	35.24	3
8	8.0	115	35.34	8
9	7.8	95	35.32	2
10	8.5	35	35.42	2
11	8.4	54	35.31	17
12	8.1	70	35.37	14
13	7.6	67	35.30	12
14	7.5	79	35.29	17
15	7.1	147	35.22	37
16	6.4	278	35.21	26
17	6.5	75	35.07	1
18	7.5	30	35.29	4
19	7.8	23	35.29	3
20	7.4	2	—	—
21	7.6	2	35.26	1
22	7.1	1	—	—
23	7.8	2	—	—
24	6.5	5	—	—
25	7.5	5	—	—
26	6.2	357	33.14	4
27	6.0	210	35.20	19
28	7.2	110	35.27	17
29	7.5	101	35.27	16
30	6.7	1	35.10	1
36	6.5	1	—	—
37	6.5	6	35.24	2
38	6.7	12	35.22	3
39	6.3	24	34.95	2
48	2.0	1	—	—
49	1.0	1	—	—
90	7.6	1	—	—

Eingradfeld	Temperatur t°	Temperatur Anzahl	Salzgehalt ‰	Salzgehalt Anzahl
Januar				
Zehngradfeld 218				
00	7.9	74	35.27	6
1	8.4	23	—	—
2	8.5	18	35.34	4
3	8.4	12	35.02	2
4	8.5	8	35.35	5
5	7.4	2	—	—
6	8.1	8	35.31	4
7	6.7	2	—	—
8	8.1	7	35.28	2
9	8.5	11	35.17	10
10	8.0	50	35.31	3
11	8.0	96	35.29	5
12	7.9	102	35.26	4
13	7.8	115	35.25	23
14	7.8	48	35.31	6
15	7.7	13	—	—
16	8.5	6	—	—
17	8.3	3	—	—
19	7.7	4	—	—
20	7.6	97	35.27	22
21	7.7	83	35.29	14
22	7.6	90	35.29	25
23	7.8	102	35.29	18
24	7.9	157	35.27	25
25	8.0	163	35.27	17
26	7.3	137	35.28	15
27	7.2	88	35.30	5
28	7.2	48	35.25	1
29	7.4	16	35.25	1
30	6.1	37	34.96	2
31	5.9	18	—	—
32	7.2	14	—	—
33	7.7	34	—	—
34	6.3	6	—	—
35	6.0	13	35.26	2
36	7.5	74	35.25	15
37	7.1	106	35.26	19
38	6.9	143	35.18	21
39	6.9	145	35.18	13
40	6.0	5	35.07	2
41	6.1	26	34.85	3
42	4.3	26	34.87	3
43	4.4	37	—	—
44	2.9	18	—	—
45	5.1	2	—	—
51	2.7	1	—	—
52	2.5	3	—	—
53	2.6	13	34.56	1
54	3.0	2	—	—

Eingradfeld	Temperatur t°	Temperatur Anzahl	Salzgehalt ‰	Salzgehalt Anzahl
Januar				
62	2.5	1	—	—
64	2.6	7	34.60	1
65	2.6	2	34.54	1
66	2.8	3	—	—
67	2.4	14	34.61	1
68	1.8	12	34.38	2
69	2.9	10	34.77	8
Zehngradfeld 219				
00	8.6	16	35.22	24
1	6.0	1	—	—
2	5.3	1	35.29	1
3	5.4	2	—	—
4	5.0	2	35.22	1
5	5.4	1	—	—
6	5.6	2	35.35	1
7	6.0	1	—	—
8	5.6	3	35.33	2
9	6.5	1	—	—
10	8.4	3	35.22	2
11	7.8	4	35.25	2
12	8.3	7	35.19	2
13	7.8	2	—	—
14	7.7	4	35.26	2
15	7.1	3	35.17	1
16	7.2	3	35.23	2
17	7.0	1	—	—
18	6.9	5	35.17	1
19	6.8	4	34.93	1
20	6.7	6	35.10	15
21	8.0	1	—	—
22	7.0	1	—	—
23	5.5	1	—	—
24	7.1	1	—	—
25	4.1	1	—	—
26	5.5	2	—	—
28	6.0	1	—	—
29	6.0	1	—	—
30	5.7	162	—	—
31	6.0	146	35.09	14
32	5.1	102	35.06	8
33	5.7	10	34.90	2
34	6.3	5	—	—
35	7.0	2	—	—
36	4.4	2	—	—
41	4.8	6	34.42	1
42	3.9	85	34.72	15
43	4.2	26	34.90	16
44	3.0	24	34.79	4
52	5.0	1	—	—

Eingradfeld	Temperatur t°	Temperatur Anzahl	Salzgehalt ‰	Salzgehalt Anzahl
Januar				
53	3.3	5	—	—
54	3.5	48	34.73	9
55	5.9	7	—	—
56	5.4	40	—	—
57	6.6	19	—	—
60	2.9	13	—	—
61	2.4	10	—	—
62	2.8	10	34.83	7
63	2.4	19	34.71	2
64	5.2	10	—	—
65	5.5	37	—	—
66	5.7	35	—	—
Zehngradfeld 220				
00	5.8	4	35.10	2
1	6.4	2	—	—
2	4.8	8	34.94	5
3	5.0	1	—	—
4	4.6	7	35.00	4
5	5.4	2	—	—
6	4.6	4	34.89	3
7	3.3	1	—	—
8	2.3	1	34.80	1
10	5.7	4	—	—
Zehngradfeld 221				
6	0.3	3	33.24	2
7	0.1	2	34.00	2
8	—0.4	4	33.60	4
18	1.0	2	33.26	1
19	—0.6	6	33.51	4
Zehngradfeld 222				
10	—0.9	2	32.94	2
20	—0.9	6	33.39	5
21	—2.0	5	33.46	2
31	—0.4	8	33.42	7
32	—1.0	2	33.17	1
41	—0.2	2	33.00	2
42	0.5	1	—	—
43	0.5	1	—	—
53	0.5	1	—	—
54	0.2	2	—	—
64	—0.3	1	—	—
Zehngradfeld 285				
00	3.1	5	—	—
1	3.0	3	—	—
2	3.5	2	—	—
3	3.3	2	34.58	1
Januar				
6	2.5	1	—	—
8	3.1	1	—	—
9	4.0	2	—	—
12	3.4	1	—	—
15	3.8	1	—	—
19	2.2	1	—	—
Zehngradfeld 286				
01	7.0	1	—	—
3	6.5	2	—	—
13	6.6	1	—	—
16	6.2	1	—	—
17	7.0	1	—	—
18	7.0	1	—	—
19	3.7	1	—	—
30	2.9	3	34.88	3
40	1.9	1	34.76	1
Zehngradfeld 287				
04	6.8	3	—	—
5	5.2	1	—	—
6	5.1	3	—	—
7	5.6	273	—	—
8	7.0	1	—	—
14	5.2	1	—	—
15	5.8	4	—	—
16	5.6	1	—	—
17	5.9	4	—	—
25	7.2	2	—	—
26	5.9	4	—	—
27	7.5	1	—	—
28	6.8	1	—	—
36	5.9	4	—	—
37	5.1	21	—	—
38	7.4	1	—	—
46	6.0	102	—	—
47	5.9	1	—	—
49	0.5	2	34.52	2
Februar				
Zehngradfeld 183				
50	8.9	9	—	—
51	8.8	26	35.37	1
52	8.7	54	35.29	2
53	8.4	71	35.28	1
54	8.3	90	35.25	5
55	8.3	94	35.14	11
56	8.4	74	35.48	2
57	7.7	64	35.28	3
Februar				
58	7.4	76	35.07	3
59	7.2	44	35.35	2
60	9.1	89	35.48	8
61	9.0	111	35.41	5
62	8.7	96	35.16	5
63	8.7	104	35.32	5
64	8.4	90	35.45	3
65	8.1	67	35.49	7
66	7.7	59	35.27	3
67	7.3	32	35.30	2
68	7.3	21	35.04	2
69	7.1	14	35.17	2
70	8.7	102	35.39	12
71	8.6	79	35.19	1
72	8.6	56	35.51	6
73	8.5	32	—	—
74	8.3	26	35.25	3
75	9.1	13	35.14	1
76	8.6	6	—	—
77	8.7	5	—	—
78	7.1	3	—	—
79	7.2	2	—	—
80	8.4	19	35.37	2
81	8.6	14	—	—
82	9.4	5	—	—
83	9.8	4	—	—
84	8.6	2	—	—
85	6.4	2	—	—
86	7.3	2	—	—
87	7.3	3	—	—
88	6.6	4	35.12	1
89	6.0	2	—	—
90	8.4	8	35.20	15
91	7.0	1	—	—
92	8.5	5	35.24	1
93	6.8	4	—	—
94	7.2	4	35.16	2
95	7.8	5	—	—
96	7.3	5	35.12	2
97	7.3	4	—	—
98	6.7	6	35.10	1
99	7.1	3	—	—
Zehngradfeld 184				
50	7.1	53	35.06	3
51	6.7	31	35.10	4
52	6.7	19	35.08	2
53	6.0	10	—	—
54	6.1	9	35.13	2
55	6.3	3	—	—
Februar				
56	5.5	6	—	—
57	5.4	4	—	—
58	4.7	3	—	—
59	4.4	5	—	—
60	6.7	7	—	—
61	7.2	6	—	—
62	6.0	2	—	—
63	7.0	3	—	—
64	6.4	4	—	—
65	5.7	3	—	—
66	5.7	5	—	—
67	5.5	2	—	—
68	5.0	4	—	—
70	7.0	1	—	—
71	8.6	1	—	—
72	6.7	2	—	—
73	6.7	3	—	—
74	6.2	4	—	—
75	4.1	3	—	—
76	4.8	7	34.98	1
77	5.3	2	—	—
78	3.5	1	34.95	1
79	3.0	1	—	—
80	6.6	6	35.13	2
81	7.1	4	—	—
82	5.8	5	34.88	2
83	5.5	6	—	—
84	4.8	13	34.98	2
85	5.4	8	—	—
86	4.4	4	34.85	1
87	3.2	6	—	—
88	2.0	2	—	—
89	3.4	3	—	—
90	6.4	7	—	—
91	6.2	4	—	—
92	6.9	6	—	—
93	6.2	5	—	—
94	4.5	9	—	—
95	4.0	6	—	—
96	4.5	4	—	—
97	4.0	2	—	—
98	4.4	5	—	—
99	4.1	5	—	—
Zehngradfeld 185				
50	4.1	1	—	—
70	2.8	2	34.93	1
71	3.7	6	—	—
72	3.5	6	34.90	1
73	3.2	18	—	—

Eingradfeld	Temperatur t°	Temperatur Anzahl	Salzgehalt °/oo	Salzgehalt Anzahl
Februar				
74	3.9	4	—	—
80	3.8	6	34.78	1
81	3.1	7	—	—
82	3.4	6	34.75	1
83	2.6	9	—	—
84	4.1	15	34.95	3
85	4.0	6	34.96	2
86	3.9	12	—	—
87	3.9	4	—	—
90	3.5	4	—	—
91	3.1	1	—	—
92	3.2	3	—	—
93	1.3	1	—	—
95	2.9	6	34.95	1
96	2.9	18	34.95	1
97	3.2	5	34.90	1
98	1.0	1	—	—
Zehngradfeld 249				
86	—0.2	2	33.71	2
87	—0.5	2	34.24	2
88	0.6	1	—	—
90	1.5	1	—	—
91	0.6	3	34.27	1
92	1.2	5	34.37	2
93	1.0	14	34.38	6
94	1.4	12	34.30	5
95	0.7	5	30.10	3
96	1.9	7	34.13	3
Zehngradfeld 251				
30	3.7	17	33.13	17
40	4.5	19	34.10	1
41	3.9	8	33.77	1
50	4.9	26	—	—
51	4.3	15	—	—
52	3.8	18	33.70	6
60	5.5	83	—	—
61	5.0	81	—	—
62	4.0	29	33.70	3
63	3.9	24	33.02	9
64	3.8	2	33.20	2
70	6.1	8	—	—
71	5.0	36	—	—
72	4.2	72	33.54	15
73	3.6	93	33.57	27
74	3.2	93	33.40	22
75	4.7	8	32.83	6
80	6.0	1	35.14	1
81	6.8	6	—	—

Eingradfeld	Temperatur t°	Temperatur Anzahl	Salzgehalt °/oo	Salzgehalt Anzahl
Februar				
82	5.9	24	—	—
83	4.8	28	33.53	16
84	3.3	159	32.97	127
85	3.3	69	32.99	29
86	3.2	23	32.99	5
87	2.9	26	32.67	21
90	1.2	1	—	—
93	7.3	2	—	—
94	6.8	75	34.62	1
95	6.4	233	34.31	1
96	6.4	14	33.94	2
97	2.4	6	33.53	2
98	3.5	10	33.48	3
99	1.4	3	—	—
Zehngradfeld 252				
00	7.2	35	35.34	19
1	6.8	29	35.31	2
2	7.4	56	34.96	10
3	6.8	155	34.24	10
4	5.6	173	32.91	16
5	4.9	32	32.61	16
10	8.3	64	35.34	12
11	8.1	64	35.28	9
12	7.3	104	34.94	10
13	6.5	102	34.02	1
14	5.5	162	33.01	18
15	5.0	24	33.06	9
16	7.2	2	—	—
21	7.1	2	35.15	1
23	6.3	52	—	—
24	5.8	150	—	—
25	5.2	104	33.15	12
26	4.3	76	32.70	57
27	3.6	1	32.35	1
30	5.4	2	34.85	1
31	7.0	1	—	—
34	6.3	5	—	—
35	6.2	77	—	—
36	6.2	93	33.21	1
37	5.3	31	—	—
38	4.8	14	33.63	1
39	4.6	16	33.55	3
40	5.4	1	—	—
41	6.9	2	—	—
42	7.0	1	—	—
43	6.8	2	—	—
45	7.0	2	—	—
46	6.5	40	—	—
47	6.3	107	—	—

Eingradfeld	Temperatur t°	Temperatur Anzahl	Salzgehalt °/oo	Salzgehalt Anzahl
Februar				
48	6.2	44	—	—
49	5.6	13	—	—
50	6.0	1	—	—
52	7.3	1	—	—
55	7.0	1	—	—
57	6.5	11	—	—
58	6.4	74	—	—
59	6.1	86	—	—
64	6.1	1	—	—
65	6.2	1	—	—
67	6.4	1	—	—
68	6.4	2	—	—
69	6.4	26	—	—
85	4.0	1	—	—
92	5.5	1	—	—
95	3.2	2	35.12	1
98	5.5	1	15.11	1
Zehngradfeld 217				
00	7.1	65	35.28	10
1	6.8	7	35.23	1
2	7.2	39	35.38	2
3	7.6	107	35.39	15
4	7.5	126	35.34	23
5	7.3	80	35.28	17
6	7.5	45	35.36	4
7	8,0	93	35.32	7
8	8.2	109	35.31	6
9	7.8	88	35.26	7
10	8.2	56	35.31	12
11	8.2	93	35.31	17
12	7.7	100	35.33	26
13	7.2	90	35.30	21
14	7.0	111	35.27	31
15	6.7	167	35.22	44
16	6.2	249	35.21	29
17	6.7	76	35.24	4
18	7.5	26	35.33	5
19	8.1	32	35.24	2
20	6.6	2	—	—
21	7.8	4	—	—
22	6.3	3	—	—
23	6.3	7	—	—
24	6.2	17	35.22	1
25	6.6	33	35.21	3
26	6.0	415	35.17	10
27	6.2	197	35.19	28
28	7.1	139	35.23	30
29	7.5	128	35.26	33
30	3.5	1	—	—

Eingradfeld	Temperatur t°	Temperatur Anzahl	Salzgehalt °/oo	Salzgehalt Anzahl
Februar				
31	4.6	3	—	—
32	1.6	1	—	—
34	2.0	1	—	—
35	1.5	1	—	—
36	5.9	5	—	—
37	4.9	15	35.26	1
38	5.9	32	35.23	4
39	6.3	41	35.17	7
44	3.2	1	—	—
45	2.4	1	—	—
46	2.7	1	—	—
47	1.5	1	—	—
49	4.8	4	35.16	1
50	5.5	1	—	—
51	3.7	2	34.79	1
53	2.9	2	34.85	1
Zehngradfeld 218				
00	7.8	71	35.23	6
1	8.2	17	35.18	3
2	8.3	13	35.34	1
3	8.3	23	35.27	7
4	8.5	21	35.34	11
5	8.6	9	35.24	5
6	8.0	10	35.27	1
7	8.3	7	—	—
8	8.6	6	35.34	1
9	8.3	19	35.21	12
10	7.8	54	35.30	2
11	7.9	98	35.26	9
12	7.8	93	35.17	8
13	7.7	70	35.32	5
14	7.4	44	35.17	6
15	7.6	19	35.31	4
16	7.4	10	35.15	2
17	7.2	7	—	—
18	7.1	8	35.08	1
19	7.5	4	—	—
20	8.0	121	35.23	31
21	7.8	141	35.27	22
22	7.7	138	35.30	27
23	7.7	155	35.28	23
24	7.8	185	35.25	34
25	7.5	184	35.26	25
26	7.3	140	35.27	15
27	7.4	100	35.30	8
28	7.2	49	35.24	6
29	7.3	13	35.29	1
30	6.4	35	35.23	3
31	6.6	19	35.23	1

Eingradfeld	Temperatur t°	Temperatur Anzahl	Salzgehalt ‰	Salzgehalt Anzahl
Februar				
32	7.4	14	—	—
33	6.7	8	—	—
34	7.6	10	35.30	2
35	6.7	26	35.25	7
36	7.4	103	35.28	24
37	7.2	142	35.23	27
38	6.9	177	35.19	28
39	6.7	193	35.16	20
40	5.5	18	35.18	2
41	5.7	35	35.18	5
42	4.8	42	34.98	4
43	3.1	25	34.70	1
44	3.5	15	—	—
45	5.3	11	35.05	1
50	3.0	1	—	—
51	2.0	1	—	—
52	5.0	1	—	—
53	2.4	27	—	—
54	1.4	4	—	—
58	1.5	9	—	—
59	2.5	12	34.04	1
60	0.5	1	—	—
62	1.6	2	—	—
63	1.0	3	34.72	1
64	1.3	8	34.63	3
65	1.3	4	—	—
66	1.3	4	—	—
67	1.7	13	—	—
68	1.9	42	34.72	7
69	2.8	38	34.83	9
Zehngradfeld 219				
00	8.2	13	35.23	12
1	7.1	3	—	—
2	7.5	12	—	—
3	7.4	5	—	—
4	7.3	8	35.29	1
5	6.7	7	—	—
6	6.9	7	35.26	1
7	6.7	3	—	—
8	6.9	6	35.16	1
9	6.2	9	—	—
10	7.6	4	—	—
11	7.3	5	—	—
12	7.3	5	35.34	1
13	7.0	1	—	—
14	7.1	3	—	—
15	6.5	3	—	—
16	6.8	2	—	—
17	6.8	2	—	—

Eingradfeld	Temperatur t°	Temperatur Anzahl	Salzgehalt ‰	Salzgehalt Anzahl
Februar				
18	6.1	7	—	—
19	5.8	5	—	—
20	7.0	7	35.14	1
21	7.2	8	34.88	1
22	6.8	1	35.21	1
23	7.1	1	35.07	1
24	7.1	1	—	—
25	6.4	3	34.97	1
26	5.8	3	34.79	1
27	5.8	9	34.76	1
28	6.8	1	—	—
29	6.6	2	34.70	2
30	6.2	226	35.05	13
31	6.4	212	35.13	16
32	5.4	162	34.40	10
33	5.4	15	34.85	2
34	6.1	74	—	—
35	5.3	7	—	—
36	6.5	2	—	—
41	2.4	79	33.99	2
42	3.5	173	34.61	13
43	4.1	118	34.77	9
44	3.7	78	34.84	10
45	5.2	7	—	—
46	4.3	10	—	—
47	5.1	6	—	—
48	4.7	6	—	—
49	5.1	6	—	—
50	2.9	14	34.92	1
51	2.5	45	—	—
52	2.2	5	34.70	2
53	2.2	18	34.67	5
54	2.6	132	34.76	15
55	3.8	6	—	—
56	4.6	25	—	—
57	5.0	4	—	—
58	5.0	4	—	—
59	3.1	1	—	—
60	2.9	36	34.87	3
61	2.5	30	33.88	2
62	2.2	46	34.72	11
63	2.1	80	34.61	12
64	5.0	30	—	—
65	5.0	39	—	—
66	3.0	2	—	—
70	2.5	2	—	—

Eingradfeld	Temperatur t°	Temperatur Anzahl	Salzgehalt ‰	Salzgehalt Anzahl
Februar				
Zehngradfeld 220				
00	6.1	14	35.11	1
1	5.1	4	—	—
2	5.0	6	—	—
3	4.9	5	—	—
4	5.4	3	—	—
5	3.5	2	—	—
6	4.0	1	—	—
7	3.8	4	—	—
8	4.2	1	—	—
9	5.2	2	—	—
10	5.5	1	—	—
18	7.0	1	—	—
20	5.0	1	—	—
22	5.2	2	34.90	2
26	5.8	2	—	—
27	6.5	1	—	—
35	5.5	2	—	—
Zehngradfeld 221				
06	1.0	2	33.47	7
7	2.4	5	33.68	1
8	0.3	11	34.00	3
18	—0.4	2	33.56	2
Zehngradfeld 285				
00	2.8	1	—	—
1	2.6	7	34.79	1
2	1.8	2	34.55	1
3	2.2	3	34.62	3
4	2.8	3	—	—
5	2.6	1	—	—
9	2.8	1	—	—
13	2.4	3	34.72	2
23	2.8	2	34.62	1
33	2.4	1	34.86	1
43	3.1	1	34.85	1
Zehngradfeld 286				
00	3.9	2	33.71	1
1	4.2	3	33.99	1
2	1.3	1	—	—
3	3.2	3	34.04	2
4	3.4	4	33.98	3
13	3.1	1	34.41	1
14	4.9	5	34.24	5
15	5.1	4	34.24	3
17	2.5	1	—	—
18	6.5	1	—	—
19	2.1	1	—	—

Eingradfeld	Temperatur t°	Temperatur Anzahl	Salzgehalt ‰	Salzgehalt Anzahl
Februar				
Zehngradfeld 287				
00	5.6	1	35.08	1
6	6.6	2	—	—
7	5.9	33	—	—
46	1.6	1	—	—
Zehngradfeld 288				
00	4.4	1	35.09	1
2	4.8	1	35.12	1
März				
Zehngradfeld 183				
50	8.6	33	35.36	5
51	8.7	55	35.35	1
52	8.5	97	35.32	9
53	8.6	134	35.33	4
54	8.5	148	35.29	10
55	8.7	128	35.26	14
56	8.7	84	35.27	5
57	7.9	46	35.18	2
58	7.7	27	34.96	1
59	7.5	18	34.90	1
60	9.1	157	35.42	13
61	8.8	146	35.36	6
62	8.8	137	35.36	12
63	8.9	95	35.38	3
64	8.6	53	35.56	5
65	8.5	29	35.19	1
66	8.4	29	35.14	1
67	7.7	26	—	—
68	7.4	18	—	—
69	6.7	9	—	—
70	8.8	74	35.37	12
71	8.8	40	35.48	2
72	8.5	34	35.35	2
73	8.3	20	—	—
74	8.2	15	—	—
75	7.8	15	—	—
76	7.3	6	—	—
77	6.9	9	—	—
78	7.2	8	—	—
79	6.6	4	—	—
80	8.7	13	35.28	2
81	8.0	6	—	—
82	7.7	5	—	—
83	7.3	4	—	—
84	7.5	1	—	—
84	7.9	3	—	—
86	7.4	1	—	—

Eingradfeld	Temperatur		Salzgehalt	
	t°	Anzahl	‰	Anzahl
März				
87	7.4	1	—	—
89	5.5	4	—	—
90	8.2	33	35.19	17
91	8.3	13	—	—
92	7.6	23	35.50	1
93	7.4	25	35.16	1
94	7.5	17	35.34	1
95	7.1	20	—	—
96	7.4	23	35.33	2
97	7.3	19	—	—
98	6.7	21	35.34	2
99	6.7	21	35.29	1
Zehngradfeld 184				
50	6.9	25	—	—
51	6.3	19	—	—
52	6.2	14	35.05	1
53	5.9	3	—	—
54	6.4	2	—	—
55	5.5	3	—	—
56	5.0	1	—	—
58	4.4	6	34.88	1
59	2.9	4	—	—
60	6.8	3	—	—
64	5.9	6	—	—
66	4.9	2	—	—
67	5.2	6	34.94	1
68	4.5	4	—	—
69	2.8	1	—	—
70	6.3	6	—	—
71	6.4	4	—	—
72	6.3	3	—	—
73	5.8	9	—	—
74	5.6	10	—	—
75	5.2	8	—	—
76	6.0	7	35.01	1
77	5.4	4	34.99	1
78	3.9	6	—	—
79	3.9	20	—	—
80	6.6	5	—	—
81	6.6	3	—	—
82	6.2	5	—	—
83	6.0	7	—	—
84	5.6	15	35.08	1
85	5.6	14	—	—
86	4.8	15	35.04	3
87	4.6	12	—	—
88	4.2	18	34.99	5
89	4.2	11	—	—
90	6.3	38	35.20	3

Eingradfeld	Temperatur		Salzgehalt	
	t°	Anzahl	‰	Anzahl
März				
91	5.8	67	—	—
92	5.8	46	35.12	7
93	5.7	49	—	—
94	5.2	41	35.12	5
95	5.1	44	—	—
96	4.5	59	34.99	5
97	4.1	54	34.96	2
98	3.7	45	35.08	6
99	3.5	55	35.05	2
Zehngradfeld 185				
50	4.0	2	—	—
52	3.5	2	—	—
53	3.7	1	—	—
54	2.9	1	34.82	1
55	2.5	2	—	—
69	2.6	6	—	—
61	3.5	2	—	—
64	2.8	1	34.87	1
70	3.5	13	34.96	1
71	3.2	14	—	—
72	3.4	10	34.92	1
73	3.1	11	—	—
74	3.3	10	34.90	2
75	3.3	12	—	—
76	3.7	4	34.95	1
77	2.2	1	34.91	1
80	3.0	23	39.96	1
81	3.3	22	—	—
82	3.1	32	34.83	5
83	2.9	42	—	—
84	3.0	47	34.94	4
85	3.2	20	—	—
86	3.4	20	34.90	1
87	3.1	14	34.60	1
88	3.0	12	34.88	2
89	3.8	1	—	—
90	3.4	52	34.95	9
91	3.6	41	34.93	2
92	3.4	41	34.78	8
93	2.6	29	33.27	1
94	2.6	37	34.31	9
95	1.9	39	—	—
96	1.7	65	34.43	5
97	2.2	63	34.62	7
98	2.1	26	34.51	4
99	2.0	16	34.76	2

Eingradfeld	Temperatur		Salzgehalt	
	t°	Anzahl	‰	Anzahl
März				
Zehngradfeld 247				
90	—1.9	1	32.27	1
91	—1.9	1	32.88	1
94	—1.8	1	34.02	1
95	—1.8	1	34.51	1
97	—2.0	2	34.10	2
98	—1.9	1	34.14	1
99	4.1	2	34.47	2
Zehngradfeld 248				
50	—1,5	1	28.12	1
60	—1,5	1	28.68	1
61	1,6	1	29.79	1
62	—1.5	1	28.62	1
80	—0.9	1	34.58	1
82	—1.9	1	—	—
90	1.3	2	34.63	1
91	0.9	2	34.63	1
92	0.2	2	34.60	1
93	—0.1	1	34.62	1
96	—1.2	1	34.53	1
97	—1.9	1	34.51	1
98	—1.9	1	32.54	1
99	—1.9	1	—	—
Zehngradfeld 249				
86	—0.2	1	32.32	1
87	—0.1	1	34.23	1
90	1.4	1	34.38	1
91	0.5	6	34.12	2
92	0.9	10	34.31	3
93	1.3	15	34.28	3
94	2.6	17	34.45	5
95	1.8	3	34.32	2
96	1.3	3	34.45	3
97	1.9	1	34.60	1
98	2.1	2	34.70	2
99	2.4	4	34.70	4
Zehngradfeld 251				
30	3.7	8	32.75	8
40	4.0	27	32.39	5
41	4.1	7	32.98	4
50	5.4	22	—	—
51	4.1	21	—	—
52	3.8	23	33.58	10
60	5.5	96	35.04	1
61	5.1	84	34.42	4
62	4.1	27	33.05	7
63	3.7	17	34.01	3

Eingradfeld	Temperatur		Salzgehalt	
	t°	Anzahl	‰	Anzahl
März				
64	3.4	2	—	—
70	5.3	46	34.19	1
71	5.0	37	34.16	2
72	4.0	110	33.72	33
73	3.4	151	33.55	75
74	3.1	110	33.16	35
75	3.5	2	34.31	15
78	3.3	1	33.26	1
80	7.1	11	—	—
81	5.6	46	34.42	1
82	6.3	90	34.67	2
83	4.0	49	33.43	38
84	3.0	418	33.11	348
85	2.8	111	32.87	64
86	2.5	40	33.02	21
87	2.1	18	33.13	15
93	5.7	4	34.81	4
94	5.7	27	34.65	8
95	6.2	140	35.05	7
96	5.0	36	34.45	20
97	2.8	13	34.09	7
98	1.9	8	—	—
99	0.3	4	—	—
Zehngradfeld 252				
00	7.0	63	35.33	27
1	6.6	51	35.31	21
2	6.8	54	35.24	9
3	6.0	163	34.45	3
4	5.2	162	33.71	6
5	9.5	22	32.56	8
10	7.7	51	35.31	12
11	7.6	59	35.25	10
12	6.9	199	35.04	11
13	6.5	110	34.42	2
14	5.0	169	33.46	2
15	4.6	15	33.83	3
20	6.6	2	35.21	1
21	7.0	7	35.32	2
22	7.1	6	—	—
23	5.8	34	—	—
24	5.4	142	34.12	4
25	5.3	103	33.54	7
26	4.4	52	33.17	33
27	4.4	8	32.20	4
31	5.8	2	35.27	2
33	6.8	4	—	—
34	6.3	13	—	—
35	5.8	98	34.27	7
36	5.5	109	33.37	7

Eingradfeld	Temperatur		Salzgehalt	
	t°	Anzahl	‰	Anzahl
März				
37	5.0	23	33.65	3
38	4.8	19	33.18	2
39	4.4	22	32.17	5
40	4.7	1	35.25	1
41	6.4	1	35.21	1
44	6.1	1	—	—
45	6.4	4	—	—
46	6.0	47	—	—
47	6.1	132	—	—
48	6.0	48	—	—
49	4.9	11	—	—
50	5.7	3	35.16	2
55	7.5	2	—	—
56	5.9	1	—	—
57	6.2	14	—	—
58	6.1	85	—	—
59	5.7	102	—	—
60	5.7	2	35.17	1
64	9.0	1	—	—
65	5.3	1	—	—
68	6.4	1	—	—
69	6.0	27	—	—
74	5.1	1	35.16	1
83	3.6	1	35.16	1
92	4.3	1	35.13	1
94	4.3	1	—	—
Zehngradfeld 217				
00	6.9	102	35.26	22
1	7.0	38	35.30	12
2	7.2	43	35.32	12
3	7.7	148	35.36	22
4	7.5	237	35.32	25
5	7.7	186	35.30	13
6	7.7	185	35.33	11
7	7.9	189	35.33	12
8	8.0	233	35.33	22
9	8.0	229	35.31	14
10	7.7	102	35.25	8
11	7.6	126	35.30	17
12	7.7	126	35.36	21
13	7.5	111	35.32	23
14	7.1	126	35.27	23
15	6.7	163	35.27	41
16	6.4	314	35.21	45
17	6.7	99	35.23	3
18	7.3	42	35.29	11
19	7.5	37	35.25	3
20	6.6	6	—	—
21	6.4	7	—	—

Eingradfeld	Temperatur		Salzgehalt	
	t°	Anzahl	‰	Anzahl
März				
22	6.9	8	35.25	1
23	6.0	12	35.08	1
24	6.7	20	35.25	2
25	6.8	35	35.21	12
26	6.1	542	35.17	22
27	6.4	231	35.18	45
28	6.9	140	35.29	32
29	7.5	134	35.28	18
30	7.0	1	—	—
31	6.6	1	—	—
32	6.5	1	—	—
33	4.2	2	—	—
34	4.5	6	—	—
35	2.5	7	—	—
36	6.0	19	35.11	8
37	6.2	19	35.05	2
38	6.7	34	35.12	4
39	6.2	50	35.16	5
43	2.5	1	—	—
47	1.6	2	—	—
48	3.1	3	—	—
49	6.1	9	35.18	2
50	4.0	1	35.13	1
51	8.2	1	—	—
51	7.8	1	—	—
53	8.5	1	—	—
60	4.4	2	35.17	2
61	2.4	1	35.10	1
67	7.3	3	—	—
68	7.4	1	—	—
70	4.5	3	35.21	2
71	3.8	2	35.13	2
76	3.6	1	—	—
78	3.5	1	—	—
80	3.3	1	35.19	1
81	4.2	1	35.09	1
82	5.1	2	35.13	1
83	5.8	1	—	—
85	7.0	1	—	—
90	6.0	4	35.25	1
91	7.6	1	—	—
92	5.6	2	35.13	1
93	6.2	2	35.17	1
Zehngradfeld 218				
00	7.9	184	35.30	16
1	8.0	117	35.30	8
2	8.0	115	35.37	9
3	8.1	86	35.27	7
4	8.0	109	35.29	21

Eingradfeld	Temperatur		Salzgehalt	
	t°	Anzahl	‰	Anzahl
März				
5	8.0	106	35.35	10
6	8.0	96	35.32	7
7	8.1	83	35.20	2
8	8.0	97	35.30	11
9	7.9	94	35.22	10
10	7.5	54	35.29	4
11	7.8	114	35.26	8
12	7.7	123	35.26	9
13	7.7	92	35.27	12
14	7.5	72	35.26	11
15	7.3	20	35.27	3
16	7.3	19	35.34	3
17	7.2	23	35.33	1
18	7.1	13	35.32	1
19	7.1	13	—	—
20	7.6	142	35.32	33
21	7.8	126	35.29	24
22	7.6	131	35.32	34
23	7.6	156	35.26	25
24	7.6	183	35.31	38
25	7.5	207	35.24	33
26	7.2	158	35.24	29
27	7.1	116	35.22	20
28	7.0	51	35.20	9
29	7.0	18	35.22	4
30	6.3	57	35.16	7
31	6.6	27	35.17	3
32	6.7	27	35.28	2
33	6.6	10	35.17	1
34	7.5	9	35.26	4
35	7.0	23	35.14	4
36	7.2	147	35.26	17
37	7.0	147	35.27	20
38	6.9	233	35.26	32
39	6.4	262	35.18	19
40	5.9	16	35.19	2
41	6.1	45	35.07	5
42	4.8	71	35.06	9
43	4.1	57	35.03	3
44	5.2	30	34.63	6
45	5.8	11	34.65	1
46	8.0	1	—	—
50	2.6	1	—	—
51	2.4	2	34.63	1
52	3.6	8	34.65	1
53	1.7	44	34.63	1
54	1.0	7	33.80	1
58	1.5	6	—	—
59	1.6	3	—	—
63	3.2	4	34.62	1

Eingradfeld	Temperatur		Salzgehalt	
	t°	Anzahl	‰	Anzahl
März				
64	2.1	21	34.59	3
65	1.8	15	—	—
66	1.4	14	—	—
67	2.6	16	34.69	1
68	2.1	28	34.78	5
69	1.6	30	34.53	3
70	1.2	1	—	—
71	2.5	2	—	—
72	1.0	1	—	—
74	0.0	1	—	—
77	2.0	1	—	—
78	2.9	1	—	—
79	0.3	1	—	—
83	0.4	2	—	—
84	1.0	1	—	—
86	0.0	1	—	—
87	0.5	1	—	—
90	1.0	1	—	—
91	1.0	1	—	—
93	0.0	1	—	—
94	—0.6	1	—	—
Zehngradfeld 219				
00	7.8	94	35.21	31
1	7.6	74	—	—
2	7.6	71	35.25	10
3	7.5	66	35.22	1
4	7.3	75	35.26	11
5	7.3	62	35.18	1
6	6.9	72	35.21	8
7	6.9	51	35.20	1
8	6.9	52	35.23	8
9	6.6	57	—	—
10	7.4	26	35.33	3
11	6.9	10	35.30	1
12	6.9	16	35.32	2
13	7.0	16	35.26	1
14	6.9	15	35.32	3
15	7.0	14	35.26	1
16	6.3	11	35.12	2
17	6.1	10	35.02	2
18	5.9	15	35.02	2
19	5.9	10	34.70	1
20	6.1	10	34.91	1
21	6.3	9	35.15	3
22	6.6	4	35.32	1
23	6.4	8	34.98	3
24	6.2	4	34.91	2
25	6.1	4	35.16	2
26	6.1	4	34.82	1

Eingradfeld	Temperatur t°	Temperatur Anzahl	Salzgehalt ‰	Salzgehalt Anzahl
März				
27	6.0	6	—	—
28	6.2	7	—	—
29	6.0	8	—	—
30	5.9	612	34.98	37
31	6.3	385	35.09	33
32	5.6	337	34.94	21
33	6.4	77	35.17	2
34	6.4	130	35.21	1
35	6.0	12	35.18	1
36	5.9	9	—	—
37	5.7	4	—	—
38	6.0	5	35.19	1
39	6.0	1	35.10	1
41	1.7	153	34.28	2
42	4.2	295	34.64	24
43	4.2	179	34.88	17
44	3.8	104	34.90	10
45	6.0	2	—	—
46	6.6	2	35.17	1
48	7.0	3	35.13	1
50	1.9	24	—	—
51	0.6	12	—	—
52	2.8	2	34.47	1
53	2.2	9	34.55	1
54	2.7	154	34.70	10
55	4.6	6	34.99	1
56	4.9	11	35.04	1
57	5.3	2	—	—
59	4.5	4	—	—
60	2.2	38	35.08	1
61	2.3	28	34.80	3
62	1.8	59	34.35	9
63	2.0	92	34.63	6
64	4.1	10	—	—
65	3.4	7	—	—
66	5.2	9	35.12	1
68	4.0	2	—	—
69	5.8	1	—	—
71	2.0	1	—	—
73	3.8	2	—	—
88	6.0	1	—	—
89	6.5	1	—	—
97	5.2	1	—	—
Zehngradfeld 220				
00	6.4	64	35.16	9
1	6.1	48	35.12	1
2	5.9	49	35.10	6
3	5.2	21	—	—
4	4.6	23	35.09	4

Eingradfeld	Temperatur t°	Temperatur Anzahl	Salzgehalt ‰	Salzgehalt Anzahl
März				
5	4.6	20	35.02	2
6	4.0	24	35.04	4
7	4.0	14	—	—
8	3.6	16	35.00	4
9	2.7	6	—	—
10	5.5	7	35.06	1
11	5.2	5	—	—
12	2.2	1	—	—
13	4.9	3	—	—
14	4.3	3	—	—
15	4.6	3	—	—
19	4.3	3	35.04	1
20	5.4	6	34.75	1
21	5.0	5	34.82	1
22	5.1	8	—	—
23	4.8	4	35.03	1
24	5.0	2	35.03	1
26	4.7	1	35.04	1
27	4.5	1	35.04	1
29	5.2	3	35.07	2
30	5.9	3	35.07	1
31	4.5	2	—	—
32	4.5	2	—	—
37	—0.9	2	33.63	1
38	4.6	2	35.23	1
39	1.7	2	34.04	1
40	5.9	5	35.17	1
41	2.7	2	—	—
42	6.2	3	35.06	1
43	6.5	1	—	—
45	5.0	2	34.67	1
46	1.2	4	34.19	1
47	3.5	3	34.83	1
50	3.8	4	—	—
Zehngradfeld 221				
00	3.4	2	—	—
1	4.3	7	34.79	1
2	0.3	1	33.81	1
5	0.3	4	—	—
6	—1.0	71	33.96	4
7	0.0	50	33.82	3
8	0.4	44	33.88	10
9	0.1	18	34.05	3
10	5.5	1	—	—
11	3.0	2	34.69	1
18	0.1	11	33.63	2
19	—0.4	26	33.81	7
20	2.5	2	34.83	1
29	—1.4	1	—	—

Eingradfeld	Temperatur t°	Temperatur Anzahl	Salzgehalt ‰	Salzgehalt Anzahl
März				
Zehngradfeld 222				
00	2.2	2	—	—
1	1.7	4	—	—
2	—1.9	1	—	—
10	—1.0	22	33.69	1
11	1.4	5	—	—
20	0.1	22	34.19	9
21	0.3	9	34.11	3
31	—0.1	13	34.15	6
32	—0.3	12	34.16	2
33	—0.4	2	33.86	2
41	—0.3	3	33.26	2
42	0.0	12	33.98	3
43	—1.2	4	34.14	4
52	—0.3	3	34.32	3
53	—0.9	6	34.03	6
Zehngradfeld 284				
03	1.6	4	34.74	3
10	2.8	1	35.00	1
11	0.2	1	34.58	1
13	0.2	2	34.79	1
Zehngradfeld 285				
00	2.7	5	34.51	5
1	1.6	43	34.65	5
2	3.0	10	34.54	5
3	2.6	5	34.65	1
4	3.0	6	34.58	4
5	2.6	2	34.82	1
6	2.5	3	34.78	2
7	3.0	3	34.74	2
8	3.5	1	34.96	1
13	2.7	4	34.75	2
15	2.5	1	—	—
17	—1.9	1	34.60	1
23	2.7	2	—	—
33	2.4	2	—	—
43	2.2	2	—	—
Zehngradfeld 286				
01	3.9	6	34.43	4
2	3.0	2	34.08	1
3	4.0	1	—	—
4	1.4	2	—	—
5	1.5	1	—	—
6	4.0	1	34.34	1
9	2.8	2	34.46	1
10	5.6	2	34.98	4
11	5.1	2	34.79	3

Eingradfeld	Temperatur t°	Temperatur Anzahl	Salzgehalt ‰	Salzgehalt Anzahl
März				
12	4.2	2	34.94	2
13	3.9	2	34.68	2
15	—	—	34.30	1
16	2.9	3	34.59	3
18	2.8	2	—	—
20	5.3	3	35.01	5
21	3.8	1	35.03	1
30	—	—	35.06	1
Zehngradfeld 287				
06	5.1	1	34.59	1
7	5.0	136	34.63	1
8	4.6	1	34.39	1
9	5.4	1	34.72	1
25	4.3	1	35.05	1
29	4.4	1	35.03	1
39	4.0	8	34.98	13
43	4.3	1	35.06	2
44	4.8	1	35.06	2
45	4.8	1	35.07	1
46	5.0	3	35.06	6
47	1.0	1	34.70	2
48	1.9	1	34.92	1
49	—1.0	1	34.68	2
Zehngradfeld 288				
00	2.8	1	35.25	1
1	3.7	1	35.09	1
10	—1.5	1	34.66	1
11	1.8	1	35.22	1
21	3.7	2	34.86	2
22	0.9	1	35.03	1
Zehngradfeld 253				
00	3.0	1	35.23	1
2	4.5	4	35.19	1
3	4.5	3	—	—
4	4.1	3	—	—
5	1.8	1	—	—
8	1.0	1	—	—
10	2.8	2	34.49	1
11	3.2	1	35.16	1
13	5.0	1	—	—
20	—2.0	1	34.56	1
21	0.2	2	34.95	2
22	—8.0	1	34.83	1
25	—2.0	1	34.95	1
27	—2.0	1	34.97	1
33	—2.0	1	34.95	1

Eingradfeld	Temperatur t°	Temperatur Anzahl	Salzgehalt ‰	Salzgehalt Anzahl
April				
Zehngradfeld 183				
50	9.2	45	35.46	1
51	9.2	88	35.47	4
52	9.2	130	35.24	6
53	9.1	146	35.36	7
54	9.0	130	35.30	13
55	9.1	86	35.26	7
56	8.6	52	35.26	1
57	8.6	29	35.02	1
58	7.8	19	—	—
59	7.2	21	—	—
60	9.3	143	35.40	11
61	9.5	139	35.47	7
62	9.1	79	35.31	3
63	9.2	69	35.21	2
64	8.7	31	—	—
65	8.5	25	—	—
66	8.3	29	35.05	1
67	7.7	17	—	—
68	7.5	20	—	—
69	7.0	22	—	—
70	9.0	81	35.42	7
71	9.0	36	35.37	1
72	8.7	28	35.34	1
73	9.0	17	—	—
74	8.8	10	—	—
75	7.5	25	35.34	1
76	7.7	23	—	—
77	6.8	67	35.14	2
78	7.0	32	—	—
79	7.1	20	35.04	3
80	8.3	28	35.30	1
81	8.0	28	35.11	2
82	8.0	29	35.27	2
83	8.0	43	35.29	2
84	7.5	34	35.22	2
85	6.8	42	35.21	2
86	7.0	64	35.26	2
87	7.0	37	35.18	2
88	6.8	38	35.28	2
89	6.6	44	35.20	1
90	8.1	80	35.26	14
91	8.1	83	35.30	5
92	7.7	130	35.27	5
93	7.9	90	35.22	3
94	7.5	104	35.28	9
95	7.4	96	35.17	3
96	7.3	106	35.27	9
97	7.3	97	35.22	3

Eingradfeld	Temperatur t°	Temperatur Anzahl	Salzgehalt ‰	Salzgehalt Anzahl
April				
98	7.0	102	35.23	7
99	6.6	161	35.19	3
Zehngradfeld 184				
50	7.6	18	34.96	1
51	7.4	22	—	—
52	7.5	9	—	—
53	7.2	9	—	—
54	8.6	6	—	—
55	5.5	7	—	—
56	5.2	7	—	—
57	5.0	7	—	—
58	5.0	10	—	—
59	5.0	7	—	—
60	7.3	22	—	—
61	7.0	12	35.10	1
62	6.6	10	35.03	1
63	6.2	4	35.03	1
64	4.9	7	33.89	1
65	5.8	26	—	—
66	5.7	25	—	—
67	5.1	33	—	—
68	4.0	39	—	—
69	3.6	29	—	—
70	6.5	13	—	—
71	6.4	39	35.03	1
72	6.2	49	—	—
73	5.8	56	35.01	1
74	5.4	60	—	—
75	5.1	48	—	—
76	5.0	45	—	—
77	4.9	51	—	—
78	4.2	70	—	—
79	3.9	77	—	—
80	6.4	71	35.16	4
81	6.5	98	35.34	1
82	6.1	110	35.16	5
83	5.6	76	35.02	2
84	5.4	109	35.11	5
85	5.0	112	35.04	1
86	4.7	145	35.00	3
87	4.4	131	34.98	3
88	4.2	192	34.97	5
89	4.0	150	34.97	5
90	6.7	138	35.20	10
91	6.2	174	35.14	5
92	5.9	229	35.09	13
93	5.7	226	35.06	13
94	5.3	214	35.05	14
95	5.1	207	35.04	8

Eingradfeld	Temperatur t°	Temperatur Anzahl	Salzgehalt ‰	Salzgehalt Anzahl
April				
96	4.8	230	35.02	17
97	4.5	240	34.94	7
98	4.2	232	35.01	20
99	4.0	177	34.97	7
Zehngradfeld 185				
50	5.3	3	—	—
51	4.3	3	—	—
52	4.4	2	—	—
53	4.5	3	—	—
54	4.0	3	—	—
55	3.8	2	—	—
60	3.3	23	—	—
61	3.6	9	—	—
62	2.9	7	34.92	1
63	3.2	18	—	—
64	3.7	12	—	—
65	4.1	7	—	—
66	3.9	2	—	—
67	3.8	3	—	—
68	3.6	3	34.84	1
69	3.1	5	—	—
70	3.8	72	34.95	3
71	3.5	94	34.99	2
72	3.3	89	34.92	2
73	2.7	137	35.05	1
74	3.0	103	—	—
75	3.2	58	35.06	2
76	3.2	44	34.95	1
77	3.1	25	—	—
78	3.0	18	34.40	1
79	2.8	15	34.93	1
80	3.9	186	34.89	10
81	3.5	205	34.79	7
82	3.2	288	34.86	21
83	3.3	275	34.87	15
84	3.2	268	34.79	19
85	3.3	302	34.91	17
86	3.1	230	34.84	12
87	3.0	128	34.85	6
88	3.1	105	—	—
89	2.8	56	34.24	1
90	3.8	163	34.95	19
91	3.6	104	34.97	4
92	3.7	87	35.00	10
93	3.4	76	34.58	5
94	2.9	90	34.55	11
95	2.9	134	34.68	11
96	2.8	229	34.64	18
97	2.5	277	34.68	20

Eingradfeld	Temperatur t°	Temperatur Anzahl	Salzgehalt ‰	Salzgehalt Anzahl
April				
98	2.6	248	34.72	15
99	2.3	155	34.74	5
Zehngradfeld 186				
60	3.4	8	—	—
70	3.2	20	—	—
71	2.8	8	—	—
72	2.5	2	—	—
73	2.0	3	—	—
74	2.8	6	—	—
75	2.6	4	—	—
80	3.1	42	—	—
81	2.8	21	—	—
84	3.0	2	—	—
85	3.5	4	—	—
90	3.1	89	34.82	1
91	2.8	89	34.38	1
92	2.9	21	—	—
93	2.3	4	—	—
94	2.5	9	—	—
95	2.5	2	—	—
Zehngradfeld 251				
30	5.6	11	32.49	11
40	5.4	24	32.05	9
41	5.7	9	—	—
42	5.2	1	32.74	1
50	5.8	23	—	—
51	5.4	18	32.92	1
52	5.1	19	32.95	9
53	4.0	1	33.40	1
60	5.7	87	34.75	3
61	5.1	87	34.41	3
62	4.9	30	33.52	10
63	4.8	16	33.08	2
64	4.3	7	33.20	2
70	5.8	20	34.55	4
71	5.3	49	34.12	10
72	4.2	95	33.86	26
73	3.8	145	33.63	64
74	4.2	111	33.50	41
75	2.8	2	32.79	1
80	6.2	16	34.97	2
81	6.2	82	34.95	4
82	6.0	160	34.78	9
83	5.1	36	33.74	23
84	3.3	108	33.33	83
85	3.4	64	33.12	28
86	3.3	24	33.32	9
87	3.1	18	33.32	14

Eingradfeld	Temperatur t°	Temperatur Anzahl	Salzgehalt ‰	Salzgehalt Anzahl
April				
90	4.1	1	—	—
92	5.5	3	34.81	3
93	6.3	5	34.18	1
94	5.9	10	34.69	9
95	5.6	23	34.39	8
96	4.5	13	33.93	9
97	4.0	7	33.52	6
98	3.2	6	33.49	4
99	3.3	8	33.98	7
Zehngradfeld 252				
00	7.6	61	35,36	41
1	7.0	53	35.29	29
2	6.8	71	35.06	20
3	6.4	126	34.20	11
4	5.7	181	33.44	13
5	6.5	19	29.28	6
10	8.2	43	35.32	16
11	7.9	56	35.29	12
12	7.5	72	35.05	12
13	6.6	105	34.24	4
14	5.5	163	32.60	5
15	6.2	18	29.72	7
20	7.3	1	35.27	1
22	6.9	1	—	—
23	4.2	1	—	—
24	5.6	103	34.53	3
25	5.8	98	33.53	7
26	5.9	28	32.39	11
27	5.0	4	32.99	1
30	8.7	1	—	—
31	7.4	2	—	—
32	8.1	1	—	—
34	6.7	8	—	—
35	6.0	88	34.19	6
36	5.8	98	33.52	4
37	5.8	22	33.85	2
38	5.6	13	33.28	2
39	5.6	18	33.31	6
43	7.9	1	—	—
44	7.2	2	—	—
45	7.3	3	—	—
46	6.6	30	35.22	2
47	6.0	120	35.13	1
48	5.8	66	35.15	2
49	6.0	12	34.24	1
52	7.4	2	—	—
56	7.1	2	—	—
57	6.5	17	—	—
58	6.1	74	—	—

Eingradfeld	Temperatur t°	Temperatur Anzahl	Salzgehalt ‰	Salzgehalt Anzahl
April				
59	5.6	103	—	—
60	5.5	3	—	—
65	8.0	1	—	—
67	6.8	3	—	—
68	7.0	1	—	—
69	6.2	27	—	—
70	7.5	1	—	—
79	6.4	4	34.57	2
83	8.0	1	—	—
89	7.0	2	35.22	2
Zehngradfeld 217				
00	7.6	93	35.31	35
1	7.8	43	35.30	18
2	7.7	60	35.31	14
3	7.9	167	35.30	19
4	7.7	221	35.33	26
5	7.8	261	35.25	13
6	7.3	290	35.30	14
7	8.2	312	35.34	20
8	8.3	335	35.36	27
9	8.3	333	35.35	20
10	7.9	102	35.32	14
11	7.9	138	35.35	20
12	7.7	177	35.35	35
13	7.6	162	35.35	27
14	7.4	171	35.34	28
15	7.0	232	35.26	50
16	6.7	283	35.22	51
17	6.9	112	35.19	4
18	7.4	74	35.31	9
19	7.8	65	35.33	4
20	7.5	11	35.30	2
21	6.6	15	35.19	3
22	6.5	27	35.23	7
23	6.3	16	35.12	6
24	6.5	15	35.14	4
25	6.9	42	35.13	17
26	6.6	330	35.14	22
27	6.7	218	35.18	40
28	7.1	169	35.25	33
29	7.5	168	35.28	24
32	5.0	3	35.10	2
33	4.8	4	35.07	3
34	5.3	3	35.24	2
35	3.3	2	35.03	18
36	5.1	3	34.74	1
37	7.1	10	35.12	1
38	6.9	25	35.30	3
39	6.1	55	35.25	2

Eingradfeld	Temperatur t°	Temperatur Anzahl	Salzgehalt ‰	Salzgehalt Anzahl
April				
44	4.2	3	35.00	2
45	3.4	1	34.97	1
46	3.7	3	35.03	1
47	5.8	1	—	—
48	1.9	1	—	—
49	5.0	3	34.87	1
50	7.2	1	—	—
53	5.0	1	—	—
54	3.5	1	34.95	1
55	2.7	1	34.96	1
64	2.6	4	34.39	1
65	3.5	2	—	—
66	2.7	1	35.01	1
68	7.5	1	—	—
70	7.4	1	—	—
75	3.5	1	—	—
76	1.8	1	34.89	1
77	0.8	2	34.86	1
78	0.3	2	34.66	2
79	0.3	3	34.66	3
87	1.8	1	34.90	1
88	1.4	1	34.90	1
89	0.3	2	34.70	2
90	7.5	1	—	—
91	8.0	1	—	—
92	3.2	1	35.07	1
93	3.2	1	—	—
94	3.6	2	35.00	1
95	3.7	3	35.04	1
96	3.0	1	34.98	1
98	1.2	1	34.72	1
Zehngradfeld 218				
00	8.3	305	35.28	26
1	8.3	236	35.34	7
2	8.2	249	35.35	26
3	8.2	211	33.31	14
4	8.1	215	35.36	20
5	8.1	234	35.22	16
6	8.1	226	35.31	22
7	8.1	188	35.29	9
8	8.1	227	35.31	20
9	8.1	241	35.27	15
10	8.0	100	35.28	8
11	8.0	135	35.26	11
12	8.0	137	35.41	10
13	8.0	114	35.28	10
14	7.8	80	35.23	6
15	8.0	40	35.33	3
16	7.8	44	35.40	2

Eingradfeld	Temperatur t°	Temperatur Anzahl	Salzgehalt ‰	Salzgehalt Anzahl
April				
17	7.7	33	—	—
18	7.8	43	35.33	3
19	7.6	52	—	—
20	7.7	141	35.31	35
21	7.8	149	35.29	21
22	7.7	182	35.32	33
23	7.7	178	35.30	19
24	7.8	235	35.31	38
25	7.6	254	35.25	36
26	7.6	158	35.27	18
27	7.8	124	35.22	13
28	7.5	50	35.20	6
29	7.3	27	35.25	2
30	6.5	68	35.25	7
31	6.7	40	35.20	2
32	6.8	28	35.32	2
33	7.4	30	35.24	1
34	7.3	23	35.30	2
35	7.6	24	35.25	4
36	7.1	172	35.22	26
37	6.9	269	35.24	20
38	7.0	335	35.15	38
39	7.0	384	35.11	37
40	6.1	17	35.17	1
41	5.5	38	35.11	4
42	4.3	59	34.93	5
43	4.5	77	34.74	4
44	4.6	48	34.88	4
45	5.9	26	34.86	3
51	3.0	4	—	—
52	2.3	6	34.60	1
53	2.5	41	34.44	3
54	3.0	4	34.61	1
58	2.8	10	—	—
63	1.9	1	34.79	1
64	2.0	17	34.74	3
65	1.9	9	34.56	2
66	2.2	18	34.52	4
67	3.0	5	34.85	1
68	2.2	27	—	—
69	2.9	24	34.66	4
70	0.4	2	34.63	2
71	4.3	2	34.37	1
72	7.9	2	—	—
74	8.4	3	—	—
91	—2.0	1	34.91	1
Zehngradfeld 219				
00	7.9	218	35.28	15
1	7.9	235	35.27	19

April

Eingradfeld	Temperatur t°	Temperatur Anzahl	Salzgehalt ‰	Salzgehalt Anzahl
2	7.8	227	35.28	18
3	7.5	205	35.20	7
4	7.6	181	35.25	19
5	7.6	168	35.22	5
6	7.2	189	35.22	22
7	7.2	192	35.19	5
8	7.1	192	35.21	16
9	6.9	187	35.20	10
10	7.8	37	35.39	2
11	7.5	45	—	—
12	7.7	43	35.27	2
13	7.3	35	—	—
14	7.1	36	35.21	1
15	7.1	25	35.26	1
16	6.7	18	—	—
17	6.6	17	—	—
18	6.1	17	—	—
19	5.9	19	35.22	1
20	6.0	122	—	—
21	6.8	32	—	—
22	6.5	8	—	—
23	7.1	3	—	—
24	6.6	2	—	—
25	6.5	8	35.21	1
26	7.2	12	—	—
27	6.2	15	35.21	1
28	6.7	7	35.23	1
29	5.8	6	—	—
30	6.1	527	35.01	31
31	6.1	526	35.05	35
32	5.9	408	34.65	45
33	6.3	190	34.84	13
34	6.5	140	35.23	2
35	6.2	12	—	—
36	6.3	8	35.21	1
37	7.1	2	—	—
38	5.9	4	—	—
39	6.5	3	—	—
41	4.7	111	33.86	5
42	4.7	295	34.65	35
43	5.1	96	34.89	20
44	5.1	64	34.86	17
52	4.2	2	34.36	2
53	2.3	6	34.94	1
54	3.4	127	34.78	21
55	3.1	4	35.10	2
60	1.9	30	34.78	6
61	2.6	36	34.93	5
62	1.8	53	34.72	11
63	2.2	75	34.55	9

April

Eingradfeld	Temperatur t°	Temperatur Anzahl	Salzgehalt ‰	Salzgehalt Anzahl
64	3.7	25	34.64	3
65	4.2	6	34.71	3
68	1.8	1	—	—

Zehngradfeld 220

Eingradfeld	Temperatur t°	Temperatur Anzahl	Salzgehalt ‰	Salzgehalt Anzahl
00	6.6	163	35.16	14
1	6.4	161	35.17	8
2	5.8	123	35.14	5
3	5.6	96	35.06	5
4	5.0	88	35.11	5
5	4.8	67	—	—
6	4.3	49	35.02	4
7	4.2	18	34.99	2
8	4.8	11	35.01	1
9	4.4	2	—	—
10	5.7	12	35.17	1
11	5.4	8	35.14	1
12	5.8	12	35.12	2
13	5.2	17	35.14	1
14	5.5	11	35.05	3
15	4.2	1	—	—
16	4.6	2	—	—
19	—1.0	4	—	—
20	5.4	7	35.10	1
21	6.2	4	35.14	1

Zehngradfeld 221

Eingradfeld	Temperatur t°	Temperatur Anzahl	Salzgehalt ‰	Salzgehalt Anzahl
00	4.0	1	—	—
5	2.1	3	—	—
6	—0.2	74	34.16	2
7	0.5	89	33.88	4
8	0.7	274	33.95	15
9	1.4	227	34.30	17
18	—0.3	45	33.46	6
19	0.2	240	33.48	20
29	0.0	1	—	—

Zehngradfeld 222

Eingradfeld	Temperatur t°	Temperatur Anzahl	Salzgehalt ‰	Salzgehalt Anzahl
00	2.1	155	34.24	8
1	2.2	97	34.25	4
2	2.8	48	—	—
3	1.7	31	—	—
4	1.2	6	—	—
10	0.8	176	34.02	12
11	1.7	128	34.08	6
12	1.6	49	34.04	2
13	1.7	42	—	—
14	1.0	21	—	—
20	0.0	116	33.76	21
21	0.3	158	33.78	22

April

Eingradfeld	Temperatur t°	Temperatur Anzahl	Salzgehalt ‰	Salzgehalt Anzahl
22	0.9	99	34.02	2
23	0.7	27	34.23	2
24	0.8	36	—	—
25	0.2	1	—	—
26	1.2	1	—	—
27	—0.5	1	—	—
31	0.1	94	33.79	17
32	—0.2	238	33.71	21
33	0.3	55	33.68	1
34	0.3	26	33.57	1
35	1.0	4	—	—
41	0.2	7	33.38	1
42	—0.1	217	33.84	32
43	—0.3	149	33.76	18
44	0.1	22	34.20	1
52	—0.2	21	34.16	3
53	—0.4	207	33.94	29
54	—0.5	110	33.79	12
55	1.2	3	—	—
63	—0.1	20	34.07	7
64	—0.7	212	33.89	22
65	—0.4	19	33.96	1
73	—1.0	2	—	—
74	—0.8	47	—	—
75	—1.3	23	—	—
76	—0.5	2	—	—
77	—0.6	3	—	—
82	0.0	4	—	—
83	—0.6	5	—	—
84	—0.9	28	—	—
85	—1.6	2	—	—
93	—0.4	4	—	—
94	—0.2	6	—	—

Zehngradfeld 284

Eingradfeld	Temperatur t°	Temperatur Anzahl	Salzgehalt ‰	Salzgehalt Anzahl
01	—0.2	3	34.68	3
2	—0.4	2	34.61	2
3	—1.5	2	34.07	2
7	—1.8	1	34.50	1
12	0.3	1	34.72	1
15	—1.2	1	34.45	1
17	—1.8	2	34.44	1

Zehngradfeld 285

Eingradfeld	Temperatur t°	Temperatur Anzahl	Salzgehalt ‰	Salzgehalt Anzahl
00	3.3	14	34.46	7
1	2.7	19	34.46	37
2	2.8	21	34.49	36
3	2.3	15	34.50	10
4	2.1	1	—	—
5	2.0	3	34.82	2

April

Eingradfeld	Temperatur t°	Temperatur Anzahl	Salzgehalt ‰	Salzgehalt Anzahl
7	0.5	1	34.89	1
9	—1.0	1	34.69	1
10	3.1	3	34.72	2
11	3.3	7	34.61	6
12	1.4	1	—	—
13	2.4	5	34.74	4
15	2.2	1	34.83	1
17	2.7	1	34.88	1
21	3.7	1	34.78	1
22	—0.4	1	—	—
23	2.7	3	34.72	1
32	0.4	1	—	—
33	0.8	1	35.03	1
43	0.0	1	34.30	1

Zehngradfeld 286

Eingradfeld	Temperatur t°	Temperatur Anzahl	Salzgehalt ‰	Salzgehalt Anzahl
00	3.9	3	33.63	2
1	3.6	3	33.84	3
2	3.2	2	34.08	2
3	3.8	2	34.54	2
5	3.0	1	33.06	1
8	2.3	1	34.33	1
9	3.0	5	34.36	4
10	4.4	1	—	—
13	5.4	2	34.84	1
14	3.7	2	34.15	2
15	3.9	6	34.42	4
16	3.5	2	33.72	3
17	4.1	30	34.26	4
18	3.6	14	34.48	8
19	3.8	4	34.78	4
22	4.6	1	34.87	1
24	3.6	1	—	—
28	3.7	3	35.07	3
30	3.0	1	35.07	1
34	3.4	1	35.15	1
36	3.3	1	35.13	1
38	3 4	1	35.12	1
40	—0.7	1	—	—
42	4.0	1	35.17	1

Zehngradfeld 287

Eingradfeld	Temperatur t°	Temperatur Anzahl	Salzgehalt ‰	Salzgehalt Anzahl
05	5.8	1	—	—
6	5.4	2	34.45	1
7	5.3	43	34.29	1
8	5.0	4	34.67	3
9	5.3	5	34.67	3
15	5.8	2	—	—
16	5.6	1	35.00	1
18	5.0	2	34.82	2

Eingradfeld	Temperatur t°	Temperatur Anzahl	Salzgehalt ‰	Salzgehalt Anzahl
April				
19	5.1	2	34.91	2
20	4.9	1	35.30	1
24	5.7	1	35.20	1
25	5.6	3	35.14	1
28	5.2	1	35.17	1
30	4.6	1	35.27	1
31	1.7	1	35.08	1
34	5.7	2	—	—
37	5.3	2	35.18	2
44	4.6	3	—	—
46	4.1	1	35.05	1
47	2.1	3	34.84	3
48	0.8	1	34.77	1
49	1.5	2	35.05	1
52	2.2	1	—	—
53	1.7	7	—	—
61	2.1	2	—	—
62	1.4	2	—	—
71	0.2	2	—	—
80	0.0	2	—	—
81	0.1	5	—	—
Zehngradfeld 288				
00	4.0	1	35.17	1
1	5.0	1	35.20	1
2	3.7	1	35.17	1
3	4.0	1	35.11	1
20	—1.7	1	34.84	1
21	—1.2	1	34.47	1
30	—1.5	1	34.83	1
39	2.0	1	35.07	1
50	—1.6	1	—	—
62	—0.2	1	—	—
63	—0.6	1	—	—
71	—0.4	1	—	—
72	—0.3	1	—	—
73	—0.7	1	—	—
Zehngradfeld 253				
02	1.0	1	—	—
3	3.1	4	—	—
4	2.9	5	—	—
5	1.9	3	—	—
6	—0.6	3	—	—
11	—1.0	1	—	—
12	3.9	1	—	—
13	4.1	1	—	—
14	4.8	1	—	—
16	—1.7	1	34.77	1
17	—1.7	2	34.54	2

Eingradfeld	Temperatur t°	Temperatur Anzahl	Salzgehalt ‰	Salzgehalt Anzahl
April				
21	—1.6	1	34.78	1
22	—1.4	1	34.59	1
24	—1.2	1	34.89	1
25	—1.5	1	34.88	1
26	—1.7	1	34.76	1
28	—1.5	1	34.89	1
30	—1.3	1	34.85	1
31	—1.5	1	34.83	1
33	—1.3	1	34.84	1
38	—1.6	1	33.52	1
39	—1.8	1	33.30	1
40	—1.2	1	—	—
41	—1.2	1	—	—
49	—1.6	1	34.73	1
59	—1.7	1	34.80	1
Mai				
Zehngradfeld 183				
50	10.1	74	35.53	7
51	9.9	99	35.35	5
52	10.3	117	35.41	6
53	10.0	129	35.34	5
54	9.8	136	35.26	10
55	9.7	86	35.26	9
56	9.6	48	35.17	2
57	9.9	34	35.36	1
58	9.2	49	35.03	1
59	9.0	43	35.21	1
60	10.0	139	35.37	11
61	10.1	129	35.39	8
62	10.1	98	35.35	9
63	10.0	81	35.34	3
64	10.1	69	35.33	2
65	9.7	50	35.23	2
66	9.5	49	—	—
67	9.3	48	35.06	2
68	8.8	24	35.25	1
69	8.9	19	35.03	1
70	10.0	87	35.35	8
71	10.1	56	35.34	2
72	10.2	40	—	—
73	10.0	33	—	—
74	9.9	15	—	—
75	9.0	16	35.18	1
76	9.5	10	—	—
77	9.0	17	—	—
78	8.3	14	—	—
79	8.4	12	35.07	2
80	10.1	23	35.42	1

Eingradfeld	Temperatur t°	Temperatur Anzahl	Salzgehalt ‰	Salzgehalt Anzahl
Mai				
81	9.2	17	35.32	3
82	8.1	35	35.42	2
83	9.0	43	35.27	4
84	8.9	21	35.27	1
85	8.7	27	35.26	2
86	8.7	31	35.23	2
87	8.3	37	35.17	5
88	8.2	25	35.14	3
89	7.8	24	35.16	3
90	8.9	58	35.25	12
91	8.9	48	35.24	2
92	8.9	51	35.29	4
93	8.7	42	35.24	1
94	8.7	57	35.22	3
95	8.4	59	35.23	4
96	8.1	61	35.21	6
97	8.0	64	35.35	1
98	7.9	82	35.15	7
99	7.7	90	35.16	3
Zehngradfeld 184				
50	8.2	51	34.99	1
51	8.3	45	—	—
52	8.1	32	—	—
53	8.6	30	—	—
54	8.7	8	—	—
55	7.9	9	—	—
56	7.6	10	—	—
57	7.1	15	—	—
58	6.1	10	—	—
59	5.9	8	—	—
60	8.9	10	—	—
61	8.1	4	34.96	1
62	7.6	3	34.96	1
63	7.7	8	—	—
64	7.5	17	35.21	1
65	7.1	23	—	—
66	6.9	9	—	—
67	6.8	6	—	—
68	6.7	10	—	—
69	5.1	26	—	—
70	7.5	12	—	—
71	7.2	22	35.08	3
72	7.3	21	34.99	1
73	6.4	19	35.21	2
74	6.8	25	34.96	5
75	6.3	28	34.94	3
76	6.1	19	34.88	2
77	5.9	43	34.92	2
78	5.7	63	34.91	3

Eingradfeld	Temperatur t°	Temperatur Anzahl	Salzgehalt ‰	Salzgehalt Anzahl
Mai				
79	4.7	75	34.89	3
80	7.9	24	35.13	4
81	7.5	25	35.12	2
82	7.2	35	35.26	5
83	6.5	46	34.99	3
84	6.2	73	35.00	6
85	6.0	83	35.17	1
86	5.9	72	34.95	8
87	5.7	82	34.87	1
88	5.2	109	34.73	6
89	5.0	124	34.71	5
90	7.3	117	35.12	7
91	7.2	120	35.09	4
92	6.8	149	35.08	10
93	6.8	130	35.07	6
94	6.3	161	35.02	15
95	6.3	139	34.98	7
96	5.9	157	34.98	14
97	5.6	179	35.00	7
98	5.4	165	34.98	18
99	5.0	151	34.92	8
Zehngradfeld 185				
50	6.2	5	—	—
51	5.0	2	—	—
52	5.0	3	—	—
53	5.3	13	—	—
54	5.2	2	—	—
60	4.8	20	—	—
61	3.8	30	—	—
62	3.4	40	34.78	1
63	3.8	28	—	—
64	3.5	22	34.81	1
65	4.2	27	34.79	1
66	3.4	14	—	—
67	3.4	3	—	—
68	4.0	4	—	—
70	4.3	83	34.31	2
71	4.2	91	34.82	2
72	4.0	136	34.60	5
73	3.8	100	34.66	3
74	3.8	113	34.69	3
75	3.6	83	34.76	3
76	3.7	80	34.63	2
77	3.6	50	34.65	1
78	3.7	60	34.64	2
79	3.8	42	34.89	1
80	4.5	135	34.79	12
81	4.4	151	34.66	11
82	4.3	196	34.84	12

Eingradfeld	Temperatur t°	Temperatur Anzahl	Salzgehalt °/oo	Salzgehalt Anzahl
Mai				
83	4.0	191	34.58	7
84	3.9	124	34.72	8
85	4.2	189	34.82	3
86	3.7	174	34.80	7
87	3.6	136	34.71	7
88	3.5	135	34.28	6
89	3.5	67	34.53	4
90	4.7	148	34.94	17
91	4.6	106	34.91	3
92	4.1	103	34.86	13
93	3.8	73	34.75	5
94	3.7	93	34.65	15
95	3.9	131	34.62	8
96	3.6	189	34.44	11
97	3.6	219	34.67	11
98	3.3	183	34.72	7
99	3.3	116	34.63	8
Zehngradfeld 186				
70	3.5	10	—	—
71	2.1	3	—	—
80	3.4	58	34.58	2
81	3.0	26	—	—
82	2.4	41	—	—
83	1.9	10	—	—
84	1.3	8	—	—
90	3.2	108	34.70	7
91	2.8	86	34.47	1
92	2.4	56	34.08	2
93	2.6	55	—	—
94	0.6	67	—	—
95	1.4	10	—	—
Zehngradfeld 247				
90	—1.4	1	34.30	1
92	—1.5	1	33.97	1
93	—1.3	1	34.14	1
94	—1.7	1	33.64	1
95	—1.8	1	34.17	1
97	—1.7	1	34.13	1
98	—1.8	1	34.69	1
99	—1.8	1	34.92	1
Zehngradefeld 248				
60	3.6	1	—	—
61	2.1	2	25.59	1
70	2.9	3	27.49	1
71	2.3	2	—	—
72	—1.4	1	32.41	1
80	2.3	2	27.49	1

Eingradfeld	Temperatur t°	Temperatur Anzahl	Salzgehalt °/oo	Salzgehalt Anzahl
Mai				
82	—1.1	1	34.27	1
83	—0.5	1	32.63	1
85	—1.1	1	33.58	1
90	0.8	1	34.15	1
91	—1.0	3	34.19	3
92	—0.8	2	34.19	2
93	—0.7	2	34.04	2
96	—1.0	5	33.75	4
97	—1.5	5	33.98	4
98	—1.7	3	33.95	3
99	—1.4	2	33.86	2
Zehngradfeld 249				
45	3.1	1	23.82	1
55	4.5	1	26.67	1
56	3.8	3	25.25	3
57	4.8	2	23.32	2
58	7.9	2	15.13	2
59	7.2	3	9.56	1
66	0.8	1	25.82	1
87	3.0	1	—	—
88	2.0	1	—	—
89	2.9	2	27.49	1
90	4.9	6	31.85	5
91	4.1	4	25.07	3
92	2.9	14	33.64	9
93	3.2	20	29.71	13
94	2.7	13	29.67	5
95	2.9	10	30.89	5
96	2.4	6	34.60	3
97	2.0	2	34.52	2
98	3.1	3	32.82	3
99	3.2	3	32.59	3
Zehngradfeld 251				
40	7.3	23	31.54	4
41	7.2	5	—	—
50	7.1	24	—	—
51	5.8	3	33.87	1
52	7.2	11	32.26	2
60	6.7	108	—	—
61	6.4	96	—	—
62	6.5	29	31.05	2
63	6.9	10	33.19	2
70	7.2	12	—	—
71	6.8	33	—	—
72	5.8	84	33.75	5
73	5.8	84	33.50	9
74	5.6	74	33.51	10
75	5.3	1	—	—

Eingradfeld	Temperatur t°	Temperatur Anzahl	Salzgehalt °/oo	Salzgehalt Anzahl
Mai				
80	6.2	2	—	—
81	6.5	45	—	—
82	6.9	42	35.14	1
83	6.6	20	33.78	3
84	5.4	37	33.24	9
85	5.3	49	33.19	9
86	5.1	28	32.91	5
87	6.0	13	31.59	8
90	5.9	1	—	—
91	7.6	1	—	—
92	6.9	6	—	—
93	6.2	18	—	—
94	6.7	15	35.10	1
95	6.8	16	34.62	7
96	6.0	28	34.12	18
97	5.9	23	33.78	13
98	5.5	12	31.95	5
99	4.5	10	30.54	1
Zehngradfeld 252				
00	8.6	81	35.34	38
1	8.4	68	35.29	34
2	9.0	133	35.06	25
3	8.4	156	33.75	22
4	7.1	205	33.06	28
5	9.0	41	28.52	21
6	9.4	33	23.18	29
7	8.9	8	19.84	6
10	9.0	69	35.34	32
11	8.7	81	35.15	34
12	8.2	88	34.17	37
13	7.6	76	33.23	27
14	7.5	201	32.44	20
15	8.7	38	29.97	20
16	8.5	3	25.86	1
17	11.0	1	23.30	1
20	8.4	21	35.12	13
21	9.0	8	35.30	5
22	8.6	14	34.72	6
23	7.5	26	33.52	10
24	7.5	150	33.66	11
25	7.1	125	32.75	8
26	8.0	29	31.83	14
27	9.3	3	31.36	3
30	7.2	7	35.20	3
31	7.9	13	35.12	11
32	8.0	4	35.23	2
33	7.6	2	34.97	2
34	7.7	12	35.28	1
35	7.4	95	34.04	5

Eingradfeld	Temperatur t°	Temperatur Anzahl	Salzgehalt °/oo	Salzgehalt Anzahl
Mai				
36	7.2	124	33.43	4
37	7.4	25	32.62	2
38	7.6	12	33.28	3
39	8.1	11	31.96	2
40	5.6	1	—	—
41	5.3	2	—	—
42	8.0	1	—	—
43	7.6	2	—	—
44	7.5	2	—	—
45	7.6	4	—	—
46	7.5	39	35.14	1
47	7.2	139	35.27	1
48	7.2	67	—	—
49	6.9	5	—	—
50	5.5	1	—	—
53	8.2	3	—	—
54	6.0	2	—	—
56	7.3	8	—	—
57	7.5	19	—	—
58	7.1	81	35.23	1
59	7.0	118	34.70	1
60	6.6	3	—	—
63	8.1	1	—	—
67	8.1	1	—	—
68	7.5	7	—	—
69	7.3	40	—	—
70	7.3	2	35.17	1
71	6.3	2	—	—
73	7.5	1	35.17	1
74	6.8	4	—	—
76	6.0	2	—	—
79	6.8	4	—	—
83	3.0	1	—	—
84	6.0	3	—	—
88	6.0	1	—	—
89	8.3	1	—	—
90	2.8	1	—	—
91	2.5	1	—	—
92	2.3	1	—	—
93	2.6	1	—	—
94	5.6	1	—	—
95	5.8	2	—	—
Zehngradfeld 217				
00	8.7	116	35.29	38
1	8.6	53	35.32	16
2	8.2	110	35.35	13
3	8.7	219	35.38	27
4	8.6	170	35.35	46
5	8.9	236	35.30	27

Eingradfeld	Temperatur t°	Temperatur Anzahl	Salzgehalt ‰	Salzgehalt Anzahl
Mai				
6	8.8	273	35.29	21
7	9.1	347	35.33	27
8	9.1	359	35.33	49
9	9.0	284	35.33	16
10	9.0	125	35.34	31
11	9.2	159	35.33	46
12	8.9	189	35.35	54
13	8.6	193	35.33	57
14	8.4	231	35.31	7
15	7.9	307	35.25	9
16	7.4	263	35.20	11
17	7.9	117	35.24	56
18	8.4	63	35.28	29
19	8.9	71	35.30	18
20	8.1	46	35.27	15
21	7.8	57	35.24	22
22	7.6	59	35.23	15
23	7.7	63	35.19	9
24	7.7	53	35.16	6
25	7.7	84	35.23	26
26	7.2	222	35.18	86
27	7.4	309	35.23	85
28	7.9	236	35.26	59
29	8.3	224	35.29	34
30	8.0	3	34.23	1
31	8.0	14	34.71	2
32	7.6	19	34.93	6
33	6.8	19	35.01	9
34	6.4	34	35.03	14
35	5.6	28	34.95	10
36	6.3	36	35.05	16
37	6.6	34	35.01	12
38	7.1	40	35.19	14
39	7.2	64	35.22	24
40	6.2	5	35.14	5
41	5.2	4	34.96	3
42	6.3	9	35.10	3
13	5.1	15	34.99	6
44	5.3	19	34.93	7
45	4.2	9	34.84	7
46	4.5	6	34.82	4
47	4.2	9	34.86	5
48	3.9	19	34.84	12
49	5.6	25	35.01	13
51	6.9	2	—	—
52	4.3	5	34.92	5
53	4.0	1	—	—
54	3.2	4	34.93	4
55	4.0	2	34.85	2
56	2.9	15	34.89	10

Eingradfeld	Temperatur t°	Temperatur Anzahl	Salzgehalt ‰	Salzgehalt Anzahl
Mai				
57	1.2	2	34.75	1
58	2.7	7	34.80	4
59	2.3	4	34.51	2
60	6.8	1	—	—
62	5.0	1	—	—
63	5.2	1	—	—
64	3.1	1	—	—
65	2.8	4	34.98	4
66	3.2	11	35.01	6
67	1.9	10	34.89	5
68	1.5	9	34.71	6
69	1.6	8	34.57	5
72	4.9	1	34.84	1
74	4.0	2	34.86	1
75	3.6	2	34.93	1
77	2.5	3	34.85	3
78	0.5	2	34.56	2
79	0.5	12	34.63	12
80	5.4	2	—	—
82	1.8	1	—	—
83	1.1	1	—	—
84	1.1	1	—	—
85	4.5	1	—	—
86	2.2	1	34.95	1
87	3.3	1	—	—
88	1.7	4	34.87	4
89	0.9	2	34.79	2
90	1.6	1	—	—
91	5.2	3	—	—
92	3.0	3	—	—
93	0.1	1	—	—
94	1.4	2	—	—
95	4.0	1	35.02	1
96	2.1	3	34.78	3
97	0.2	1	34.59	1
98	1.0	1	34.59	1
99	1.5	1	34.68	1
Zehngradfeld 218				
00	8.9	316	35.35	21
1	9.1	253	35.33	14
2	9.0	279	35.34	24
3	8.9	240	35.35	10
4	9.1	252	35.32	26
5	9.0	246	35.28	29
6	9.0	225	35.33	25
7	9.1	223	35.29	10
8	9.0	235	35.32	20
9	8.9	214	35.24	22
10	8.8	126	35.23	10

Eingradfeld	Temperatur t°	Temperatur Anzahl	Salzgehalt ‰	Salzgehalt Anzahl
Mai				
11	8.8	140	35.26	13
12	5.8	142	35.26	18
13	8.8	119	35.27	10
14	8.8	103	35.32	8
15	8.8	71	35.30	3
16	8.8	60	35.27	6
17	8.4	50	35.31	2
18	8.5	42	35.27	3
19	8.2	49	35.24	3
20	8.4	222	35.36	45
21	8.4	225	35.28	28
22	8.5	238	35.32	26
23	8.4	280	35.31	41
24	8.5	286	35.31	47
25	8.4	315	35.29	42
26	8.4	208	35.33	26
27	8.4	127	35.22	13
28	8.0	74	35.25	12
29	7.8	42	35.28	2
30	7.3	79	35.18	27
31	7.5	48	35.21	13
32	8.0	71	35.20	1
33	7.8	37	35.34	3
34	7.5	58	35.22	13
35	7.8	64	35.23	16
36	8.1	223	35.17	31
37	8.0	247	35.11	50
38	8.1	362	35.13	74
39	7.7	375	35.10	44
40	5.9	34	35.04	12
41	5.9	69	35.07	27
42	5.1	90	34.86	30
43	5.1	182	34.63	30
44	6.5	136	34.71	16
45	7.0	84	35.07	4
46	6.4	6	—	—
50	2.8	3	34.27	1
51	2.0	11	34.41	3
52	2.0	36	34.61	8
53	2.9	132	33.54	15
54	3.2	23	33.88	1
58	4.6	16	32.25	1
59	4.6	6	—	—
60	1.1	11	34.56	8
61	1.3	10	34.52	7
62	1.3	13	34.69	9
63	3.0	25	34.60	4
64	3.3	51	34.51	7
65	3.2	14	34.56	1
66	4.4	27	33.67	4

Eingradfeld	Temperatur t°	Temperatur Anzahl	Salzgehalt ‰	Salzgehalt Anzahl
Mai				
67	4.3	35	34.37	3
68	4.4	56	34.43	17
69	3.8	51	34.64	8
70	0.4	20	34.57	19
71	0.4	18	34.67	17
72	0.9	9	34.56	9
73	1.2	1	—	—
74	0.8	2	34.14	1
75	0.7	1	34.13	1
76	1.6	2	34.54	2
77	1.4	4	34.21	2
78	2.5	8	34.57	3
79	1.2	4	33.96	2
80	0.4	3	34.65	2
81	0.2	3	34.60	1
82	0.3	4	34.65	2
83	0.6	2	—	—
84	—0.4	2	—	—
85	—1.4	2	34.36	1
86	0.5	7	34.74	4
87	0.1	2	34.58	1
88	0.7	2	34.09	2
92	1.6	4	34.78	2
93	—1.2	1	34.63	1
94	—1.2	1	34.45	1
96	—1.8	1	—	—
Zehngradfeld 219				
00	9.0	208	35.26	37
1	8.8	168	35.34	9
2	8.8	200	35.24	21
3	8.7	182	35.24	11
4	8.5	188	35.25	17
5	8.5	152	35.24	9
6	8.1	184	35.21	23
7	8.0	162	35.24	12
8	7.9	161	35.20	17
9	7.7	150	35.18	11
10	8.5	51	35.32	5
11	8.5	51	35.30	2
12	8.2	40	35.28	4
13	8.6	38	35.28	2
14	8.2	47	35.23	6
15	8.0	33	35.10	1
16	8.0	32	35.21	4
17	7.8	31	35.22	2
18	7.6	22	35.19	3
19	7.5	18	—	—
20	7.9	21	35.25	3
21	6.6	11	—	—

Eingradfeld	Temperatur t°	Temperatur Anzahl	Salzgehalt ‰	Salzgehalt Anzahl
Mai				
22	7.6	7	35.25	1
23	7.7	9	35.17	1
24	7.9	4	—	—
25	7.3	3	—	—
26	6.7	4	—	—
27	6.6	12	—	—
28	7.3	22	35.30	2
29	6.9	21	—	—
30	7.2	447	34.72	55
31	7.4	304	34.89	53
32	7.2	304	34.84	45
33	7.1	69	35.08	11
34	7.1	28	34.57	5
35	7.0	18	—	—
36	7.1	21	35.17	6
37	7.4	6	—	—
38	7.5	7	35.20	4
41	5.9	138	33.98	3
42	6.7	338	34.59	35
43	6.7	141	34.43	10
44	6.3	103	34.74	21
45	5.8	17	35.25	1
46	6.9	11	35.12	2
47	6.4	7	35.31	2
48	7.1	5	35.07	1
49	7.0	9	35.12	3
50	3.9	13	34.93	1
51	4.1	2	34.61	2
52	6.7	4	31.98	2
53	5.2	23	34.17	3
54	5.5	266	34.67	24
55	5.4	10	35.18	4
56	5.9	9	35.01	3
57	3.9	5	—	—
58	6.0	2	—	—
59	6.0	2	35.07	1
60	4.1	55	34.52	11
61	4.1	70	34.69	11
62	4.1	65	34.75	18
63	4.7	181	34.57	12
64	5.6	109	35.30	1
65	5.6	35	33.20	1
66	5.0	19	33.27	1
67	—0.3	2	33.03	1
70	2.7	9	34.13	1
71	1.2	6	34.13	3
72	3.2	3	34.36	1
73	0.6	2	34.09	1
81	5.6	2	—	—

Eingradfeld	Temperatur t°	Temperatur Anzahl	Salzgehalt ‰	Salzgehalt Anzahl
Mai				
Zehngradfeld 220				
00	7.3	145	35.11	16
1	7.1	119	35.13	3
2	6.9	110	35.05	17
3	6.8	88	35.26	4
4	6.4	82	35.05	10
5	6.3	59	34.91	3
6	5.6	50	35.00	9
7	5.7	27	35.00	2
8	5.1	15	34.97	3
9	4.6	4	34.94	1
10	7.1	17	35.12	1
11	7.7	20	35.09	1
12	7.0	18	35.40	1
13	6.0	17	—	—
14	5.6	18	35.15	2
15	5.0	9	—	—
16	7.0	2	35.10	1
17	7.0	1	—	—
20	6.4	24	35.19	3
21	6.0	3	—	—
22	6.1	6	35.11	3
23	6.5	2	—	—
26	5.5	1	—	—
27	6.0	1	—	—
30	8.9	1	35.05	1
31	7.7	1	35.08	1
32	8.4	1	35.26	1
33	6.9	1	35.18	1
40	6.5	6	35.06	1
41	6.7	3	35.12	3
42	7.0	1	35.26	1
44	4.9	1	34.78	1
45	4.0	1	34.34	1
51	6.4	4	35.04	2
52	6.6	6	—	—
53	1.9	4	—	—
54	—0.1	3	—	—
Zehngradfeld 221				
00	4.7	3	34.96	1
1	5.5	1	—	—
5	—0.4	3	—	—
6	0.6	65	—	—
7	1.7	48	—	—
8	2.0	180	33.97	8
9	2.3	209	34.32	9
18	1.1	57	33.30	2
19	0.8	161	33.36	13
29	1.4	4	—	—

Eingradfeld	Temperatur t°	Temperatur Anzahl	Salzgehalt ‰	Salzgehalt Anzahl
Mai				
Zehngradfeld 222				
00	2.5	130	34.40	4
01	2.5	102	34.41	8
2	2.5	118	34.40	5
3	2.1	117	—	—
4	1.9	67	34.00	1
5	1.8	13	—	—
10	1.8	190	33.79	7
11	1.9	129	34.05	3
12	2.1	122	33.88	5
13	1.9	79	33.87	1
14	2.0	80	33.64	1
15	1.3	16	33.91	1
17	4.2	2	—	—
19	3.2	2	—	—
20	1.3	71	33.53	9
21	1.6	153	33.58	8
22	1.7	175	34.01	3
23	1.4	100	34.22	1
24	1.3	47	33.66	1
25	1.2	27	33.82	1
26	2.2	12	—	—
29	3.5	3	—	—
30	0.0	2	—	—
31	0.8	145	33.57	9
32	0.9	231	33.61	10
33	1.0	115	33.81	1
34	1.1	108	33.90	1
35	0.5	13	33.33	2
36	2.0	2	32.56	2
37	2.4	2	32.94	2
38	2.2	4	33.42	1
41	0.8	5	—	—
42	1.1	194	33.83	10
43	0.7	246	33.77	6
44	0.5	47	33.83	2
45	—0.2	14	—	—
46	—1.1	1	33.84	1
47	2.4	2	—	—
52	1.6	23	33.94	1
53	0.7	270	34.01	14
54	0.2	139	34.04	2
55	0.8	28	—	—
56	—0.1	1	33.81	1
63	0.5	22	33.01	1
64	0.3	251	34.04	12
65	—0.2	31	34.26	1
66	0.2	4	33.72	1
73	—0.5	6	33.71	1
74	0.2	184	33.90	6

Eingradfeld	Temperatur t°	Temperatur Anzahl	Salzgehalt ‰	Salzgehalt Anzahl
Mai				
75	—0.5	36	33.58	1
76	—0.1	4	33.82	1
80	2.8	2	—	—
81	1.6	4	—	—
82	1.0	8	—	—
83	0.4	56	33.90	5
84	—0.2	117	33.87	5
85	—0.2	43	33.98	2
91	0.9	45	—	—
92	1.0	39	—	—
93	1.2	16	—	—
94	—0.1	14	33.49	1
95	0.2	3	33.71	1
Zehngradfeld 284				
00	0.1	3	34.68	3
1	—0.5	4	34.37	4
2	—0.6	7	34.43	6
3	—1.1	3	34.68	3
4	—1.0	6	34.47	5
5	—1.0	2	34.23	2
6	—0.2	5	34.56	5
7	—0.2	5	34.60	5
8	—1.9	1	34.34	1
9	—1.2	1	34.39	1
12	—0.5	1	34.76	1
13	—1.9	2	34.60	2
14	—1.9	4	34.01	4
15	—1.3	3	34.38	2
16	—0.5	1	34.77	1
17	—1.6	3	34.42	2
18	—0.8	4	34.60	4
19	0.2	2	34.66	2
20	—1.0	3	34.48	3
21	0.0	1	34.58	1
22	—0.8	2	34.73	2
26	—1.5	1	—	—
28	—1.5	1	34.29	1
30	—1.3	3	34.54	2
36	—2.0	1	—	—
43	—1.6	1	—	—
45	—1.7	2	—	—
46	—1.2	1	—	—
47	—1.5	2	—	—
48	—1.5	2	—	—
49	—1.7	1	—	—
50	—1.8	1	—	—
51	—1.7	1	—	—
52	—1.7	1	—	—
53	—1.8	1	—	—

Eingradfeld	Temperatur t°	Temperatur Anzahl	Salzgehalt ‰	Salzgehalt Anzahl
Mai				
58	−1.7	1	—	—
59	−1.9	1	—	—
Zehngradfeld 285				
00	4.4	48	34.10	9
1	4.1	37	34.43	18
2	4.0	16	34.48	9
3	3.3	19	34.59	10
4	2.8	4	34.70	1
5	3.0	4	34.18	2
6	0.4	5	34.62	4
7	1.4	4	34.53	3
8	1.8	2	34.53	2
9	2.1	2	34.70	1
10	4.6	6	34.63	3
11	4.6	5	34.66	3
12	3.2	6	34.70	3
13	3.3	1	34.63	6
14	−2.0	1	34.43	1
15	−1.0	1	34.42	1
16	0.4	2	34.41	1
17	0.4	3	34.49	2
18	0.7	1	34.60	1
23	3.1	8	34.68	5
24	0.0	2	34.57	2
25	−1.4	1	34.78	1
26	0.9	1	34.81	1
27	1.4	1	34.88	1
28	−0.5	1	34.75	1
29	−0.6	5	34.56	4
30	−3.0	1	34.63	1
33	1.1	4	34.79	3
34	−0.9	3	34.43	2
35	−2.0	1	34.68	1
36	−0.9	1	34.81	1
37	—	—	34.85	1
38	0.0	1	34.84	1
39	−1.0	1	34.17	1
40	2.2	2	34.94	2
41	1.2	2	34.88	2
42	1.3	2	34.75	2
43	1.5	2	34.91	2
44	−1.5	1	34.60	1
45	0.1	1	34.70	1
46	−1.5	2	34.46	2
47	−1.7	3	34.47	3
48	−1.5	3	34.29	3
49	−1.7	1	34.62	1
53	0.1	1	34.67	1
59	−2.5	1	—	—

Eingradfeld	Temperatur t°	Temperatur Anzahl	Salzgehalt ‰	Salzgehalt Anzahl
Mai				
71	−0.8	1	—	—
91	3.0	1	—	—
95	2.1	1	—	—
Zehngradfeld 286				
00	5.8	11	34.09	6
1	5.3	10	34.29	9
2	3.1	2	—	—
3	4.5	8	34.31	8
4	5.1	3	32.84	3
6	4.3	5	34.19	5
8	4.3	1	34.48	1
9	4.5	6	33.71	5
10	5.6	1	34.83	1
11	5.6	4	34.62	1
12	5.8	42	34.87	3
13	5.7	64	34.83	7
14	5.3	18	34.42	2
15	5.2	15	34.85	10
16	5.2	21	34.54	6
17	4.8	39	34.52	4
18	4.0	15	34.69	8
19	5.0	8	34.50	4
20	4.7	1	—	—
21	5.9	2	—	—
22	4.2	2	35.04	2
23	4.4	1	—	—
25	4.4	18	34.92	4
26	5.2	24	—	—
27	5.2	10	—	—
28	4.9	5	34.95	5
29	4.6	3	34.90	3
30	4.1	7	35.17	1
32	4.0	1	—	—
40	4.0	1	35.17	1
61	−1.4	1	—	—
62	−1.6	2	—	—
63	−1.5	1	—	—
64	−1.4	1	—	—
65	−1.2	1	—	—
66	−1.5	1	—	—
68	−1.4	1	—	—
72	−1.2	2	—	—
Zehngradfeld 287				
00	4.0	3	35.16	2
1	5.8	4	35.11	2
2	5.8	5	35.15	2
3	6.0	6	35.12	3
4	5.9	14	34.82	5

Eingradfeld	Temperatur t°	Temperatur Anzahl	Salzgehalt ‰	Salzgehalt Anzahl
Mai				
5	6.0	11	34.76	5
6	5.6	12	34.74	9
7	5.7	25	34.69	8
8	5.7	16	34.57	11
9	5.2	26	34.39	18
10	3.1	5	35.00	4
11	4.7	3	35.03	3
12	5.3	6	34.76	4
13	5.9	2	33.21	1
14	5.3	8	34.79	2
15	5.3	17	35.14	4
16	5.8	8	35.10	4
17	5.7	12	34.98	10
18	5.6	8	34.87	7
19	5.8	3	34.75	3
20	3.9	6	35.12	6
21	4.5	6	35.08	6
22	4.1	3	35.12	3
23	4.6	7	35.04	5
24	5.4	6	35.10	4
25	5.0	10	35.03	3
26	6.2	48	—	—
27	5.1	8	35.20	1
28	6.2	2	—	—
29	5.0	1	34.90	1
30	3.2	9	35.04	9
31	3.5	10	35.07	10
32	3.4	3	35.10	3
33	3.9	4	35.05	4
34	5.1	1	—	—
35	3.7	5	—	—
36	4.1	27	35.15	1
37	2.8	29	—	—
38	4.4	51	—	—
39	3.2	90	—	—
40	3.0	5	35.08	5
41	3.3	8	35.00	8
42	2.3	2	34.71	2
46	3.7	319	35.46	1
47	3.6	69	35.27	1
48	4.4	11	—	—
49	3.7	4	35.17	1
50	2.6	1	34.91	1
51	1.5	1	34.15	1
56	1.0	1	34.94	1
60	2.8	2	34.96	2
65	1.0	1	34.74	1
66	0.8	1	34.69	1
71	−0.2	1	34.60	1
73	1.0	1	34.65	1

Eingradfeld	Temperatur t°	Temperatur Anzahl	Salzgehalt ‰	Salzgehalt Anzahl
Mai				
80	−0.1	2	34.33	1
81	0.8	44	—	—
89	−0.7	1	34.35	1
90	−0.6	1	34.40	1
91	1.6	1	—	—
Zehngradfeld 288				
02	3.3	2	35.18	1
3	3.7	2	35.18	1
4	4.3	3	35.21	2
5	5.0	5	35.27	2
6	5.7	1	35.18	1
7	4.1	3	35.10	2
8	4.5	2	35.10	1
9	2.3	2	35.15	1
10	3.0	2	35.18	1
11	4.4	2	35.03	2
12	2.6	2	34.95	2
13	2.7	2	34.92	2
14	2.9	2	34.94	2
15	3.5	8	34.98	3
16	2.5	5	35.05	4
17	2.1	4	34.97	3
18	3.8	4	35.18	3
19	2.1	2	35.01	1
20	−1.0	2	—	—
21	−0.2	3	34.81	3
22	2.2	2	35.12	2
23	3.0	2	35.09	2
24	2.8	3	35.02	3
25	3.8	3	35.10	3
26	4.2	6	35.07	4
27	3.3	2	35.06	2
28	4.1	4	35.07	4
29	3.5	6	35.07	6
30	−0.6	2	34.93	1
31	−1.5	1	—	—
32	2.5	1	35.07	1
33	2.5	1	35.07	1
35	1.5	2	34.80	2
36	2.2	6	34.85	3
37	3.6	2	35.02	2
38	2.3	4	35.01	4
39	2.5	6	34.99	6
40	0.5	2	34.94	2
42	−1.8	1	34.74	1
44	−1.5	1	34.39	1
46	0.6	3	34.46	1
47	−0.7	1	34.66	1
48	1.9	4	34.88	4

Eingradfeld	Temperatur		Salzgehalt	
	t°	Anzahl	‰	Anzahl
Mai				
49	2.9	7	35.09	7
51	−1.3	2	34.81	1
52	−1.3	1	—	—
56	2.6	2	35.01	1
57	2.2	4	34.94	3
58	2.8	4	35.02	4
59	2.7	4	34.98	4
66	1.7	3	34.67	3
67	1.9	5	34.98	2
68	3.0	2	35.40	2
69	2.6	2	35.01	2
74	−0.2	1	34.26	1
77	1.8	3	34.87	2
78	1.8	1	—	—
88	3.2	1	—	—
Zehngradfeld 253				
00	4.8	1	—	—
1	0.0	1	—	—
2	2.6	7	35.07	1
3	3.0	5	35.07	1
4	1.1	2	—	—
5	2.1	3	—	—
6	1.2	1	—	—
10	3.5	1	35.08	1
11	1.6	3	—	—
14	0.4	1	34.94	1
19	−1.7	1	34.61	1
21	−1.0	1	34.48	1
23	−0.8	1	34.45	1
26	−1.7	6	34.70	1
29	−1.5	1	34.66	1
30	−1.8	1	—	—
31	−1.7	1	—	—
32	−1.5	1	—	—
33	−1.6	2	—	—
34	−1.3	2	34.78	1
35	−1.7	3	34.83	2
36	−1.6	3	34.75	1
40	−1.5	1	—	—
41	−0.4	2	34.88	2
42	−0.9	4	34.81	2
43	−1.3	5	34.88	1
44	−1.1	6	34.84	3
45	−1.3	2	34.95	1
46	−1.5	1	34.75	1
50	−1.4	1	—	—
51	−0.9	1	—	—
52	−1.4	3	34.80	1
53	−1.4	9	34.64	5
Mai				
54	−1.6	4	34.71	4
55	−1.8	6	34.76	6
56	−1.8	3	34.36	3
57	−2.0	1	33.80	1
60	−1.0	1	34.74	1
61	−1.8	1	33.75	1
63	−1.3	3	34.17	2
Zehngradfeld 254				
01	−1.7	1	34.53	1
2	−0.8	2	34.66	1
3	−1.2	1	34.57	1
10	−1.6	1	34.49	1
11	−1.7	1	34.36	1
31	3.7	1	35.08	1
41	−0.5	1	—	—
68	−1.8	3	32.33	3
69	−1.6	1	32.10	1
Zehngradfeld 258				
02	0.6	8	—	—
3	0.0	3	—	—
4	−0.1	6	—	—
5	1.0	3	33.20	1
13	−0.1	1	—	—
15	−0.5	5	33.34	2
26	0.8	3	33.53	3
Juni				
Zehngradfeld 183				
50	11.8	78	35.41	10
51	11.6	98	35.32	1
52	11.3	119	35.48	10
53	11.5	149	35.30	6
54	11.3	115	35.11	6
55	9.7	86	35.26	9
56	9.6	48	35.17	2
57	9.9	34	35.36	1
58	9.2	49	35.03	1
59	9.0	93	35.21	1
60	11.4	167	35.36	18
61	11.7	115	—	—
62	11.4	83	35.38	10
63	11.7	56	35.35	2
64	11.2	55	35.41	1
65	10.9	36	—	—
66	11.0	47	35.18	2
67	10.5	39	35.31	1
68	10.4	36	35.26	2
Juni				
69	11.1	14	35.08	1
70	11.3	95	35.37	9
71	11.5	40	35.28	1
72	11.1	36	35.42	2
73	11.0	35	35.26	1
74	11.3	12	—	—
75	10.7	26	35.44	1
76	10.6	17	35.06	2
77	10.6	13	35.14	2
78	8.8	14	35.03	1
79	9.7	14	35.04	2
80	10.6	39	35.29	4
81	10.5	31	35.05	1
82	10.1	51	35.23	1
83	10.3	35	35.40	2
84	9.9	44	35.08	1
85	9.6	50	35.32	1
86	9.2	52	35.21	3
87	8.8	66	35.12	2
88	8.2	62	34.99	1
89	8.8	60	—	—
90	10.1	68	35.24	15
91	10.0	46	35.21	4
92	9.5	56	35.32	2
93	9.2	42	35.20	2
94	9.6	50	35.31	4
95	9.2	52	35.23	1
96	9.3	71	35.23	2
97	8.9	73	35.11	1
98	8.8	80	35.19	6
99	8.7	67	35.18	2
Zehngradfeld 184				
50	9.6	50	34.98	2
51	9.0	44	34.92	2
52	9.3	37	35.08	1
53	9.3	15	—	—
54	9.7	12	35.07	1
55	9.0	4	—	—
56	7.2	12	—	—
57	8.5	4	—	—
58	8.4	8	—	—
59	8.7	9	—	—
60	10.0	15	34.99	1
61	11.0	9	35.03	1
62	9.3	12	—	—
63	9.4	10	35.00	2
64	8.1	21	—	—
65	8.2	12	—	—
66	7.6	16	—	—
Juni				
67	7.5	22	—	—
68	7.3	27	35.19	2
69	6.9	24	—	—
70	8.5	12	35.08	1
71	8.4	33	35.19	2
72	8.0	27	34.99	1
73	7.9	39	35.00	2
74	8.0	28	35.01	1
75	7.5	40	34.93	1
76	7.5	28	35.01	2
77	6.9	25	—	—
78	6.4	27	34.86	1
79	5.7	27	35.01	1
80	8.4	37	35.15	2
81	8.5	73	—	—
82	8.1	43	35.03	1
83	7.4	35	—	—
84	7.2	29	34.92	1
85	7.1	40	—	—
86	7.2	24	34.96	2
87	6.9	49	—	—
88	6.5	62	34.93	3
89	6.1	88	34.57	3
90	8.4	104	35.11	7
91	8.1	120	35.05	2
92	7.9	135	35.08	7
93	7.9	116	35.00	6
94	7.6	166	35.06	4
95	7.3	158	34.96	8
96	7.0	196	34.97	14
97	6.9	202	34.87	11
98	6.7	220	34.90	19
99	6.4	205	34.88	16
Zehngradfeld 185				
50	8.1	6	—	—
51	7.3	5	—	—
52	6.9	9	—	—
53	6.4	14	—	—
54	6.4	13	—	—
55	6.6	23	34.79	1
56	5.9	8	—	—
57	5.4	2	—	—
58	6.4	3	—	—
60	6.3	28	—	—
61	6.4	31	—	—
62	6.2	19	—	—
63	6.3	9	—	—
64	6.5	3	—	—
65	5.4	3	—	—

Juni

Eingradfeld	Temperatur t°	Temperatur Anzahl	Salzgehalt ‰	Salzgehalt Anzahl
66	4.6	5	—	—
67	7.8	1	—	—
68	5.7	2	—	—
70	5.8	46	34.85	2
71	5.2	45	34.85	3
72	4.8	48	34.83	1
73	5.2	47	34.74	1
74	5.0	65	34.79	1
75	4.7	53	34.46	1
76	4.0	53	—	—
77	4.1	37	34.78	2
78	4.1	8	—	—
79	4.3	11	34.74	2
80	5.8	104	34.87	3
81	5.5	143	34.63	4
82	5.3	167	34.73	10
83	5.1	188	34.76	11
84	4.9	214	34.76	9
85	4.9	159	34.73	5
86	4.9	97	34.67	6
87	4.4	66	34.70	1
88	4.3	61	34.55	2
89	2.9	40	34.58	1
90	6.1	196	34.90	26
91	5.8	192	34.90	9
92	5.2	160	34.90	14
93	4.8	149	34.35	10
94	4.5	165	34.16	19
95	4.5	192	34.42	13
96	4.9	260	34.73	15
97	4.8	270	34.49	14
98	4.6	187	34.53	4
99	4.3	108	34.40	4

Zehngradfeld 186

Eingradfeld	Temperatur t°	Temperatur Anzahl	Salzgehalt ‰	Salzgehalt Anzahl
50	6.5	3	—	—
52	5.6	3	34.65	3
53	5.1	3	34.56	2
54	3.9	5	34.52	1
55	2.6	11	32.47	1
56	1.8	50	31.35	1
57	0.4	7	—	—
60	6.5	3	34.63	1
61	5.4	14	34.66	2
62	5.2	2	—	—
63	5.6	3	34.78	1
70	4.6	4	—	—
71	3.9	11	—	—
76	4.6	8	—	—
77	4.6	10	33.60	1

Juni

Eingradfeld	Temperatur t°	Temperatur Anzahl	Salzgehalt ‰	Salzgehalt Anzahl
80	4.7	27	34.63	1
81	3.3	15	34.58	1
82	3.6	9	34.58	1
83	3.5	5	—	—
84	4.1	5	—	—
85	4.3	1	—	—
87	5.0	4	—	—
88	2.3	1	—	—
90	3.9	54	34.33	2
91	3.7	46	—	—
92	2.7	44	34.69	1
93	2.5	26	34.67	1
94	2.8	17	34.40	1
95	3.7	3	34.14	1
99	0.3	1	32.97	1

Zehngradfeld 248

Eingradfeld	Temperatur t°	Temperatur Anzahl	Salzgehalt ‰	Salzgehalt Anzahl
50	4.9	2	19.55	2
60	2.8	14	26.13	9
61	2.9	13	25.16	10
62	6.0	3	—	—
63	10.7	1	—	—
70	1.9	6	32.57	4
71	1.6	16	28.91	12
80	2.4	8	32.47	8
81	3.8	2	33.55	2
82	5.1	2	—	—
83	7.0	1	31.20	1
84	5.0	1	30.37	1
88	5.0	1	30.37	1
90	3.5	3	34.46	2
91	5.0	3	33.55	2
93	6.1	1	33.73	1

Zehngradfeld 249

Eingradfeld	Temperatur t°	Temperatur Anzahl	Salzgehalt ‰	Salzgehalt Anzahl
45	5.8	8	21.54	3
46	3.5	3	27.00	2
54	4.3	1	25.87	1
55	6.9	9	26.91	3
56	5.5	10	25.47	8
57	7.9	7	24.26	6
58	9.1	10	20.27	8
59	7.8	23	18.97	15
62	5.8	3	21.77	3
63	7.5	6	21.60	6
64	6.0	3	25.04	3
65	5.6	6	25.96	6
67	5.8	1	27.05	1
69	11.2	1	18.57	1
72	5.9	2	11.46	2

Juni

Eingradfeld	Temperatur t°	Temperatur Anzahl	Salzgehalt ‰	Salzgehalt Anzahl
78	0.2	1	32.47	1
86	5.2	3	29.95	2
87	4.0	9	30.45	9
88	3.3	10	29.90	9
89	3.2	20	31.59	16
90	6.7	13	29.76	15
91	6.3	14	32.90	12
92	6.2	26	29.88	18
93	6.1	58	26.09	38
94	5.1	34	28.94	24
95	5.1	26	29.78	17
96	4.7	15	32.48	13
97	4.2	8	34.18	4
98	3.9	6	34.46	3
99	4.3	4	34.50	2

Zehngradfeld 251

Eingradfeld	Temperatur t°	Temperatur Anzahl	Salzgehalt ‰	Salzgehalt Anzahl
31	13.7	1	22.69	1
40	9.3	10	31.39	3
41	10.3	7	12.36	1
50	9.2	24	—	—
51	9.3	5	—	—
52	8.5	9	32.94	4
60	9.1	107	34.29	4
61	9.1	103	34.37	3
62	9.2	35	30.90	2
63	9.1	12	33.71	1
70	8.4	25	34.10	4
71	8.3	49	34.16	4
72	8.3	92	33.92	4
73	8.3	95	33.87	8
74	8.2	101	30.09	9
80	8.7	6	—	—
81	8.6	15	—	—
82	8.2	19	34.50	3
83	8.0	25	34.22	4
84	10.1	247	30.65	104
85	8.2	58	32.62	3
86	8.6	39	31.44	1
87	8.7	9	—	—
90	8.9	1	—	—
91	8.3	5	—	—
92	9.1	3	—	—
93	8.5	8	34.94	1
94	8.2	19	34.72	2
95	7.5	22	34.62	3
96	7.1	29	34.35	2
97	7.8	27	33.54	3
98	8.0	34	—	—
99	7.9	35	—	—

Juni

Zehngradfeld 252

Eingradfeld	Temperatur t°	Temperatur Anzahl	Salzgehalt ‰	Salzgehalt Anzahl
00	10.5	29	35.34	26
1	10.6	29	35.16	22
2	10.6	37	34.65	16
3	10.6	51	34.00	13
4	11.0	67	31.77	20
5	13.4	32	24.46	14
6	12.4	13	13.48	10
7	7.5	1	9.96	1
10	10.5	26	35.21	11
11	10.6	26	35.03	9
12	10.5	47	34.66	10
13	10.4	21	33.18	8
14	11.0	57	32.38	9
15	12.6	16	27.97	3
16	13.4	9	24.27	2
20	9.2	5	35.12	3
21	10.7	4	35.34	3
22	9.8	6	34.51	4
23	10.4	8	34.03	4
24	9.6	41	33.70	9
25	10.3	41	32.05	6
26	12.1	22	30.10	9
27	11.9	7	24.88	7
28	10.2	1	—	—
30	8.4	7	35.16	6
31	9.9	5	34.52	4
32	10.0	7	34.90	4
33	10.2	9	33.60	4
34	10.6	9	34.69	4
35	9.8	36	33.30	13
36	9.7	41	33.16	6
37	12.3	11	—	—
38	12.4	9	—	—
39	11.7	12	31.86	2
40	8.2	3	35.13	3
41	9.3	4	35.25	4
42	10.0	7	34.65	3
43	8.6	2	—	—
44	10.5	1	—	—
45	10.4	4	—	—
46	9.6	15	34.60	1
47	9.6	42	34.89	4
48	8.5	11	34.88	1
50	11.3	1	33.90	1
51	7.5	3	—	—
52	8.3	6	35.27	3
53	7.6	2	35.15	1
54	8.4	2	35.02	1

Eingradfeld	Temperatur t°	Anzahl	Salzgehalt ‰	Anzahl
Juni				
55	9.1	5	34.91	1
56	9.5	5	34.61	1
57	9.4	21	34.90	2
58	9.4	28	35.01	3
59	8.8	30	34.33	4
60	8.4	1	—	—
61	7.7	3	—	—
62	7.5	2	—	—
63	9.8	3	35.12	2
64	8.2	1	—	—
66	8.7	2	—	—
67	9.5	4	—	—
68	9.1	15	—	—
69	8.6	16	35.00	4
70	6.9	3	35.09	1
71	7.1	1	35.18	1
73	10.5	1	35.50	1
74	7.2	1	35.20	1
75	6.7	1	—	—
76	7.4	3	35.17	2
77	7.7	2	35.16	1
78	8.8	2	33.65	1
79	8.8	16	34.83	1
81	6.1	1	—	—
82	7.0	1	—	—
84	10.3	1	35.43	1
89	8.7	3	—	—
91	6.8	1	—	—
93	7.5	1	—	—
95	9.4	1	35.40	1
Zehngradfeld 217				
00	9.6	161	35.29	41
1	9.6	66	35.32	38
2	10.1	119	35.31	26
3	10.2	173	35.38	39
4	10.1	189	35.43	41
5	10.0	146	35.30	23
6	9.6	163	35.37	15
7	10.0	193	35.36	21
8	10.0	266	35.33	45
9	10.1	195	35.33	19
10	10.2	71	35.32	13
11	10.3	117	35.34	23
12	10.0	145	35.37	45
13	9.7	117	35.32	35
14	9.5	148	35.32	44
15	9.3	217	35.28	76
16	8.8	267	35.24	86
17	9.0	144	35.26	53

Eingradfeld	Temperatur t°	Anzahl	Salzgehalt ‰	Anzahl
Juni				
18	9.3	91	35.28	17
19	9.6	66	35.29	6
20	9.8	23	—	—
21	9.2	27	35.22	5
22	9.3	37	35.28	4
23	9.0	43	35.22	6
24	8.9	53	35.23	9
25	8.8	89	35.23	40
26	8.6	200	35.21	69
27	8.4	258	35.22	70
28	9.0	171	35.28	44
29	9.4	179	35.29	28
30	8.5	5	35.19	5
31	8.3	4	35.01	3
32	7.3	19	35.13	4
33	7.8	26	35.20	4
34	7.6	28	35.13	10
35	8.0	73	35.12	22
36	8.5	47	35.09	14
37	8.5	45	35.11	9
38	8.3	49	35.26	12
39	8.7	68	35.20	16
40	9.1	4	35.06	3
41	7.1	7	35.12	5
42	10.0	4	34.93	1
43	7.3	3	35.02	2
44	6.0	9	35.01	4
45	5.7	17	35.00	9
46	6.3	22	34.90	5
47	6.5	24	34.94	8
48	6.8	25	34.92	2
49	8.1	14	—	—
50	8.4	7	—	—
51	6.4	4	—	—
52	6.3	5	35.06	3
53	5.6	2	35.09	1
54	5.8	5	34.99	4
55	5.1	7	34.96	6
56	5.9	13	34.88	9
57	4.0	9	34.81	7
58	3.7	4	34.86	2
59	6.8	8	—	—
61	7.0	3	—	—
62	5.5	6	35.00	1
63	5.5	3	34.98	2
64	5.2	1	—	—
65	5.4	2	34.88	1
66	6.8	7	34.88	2
67	6.3	5	34.83	2
68	3.6	6	34.65	3

Eingradfeld	Temperatur t°	Anzahl	Salzgehalt ‰	Anzahl
Juni				
69	3.6	4	34.78	3
70	7.0	4	—	—
72	5.8	1	35.06	1
73	4.9	7	35.01	1
74	5.3	8	35.06	2
75	3.8	2	34.96	1
76	3.4	1	34.85	1
77	4.0	4	34.87	2
78	1.6	1	34.63	1
79	0.9	2	34.61	2
81	7.2	2	—	—
81	5.9	6	—	—
84	4.7	1	—	—
85	5.5	11	35.07	1
87	5.5	2	—	—
92	5.9	4	—	—
93	5.8	5	—	—
94	5.0	1	—	—
95	4.7	1	—	—
96	4.9	10	34.89	1
97	5.9	3	—	—
99	0.5	1	33.17	1
Zehngradfeld 218				
00	0.9	286	35.35	27
1	10.1	217	35.33	17
2	10.0	223	35.36	23
3	10.3	204	35.34	16
4	10.2	227	35.32	21
5	10.2	203	35.24	24
6	10.3	204	35.23	25
7	10.2	197	35.30	12
8	1.1	196	35.31	27
9	9.9	192	35.30	12
10	9.6	142	35.30	3
11	9.8	144	35.28	5
12	9.7	157	35.27	10
13	9.7	133	35.25	10
14	9.6	93	35.26	8
15	9.9	50	35.25	4
16	9.7	53	35.25	4
17	9.7	61	35.25	5
18	9.9	57	35.30	4
19	9.9	66	35.22	4
20	9.4	202	35.33	41
21	9.5	208	35.28	28
22	9.5	254	35.28	24
23	9.5	288	35.29	37
24	9.6	281	35.32	34
25	9.5	296	35.25	24

Eingradfeld	Temperatur t°	Anzahl	Salzgehalt ‰	Anzahl
Juni				
26	9.5	248	35.26	32
27	9.4	146	35.21	10
28	9.6	99	35.25	18
29	9.6	42	34.87	6
30	8.5	82	35.13	13
31	8.4	34	35.22	7
32	9.0	132	35.12	6
33	8.9	36	35.27	5
34	9.1	26	35.27	6
35	8.9	33	35.25	6
36	9.5	174	35.14	23
37	9.4	188	35.15	29
38	9.1	291	35.01	32
39	9.2	309	34.91	25
40	7.0	43	34.74	4
41	7.3	59	34.88	13
42	6.5	76	34.76	15
43	5.7	99	34.63	23
44	6.5	55	34.79	12
45	7.9	36	34.64	7
46	5.3	3	—	—
50	6.1	16	34.88	1
51	5.9	27	34.99	1
52	5.1	42	34.72	2
53	5.2	92	33.34	10
54	6.0	14	29.77	5
58	7.7	16	34.55	1
59	6.0	3	—	—
60	3.4	5	34.60	4
61	2.8	4	34.64	3
62	5.2	7	34.72	3
63	5.4	21	34.75	10
64	5.5	82	34.37	23
65	6.5	50	33.38	6
66	6.5	48	34.11	14
67	6.7	56	31.05	8
68	6.5	121	34.31	30
69	6.2	59	34.31	9
70	3.8	5	34.61	4
71	3.3	9	34.51	8
72	2.7	12	34.60	8
73	2.3	5	34.79	5
74	1.0	1	34.51	1
75	4.0	1	34.55	1
76	4.2	8	34.85	6
78	5.2	11	34.99	2
79	5.1	5	—	—
80	1.2	1	34.60	1
81	0.3	2	34.69	2
82	1.7	8	34.35	4

Eingradfeld	Temperatur t°	Temperatur Anzahl	Salzgehalt ‰	Salzgehalt Anzahl
Juni				
83	—0.6	2	34.91	2
84	1.0	5	33.82	4
85	3.6	2	34.74	1
86	0.9	1	34.87	1
87	0.8	2	—	—
88	3.2	4	34.85	1
89	1.9	4	—	—
91	—0.1	3	34.38	4
92	2.1	6	34.78	2
93	3.5	2	—	—
94	4.2	2	34.86	1
96	2.2	1	—	—
98	1.4	5	—	—
99	1.6	4	—	—
Zehngradfeld 219				
00	9.9	195	35.21	29
1	9.8	153	35.25	6
2	9.8	170	35.27	16
3	9.4	179	35.26	6
4	9.6	186	35.24	19
5	9.3	197	35.22	6
6	9.1	200	35.23	21
7	9.1	150	35.24	4
8	8.8	199	35.18	24
9	8.6	198	35.17	6
10	9.9	65	35.30	9
11	9.7	59	35.25	5
12	9.4	62	35.25	7
13	9.6	42	35.19	1
14	9.2	58	35.23	5
15	9.1	48	35.22	5
16	9.1	43	35.22	2
17	8.7	47	35.15	4
18	8.2	37	35.14	2
19	8.2	39	35.12	4
20	9.8	40	35.26	2
21	10.0	19	35.18	5
22	9.3	12	35.33	2
23	9.2	22	35.22	4
24	8.8	10	35.30	1
25	9.1	14	35.21	4
26	8.5	20	35.19	7
27	8.4	22	35.16	4
28	9.1	26	35.12	4
29	8.5	26	35.11	2
30	9.0	269	34.21	27
31	9.1	226	34.46	35
32	8.8	243	34.37	27
33	8.8	29	34.57	6

Eingradfeld	Temperatur t°	Temperatur Anzahl	Salzgehalt ‰	Salzgehalt Anzahl
Juni				
34	8.7	26	35.19	2
35	8.6	28	35.18	3
36	8.7	19	35.23	1
37	9.3	10	—	—
38	9.2	2	35.02	1
39	8.6	3	35.07	2
41	8.2	111	33.97	9
42	9.1	438	34.25	51
43	9.1	164	34.68	26
44	8.6	108	34.68	30
45	8.3	10	35.08	6
46	8.4	5	35.17	3
47	7.8	7	35.16	4
48	8.0	9	35.14	6
49	8.1	7	35.16	3
50	6.5	10	—	—
51	6.3	23	—	—
52	7.7	60	—	—
53	8.3	40	34.37	4
54	7.7	296	34.59	29
55	6.8	18	34.89	11
56	7.9	52	34.95	8
57	6.8	10	34.75	6
58	5.4	5	34.78	4
59	7.5	2	35.21	1
60	6.2	92	34.47	20
61	5.9	59	34.87	10
62	6.1	91	34.74	25
63	6.7	148	34.57	19
64	4.9	275	34.76	12
65	6.3	106	34.38	3
66	6.9	27	34.25	1
68	0.4	2	33.28	1
69	3.4	2	34.56	1
70	4.2	3	34.96	2
71	6.7	9	—	—
72	5.5	3	—	—
73	2.3	5	34.29	3
74	6.4	5	—	—
80	—1.1	1	—	—
81	3.9	1	—	—
90	0.5	1	—	—
Zehngradfeld 220				
00	8.5	185	35.09	20
1	8.3	174	35.08	7
2	8.2	161	35.04	23
3	7.9	136	35.04	9
4	7.7	124	34.97	19
5	7.8	102	34.95	5

Eingradfeld	Temperatur t°	Temperatur Anzahl	Salzgehalt ‰	Salzgehalt Anzahl
Juni				
6	7.2	109	34.93	15
7	7.0	70	34.91	1
8	6.5	42	34.94	5
9	6.2	19	—	—
10	8.0	28	35.14	3
11	7.7	47	35.11	3
12	7.6	38	35.05	3
13	7.6	27	—	—
14	7.4	28	—	—
15	7.5	17	—	—
16	7.5	12	—	—
17	7.8	3	—	—
19	7.0	2	—	—
20	8.5	30	35.12	2
21	8.4	22	35.12	1
22	8.6	14	35.09	1
23	8.6	7	—	—
24	8.4	3	35.02	1
25	8.4	2	34.96	1
27	8.3	3	34.97	1
28	8.8	4	—	—
29	7.5	3	35.02	1
31	7.8	2	—	—
32	8.0	2	—	—
37	—0.5	1	—	—
38	6.2	4	34.87	1
39	6.3	1	—	—
40	8.0	4	35.11	3
41	8.3	5	34.82	4
42	7.2	1	35.12	1
43	6.6	3	35.07	3
44	6.2	3	34.74	3
45	3.0	1	34.02	1
46	1.6	2	33.92	1
47	1.5	4	—	—
50	7.9	3	35.10	2
51	5.9	2	35.05	1
52	5.6	4	34.76	3
53	5.3	5	34.73	4
54	2.3	5	33.82	3
55	—0.2	4	32.72	2
56	1.0	1	—	—
57	1.4	2	—	—
60	0.0	2	32.27	2
61	—0.5	3	29.84	3
62	0.0	2	32.52	2
63	—0.6	2	30.90	2
71	—1.2	1	30.37	1

Eingradfeld	Temperatur t°	Temperatur Anzahl	Salzgehalt ‰	Salzgehalt Anzahl
Juni				
Zehngradfeld 221				
00	5.7	10	34.87	1
1	4.6	4	—	—
2	1.4	3	—	—
3	2.1	2	—	—
5	—0.3	1	32.73	1
6	1.6	45	28.33	3
7	3.2	88	34.45	5
8	2.7	236	33.60	15
9	3.7	273	33.95	15
10	7.4	6	—	—
11	2.9	1	33.10	1
12	0.6	2	27.55	2
18	2.0	86	32.13	6
19	2.3	210	32.61	16
20	4.5	8	33.68	5
21	1.7	5	32.00	4
22	5.4	4	—	—
23	2.2	3	—	—
Zehngradfeld 222				
00	4.3	165	33.93	5
1	3.7	91	34.13	1
2	3.0	45	—	—
3	2.7	42	32.25	1
4	1.2	2	—	—
5	2.1	9	34.23	1
6	1.7	5	34.04	1
10	2.7	187	33.64	13
11	3.7	155	33.76	6
12	3.3	63	33.64	2
13	3.6	52	33.03	2
14	3.5	14	31.77	1
15	1.6	7	33.67	1
16	1.5	5	33.99	1
17	3.0	1	34.09	1
18	3.0	1	—	—
19	3.1	1	33.88	1
20	2.6	200	33.02	14
21	2.8	241	33.04	12
22	3.1	148	33.70	7
23	3.0	47	33.60	2
24	2.8	64	32.97	3
25	2.4	47	33.51	1
26	2.6	15	34.22	2
27	4.2	7	34.01	3
30	3.5	1	—	—
31	3.2	151	33.21	13
32	3.0	356	33.54	24
33	2.2	162	33.39	14

Eingradfeld	Temperatur		Salzgehalt	
	t°	Anzahl	‰	Anzahl
Juni				
34	2.1	83	33.41	3
35	1.4	33	33.24	2
36	1.8	23	33.27	2
37	2.1	5	—	—
38	1.7	3	—	—
40	8.6	1	30.99	1
41	4.4	60	33.38	4
42	2.9	417	33.53	35
43	2.9	265	33.71	12
44	2.3	134	33.45	3
45	2.2	29	33.68	1
46	1.8	3	—	—
47	1.1	9	33.26	1
48	1.0	6	—	—
52	3.7	46	32.84	1
53	3.0	324	33.71	21
54	2.5	311	33.62	11
55	1.1	31	33.50	1
56	2.0	4	33.88	1
57	1.7	4	—	—
62	2.2	2	—	—
63	2.5	62	33.92	5
64	2.3	462	33.93	27
65	1.8	105	33.98	6
66	0.9	18	33.63	1
67	5.0	2	—	—
73	1.8	4	33.60	1
74	1.7	415	33.79	26
75	1.3	244	33.92	6
76	1.1	28	—	—
77	0.6	4	—	—
80	5.2	1	32.08	1
81	4.5	12	32.67	2
82	2.9	21	33.51	1
83	2.6	182	33.77	17
84	1.7	396	33.79	16
85	1.1	164	33.76	4
86	0.2	5	33.43	1
87	0.4	4	32.96	2
91	3.9	149	33.32	7
92	3.9	118	33.10	5
93	3.7	86	33.41	6
94	2.9	81	33.31	5
95	1.7	106	33.54	3
96	0.6	11	32.39	1
Zehngradfeld 283				
01	-1.5	1	—	—
2	3.2	3	—	—
3	4.6	2	—	—

Eingradfeld	Temperatur		Salzgehalt	
	t°	Anzahl	‰	Anzahl
Juni				
4	3.0	1	—	—
5	4.8	2	—	—
6	2.6	2	—	—
7	0.8	2	—	—
8	0.3	2	—	—
9	0.6	3	—	—
10	0.4	1	33.10	1
11	3.8	3	—	—
12	5.8	2	—	—
20	0.5	1	—	—
21	3.2	2	—	—
22	4.4	2	33.70	1
32	0.8	1	—	—
33	1.0	1	—	—
34	1.4	2	—	—
45	1.3	1	—	—
51	-1.3	1	34.53	1
54	-1.6	1	34.51	1
55	-1.5	1	34.44	1
61	-1.4	1	34.40	1
63	-1.4	3	34.40	3
65	-1.4	1	34.44	1
66	-1.4	1	34.45	1
67	-1.5	2	34.51	2
92	-0.2	4	32.91	3
Zehngradfeld 284				
00	4.3	6	34.64	2
1	7.5	1	34.70	1
2	1.8	1	—	—
3	0.5	1	—	—
4	0.3	2	—	—
5	1.6	3	34.00	2
6	1.0	3	—	—
7	0.1	3	—	—
8	0.2	1	—	—
9	-0.4	2	—	—
10	3.4	2	34.26	2
11	3.0	3	34.51	1
12	2.8	2	34.24	2
14	0.7	1	—	—
15	0.8	3	34.45	1
16	1.5	2	—	—
17	1.2	3	—	—
18	-0.8	1	32.50	1
19	1.0	2	—	—
34	-0.7	1	34.66	1
40	-1.1	1	34.49	1
50	-1.1	1	34.36	1
52	-0.8	2	34.21	2

Eingradfeld	Temperatur		Salzgehalt	
	t°	Anzahl	‰	Anzahl
Juni				
54	-0.9	1	34.62	1
55	-0.2	1	34.30	1
57	-1.4	1	34.37	1
58	-1.6	1	34.31	1
63	-1.3	1	34.60	1
Zehngradfeld 285				
00	5.8	64	33.51	22
1	5.6	95	33.85	37
2	5.4	66	34.35	22
3	5.2	37	34.48	17
4	5.2	13	34.57	9
5	4.9	11	34.56	6
6	4.4	37	34.62	8
7	3.5	11	34.81	3
8	4.2	9	34.79	3
9	4.6	5	34.69	4
10	4.8	13	34.41	10
11	4.4	12	34.55	8
12	4.4	10	34.56	7
13	3.9	10	34.59	6
14	4.2	7	34.68	6
15	3.3	5	34.76	2
16	2.3	7	34.76	9
17	2.6	4	34.52	2
18	2.2	3	34.33	3
19	2.0	3	34.64	2
20	3.9	3	34.78	2
22	1.7	2	—	—
23	3.4	4	34.71	2
24	1.8	2	—	—
25	1.3	4	34.74	2
26	1.9	2	34.72	1
28	-1.3	1	34.70	1
30	0.8	1	33.91	1
31	2.8	1	—	—
32	-0.4	32	—	—
33	4.3	1	—	—
34	1.9	3	35.02	1
35	1.9	3	34.91	3
36	-1.4	1	34.75	1
37	-1.0	1	34.72	1
38	-1.5	2	34.62	2
39	-1.5	1	34.22	1
40	0.6	3	34.57	2
41	-0.5	1	34.49	1
42	0.5	1	34.98	1
44	0.7	3	34.47	2
45	0.0	3	34.89	2
46	-0.4	2	34.51	2

Eingradfeld	Temperatur		Salzgehalt	
	t°	Anzahl	‰	Anzahl
Juni				
47	-1.2	2	34.75	2
48	-0.9	1	34.84	1
49	-0.8	1	34.52	1
50	-0.6	3	34.10	1
51	-0.4	1	—	—
52	-0.3	4	34.08	3
53	0.1	5	34.22	4
54	-0.5	1	34.11	1
55	-0.9	1	34.00	1
56	-0.4	2	34.16	2
58	-0.9	2	34.37	2
59	-0.4	1	34.39	1
60	3.7	2	—	—
61	3.0	1	—	—
63	-0.6	2	—	—
69	-0.6	1	—	—
71	3.2	1	—	—
81	2.5	1	—	—
87	5.5	1	—	—
88	6.1	1	—	—
89	3.8	1	—	—
93	5.7	2	34.38	1
94	5.6	2	34.38	1
95	5.7	2	—	—
96	6.0	2	—	—
Zehngradfeld 286				
00	7.2	16	34.37	19
1	6.7	9	34.57	5
2	6.7	6	34.28	3
3	6.7	11	32.77	7
4	7.4	2	—	—
5	5.9	4	33.78	2
6	5.7	7	32.92	5
7	5.5	2	32.81	1
8	5.8	9	27.01	9
9	5.8	18	32.98	15
10	6.6	9	34.94	4
11	6.0	7	34.70	4
12	6.3	10	34.75	6
13	6.9	13	34.73	9
14	5.3	9	34.62	4
15	5.6	17	34.53	14
16	5.6	12	34.51	9
17	5.9	15	34.40	10
18	5.5	24	34.41	15
19	5.7	9	34.14	6
20	4.7	8	34.98	3
21	4.1	6	35.08	2
22	5.3	9	34.97	6

Eingradfeld	Temperatur t°	Temperatur Anzahl	Salzgehalt ‰	Salzgehalt Anzahl
Juni				
23	3.3	4	35.16	2
24	3.1	4	34.94	1
25	4.6	14	34.86	6
26	1.2	3	—	—
27	3.9	16	—	
28	3.8	10	34.95	1
29	1.4	1	—	—
30	4.8	6	35.23	4
31	3.2	5	35.01	4
32	5.0	7	35.12	3
33	6.0	7	35.17	4
34	4.0	6	34.71	4
35	3.4	1	—	
36	2.4	3	34.56	2
39	3.9	2	34.70	1
40	0.6	9	34.81	6
41	2.0	9	34.78	8
42	0.8	8	34.24	7
43	0.9	5	34.40	4
44	2.2	3	—	—
45	1.1	5	34.03	1
46	0.6	4	33.43	2
47	1.4	1	—	—
48	2.0	2	34.90	1
49	1.4	4	34.41	2
50	0.1	3	34.30	2
51	0.2	3	34.49	2
52	1.2	4	33.16	3
53	0.8	5	34.53	4
54	1.4	5	34.18	4
55	0.9	6	33.66	4
56	0.8	3	34.00	1
57	0.7	2	34.60	1
58	0.3	4	34.43	2
59	—0.5	3	34.01	2
60	0.5	2	33.99	1
61	—1.2	1	—	—
62	—1.2	1	—	—
63	—0.4	3	33.44	1
64	0.2	2	33.89	1
65	—0.7	4	34.14	2
66	—0.6	2	33.92	1
67	—0.3	2	34.06	2
68	—1.6	3	33.89	2
69	0.3	4	34.50	2
70	—0.2	3	—	—
71	1.8	2	—	—
72	—0.1	2	—	—
76	—0.7	1	33.21	1
77	0.3	1	33.16	1

Eingradfeld	Temperatur t°	Temperatur Anzahl	Salzgehalt ‰	Salzgehalt Anzahl
Juni				
80	0.2	1	—	—
81	0.5	1	—	—
82	0.0	1	—	—
87	0.1	1	—	—
89	—0.5	1	—	—
Zehngradfeld 287				
00	4.7	2	—	—
1	4.7	2	—	—
2	7.6	5	34.79	1
3	7.2	10	34.90	1
4	6.5	3	—	—
5	7.5	10	34.92	2
6	7.4	7	34.62	1
7	7.4	19	34.66	6
8	7.5	17	34.53	3
9	7.2	18	34.34	6
12	3.0	1	—	—
13	6.1	3	—	—
14	7.5	6	—	—
15	5.8	6	—	—
16	7.4	5	—	—
17	6.8	3	34.85	1
18	5.8	7	34.77	3
19	6.2	12	34.93	7
20	0.9	2	34.30	2
22	3.6	2	32.86	2
23	2.9	1	—	—
24	7.2	4	34.42	1
25	5.5	5	—	—
26	6.5	39	34.91	1
27	6.0	10	34.89	3
28	5.0	11	34.96	5
29	6.0	10	35.08	4
30	2.6	4	34.63	4
31	0.6	2	33.97	1
32	1.7	3	35.10	2
33	0.4	1	—	—
34	1.7	2	—	—
35	5.1	3	—	—
36	4.1	21	34.72	2
37	3.5	64	34.75	4
38	3.7	86	34.97	4
39	3.9	78	34.98	9
40	2.5	4	35.06	4
41	1.9	4	34.94	3
42	1.8	3	35.09	2
43	2.9	4	35.06	2
44	5.2	3	35.03	2
45	5.4	6	35.02	5

Eingradfeld	Temperatur t°	Temperatur Anzahl	Salzgehalt ‰	Salzgehalt Anzahl
Juni				
46	3.4	146	34.93	15
47	3.2	131	34.76	11
48	2.7	58	34.57	9
49	1.8	23	34.60	8
50	2.9	7	35.02	7
51	3.5	3	35.06	3
52	3.4	4	35.06	4
53	3.5	5	35.10	3
54	2.8	5	34.61	3
55	1.6	5	33.80	2
56	2.1	9	34.32	7
57	2.4	7	34.80	5
58	0.6	3	34.49	2
59	2.0	2	34.55	2
60	3.2	7	35.03	6
61	2.3	5	34.49	5
62	3.3	3	34.88	2
63	2.7	6	34.57	4
64	2.2	10	34.59	5
65	1.5	27	34.34	7
66	1.4	5	33.86	2
67	1.0	4	33.85	1
68	1.9	3	32.64	1
69	0.8	1	—	—
70	4.1	5	34.82	5
71	3.2	6	34.83	4
72	2.3	9	34.20	7
73	1.9	20	34.07	9
74	2.0	9	34.29	4
75	1.7	6	30.94	1
80	3.2	4	33.97	4
81	2.1	7	33.95	5
82	1.6	9	34.09	3
83	2.6	11	34.20	3
84	1.4	13	25.83	3
85	2.2	8	34.11	1
86	1.2	4	22.86	1
90	1.5	11	34.32	4
91	0.8	24	34.00	2
92	0.5	5	34.31	2
93	1.4	1	—	—
94	0.4	1	34.43	1
96	0.4	7	34.09	1
98	—0.2	2	33.88	2
Zehngradfeld 288				
01	5.6	1	—	—
2	5.4	1	—	—
3	4.7	1	—	—
4	5.0	1	—	—

Eingradfeld	Temperatur t°	Temperatur Anzahl	Salzgehalt ‰	Salzgehalt Anzahl
Juni				
5	7.1	3	35.39	2
6	4.9	1	—	—
7	6.3	2	35.32	1
8	5.6	1	—	—
9	6.5	2	35.30	1
12	6.0	2	—	—
16	9.7	1	35.50	1
20	5.4	1	35.18	1
21	1.8	2	34.41	2
22	3.1	2	34.90	2
23	1.3	1	34.65	1
24	1.4	1	34.60	1
25	0.6	1	34.06	1
26	0.5	1	34.06	1
27	5.5	3	35.17	3
28	2.1	1	35.08	1
29	1.0	1	34.74	1
30	1.1	2	34.91	1
31	0.5	3	34.41	3
32	1.1	2	34.25	2
33	0.2	1	34.67	1
34	0.8	2	34.15	1
35	0.2	1	34.65	1
36	2.7	2	34.84	2
37	3.5	4	35.09	4
38	3.3	4	34.68	4
41	—0.5	1	34.72	1
42	—0.5	1	34.23	1
43	0.0	2	34.28	2
48	2.9	4	35.05	4
49	3.0	3	35.03	3
51	0.4	14	—	—
52	—0.5	1	34.54	1
54	4.1	1	34.99	1
55	2.6	2	34.77	2
56	2.8	3	34.91	3
57	3.0	4	34.94	4
58	2.5	9	34.83	9
59	2.6	13	34.93	13
60	—0.1	5	34.11	1
61	—1.1	2	33.78	2
62	—0.8	1	34.73	1
65	2.2	2	34.94	2
66	0.9	1	35.05	1
67	2.6	7	34.90	7
68	3.2	15	34.89	15
69	3.2	13	34.76	13
70	0.6	4	35.15	1
71	0.7	1	35.20	1
72	0.3	1	—	—

Eingradfeld	Temperatur t°	Temperatur Anzahl	Salzgehalt °/₀₀	Salzgehalt Anzahl
Juni				
76	2.6	7	34.92	7
77	2.9	4	34.91	4
78	3.4	11	34.95	11
79	3.5	4	35.00	4
83	1.1	1	—	—
84	1.3	1	—	—
87	4.6	1	35.02	1
88	0.6	1	34.30	1
89	1.0	1	34.35	1
94	0.3	1	—	—
95	0.2	1	—	—
96	1.4	2	33.88	1
97	1.6	1	—	—
98	1.6	4	33.75	2
99	2.6	4	34.51	3
Zehngradfeld 253				
04	4.0	1	34.41	1
5	2.1	2	33.28	1
6	1.8	2	33.50	1
7	3.1	6	29.17	3
8	0.9	5	32.50	3
9	0.3	1	34.97	1
12	2.5	1	33.76	1
16	0.2	2	34.83	1
17	0.8	2	33.64	1
18	3.0	6	34.34	1
19	0.7	2	33.39	2
20	0.5	1	33.80	1
21	0.2	1	33.70	1
22	0.8	1	33.75	1
23	—0.4	2	34.36	1
24	0.0	2	34.32	2
25	—0.1	2	33.95	2
26	1.2	4	33.89	2
27	0.5	1	—	—
28	2.8	4	—	—
29	—0.2	2	—	—
30	—0.1	4	34.53	4
31	—0.3	2	34.54	2
32	1.0	1	34.68	1
33	—0.2	3	33.95	2
34	—0.1	5	33.85	4
35	0.5	3	33.87	2
36	0.1	2	30.79	1
37	0.3	3	33.95	1
38	1.4	5	33.77	1
39	1.0	4	34.19	1
41	—0.3	4	34.54	4
42	0.3	7	34.46	6
Juni				
43	0.1	6	34.37	5
44	0.2	7	34.41	5
45	0.4	6	34.06	2
46	0.2	5	34.08	2
47	—0.1	2	34.30	2
48	0.5	1	34.38	1
49	—0.6	2	34.40	1
50	0.5	1	—	—
51	—0.2	2	34.84	1
52	0.5	4	34.58	2
53	0.3	3	34.72	2
54	—1.0	1	34.74	1
56	0.8	2	—	—
60	0.1	3	—	—
61	—0.5	3	34.78	2
62	—1.1	4	33.89	2
63	—0.9	3	31.90	2
64	—1.1	2	34.28	1
65	—1.0	1	—	—
66	—1.2	1	—	—
70	—1.0	1	—	—
71	—1.1	1	—	—
72	—1.1	1	—	—
73	—1.0	1	—	—
74	—1.0	1	—	—
75	—1.2	1	—	—
Zehngradfeld 254				
00	0.6	1	34.81	1
2	1.3	3	34.68	2
3	2.5	8	34.77	2
9	—0.8	3	34.83	1
10	0.5	1	34.63	1
11	1.0	3	34.19	2
12	1.0	3	34.28	2
13	1.6	7	34.29	1
20	0.3	3	34.16	1
21	1.8	1	—	—
23	1.5	4	—	—
31	—0.4	2	—	—
32	0.0	1	—	—
33	0.2	2	—	—
34	—0.9	1	—	—
35	—0.6	2	—	—
36	—0.7	2	—	—
40	1.5	2	33.74	1
41	2.0	1	—	—
42	0.5	3	33.58	1
43	—0.6	3	33.42	1
44	—0.2	7	32.67	2
Juni				
45	—1.8	1	—	—
47	1.2	11	—	—
48	—1.5	1	—	
49	—1.0	1	—	—
51	—1.1	2	—	—
52	—1.4	1	—	—
53	—1.3	1	—	—
68	—0.7	6	25.70	5
69	—1.7	2	32.20	1
Zehngradfeld 255				
00	—1.7	2	—	—
1	—0.8	4	—	—
2	0.1	2	—	—
3	4.9	6	—	—
12	4.4	6	—	—
Zehngradfeld 258				
01	5.0	1	—	—
2	2.4	23	33.04	2
3	2.6	14	33.29	4
4	2.2	6	33.25	1
5	2.8	18	33.53	1
12	3.0	1	—	—
13	1.7	5	—	—
14	2.8	2	31.86	1
15	2.6	11	—	—
16	2.0	16	33.28	2
15	2.5	1	—	—
26	2.3	18	33.01	4
Juli				
Zehngradfeld 183				
50	12.4	51	35.44	4
51	12.7	72	35.49	1
52	12.7	129	35.30	5
53	12.6	139	35.30	3
54	12.5	127	35.23	12
55	12.5	91	35.22	9
56	12.6	48	35.35	5
57	12.3	40	35.18	4
58	11.9	31	35.00	3
59	11.6	42	35.08	4
60	13.6	159	35.21	11
61	13.6	154	35.51	7
62	12.8	108	35.29	12
63	12.5	85	35.30	4
64	12.5	49	35.30	3
65	12.2	35	35.26	1
Juli				
66	12.3	64	35.18	5
67	11.7	50	35.41	1
68	11.6	55	35.07	5
69	11.8	30	35.00	1
70	13.1	112	35.27	10
71	12.9	97	35.41	3
72	13.9	82	35.37	3
73	13.1	77	35.39	4
74	13.1	48	35.44	2
75	11.1	39	35.25	3
76	11.8	26	35.20	2
77	11.1	27	35.09	3
78	11.9	19	—	—
79	11.0	16	—	—
80	12.0	39	35.22	2
81	11.8	38	35.26	3
82	12.0	44	35.22	4
83	12.1	46	35.31	3
84	11.8	45	35.19	4
85	11.4	63	35.16	1
86	11.2	50	35.20	4
87	10.4	57	35.14	1
88	10.8	59	35.16	2
89	10.6	93	34.96	1
90	11.4	102	35.19	14
91	11.5	74	35.17	2
92	11.3	82	35.25	3
93	11.0	98	35.06	3
94	10.8	97	35.21	2
95	11.0	61	35.14	2
96	10.7	81	35.15	5
97	10.9	58	35.20	3
98	10.3	83	35.12	6
99	10.2	74	35.17	4
Zehngradfeld 184				
50	11.7	50	35.06	3
51	11.0	48	35.04	2
52	11.3	45	34.88	1
53	10.9	36	35.36	1
54	10.3	13	34.91	2
55	10.4	14	35.07	2
56	9.3	4	—	—
57	8.5	7	—	—
58	9.1	10	34.69	3
51	10.1	7	—	—
60	11.3	26	35.06	3
61	11.1	9	—	—
62	11.2	9	35.04	2
63	8.8	2	—	—

Eingradfeld	Temperatur t°	Temperatur Anzahl	Salzgehalt ‰	Salzgehalt Anzahl
Juli				
64	10.0	3	—	—
65	9.9	19	—	—
66	9.1	19	—	—
67	8.9	47	—	—
68	9.2	45	—	—
69	9.0	52	34.81	1
70	10.5	13	35.05	1
71	10.5	21	—	—
72	10.0	47	35.05	1
73	9.6	46	—	—
74	9.6	46	34.80	2
75	9.4	41	—	—
76	9.4	58	—	—
77	8.7	62	34.74	1
78	8.2	29	—	—
79	8.4	47	—	—
80	10.7	75	35.15	2
81	9.7	79	35.02	3
82	9.4	121	35.04	4
83	9.0	95	35.00	3
84	8.8	76	34.97	2
85	8.6	91	35.01	1
86	8.2	106	34.85	1
87	8.1	77	34.77	1
88	7.6	86	34.82	6
89	7.5	117	34.82	3
90	9.8	82	35.02	4
91	9.7	124	35.03	3
92	9.7	114	35.00	6
93	9.1	121	34.96	6
94	9.0	141	34.99	3
95	8.8	160	34.92	8
96	8.6	182	34.92	7
97	8.4	185	34.83	8
98	8.2	209	34.86	9
99	7.9	195	34.80	8
Zehngradfeld 185				
50	9.1	7	34.61	1
51	8.7	8	—	—
52	9.0	23	—	—
53	8.6	33	—	—
54	8.6	33	—	—
55	8.4	29	—	—
56	8.3	16	—	—
57	8.0	3	—	—
58	8.0	1	—	—
59	7.3	1	—	—
60	7.6	61	—	—
61	8.0	53	—	—

Eingradfeld	Temperatur t°	Temperatur Anzahl	Salzgehalt ‰	Salzgehalt Anzahl
Juli				
62	8.2	37	34.49	1
63	7.8	23	—	—
64	5.6	15	—	—
65	7.8	2	—	—
66	9.0	1	—	—
67	8.1	5	—	—
68	7.8	3	34.80	1
69	7.0	2	34.24	2
70	7.7	36	34.82	2
71	7.2	29	34.67	1
72	6.3	43	34.79	1
73	6.4	79	34.62	2
74	6.6	53	34.59	2
75	6.0	35	34.56	2
76	6.2	44	34.35	3
77	5.8	44	34.81	2
78	6.9	35	34.52	7
79	7.8	9	34.59	6
80	7.1	117	34.81	5
81	7.1	140	34.74	4
82	6.7	187	34.51	9
83	6.0	191	34.27	10
84	6.3	182	34.54	5
85	6.2	142	34.42	15
86	6.3	87	34.67	14
87	6.1	84	34.60	14
88	6.6	58	34.58	3
89	6.8	38	34.57	3
90	7.6	204	34.86	15
91	7.4	173	34.37	12
92	6.5	181	34.67	16
93	5.6	155	32.77	7
94	5.0	210	33.28	39
95	5.2	276	34.12	20
96	5.7	286	34.30	11
97	5.8	260	34.68	12
98	5.7	141	34.42	10
98	6.2	63	34.50	4
Zehngradfeld 186				
50	8.7	5	34.66	1
51	8.3	6	34.58	5
52	7.3	13	34.48	11
53	6.9	12	34.00	11
54	6.5	7	34.12	3
55	6.3	4	33.69	2
56	6.0	3	33.06	3
57	5.9	3	30.83	2
58	6.0	3	34.32	1
59	4.9	6	31.31	3

Eingradfeld	Temperatur t°	Temperatur Anzahl	Salzgehalt ‰	Salzgehalt Anzahl
Juli				
60	7.8	8	34.61	8
61	7.4	4	34.53	2
62	5.1	1	—	—
63	7.6	1	—	—
64	6.9	4	34.81	1
65	8.1	2	34.02	1
66	4.7	1	—	—
67	5.9	2	34.09	1
68	3.8	3	33.43	1
69	4.8	3	32.57	1
70	7.3	5	34.83	1
71	6.8	4	34.49	1
72	6.9	2	34.84	1
73	6.9	2	34.81	1
74	6.5	3	—	—
75	8.4	2	34.51	1
77	7.0	4	34.29	3
78	5.0	4	33.81	2
79	3.1	2	32.32	2
80	6.3	30	34.56	5
81	5.7	11	34.61	1
82	6.6	4	34.60	1
83	6.9	3	34.82	1
84	7.3	6	34.58	4
87	6.3	2	34.48	1
88	6.2	3	34.33	1
90	6.5	47	33.78	2
91	6.1	41	34.56	4
92	4.9	21	34.29	5
93	6.2	6	34.41	3
94	6.5	5	34.61	3
97	6.3	1	—	—
98	6.8	3	34.33	2
99	5.2	3	34.08	2
Zehngradfeld 187				
50	3.2	2	25.12	2
60	5.2	1	19.96	1
61	1.2	1	25.43	1
70	4.0	2	31.18	2
90	1.7	2	31.70	2
91	3.8	1	31.26	1
92	4.5	1	31.77	1
93	2.9	1	31.44	1
Zehngradfeld 247				
80	7.2	4	31.69	3
81	8.5	4	31.82	4
82	6.2	2	21.40	2
83	11.5	3	30.88	1

Eingradfeld	Temperatur t°	Temperatur Anzahl	Salzgehalt ‰	Salzgehalt Anzahl
Juli				
84	11.3	7	14.93	3
85	8.9	6	11.51	3
86	9.0	5	12.13	3
87	8.2	4	14.73	3
90	5.5	5	30.51	1
91	6.8	3	30.51	1
92	7.3	5	30.01	3
93	7.8	9	29.60	5
94	7.0	10	26.64	6
95	7.2	8	24.07	6
96	6.4	7	22.65	4
97	7.7	6	19.68	4
98	8.9	4	25.60	3
99	7.4	6	23.34	3
Zehngradfeld 248				
50	9.7	7	20.49	3
60	5.7	19	28.15	11
61	5.0	27	27.60	20
62	6.9	4	27.91	2
63	9.2	1	26.30	1
64	8.4	2	20.99	2
70	4.2	7	33.60	4
71	4.6	34	30.91	24
72	2.6	5	30.49	5
75	7.1	1	33.11	1
76	4.3	2	33.01	2
77	5.4	3	31.92	3
78	5.2	2	32.31	2
80	5.1	12	32.02	5
81	5.2	10	33.01	9
82	6.3	19	31.33	16
83	6.6	16	31.01	14
84	6.8	5	30.55	5
85	7.2	5	31.57	5
86	6.4	5	31.79	4
87	4.9	6	32.48	5
88	4.8	8	32.54	7
89	5.8	9	32.03	7
90	9.2	4	19.09	1
91	5.4	4	33.72	3
92	6.4	2	33.79	2
93	7.2	4	30.99	3
94	6.9	11	32.00	11
95	7.5	8	32.53	7
96	6.7	10	32.67	7
97	6.4	9	31.25	6
98	5.0	5	32.20	3
99	6.5	4	30.90	2

Eingradfeld	Temperatur t°	Temperatur Anzahl	Salzgehalt ‰	Salzgehalt Anzahl
Juli				
Zehngradfeld 249				
45	9.2	5	25.47	2
46	7.6	2	26.30	1
55	9.6	17	25.10	3
56	9.4	11	25.98	6
57	11.5	8	22.73	5
58	11.8	10	22.81	3
59	9.8	24	22.70	11
62	13.0	1	—	—
63	14.0	1	25.45	1
64	13.3	1	20.77	1
69	4.1	3	28.42	2
72	11.7	1	24.20	1
79	5.3	1	—	—
82	10.0	1	—	—
86	7.0	1	28.66	1
87	7.5	7	33.28	4
88	7.5	10	32.93	6
89	5.3	11	31.52	6
90	8.0	3	33.12	3
91	8.8	14	31.66	11
92	8.6	36	30.92	27
93	8.5	56	31.00	42
94	8.2	24	30.40	16
95	8.5	17	29.62	11
96	7.3	18	32.76	9
97	8.6	5	31.36	2
98	8.7	2	—	—
99	7.3	2	—	—
Zehngradfeld 251				
40	12.1	31	33.01	17
41	11.1	3	—	—
50	11.5	47	33.45	3
51	12.2	13	34.04	2
52	12.1	23	30.41	9
53	5.5	1	34.76	1
60	11.5	105	—	—
61	11.3	134	33.18	1
62	11.6	40	28.04	5
63	11.8	24	28.74	8
64	15.4	1	34.95	1
70	11.8	19	34.22	1
71	11.3	39	33.91	3
72	10.9	100	26.64	3
73	11.0	123	32.78	7
74	11.1	108	31.29	15
75	10.0	1	—	—
76	13.5	1	—	—
80	9.5	5	—	—

Eingradfeld	Temperatur t°	Temperatur Anzahl	Salzgehalt ‰	Salzgehalt Anzahl
Juli				
81	10.1	8	34.68	2
82	10.7	27	34.22	2
83	10.9	27	34.10	8
84	10.5	105	33.24	22
85	10.9	84	32.37	11
86	10.9	62	30.45	7
87	10.2	8	—	—
90	9.4	4	—	—
91	8.8	5	34.96	1
92	9.1	11	34.78	3
93	10.8	15	34.99	1
94	10.1	25	33.13	4
95	10.1	26	34.18	4
96	10.1	37	34.21	9
97	10.5	48	31.64	11
98	10.4	46	21.69	5
99	9.4	42	32.21	5
Zehngradfeld 252				
00	12.4	103	35.23	53
1	12.5	75	34.87	30
2	13.2	71	34.29	19
3	12.8	109	33.13	21
4	12.9	198	31.10	10
5	15.1	56	22.08	8
6	15.7	37	7.82	24
7	13.5	3	2.28	2
10	12.9	84	35.26	18
11	13.2	48	35.08	12
12	13.0	76	34.46	16
13	12.5	60	33.11	6
14	12.7	256	27.44	12
15	14.1	50	21.74	8
16	14.6	22	5.88	2
17	9.4	1	—	—
20	11.2	11	35.19	2
21	11.0	12	35.25	4
22	11.1	14	35.12	4
23	11.2	19	35.01	2
24	11.9	150	33.33	3
25	12.2	149	28.86	8
26	13.0	80	27.35	16
27	13.6	20	8.96	2
28	13.0	2	—	—
30	10.8	6	35.25	2
31	12.0	6	35.14	2
32	11.9	6	34.93	2
33	11.5	8	—	—
34	11.6	15	34.30	2
35	11.6	101	33.20	7

Eingradfeld	Temperatur t°	Temperatur Anzahl	Salzgehalt ‰	Salzgehalt Anzahl
Juli				
36	12.0	161	32.54	7
37	12.2	54	32.22	7
38	12.5	19	33.16	1
39	13.0	37	28.61	6
41	11.1	3	—	—
42	12.6	2	35.10	1
43	11.4	3	35.10	1
44	11.6	8	—	—
45	11.7	6	—	—
46	11.7	40	—	—
47	11.8	147	34.30	2
48	11.6	83	34.48	2
49	12.1	21	34.46	2
50	11.4	1	—	—
51	11.5	1	—	—
52	9.3	2	—	—
53	11.8	2	35.40	1
54	9.7	3	—	—
55	10.8	2	—	—
56	11.6	4	—	—
57	11.8	14	—	—
58	11.5	94	—	—
59	11.5	140	—	—
60	13.1	2	—	—
61	13.2	1	—	—
62	12.8	2	—	—
63	12.4	5	35.46	1
64	12.1	3	—	—
65	11.5	5	—	—
66	11.8	3	—	—
67	12.4	5	—	—
68	11.2	8	—	—
69	11.9	31	—	—
70	10.9	4	35.12	1
71	10.7	1	35.12	1
72	10.7	1	35.17	1
73	10.1	2	35.17	1
74	10.2	3	35.21	3
75	10.5	1	35.12	1
76	10.7	3	35.10	1
77	10.6	2	35.17	1
78	11.2	10	35.17	1
79	12.8	1	33.88	1
80	9.0	2	—	—
81	9.0	1	—	—
82	9.6	1	35.30	1
83	11.4	2	—	—
85	12.5	1	—	—
86	12.2	2	34.81	1
87	10.7	1	—	—

Eingradfeld	Temperatur t°	Temperatur Anzahl	Salzgehalt ‰	Salzgehalt Anzahl
Juli				
88	11.3	3	—	—
89	11.0	3	—	—
90	10.9	3	—	—
92	9.1	1	—	—
93	9.1	2	—	—
94	10.2	4	—	—
95	10.0	1	—	—
96	8.6	1	—	—
97	8.7	2	—	—
98	8.9	1	—	—
99	8.0	1	—	—
Zehngradfeld 217				
00	11.9	148	35.28	45
1	11.9	64	35.30	18
2	11.8	125	35.30	13
3	11.8	238	35.24	32
4	11.5	301	35.34	39
5	11.5	245	35.32	29
6	11.3	305	35.35	16
7	11.4	357	35.31	23
8	11.4	380	35.34	34
9	11.6	340	35.30	23
10	12.7	124	35.32	19
11	12.4	192	35.33	29
12	10.0	145	35.37	44
13	9.7	117	35.32	35
14	9.5	148	35.32	44
15	10.7	291	35.29	63
16	10.1	336	35.23	79
17	10.0	155	35.25	25
18	10.7	127	35.31	19
19	10.9	96	35.26	7
20	11.4	23	35.25	3
21	12.0	32	35.23	10
22	11.1	36	35.24	5
23	10.9	74	35.17	8
24	10.7	72	35.21	12
25	10.2	69	35.17	21
26	10.0	164	35.13	44
27	9.7	264	35.19	58
28	10.5	249	35.26	60
29	10.8	222	35.26	38
30	10.1	11	35.32	2
31	11.2	11	35.17	7
32	10.5	9	35.14	3
33	10.7	19	35.07	3
34	9.7	30	35.04	6
35	8.9	41	35.02	12
36	9.8	56	35.08	24

Eingradfeld	Temperatur		Salzgehalt		Eingradfeld	Temperatur		Salzgehalt		Eingradfeld	Temperatur		Salzgehalt		Eingradfeld	Temperatur		Salzgehalt	
	t°	Anzahl	‰	Anzahl		t°	Anzahl	‰	Anzahl		t°	Anzahl	‰	Anzahl		t°	Anzahl	‰	Anzahl
Juli					Juli					Juli					Juli				
37	9.5	41	35.07	13	90	8.5	1	—	—	38	10.8	295	34.86	51	93	4.9	6	—	—
38	10.2	48	35.20	8	91	9.8	2	—	—	39	10.7	304	34.63	38	94	3.4	16	—	—
39	9.8	60	33.16	19	92	7.2	5	—	—	40	8.2	42	34.95	8	95	3.6	24	—	—
40	9.9	5	—	—	93	6.0	2	—	—	41	7.8	61	34.82	12	96	2.6	35	—	—
41	9.1	7	35.10	4	94	7.0	1	—	—	42	7.6	80	34.81	17	97	3.5	23	—	—
42	10.7	14	35.10	4	95	7.4	13	35.15	2	43	7.9	95	34.59	15	98	1.2	26	—	—
43	9.8	3	—	—	96	5.6	13	34.87	3	44	8.8	52	33.87	9	99	0.8	65	29.64	1
44	7.9	13	35.04	1	97	6.5	5	34.82	3	45	10.2	15	33.88	3					
45	10.2	12	35.06	1	98	5.2	11	34.47	5	46	9.8	2	—	—	Zehngradfeld 219				
46	8.9	25	34.79	3	99	6.0	2	34.92	2	50	7.4	29	34.63	4					
47	7.9	23	34.42	4	Zehngradfeld 218					51	7.1	36	34.58	7	00	11.6	124	35.21	30
48	8.1	32	35.04	5						52	6.0	35	33.93	11	1	11.5	198	35.23	8
49	8.4	37	35.04	5	00	11.5	328	35.30	31	53	6.8	129	32.53	23	2	11.3	211	35.23	17
51	8.4	9	35.04	2	1	11.8	284	35.28	17	54	7.8	40	29.02	13	3	11.2	200	35.00	7
52	5.9	4	—	—	2	11.8	274	35.29	20	57	10.6	1	10.71	1	4	11.0	220	35.20	13
53	7.3	1	—	—	3	11.9	260	35.28	13	58	10.1	64	19.75	3	5	10.9	241	35.26	11
54	7.6	9	—	—	4	11.8	263	35.30	21	59	8.8	32	29.23	4	6	10.8	214	35.21	11
55	8.4	5	34.98	3	5	11.8	251	35.28	12	60	7.2	21	34.11	3	7	10.5	202	35.21	9
56	9.2	9	34.82	3	6	11.7	247	35.27	15	61	6.8	18	34.02	4	8	10.1	209	35.18	12
57	8.4	14	34.35	3	7	11.6	214	35.28	9	62	7.4	39	34.49	12	9	9.9	202	35.16	6
58	7.9	17	34.00	1	8	11.7	202	35.27	16	63	6.8	72	34.42	21	10	11.1	88	35.23	4
59	7.4	21	—	—	9	11.7	200	35.20	20	64	7.4	133	33.90	47	11	11.1	70	35.25	2
61	9.6	1	35.14	1	10	11.2	139	35.25	12	65	8.0	89	33.83	36	12	11.1	64	35.27	3
62	7.4	9	34.92	1	11	11.4	153	35.25	17	66	8.3	107	33.77	52	13	10.9	48	—	—
63	5.7	3	34.97	1	12	11.4	165	35.25	12	67	8.4	133	32.47	31	14	10.6	52	35.22	4
64	7.7	5	34.96	1	13	11.3	129	35.25	15	68	8.1	292	34.23	87	15	10.6	49	35.22	2
65	7.3	4	34.99	4	14	11.4	85	35.22	8	69	8.0	150	34.18	26	16	10.4	47	35.23	6
66	7.0	2	34.96	2	15	11.4	69	35.25	5	70	5.8	4	33.66	4	17	10.2	25	35.05	1
67	7.0	6	34.57	6	16	11.5	71	35.25	5	71	6.6	7	33.42	2	18	10.0	28	35.09	1
68	6.6	4	34.18	2	17	11.4	67	35.25	7	72	6.5	15	34.25	4	19	9.7	30	—	—
69	7.4	10	34.08	2	18	11.3	67	35.24	10	73	5.4	37	34.60	4	20	10.9	33	35.18	3
70	8.2	3	35.08	1	19	11.2	86	35.18	12	74	6.8	21	34.49	5	21	10.8	26	35.18	5
71	7.6	2	35.14	1	20	11.0	204	35.29	46	75	6.5	30	33.96	6	22	10.7	13	35.16	2
72	8.8	3	—	—	21	11.1	203	35.27	46	76	6.9	40	34.47	14	23	10.5	28	35.23	4
73	6.0	7	—	—	22	11.0	240	35.27	46	77	6.0	51	34.74	3	24	11.3	105	35.21	3
74	7.1	6	—	—	23	11.2	273	35.25	36	78	6.1	45	34.65	13	25	10.7	18	35.16	2
75	8.5	2	—	—	24	11.3	302	35.26	44	79	6.1	30	34.44	1	26	9.9	19	35.05	2
76	6.5	4	34.55	3	25	11.3	322	35.21	46	80	5.1	5	34.22	1	27	9.5	19	35.05	1
77	7.4	7	34.18	2	26	11.0	220	35.24	32	81	6.1	8	34.77	2	28	9.6	28	35.02	3
78	6.5	2	34.02	2	27	11.2	146	35.09	15	82	5.1	12	34.82	2	29	9.5	21	—	—
79	5.8	2	34.81	1	28	10.7	89	35.13	9	83	5.1	29	34.85	2	30	11.0	246	33.93	40
80	8.5	2	—	—	29	10.8	49	35.17	8	84	5.2	24	34.86	1	31	10.9	236	34.46	42
81	7.0	4	—	—	30	9.7	67	35.13	17	85	4.9	33	—	—	32	10.7	311	34.16	44
82	8.5	4	35.16	1	31	9.5	58	35.03	14	86	3.5	29	33.87	2	33	10.2	22	34.79	4
84	7.0	4	—	—	32	10.1	278	35.15	6	87	4.0	34	34.35	1	34	10.3	39	35.10	2
85	7.0	9	—	—	33	10.0	28	35.20	4	88	3.2	34	33.03	1	35	9.4	25	35.17	2
86	6.7	6	34.88	3	34	10.3	32	35.23	11	89	2.3	24	—	—	36	10.0	22	35.00	4
87	6.6	2	34.80	2	35	10.9	42	34.96	6	90	5.9	15	34.89	1	37	10.2	18	35.07	3
88	6.5	12	34.45	5	36	11.1	274	34.91	22	91	5.6	14	34.84	2	38	10.1	21	35.09	3
89	5.6	3	34.09	2	37	11.1	216	34.91	37	92	5.3	20	34.82	1	39	10.6	21	35.09	2

Eingradfeld	Temperatur		Salzgehalt	
	t°	Anzahl	‰	Anzahl
	Juli			
41	10.4	184	33.49	7
42	10.8	367	34.24	64
43	10.6	209	34.54	34
44	10.4	163	34.62	39
45	9.9	16	35.16	3
46	9.8	12	35.10	1
47	9.9	9	35.30	1
48	9.8	10	35.12	2
49	9.6	14	—	—
50	8.3	23	33.89	6
51	8.2	13	34.18	5
52	9.3	62	—	—
53	9.6	48	34.58	6
54	9.7	365	34.60	58
55	9.1	23	34.91	10
56	8.1	30	34.78	7
57	7.6	31	35.10	5
58	7.0	14	33.70	2
59	7.0	7	34.42	2
60	7.5	185	34.56	51
61	7.3	164	34.37	32
62	7.9	159	34.43	28
63	9.0	344	34.48	53
64	5.6	293	34.75	11
65	5.6	78	34.02	3
66	3.1	13	33.64	2
67	7.0	18	33.14	4
68	2.9	14	33.22	4
69	3.3	13	32.62	4
70	6.4	22	34.52	13
71	6.5	23	34.84	6
72	6.1	15	34.58	3
73	4.3	21	33.71	12
74	4.1	12	32.77	3
75	3.5	3	—	—
76	4.1	5	32.18	1
77	3.6	3	31.83	1
78	1.5	3	31.97	2
79	3.6	7	30.57	3
80	3.0	13	34.21	1
81	0.4	11	—	—
82	0.1	18	—	—
83	1.3	1	—	—
84	3.0	4	33.07	1
85	5.6	1	—	—
87	2.5	1	—	—
88	2.0	1	—	—
90	0.0	87	29.65	1
91	0.0	58	—	—
92	0.8	11	—	—

Eingradfeld	Temperatur		Salzgehalt	
	t°	Anzahl	‰	Anzahl
	Juli			
93	4.9	3	—	—
94	4.7	1	—	—
	Zehngradfeld 220			
00	9.8	182	35.06	16
1	9.7	160	34.90	3
2	9.5	153	34.97	14
3	9.3	130	34.99	6
4	9.3	120	34.97	12
5	8.9	95	34.93	5
6	8.8	81	34.89	8
7	8.7	59	34.95	5
8	8.4	35	34.77	2
9	8.1	24	34.92	1
10	9.4	28	35.12	2
11	8.7	20	35.04	1
12	8.5	26	34.99	1
13	8.5	34	35.02	2
14	8.3	17	—	—
15	8.7	17	34.97	1
16	8.5	12	—	—
17	8.2	16	34.92	3
18	8.5	8	34.99	1
19	7.7	14	34.99	3
20	9.4	26	35.01	3
21	9.2	19	35.05	3
22	9.3	10	34.98	3
23	9.6	10	34.93	2
24	9.2	9	34.96	3
25	8.7	10	34.95	3
26	8.6	6	34.97	1
27	8.5	6	35.00	2
28	9.4	4	—	—
29	8.6	14	35.01	2
30	9.9	11	35.10	1
31	9.8	12	35.16	1
32	9.4	6	35.16	1
33	9.8	5	35.14	1
34	8.3	3	—	—
35	9.3	7	35.09	1
36	8.4	9	35.05	1
37	7.7	12	34.85	2
38	7.3	14	33.29	1
39	5.2	32	33.56	2
40	9.2	15	35.07	3
41	9.0	13	—	—
42	9.4	16	35.10	3
43	8.7	13	—	—
44	8.3	14	34.91	3
45	6.6	8	33.18	2

Eingradfeld	Temperatur		Salzgehalt	
	t°	Anzahl	‰	Anzahl
	Juli			
46	5.6	13	33.84	3
47	6.2	9	33.10	2
48	5.4	30	34.40	2
49	3.0	11	—	—
50	6.8	18	33.99	5
51	4.9	28	33.23	5
52	5.9	21	34.25	6
53	5.3	18	33.80	2
54	5.9	20	34.72	1
55	1.9	32	33.84	1
56	1.2	28	23.70	1
57	1.7	51	19.48	1
58	1.1	18	—	—
59	2.8	1	—	—
60	2.0	10	30.33	6
61	1.9	8	32.92	1
62	3.1	1	—	—
63	0.1	1	—	—
64	1.0	1	—	—
67	6.1	1	18.30	1
70	3.7	3	29.36	1
71	2.2	6	30.43	1
	Zehngradfeld 221			
00	8.3	23	34.96	1
1	7.4	19	34.71	4
2	3.1	12	31.44	3
3	4.7	3	22.05	2
4	4.0	5	20.73	1
5	4.4	14	30.17	1
6	4.2	112	30.62	6
7	3.8	118	32.53	5
8	3.8	361	32.82	12
9	4.3	262	33.45	14
10	8.0	12	35.06	4
11	4.7	13	33.76	2
12	2.0	4	24.06	1
18	3.9	116	34.14	3
19	3.5	195	31.99	16
20	6.0	18	33.38	2
21	2.6	14	31.53	5
22	5.4	4	—	—
29	4.1	18	—	—
30	3.3	20	34.70	1
31	2.6	7	—	—
	Zehngradfeld 222			
00	5.4	140	34.24	7
1	6.0	76	34.23	1
2	5.7	41	34.45	2

Eingradfeld	Temperatur		Salzgehalt	
	t°	Anzahl	‰	Anzahl
	Juli			
3	5.0	25	34.17	3
4	5.1	23	34.06	4
5	4.1	17	34.04	4
6	5.0	1	—	—
7	5.4	1	—	—
8	5.7	1	—	—
10	3.9	205	32.77	14
11	4.3	148	33.50	14
12	4.4	61	33.62	6
13	4.9	34	33.66	6
14	4.8	32	34.08	2
15	6.5	10	33.93	7
16	7.5	5	33.96	5
17	7.9	3	34.10	3
18	4.6	7	34.07	3
19	5.6	4	33.39	4
20	3.7	204	32.34	14
21	3.9	274	32.65	14
22	3.5	131	33.25	5
23	4.6	50	33.78	5
24	4.5	43	33.95	2
25	4.7	19	33.81	5
26	5.6	5	33.86	4
27	4.6	4	33.04	2
28	4.8	2	33.86	1
29	4.0	1	33.79	1
30	4.2	5	—	—
31	5.0	242	32.20	15
32	4.0	416	32.80	34
33	3.5	151	33.12	17
34	3.4	45	33.36	7
35	3.8	19	33.20	4
36	3.9	9	33.50	3
37	5.8	3	33.47	2
39	6.7	1	—	—
40	7.3	8	25.58	5
41	5.5	46	28.90	11
42	4.3	640	33.04	34
43	4.4	312	33.42	18
44	3.7	78	33.20	5
45	3.4	38	33.11	2
46	4.2	10	—	—
47	5.1	4	33.06	4
52	5.6	77	28.52	4
53	5.1	435	33.24	29
54	4.5	271	33.38	18
55	3.2	70	33.35	8
56	2.7	23	32.94	4
57	1.4	3	32.48	3
58	2.9	6	31.82	6

Eingradfeld	Temperatur t°	Temperatur Anzahl	Salzgehalt °/₀₀	Salzgehalt Anzahl
Juli				
61	10.8	1	9.00	1
63	4.6	72	33.08	3
64	4.0	558	33.60	36
65	3.9	163	33.75	9
66	4.2	28	33.32	7
67	1.4	10	32.43	4
68	0.7	4	30.71	4
69	3.7	1	29.91	1
70	1.7	1	31.06	1
71	7.3	1	—	—
73	4.8	15	—	—
74	3.8	463	33.42	20
75	3.6	255	33.77	3
76	4.0	62	32.70	1
77	2.0	6	32.16	3
81	9.3	20	32.26	2
82	5.3	52	33.44	5
83	4.5	165	33.64	9
84	4.1	343	33.72	13
85	3.9	216	33.70	8
86	3.7	39	32.93	7
87	3.7	13	32.96	2
88	1.5	2	32.37	1
89	1.0	1	—	—
91	5.4	174	32.67	9
92	6.3	154	32.49	17
93	6.9	148	32.54	3
94	6.3	139	33.30	5
95	4.5	183	33.08	6
96	3.2	52	33.28	2
97	4.0	7	33.35	1
98	3.1	3	32.98	2
99	0.5	4	32.50	4
Zehngradfeld 223				
00	6.3	3	34.09	1
1	3.2	2	33.48	1
2	1.3	1	32.54	1
3	1.7	2	31.57	2
4	1.4	1	31.86	1
10	6.0	2	33.60	2
11	4.8	2	33.84	2
12	4.6	2	33.28	2
13	1.1	2	32.04	1
14	—0.2	3	32.13	1
20	4.1	1	33.77	1
21	3.2	2	33.24	2
22	1.7	2	32.48	2
23	1.0	4	31.32	4

Eingradfeld	Temperatur t°	Temperatur Anzahl	Salzgehalt °/₀₀	Salzgehalt Anzahl
Juli				
Zehngradfeld 282				
22	2.7	1	29.16	1
60	1.6	2	33.86	1
61	1.6	2	33.76	1
62	2.8	1	33.15	1
68	0.8	1	33.27	1
69	—0.4	1	32.68	1
72	2.3	1	33.37	1
73	2.2	1	33.78	1
74	1.4	1	32.75	1
75	1.3	1	32.66	1
76	1.0	1	32.20	1
77	0.0	1	32.02	1
78	0.6	1	32.50	1
Zehngradfeld 283				
00	4.9	6	33.05	3
1	4.6	6	31.32	4
2	4.9	7	30.48	4
3	4.9	9	31.14	5
4	5.7	6	30.30	4
5	5.4	6	31.20	3
6	4.6	4	28.00	2
7	6.4	3	28.26	3
8	5.1	5	25.11	1
10	4.6	12	33.32	8
11	4.8	11	32.66	7
12	5.2	7	32.87	4
13	3.7	2	—	—
15	0.9	53	32.77	3
16	2.6	4	—	—
20	4.1	9	32.70	6
21	4.5	15	31.53	10
22	4.5	15	30.66	4
23	6.8	2	35.51	1
24	—0.2	18	—	—
25	0.7	21	—	—
30	2.7	3	34.70	1
31	4.8	3	33.79	3
32	4.5	6	31.93	4
33	4.2	13	29.99	7
34	2.8	5	—	—
35	2.0	4	—	—
36	1.0	3	—	—
40	4.8	1	—	—
41	3.9	2	34.16	1
42	2.8	3	34.67	1
43	5.3	4	34.57	1
44	4.9	4	31.10	1
45	3.3	2	—	—

Eingradfeld	Temperatur t°	Temperatur Anzahl	Salzgehalt °/₀₀	Salzgehalt Anzahl
Juli				
50	2.7	1	—	—
51	2.1	1	34.22	1
53	4.5	1	34.60	1
54	5.0	2	34.16	2
55	1.9	2	34.27	1
56	—0.5	1	—	—
57	0.0	1	—	—
58	—0.4	1	—	—
60	1.5	1	—	—
61	1.7	1	33.82	1
64	4.0	1	34.31	1
66	4.1	4	34.36	1
67	3.6	1	34.33	1
68	3.7	1	34.34	1
69	1.4	2	34.14	1
70	0.5	3	33.46	3
71	—0.6	2	32.68	2
72	—0.4	4	31.88	4
73	2.1	1	33.77	1
80	—0.6	1	30.07	1
81	—0.4	3	33.69	3
82	—0.3	3	33.86	3
83	—0.8	2	33.47	2
90	—0.6	2	33.43	2
91	—0.7	3	33.78	3
92	—0.3	3	33.89	3
93	2.5	1	34.22	1
94	2.1	2	34.19	2
95	0.8	1	33.72	1
96	0.2	1	33.01	1
99	—0.3	2	—	—
Zehngradfeld 284				
00	6.2	93	34.43	1
1	6.0	5	34.24	1
2	5.1	3	34.24	2
3	6.0	3	34.48	1
4	3.9	3	—	—
5	5.4	5	33.50	2
6	5.0	6	33.60	4
7	6.0	8	33.20	6
8	6.1	6	33.75	4
9	5.8	4	34.02	1
10	5.5	24	34.48	3
11	5.7	32	34.95	2
12	4.7	8	34.37	3
13	4.9	10	34.56	4
14	4.9	8	34.56	3
15	4.2	5	34.22	2
16	4.9	7	34.68	2

Eingradfeld	Temperatur t°	Temperatur Anzahl	Salzgehalt °/₀₀	Salzgehalt Anzahl
Juli				
17	4.0	7	34.23	3
18	4.5	11	33.84	6
19	4.2	8	32.48	4
20	4.5	2	—	—
21	5.4	2	—	—
22	3.5	3	34.43	1
23	2.3	2	34.46	1
24	4.6	4	34.81	1
25	3.4	3	34.70	2
26	2.9	3	34.51	1
27	4.5	2	34.61	1
28	3.8	5	34.59	2
29	3.2	5	33.93	3
30	3.1	2	32.90	1
31	2.6	2	33.20	1
32	3.2	2	33.19	1
33	2.9	6	34.06	2
34	3.0	4	33.70	1
35	3.9	4	34.56	2
36	3.9	2	34.75	1
37	2.6	2	—	—
38	3.2	3	—	—
39	2.6	3	—	—
40	1.2	2	32.81	1
42	1.8	2	—	—
43	1.8	3	34.38	1
44	2.8	2	34.30	1
45	3.8	2	—	—
46	2.6	3	34.23	2
47	1.5	3	34.03	2
48	0.7	2	33.52	1
49	4.5	1	—	—
50	0.0	1	—	—
51	1.4	3	32.80	1
52	2.7	2	—	—
53	2.1	1	—	—
54	2.2	2	33.23	1
55	3.2	2	—	—
56	2.9	1	—	—
57	2.8	2	34.53	1
58	2.5	2	34.22	1
59	3.3	1	—	—
60	0.1	1	—	—
61	1.9	1	—	—
62	6.2	2	—	—
63	1.6	1	—	—
64	1.8	1	32.98	1
65	2.2	2	33.19	1
68	3.2	1	34.09	1
69	2.3	2	34.13	1

Eingradfeld	Temperatur t°	Temperatur Anzahl	Salzgehalt °/₀₀	Salzgehalt Anzahl
Juli				
75	0.6	1	32.34	1
76	−1.4	1	33.41	1
77	−1.4	1	33.31	1
78	−0.3	2	33.93	2
79	0.9	2	33.60	2
99	2.0	1	33.77	1
Zehngradfeld 285				
00	7.8	38	—	—
1	7.6	55	34.06	8
2	7.8	54	34.04	6
3	7.7	27	34.61	2
4	6.9	12	34.67	3
5	7.0	13	34.66	3
6	7.7	13	34.45	2
7	7.6	12	34.71	2
8	7.8	13	34.74	2
9	6.3	48	34.35	2
10	7.2	10	34.35	2
11	7.9	9	33.97	1
12	8.0	4	—	—
13	6.3	8	34.54	2
14	8.2	12	34.41	3
15	6.1	10	34.70	3
16	5.5	7	34.68	2
17	4.4	4	34.23	1
18	4.4	6	34.57	3
19	3.8	2	34.92	1
20	5.6	3	34.85	1
21	5.7	2	34.80	1
22	8.0	5	34.58	1
23	4.2	4	34.80	1
24	−0.5	2	—	—
25	4.6	2	34.79	1
26	5.3	1	—	—
27	4.3	4	—	—
28	5.2	4	34.68	1
29	4.3	5	34.43	1
30	5.7	4	34.92	3
31	4.9	2	34.83	1
32	5.3	4	34.99	1
33	4.1	4	—	—
34	1.6	1	34.56	1
36	2.0	2	—	—
37	4.0	4	34.40	3
38	0.2	1	33.41	1
40	5.3	3	34.91	2
41	4.4	2	34.75	2
42	4.1	3	34.90	2
43	3.9	5	34.56	3

Eingradfeld	Temperatur t°	Temperatur Anzahl	Salzgehalt °/₀₀	Salzgehalt Anzahl
Juli				
44	5.4	1	34.86	1
45	3.3	2	34.31	2
46	1.5	3	34.88	1
47	3.3	3	34.11	2
48	4.0	1	—	—
49	0.9	2	33.13	2
50	3.8	3	34.45	2
51	4.6	1	34.56	1
52	4.2	1	34.20	1
53	3.1	4	34.00	3
58	3.7	1	—	—
59	1.2	2	—	—
60	−0.2	1	33.30	1
61	−0.2	1	—	—
66	4.0	1	—	—
67	0.5	1	—	—
68	0.0	1	—	—
69	0.0	3	—	—
70	−0.4	2	32.75	2
71	−0.1	2	—	—
72	−0.8	1	—	—
74	−1.1	1	33.10	1
75	−0.6	2	33.04	1
80	−1.4	1	33.60	1
81	−1.2	1	33.60	1
82	−1.6	2	33.50	1
83	−1.3	1	32.65	1
84	−1.2	1	—	—
85	−0.8	1	—	—
88	−0.8	1	—	—
90	0.0	2	33.19	2
92	−0.8	2	33.24	2
93	−1.2	2	33.92	1
Zehngradfeld 286				
00	9.2	34	33.19	12
1	9.7	18	33.24	8
2	10.3	12	31.41	4
3	8.2	15	33.01	6
4	7.6	7	33.59	2
5	7.5	2	—	—
6	7.0	3	34.18	1
7	7.4	2	—	—
8	8.8	1	30.95	1
9	7.2	6	33.05	3
10	8.2	21	34.80	8
11	7.6	9	34.32	5
12	8.1	13	33.51	1
13	8.4	21	34.43	6
14	8.3	21	34.13	5

Eingradfeld	Temperatur t°	Temperatur Anzahl	Salzgehalt °/₀₀	Salzgehalt Anzahl
Juli				
15	8.2	34	34.06	5
16	7.8	15	34.23	6
17	7.4	16	34.08	1
18	7.8	15	35.46	1
19	7.7	13	33.90	2
20	6.7	18	34.83	8
21	7.0	12	34.83	4
22	7.5	12	34.94	3
23	7.5	15	34.95	2
24	6.8	5	34.81	3
25	8.1	3	34.67	2
26	8.2	6	34.89	3
27	7.3	3	34.85	1
28	6.7	2	34.72	1
29	6.3	3	34.80	1
30	6.0	21	34.85	5
31	6.3	13	35.00	3
32	6.6	8	35.09	1
33	6.5	5	35.14	1
34	5.3	2	35.06	1
35	8.0	1	—	—
37	6.6	1	34.97	1
38	5.4	1	—	—
40	2.8	11	34.58	3
41	4.2	7	34.44	4
42	3.3	5	34.22	4
43	2.0	3	34.44	2
44	5.1	4	35.08	3
45	3.9	2	—	—
46	3.9	1	33.02	1
47	4.7	1	—	—
48	4.4	2	—	—
49	4.3	2	—	—
50	5.2	1	34.11	1
51	2.0	2	34.22	2
52	1.0	7	33.16	3
53	1.4	5	33.96	5
54	3.9	3	34.60	2
55	3.2	2	34.42	1
56	3.6	6	34.33	4
57	3.7	3	33.56	2
58	3.5	5	33.94	3
59	2.9	4	34.14	3
60	1.3	6	33.23	4
61	1.3	4	33.16	3
62	1.1	3	32.83	1
63	1.7	10	33.36	6
64	0.3	5	33.54	3
65	0.8	5	33.25	2
66	1.2	6	32.75	3

Eingradfeld	Temperatur t°	Temperatur Anzahl	Salzgehalt °/₀₀	Salzgehalt Anzahl
Juli				
67	1.3	2	—	—
68	−0.3	2	—	—
69	0.6	3	33.41	1
70	0.5	5	—	—
71	0.3	1	33.74	1
74	−1.1	1	—	—
75	1.6	2	34.04	1
76	2.2	1	—	—
77	1.0	1	—	—
80	2.2	2	32.82	1
83	2.9	1	—	—
84	3.2	1	—	—
85	2.1	3	32.70	2
87	1.1	1	—	—
88	1.2	1	—	—
90	0.1	5	33.90	5
91	2.2	1	—	—
94	0.3	2	33.53	1
95	−1.0	1	33.12	1
96	0.6	1	32.26	1
97	0.8	1	—	—
99	0.0	1	—	—
Zehngradfeld 287				
00	9.7	3	—	—
1	9.8	3	—	—
2	8.9	5	—	—
3	8.7	8	—	—
4	10.2	7	34.56	1
5	9.5	8	34.43	1
6	8.4	7	34.63	1
7	8.8	15	34.68	3
8	9.4	20	34.47	6
9	8.4	28	34.28	5
10	9.7	2	—	—
11	7.4	3	34.88	1
12	9.3	3	—	—
13	8.6	4	—	—
14	8.7	5	—	—
15	10.3	15	34.87	5
16	8.1	7	34.96	1
17	7.6	5	34.78	4
18	7.5	8	34.79	3
19	8.0	17	34.73	3
20	5.5	3	33.70	1
21	4.4	3	32.44	1
22	8.5	1	—	—
23	8.2	2	—	—
24	8.2	6	—	—
25	7.4	7	34.86	2

Eingradfeld	Temperatur t°	Temperatur Anzahl	Salzgehalt °/oo	Salzgehalt Anzahl	Eingradfeld	Temperatur t°	Temperatur Anzahl	Salzgehalt °/oo	Salzgehalt Anzahl	Eingradfeld	Temperatur t°	Temperatur Anzahl	Salzgehalt °/oo	Salzgehalt Anzahl	Eingradfeld	Temperatur t°	Temperatur Anzahl	Salzgehalt °/oo	Salzgehalt Anzahl
Juli					Juli					Juli					Juli				
26	7.4	8	35.01	2	76	4.0	1	—	—	36	5.5	1	—	—	86	5.0	4	34.68	2
27	6.7	10	34.96	3	78	1.7	2	—	—	37	2.5	1	34.18	1	87	4.2	4	34.61	3
28	6.5	11	34.85	3	79	1.2	4	—	—	38	2.0	1	34.06	1	88	5.3	13	34.85	5
29	6.2	11	34.90	1	80	3.9	40	34.23	16	39	1.6	1	34.45	1	89	4.4	22	34.58	7
30	5.5	1	—	—	81	3.7	23	33.26	6	40	3.6	3	—	—	90	4.4	2	—	—
31	7.2	2	—	—	82	4.1	24	33.27	7	41	3.3	4	34.79	1	91	0.5	1	33.01	1
32	7.0	3	—	—	83	3.8	38	32.59	17	42	2.9	3	34.79	1	92	0.2	1	32.41	1
33	6.8	5	—	—	84	3.6	16	32.14	8	43	2.7	3	34.79	1	97	3.2	1	34.06	1
34	6.8	8	34.98	4	85	4.2	18	29.79	6	44	3.4	4	—	—	98	3.7	6	34.03	3
35	6.5	9	35.07	4	86	4.7	6	24.74	3	45	2.4	2	34.66	1	99	4.3	9	34.24	7
36	5.8	8	34.93	1	90	3.7	59	33.86	19	46	6.0	1	—	—	Zehngradfeld 253				
37	5.1	12	33.82	2	91	4.3	37	32.36	6	47	2.3	2	34.66	1					
38	5.1	41	34.62	5	92	2.2	12	33.25	7	48	6.3	1	—	—	00	6.8	3	—	—
39	6.2	34	34.95	11	93	2.1	4	31.33	2	49	5.9	2	35.20	1	1	6.9	2	34.83	1
40	2.0	2	33.89	1	94	2.2	3	30.14	2	50	3.8	11	34.41	2	2	7.3	5	34.97	2
41	4.9	4	35.20	1	95	1.2	3	28.54	1	51	4.0	9	33.09	2	3	5.7	3	33.15	1
42	4.5	3	—	—	96	3.5	2	—	—	52	3.5	4	34.66	1	4	7.0	2	—	—
43	4.5	11	34.93	4	97	1.8	3	31.07	2	53	3.6	5	34.36	2	5	4.8	3	—	—
44	5.9	15	35.08	6	98	0.6	12	34.28	11	54	4.2	4	—	—	6	4.5	5	34.01	2
45	5.8	11	35.03	9	99	—0.6	2	34.00	2	55	3.7	5	32.79	1	7	3.6	8	34.08	4
46	4.9	21	34.77	11	Zehngradfeld 288					56	4.5	3	—	—	8	4.5	12	34.42	6
47	4.9	108	34.43	9						57	5.5	2	34.43	1	9	4.9	9	34.64	6
48	3.5	47	34.40	13	00	8.0	2	—	—	58	4.8	2	—	—	10	0.9	1	31.95	1
49	2.7	61	34.56	13	1	8.1	1	—	—	59	5.0	2	—	—	11	3.5	1	—	—
50	3.2	2	34.63	1	2	8.7	3	—	—	60	1.8	1	34.45	1	12	7.2	2	—	—
51	4.6	4	—	—	3	8.4	2	—	—	61	0.0	1	33.48	1	13	5.9	2	—	—
52	4.7	9	—	—	4	8.2	2	—	—	62	3.7	10	33.87	3	14	4.1	3	32.58	1
53	4.8	13	35.04	4	5	8.4	2	—	—	63	5.8	8	34.34	1	15	3.7	6	33.54	2
54	4.8	12	34.32	2	6	8.4	1	—	—	64	5.1	11	34.52	2	16	4.6	5	—	—
55	3.5	19	33.87	3	7	8.9	1	—	—	65	3.8	1	—	—	17	4.7	15	34.16	6
56	4.8	22	33.97	4	8	8.7	1	—	—	66	4.0	5	32.82	1	18	3.8	4	34.61	1
57	2.8	24	34.04	5	9	9.0	4	34.96	1	67	4.8	3	—	—	19	2.1	1	—	—
58	1.7	12	34.39	3	10	4.4	2	33.65	1	68	5.1	3	—	—	20	0.2	1	33.87	1
59	1.8	6	34.54	2	14	8.8	2	—	—	69	5.0	4	35.15	1	21	2.0	2	32.96	1
60	4.3	5	34.99	1	15	8.2	2	—	—	70	4.0	3	33.98	3	22	3.2	2	32.46	1
61	4.5	8	35.18	2	17	10.0	1	—	—	71	4.2	5	33.11	4	23	3.0	2	32.44	1
62	4.0	11	35.08	2	20	3.8	4	33.08	2	72	5.9	1	35.01	1	24	4.4	8	33.44	3
63	4.2	31	34.36	10	21	2.3	2	34.31	2	73	3.0	4	34.40	4	25	5.3	9	—	—
64	3.8	33	34.38	11	22	2.5	3	32.67	1	74	3.8	7	34.63	5	26	1.9	4	32.89	2
65	2.9	47	33.19	10	23	4.1	1	—	—	75	4.3	4	34.76	2	28	1.0	1	33.36	1
66	3.5	20	32.56	6	24	4.3	1	—	—	76	4.7	9	34.79	3	29	0.3	3	33.21	1
67	1.2	7	32.87	3	25	5.6	2	32.31	1	77	4.7	3	34.88	1	30	2.6	5	33.51	2
68	2.6	8	33.38	2	26	4.4	2	33.06	1	78	5.2	9	34.80	2	31	4.4	5	34.29	1
69	1.2	5	33.40	1	27	6.6	1	—	—	79	4.7	7	—	—	32	4.6	13	32.96	2
70	4.5	15	34.53	4	28	4.5	3	33.36	1	80	3.5	4	34.11	4	33	3.3	8	32.78	3
71	3.9	23	34.67	5	29	7.0	1	—	—	81	4.8	2	34.53	2	34	2.7	2	33.40	1
72	3.1	32	34.07	7	30	2.7	5	33.95	1	82	3.6	3	34.01	3	35	1.3	3	32.95	2
73	3.5	35	33.91	9	31	2.5	1	—	—	83	5.8	1	34.99	1	36	2.4	5	33.67	1
74	3.0	17	32.49	9	32	3.0	2	—	—	84	4.3	3	34.32	3	37	0.5	2	32.30	1
75	3.8	16	29.75	12	33	2.1	2	—	—	85	4.6	3	34.67	3	38	3.5	1	33.34	1

Eingradfeld	Temperatur t°	Anzahl	Salzgehalt ‰	Anzahl
Juli				
39	0.7	6	33.32	2
40	4.6	7	—	—
41	4.0	3	33.13	1
42	3.7	7	32.30	1
43	2.1	3	33.30	2
44	1.2	5	33.15	5
45	0.7	2	33.36	1
46	1.1	4	33.29	4
47	0.3	5	31.14	2
48	1.5	6	33.06	3
49	0.8	2	—	—
50	4.9	5	34.58	2
51	3.2	2	34.45	1
52	2.6	5	34.24	3
53	1.6	4	33.90	3
54	2.0	6	33.44	4
55	4.6	2	—	—
56	0.6	2	33.10	2
57	0.5	2	33.30	1
58	0.5	3	31.25	2
59	1.2	5	32.64	2
60	2.1	2	33.44	1
61	0.6	1	32.94	1
62	1.0	1	33.33	1
63	1.2	4	33.36	3
64	0.4	2	33.09	2
65	1.2	1	33.77	1
66	4.6	1	—	—
67	1.3	1	32.81	1
68	5.1	1	—	—
70	4.1	1	34.02	1
73	3.7	3	34.55	3
74	2.7	3	33.74	2
75	−0.4	1	32.08	1
79	3.3	1	—	—
80	2.9	1	33.41	1
82	3.1	1	33.81	1
83	−0.4	1	33.18	1
84	−0.3	1	32.60	1
85	−0.4	2	32.08	1
88	5.0	1	—	—
94	0.3	1	—	—
Zehngradfeld 254				
00	5.9	6	34.77	2
1	5.2	6	34.67	1
2	4.0	8	—	—
3	3.7	2	34.63	1
4	4.3	7	34.51	1
5	2.4	13	34.73	1

Eingradfeld	Temperatur t°	Anzahl	Salzgehalt ‰	Anzahl
Juli				
6	2.8	12	34.25	1
7	1.7	8	34.00	1
8	1.2	11	—	—
9	−0.2	36	32.57	1
10	2.7	3	—	—
11	3.4	4	—	—
12	1.8	2	—	—
13	3.5	8	—	—
14	2.3	10	—	—
15	2.4	15	32.74	1
16	3.4	5	—	—
17	3.9	3	34.78	1
18	2.8	4	34.14	1
19	0.6	5	—	—
20	1.3	4	32.36	1
21	0.5	3	—	—
22	2.1	13	32.67	1
23	1.7	8	32.89	1
24	1.0	16	32.86	1
25	2.6	13	34.69	1
26	2.1	7	—	—
27	0.9	5	—	—
28	1.7	20	—	—
29	1.4	6	31.20	1
30	1.6	6	32.48	1
31	3.0	5	34.96	1
32	3.2	9	34.19	2
33	1.8	18	33.41	1
34	0.9	20	33.71	1
35	0.8	54	33.42	1
36	0.9	96	27.19	1
37	0.8	155	—	—
38	0.9	61	15.98	2
39	1.2	81	31.24	2
40	0.5	4	33.22	1
41	0.7	9	32.98	3
42	1.1	9	29.71	3
43	0.5	7	31.15	1
44	−0.1	14	28.47	2
45	0.6	21	32.28	5
46	0.1	38	31.28	5
47	0.1	64	28.93	7
48	−0.2	41	31.17	5
49	0.9	40	30.27	4
50	−0.3	3	32.53	3
51	−0.7	3	32.33	2
52	0.4	6	31.36	2
53	−0.4	8	—	—
54	−0.5	6	31.74	1
55	−0.2	33	—	—

Eingradfeld	Temperatur t°	Anzahl	Salzgehalt ‰	Anzahl
Juli				
56	0.5	7	—	—
57	0.3	10	—	—
58	1.7	4	—	—
59	0.5	2	—	—
63	2.3	1	—	—
64	0.9	2	31.34	1
65	0.3	5	—	—
68	2.2	16	17.35	8
72	5.3	1	34.93	1
73	2.2	1	—	—
74	2.0	1	—	—
76	2.1	1	29.36	1
77	0.5	1	31.74	1
78	2.0	1	31.72	1
81	4.1	1	—	—
84	1.2	1	31.47	1
85	1.2	2	29.90	2
86	1.8	1	31.80	1
Zehngradfeld 255				
00	0.1	128	30.91	4
1	0.5	101	30.86	4
2	1.4	30	26.13	3
3	3.6	2	—	—
4	6.7	6	—	—
5	6.3	3	12.85	1
7	−0.3	3	—	—
8	−0.5	1	—	—
10	0.3	16	31.73	2
11	1.4	34	28.98	4
12	2.0	4	—	—
14	8.0	1	—	—
15	7.5	4	9.07	1
17	8.4	1	18.86	1
20	0.7	7	31.32	2
21	0.5	46	29.78	1
22	2.8	3	—	—
23	4.0	3	—	—
24	6.6	8	—	—
30	1.3	84	26.12	3
31	2.2	17	11.66	2
32	4.2	10	29.50	1
33	3.6	4	28.92	1
34	6.6	6	—	—
35	7.0	4	26.41	2
40	3.0	143	23.28	2
41	6.0	37	23.12	1
52	0.0	1	—	—
53	−0.2	1	—	—

Eingradfeld	Temperatur t°	Anzahl	Salzgehalt ‰	Anzahl
Juli				
Zehngradfeld 258				
01	4.0	4	31.98	1
2	4.6	42	32.23	8
3	5.3	32	31.82	3
4	4.2	53	33.27	16
5	3.9	30	33.04	11
6	4.4	14	32.96	8
7	4.1	13	32.96	7
8	1.1	1	32.42	1
11	7.0	1	31.60	1
12	7.4	1	—	—
13	6.2	7	36.51	3
14	5.0	4	—	—
15	6.0	20	31.43	2
16	4.5	26	33.06	4
17	3.0	2	—	—
18	4.4	1	—	—
19	4.2	1	32.32	2
25	6.9	7	33.02	1
26	5.5	21	32.61	10
27	2.3	10	33.24	1
28	2.7	3	—	—
29	4.5	6	32.60	1
38	4.6	1	32.89	1
39	4.4	4	31.20	1
48	3.0	2	29.80	2
49	2.9	2	29.42	2
59	0.3	4	17.50	4
Zehngradfeld 259				
02	−0.3	2	24.50	2
20	0.4	1	27.01	1
21	−0.1	1	28.40	1
22	1.0	1	24.74	1
30	−0.1	3	—	—
31	−0.1	2	28.44	1
40	2.8	1	—	—
41	1.7	3	31.14	1
42	1.6	5	31.50	2
43	2.8	2	—	—
44	1.4	1	—	—
45	2.0	2	—	—
50	2.3	3	30.26	1
51	2.9	2	32.30	2
52	1.4	3	31.58	1
53	−0.5	2	—	—
54	0.6	3	31.35	1
55	1.2	3	—	—
56	0.7	2	—	—
57	0.8	2	—	—

Eingradfeld	Temperatur		Salzgehalt	
	t°	Anzahl	‰	Anzahl
Juli				
58	1.9	1	—	—
68	—0.1	1	—	—
69	1.3	3	—	—
77	4.2	1	—	—
78	4.4	1	—	—
79	3.9	1	—	—
Zehngradfeld 260				
60	1.9	2	—	—
61	2.0	3	—	—
62	2.8	1	—	—
70	3.3	1	—	—
71	3.3	1	—	—
72	2.2	1	—	—
83	1.6	3	—	—
84	—0.7	3	—	—
94	—0.3	3	—	—
August				
Zehngradfeld 183				
50	13.6	28	35.43	1
51	13.3	50	35.32	3
52	13.4	59	35.28	5
53	13.2	53	—	—
54	13.1	98	34.76	4
55	13.0	90	35.24	13
56	13.4	65	35.19	1
57	13.1	69	35.03	3
58	12.7	92	35.25	4
59	12.4	82	35.20	4
60	12.9	81	35.31	8
61	13.1	118	35.35	5
62	13.2	117	35.34	10
63	13.1	112	35.38	10
64	13.0	109	35.20	5
65	12.9	81	35.32	9
66	12.7	103	35.29	7
67	12.6	76	35.35	3
68	12.8	71	35.18	5
69	12.5	50	35.12	5
70	13.1	112	35.27	10
71	12.9	97	35.41	3
72	12.9	82	35.37	3
73	13.1	77	35.39	4
74	13.1	48	35.44	2
75	12.6	50	35.24	4
76	12.9	40	35.05	1
77	12.9	19	35.17	1
78	11.7	8	—	—

Eingradfeld	Temperatur		Salzgehalt	
	t°	Anzahl	‰	Anzahl
August				
79	11.8	16	—	—
80	12.9	78	35.28	5
81	13.1	55	35.26	1
82	12.7	49	35.12	3
83	12.8	32	35.16	1
84	12.3	39	35.28	3
85	12.2	44	35.31	1
86	12.1	53	35.10	2
87	11.8	57	35.26	1
88	11.5	92	35.03	2
89	11.1	75	35.08	3
90	12.1	68	35.15	10
91	12.1	49	35.31	2
92	12.1	65	35.19	1
93	11.6	72	—	—
94	11.5	88	35.11	3
95	11.5	90	—	—
96	11.3	62	35.10	2
97	11.1	70	35.21	1
98	10.8	64	35.12	5
99	10.8	62	35.11	4
Zehngradfeld 184				
50	12.4	84	34.98	10
51	12.2	84	35.07	4
52	12.2	69	35.21	4
53	11.8	39	35.12	2
54	11.6	38	35.08	4
55	10.7	16	34.92	1
56	11.1	14	34.79	3
57	11.1	11	34.92	2
58	9.9	10	34.69	1
59	10.4	7	34.73	2
60	12.5	50	35.09	8
61	12.2	15	35.05	3
62	11.8	12	34.88	2
63	10.8	15	—	—
64	11.6	10	35.04	2
65	10.7	10	34.65	1
66	10.5	19	—	—
67	10.5	33	—	—
68	9.6	49	34.87	1
69	9.4	45	34.56	2
70	11.1	26	35.10	2
71	10.9	33	—	—
72	10.6	70	35.05	1
73	10.5	62	35.02	3
74	10.6	52	35.00	4
75	10.0	62	—	—
76	10.1	45	34.83	1

Eingradfeld	Temperatur		Salzgehalt	
	t°	Anzahl	‰	Anzahl
August				
77	9.3	67	—	—
78	9.2	41	34.75	2
79	9.2	59	34.90	1
80	11.2	57	35.05	3
81	10.6	67	35.12	3
82	10.3	68	35.08	3
83	10.1	50	35.04	1
84	9.6	47	34.96	3
85	9.7	39	34.86	2
86	9.5	48	34.92	4
87	9.1	52	34.73	2
88	8.7	60	34.61	3
89	8.5	83	34.75	4
90	10.6	79	35.05	3
91	10.2	87	34.92	1
92	10.3	98	34.92	6
93	10.2	121	34.81	1
94	9.5	130	34.90	8
95	9.5	143	34.92	6
96	9.3	180	34.81	8
97	9.0	217	34.80	8
98	9.1	182	34.92	14
99	8.7	184	34.80	7
Zehngradfeld 185				
50	8.9	15	34.60	4
51	9.1	24	34.44	3
52	10.1	20	34.56	4
53	10.2	25	34.54	2
54	10.0	36	—	—
55	10.1	28	34.57	2
56	10.0	14	34.67	1
57	9.5	6	34.63	3
58	10.3	2	34.60	2
59	10.0	6	34.57	3
60	9.3	58	34.82	1
61	9.3	48	34.58	2
62	8.9	33	34.67	1
63	8.7	12	—	—
64	8.3	12	34.56	2
65	8.7	13	34.65	3
66	8.8	2	34.74	1
67	9.4	2	—	—
68	9.5	5	34.57	3
69	9.2	7	34.50	3
70	8.6	41	34.70	1
71	8.1	54	34.68	4
72	7.9	56	34.69	1
73	7.5	79	34.64	5
74	7.6	70	34.69	1

Eingradfeld	Temperatur		Salzgehalt	
	t°	Anzahl	‰	Anzahl
August				
75	8.2	82	33.99	3
76	7.7	42	—	—
77	8.0	27	34.01	3
78	8.3	15	34.62	3
79	8.6	8	34.53	2
80	8.6	83	34.82	4
81	8.1	105	34.56	3
82	7.8	146	34.85	9
83	7.3	125	34.89	6
84	7.3	122	34.19	6
85	7.4	106	34.45	6
86	7.1	39	34.64	4
87	7.9	59	34.52	2
88	7.6	65	34.52	2
89	7.8	75	34.44	4
90	8.4	222	34.81	17
91	8.1	215	34.90	12
92	7.0	198	34.10	25
93	5.7	203	33.33	26
94	5.0	223	32.64	32
95	5.3	250	32.84	33
96	6.3	231	33.41	11
97	7.0	170	34.77	6
98	6.9	117	34.71	2
99	7.6	112	34.51	1
Zehngradfeld 186				
50	9.7	5	34.50	4
51	9.2	3	34.58	3
52	8.6	7	33.54	4
53	6.4	1	31.73	1
58	7.3	2	—	—
59	4.8	2	—	—
60	9.1	5	34.57	5
61	9.2	2	—	—
62	8.4	3	34.58	1
66	6.3	1	34.12	1
67	9.6	1	34.56	1
68	6.4	1	34.03	1
69	4.6	1	32.72	1
70	9.1	1	34.65	1
71	9.1	1	—	—
72	8.4	2	—	—
73	8.5	2	34.57	1
74	12.2	1	—	—
76	10.6	1	34.55	1
77	10.1	1	34.56	1
80	7.9	36	34.65	1
81	8.1	12	—	—
82	8.9	5	—	—

Eingradfeld	Temperatur t°	Temperatur Anzahl	Salzgehalt ‰	Salzgehalt Anzahl
August				
83	6.8	3	34.22	2
84	7.9	1	34.66	1
87	6.7	1	34.12	1
90	7.4	61	34.64	2
91	7.5	43	34.67	1
92	7.3	19	34.22	1
93	6.4	4	34.67	1
94	8.2	1	—	—
95	8.8	1	34.64	1
99	7.8	1	34.22	1
Zehngradfeld 187				
60	4.6	2	30.68	1
70	3.7	2	—	—
71	4.3	2	—	—
80	4.8	1	32.05	1
81	3.9	4	32.04	1
82	4.9	2	32.11	1
90	3.6	3	33.44	2
91	2.9	2	31.86	1
92	4.5	2	31.31	1
93	3.2	4	32.04	2
94	1.9	1	31.58	1
Zehngradfeld 246				
90	5.1	20	27.56	19
91	4.7	2	23.20	2
92	5.3	3	23.46	3
93	7.1	1	23.04	1
Zehngradfeld 247				
80	7.1	6	32.27	4
81	6.8	5	32.31	4
82	6.4	5	29.74	4
83	11.3	2	31.62	1
84	11.1	9	25.33	3
85	7.4	12	16.73	9
86	8.5	2	—	—
87	3.8	5	26.44	3
88	9.2	1	30.99	1
90	5.8	4	31.88	3
91	8.2	4	31.18	3
92	5.3	7	29.34	1
93	5.1	13	28.18	9
94	6.0	19	28.93	11
95	6.5	17	25.96	13
96	5.4	15	26.69	9
97	6.5	15	25.65	10
98	5.3	15	27.29	11
99	6.0	16	25.96	12

Eingradfeld	Temperatur t°	Temperatur Anzahl	Salzgehalt ‰	Salzgehalt Anzahl
August				
Zehngradfeld 248				
50	7.5	7	25.57	5
51	8.6	2	—	—
60	7.1	17	27.13	9
61	7.7	15	28.94	6
62	7.6	3	28.60	1
66	9.4	2	31.96	2
67	9.5	1	27.81	1
70	6.8	6	34.04	1
71	7.0	23	31.45	13
72	8.0	2	31.42	1
75	5.6	1	33.08	1
76	6.5	5	32.90	4
77	5.8	3	31.69	3
78	7.6	4	31.74	2
80	6.4	18	31.65	11
81	6.8	14	32.21	11
82	7.0	16	31.64	13
83	7.4	10	31.86	9
84	7.9	4	31.01	3
85	8.7	2	30.51	1
86	6.4	5	30.87	2
87	6.5	5	31.87	3
88	5.7	3	32.51	3
89	6.9	5	32.58	3
90	7.5	4	33.27	4
91	7.7	10	33.33	8
92	6.8	7	33.95	4
93	8.0	7	32.48	7
94	8.7	9	32.62	7
95	8.0	7	33.34	4
96	7.2	8	32.97	6
97	6.6	7	33.09	5
98	5.9	6	33.26	4
99	5.3	3	33.60	3
Zehngradfeld 249				
35	11.4	1	25.26	1
46	12.8	1	—	—
47	12.7	2	22.65	1
53	4.6	1	—	—
54	9.5	2	24.76	1
55	10.3	6	25.45	2
56	11.2	7	25.68	5
57	11.4	4	25.77	3
58	10.6	7	25.64	4
59	10.8	27	23.88	12
62	12.5	1	20.99	1
63	12.2	3	26.65	3
64	14.6	3	23.96	3

Eingradfeld	Temperatur t°	Temperatur Anzahl	Salzgehalt ‰	Salzgehalt Anzahl
August				
65	13.7	3	25.22	3
69	5.6	1	—	—
72	12.2	1	5.77	1
83	9.8	1	—	—
86	7.5	8	30.12	5
87	7.0	10	31.18	8
88	7.2	12	32.60	11
89	6.4	22	31.44	14
90	8.7	5	32.47	5
91	8.7	9	33.33	9
92	8.7	24	33.03	19
93	9.0	48	31.48	35
94	8.2	29	31.34	24
95	7.9	28	33.00	22
96	7.9	22	33.33	19
97	7.9	13	33.75	11
98	7.8	10	33.71	9
99	7.6	4	34.21	4
Zehngradfeld 251				
30	12.2	2	24.51	2
40	13.1	27	32.20	6
41	12.6	11	31.65	6
42	11.6	2	27.52	1
43	7.4	1	34.17	1
50	12.6	51	—	—
51	12.3	16	—	—
52	12.0	13	31.85	4
53	7.4	1	33.88	1
58	13.2	1	33.81	1
59	13.0	1	34.02	1
60	12.3	102	33.73	1
61	12.2	131	32.96	2
62	12.1	52	28.77	4
63	11.7	19	31.46	4
64	11.5	1	29.93	1
70	11.9	5	—	—
71	12.4	28	—	—
72	11.8	104	32.75	2
73	11.8	132	32.44	7
74	11.9	110	31.86	15
75	12.0	3	31.46	1
80	12.7	2	—	—
81	11.9	3	—	—
82	12.5	9	33.42	1
83	11.9	12	33.97	4
84	11.8	38	33.25	6
85	11.9	82	32.21	7
86	11.4	52	30.69	5
87	11.0	19	32.34	4

Eingradfeld	Temperatur t°	Temperatur Anzahl	Salzgehalt ‰	Salzgehalt Anzahl
August				
90	11.2	2	34.58	1
91	10.8	2	29.86	1
93	11.0	1	—	—
94	12.1	7	—	—
95	11.3	12	34.15	2
96	11.9	14	33.98	4
97	11.5	38	32.83	7
98	10.6	36	29.09	6
99	9.7	47	32.19	9
Zehngradfeld 252				
00	13.0	78	35.08	49
1	14.0	53	35.03	21
2	13.7	62	34.55	13
3	13.4	80	33.61	16
4	13.9	190	31.66	21
5	13.9	31	27.50	5
6	13.0	5	11.24	4
7	13.8	2	2.20	1
10	12.9	79	35.23	36
11	13.3	69	35.06	30
12	13.2	82	34.69	36
13	12.8	70	33.01	19
14	13.5	206	30.65	6
15	14.0	37	16.94	8
16	13.3	15	4.2	4
17	14.6	2	2.27	2
20	11.6	14	35.21	5
21	12.2	8	35.24	2
22	11.9	10	35.14	3
23	12.2	10	33.77	3
24	13.0	138	33.12	3
25	13.1	149	30.66	6
26	13.5	52	27.23	7
27	14.3	18	25.21	3
30	11.7	3	35.14	1
31	12.0	5	35.23	3
32	11.6	3	35.19	1
33	12.0	9	34.43	3
34	12.7	16	33.90	5
35	13.0	105	32.83	10
36	12.8	171	32.21	7
37	12.7	49	32.33	8
38	13.1	10	31.72	4
39	12.9	23	31.28	10
40	10.2	1	—	—
41	12.7	3	35.16	2
42	12.1	9	35.13	5
43	12.8	6	34.58	2
44	12.3	10	34.48	4

Eingradfeld	Temperatur t°	Temperatur Anzahl	Salzgehalt °/₀₀	Salzgehalt Anzahl
August				
45	11.9	11	34.94	3
46	12.0	30	34.70	3
47	12.4	134	34.91	1
48	12.7	89	34.56	2
49	12.2	18	34.83	1
50	10.6	2	—	—
51	10.8	1	—	—
52	11.4	2	35.01	1
53	11.3	2	35.24	3
54	12.5	1	—	—
55	12.8	2	—	—
56	12.4	8	—	—
57	12.3	13	—	—
58	12.2	78	—	—
59	12.5	131	—	—
60	12.0	1	—	—
63	10.6	1	35.30	1
64	10.7	3	35.19	2
65	12.2	4	—	—
66	13.3	1	—	—
67	11.6	2	—	—
68	12.2	4	—	—
69	12.0	21	—	—
70	10.7	3	—	—
71	10.4	2	—	—
72	10.6	2	35.12	1
73	11.1	7	35.06	2
74	10.2	2	35.40	1
75	12.8	4	35.60	1
76	14.8	1	—	—
77	11.4	1	—	—
78	14.5	1	—	—
79	12.2	2	—	—
80	10.0	3	34.90	2
81	10.0	2	34.90	1
82	9.7	2	34.98	2
83	9.5	2	—	—
84	14.1	4	—	—
85	10.7	7	35.27	3
86	10.7	4	35.07	1
87	11.4	2	—	—
88	12.0	2	—	—
89	12.1	1	34.70	1
90	8.5	2	35.17	1
91	8.2	2	35.15	1
92	9.8	3	35.11	1
93	8.0	2	35.09	1
94	12.5	5	35.12	1
95	9.4	22	35.02	1
96	10.3	3	35.34	3

Eingradfeld	Temperatur t°	Temperatur Anzahl	Salzgehalt °/₀₀	Salzgehalt Anzahl
August				
97	9.5	3	35.01	2
98	9.6	2	35.04	2
99	10.0	2	35.07	1
Zehngradfeld 217				
00	12.6	138	35.13	38
1	12.5	59	35.21	23
2	12.5	232	35.29	52
3	11.8	277	35.27	54
4	11.6	292	35.21	38
5	11.7	278	35.30	16
6	11.8	329	35.28	20
7	11.8	315	35.30	11
8	11.8	342	35.28	27
9	11.8	324	35.30	16
10	13.0	108	35.27	25
11	12.6	164	35.29	36
12	12.3	181	35.28	64
13	11.9	181	35.19	63
14	11.7	212	35.21	81
15	11.3	311	35.22	92
16	10.4	319	35.20	78
17	10.6	127	35.22	11
18	10.9	95	35.30	16
19	11.5	76	35.26	6
20	11.9	38	35.18	7
21	11.9	42	35.08	7
22	11.3	56	35.15	8
23	11.0	42	35.06	6
24	10.6	30	35.15	17
25	11.0	34	35.21	9
26	10.1	90	35.07	43
27	10.0	240	35.20	39
28	10.9	231	35.22	46
29	11.2	236	35.22	44
30	10.3	13	—	—
31	10.6	6	—	—
32	10.8	12	35.20	2
33	10.4	14	35.06	4
34	10.4	36	35.06	6
35	9.9	49	35.01	15
36	9.7	34	34.95	13
37	10.3	15	34.91	11
38	10.1	20	35.04	9
39	10.0	49	35.10	27
40	10.5	1	—	—
41	9.6	7	—	—
42	9.1	7	—	—
43	9.4	9	34.98	4
44	9.3	6	34.96	2

Eingradfeld	Temperatur t°	Temperatur Anzahl	Salzgehalt °/₀₀	Salzgehalt Anzahl
August				
45	9.3	16	35.01	6
46	8.9	25	34.83	7
47	8.9	26	34.82	4
48	8.4	30	34.76	6
49	8.8	26	34.96	14
50	9.6	4	—	—
51	9.4	2	—	—
52	9.9	6	—	—
53	9.9	10	35.02	2
54	9.1	19	35.08	1
55	8.0	9	35.08	1
56	8.6	13	35.00	2
57	8.3	25	34.74	4
58	8.1	29	34.78	6
59	8.4	31	34.76	3
60	8.9	2	—	—
63	10.1	10	—	—
64	9.1	20	—	—
65	8.7	7	—	—
66	7.9	5	—	—
67	10.3	9	34.63	9
68	7.0	6	—	—
69	7.3	9	34.72	2
70	7.0	2	—	—
71	9.9	3	—	—
72	10.7	1	—	—
74	9.2	8	—	—
75	8.2	14	—	—
76	8.1	12	—	—
77	9.8	11	34.59	8
78	9.0	4	34.54	2
79	9.0	7	34.66	6
80	10.6	5	—	—
81	10.0	4	—	—
82	8.4	2	35.08	1
83	7.9	2	—	—
84	7.2	2	—	—
85	7.0	3	—	—
86	7.5	9	34.96	1
87	7.6	16	34.68	1
88	6.7	8	—	—
89	6.4	4	34.85	1
90	10.5	5	35.10	1
91	10.6	4	—	—
92	9.2	3	—	—
93	9.4	2	—	—
94	12.2	3	—	—
97	7.7	17	34.66	8
98	6.7	13	34.75	2
99	5.8	8	34.84	2

Eingradfeld	Temperatur t°	Temperatur Anzahl	Salzgehalt °/₀₀	Salzgehalt Anzahl
August				
Zehngradfeld 218				
00	11.8	275	35.27	21
1	11.9	227	35.29	12
2	12.1	195	35.29	16
3	12.2	222	35.23	13
4	12.4	248	35.24	32
5	12.2	213	35.25	17
6	12.0	213	35.25	22
7	12.1	186	35.24	9
8	12.1	212	35.22	26
9	12.1	174	35.16	18
10	11.6	124	35.28	12
11	11.9	196	35.23	14
12	11.8	203	35.24	15
13	11.9	184	35.23	30
14	11.8	134	35.21	13
15	11.8	75	35.21	4
16	11.9	78	35.26	3
17	12.1	73	35.23	3
18	11.9	72	35.26	5
19	11.8	77	35.18	12
20	11.3	204	35.25	52
21	11.4	212	35.23	35
22	11.6	237	35.25	49
23	11.6	235	35.24	32
24	11.7	285	35.22	51
25	11.8	290	35.22	36
26	11.8	243	35.20	39
27	11.6	167	35.17	16
28	11.6	114	35.15	9
29	11.5	60	35.13	6
30	10.1	84	34.96	28
31	10.2	105	35.02	18
32	10.4	190	35.02	6
33	10.4	18	35.19	6
34	11.0	64	35.00	3
35	11.5	46	34.98	8
36	11.6	279	34.91	27
37	11.5	238	34.67	44
38	11.3	283	34.76	60
39	11.2	286	34.57	38
40	8.2	21	34.88	9
41	8.0	84	34.77	26
42	8.1	75	34.44	24
43	7.4	88	34.34	27
44	8.7	63	34.62	15
45	10.2	21	32.42	2
46	10.5	10	—	—
50	8.2	25	34.76	3

Eingradfeld	Temperatur t°	Temperatur Anzahl	Salzgehalt °/₀₀	Salzgehalt Anzahl
August				
51	8.6	20	34.81	1
52	7.8	30	34.48	14
53	8.1	145	33.56	21
54	8.1	33	32.63	11
58	9.3	115	30.63	4
59	9.0	53	32.55	1
60	8.3	11	34.56	2
61	7.7	32	34.57	2
62	8.0	33	34.47	8
63	8.3	35	34.44	13
64	8.3	108	34.20	50
65	8.9	90	33.78	39
66	8.6	86	33.34	33
67	8.7	121	33.35	31
68	8.8	257	33.96	50
69	8.0	132	33.72	20
70	7.2	15	34.56	3
71	7.2	16	34.63	5
72	7.7	12	34.76	1
73	6.9	23	34.46	4
74	7.2	23	34.28	2
75	8.1	24	34.34	2
76	7.7	20	34.38	9
77	7.7	10	34.48	2
78	7.2	19	34.20	10
79	6.3	10	34.05	1
80	7.2	12	34.63	5
81	8.3	15	34.64	8
82	6.3	14	34.66	2
83	5.8	20	34.60	6
84	6.1	22	34.72	2
85	5.3	30	—	—
86	5.0	41	33.84	7
87	4.8	20	33.57	4
88	4.3	29	33.91	5
89	3.2	37	34.42	2
90	6.9	9	34.91	1
91	5.8	7	34.58	5
92	5.7	13	34.65	5
93	5.6	6	34.69	1
94	5.4	9	—	—
95	4.4	8	30.88	1
96	4.1	24	32.68	2
97	3.6	35	32.68	4
98	2.8	73	32.40	6
99	2.2	37	29.60	6
Zehngradfeld 219				
00	12.1	205	35.21	27
1	18.0	176	35.22	9

Eingradfeld	Temperatur t°	Temperatur Anzahl	Salzgehalt °/₀₀	Salzgehalt Anzahl
August				
2	11.8	197	35.19	14
3	11.6	197	35.21	16
4	11.6	187	35.20	14
5	11.4	181	35.20	15
6	11.4	171	35.18	13
7	11.2	173	35.15	9
8	11.1	181	35.12	16
9	10.8	189	35.09	15
10	11.9	59	35.17	12
11	11.6	56	35.21	3
12	11.8	51	35.20	3
13	11.6	50	35.13	4
14	11.9	48	35.22	6
15	11.4	40	35.15	1
16	11.2	47	35.17	5
17	10.8	42	35.06	2
18	10.6	32	35.16	3
19	10.4	32	35.03	1
20	11.6	42	35.19	10
21	11.9	30	35.21	9
22	11.4	26	35.18	3
23	11.2	22	35.20	2
24	10.9	28	—	—
25	10.9	30	35.22	2
26	10.4	39	—	—
27	10.6	23	35.08	2
28	10.7	13	35.08	1
29	10.8	9	34.92	1
30	11.2	231	34.39	36
31	11.2	259	34.36	45
32	11.0	267	34.32	44
33	11.0	33	34.72	14
34	10.6	51	35.23	4
35	10.9	29	35.12	8
36	10.7	24	35.21	5
37	10.7	28	35.10	9
38	10.6	41	35.07	4
39	10.2	37	35.13	5
41	10.7	91	33.93	6
42	11.1	319	34.20	55
43	10.8	228	34.45	45
44	10.7	133	34.58	27
45	10.2	14	—	—
46	9.8	8	—	—
47	10.2	5	—	—
48	9.9	9	35.12	2
49	10.4	15	34.97	3
50	8.3	25	—	—
51	8.2	16	—	—
52	10.5	33	33.33	2

Eingradfeld	Temperatur t°	Temperatur Anzahl	Salzgehalt °/₀₀	Salzgehalt Anzahl
August				
53	10.0	31	34.20	2
54	10.1	337	34.63	48
55	10.4	31	34.89	13
56	8.5	38	34.99	3
57	10.2	5	35.07	2
58	4.8	3	33.34	1
59	7.5	15	33.88	2
60	8.2	161	34.13	44
61	7.5	134	34.02	33
62	8.3	146	34.28	25
63	9.0	308	34.25	35
64	6.1	553	33.70	10
65	6.9	215	34.37	11
66	7.1	64	34.12	5
67	7.3	53	33.04	4
68	4.1	17	32.96	2
69	4.9	13	33.34	2
70	5.3	18	34.20	4
71	5.0	29	33.79	5
72	5.7	32	34.17	4
73	4.3	26	32.22	6
74	2.3	22	32.90	1
75	2.0	11	—	—
76	2.8	8	32.30	1
77	2.3	11	—	—
78	2.0	8	—	—
79	1.6	5	31.35	1
80	3.2	19	31.91	9
81	2.8	42	31.44	7
82	2.2	28	31.81	3
83	2.6	9	30.96	4
84	3.0	18	31.73	4
85	1.7	10	31.15	1
86	2.1	8	32.43	1
87	1.7	3	—	—
88	2.2	1	—	—
89	5.9	1	—	—
90	0.6	71	30.76	8
91	0.5	56	30.88	1
92	1.6	20	30.05	1
93	4.1	2	29.75	1
94	2.8	4	30.53	1
95	3.6	2	24.58	1
Zehngradfeld 220				
00	10.7	169	34.99	14
1	10.5	160	34.97	5
2	10.2	174	34.94	22
3	10.0	134	34.90	9
4	9.9	144	34.90	16

Eingradfeld	Temperatur t°	Temperatur Anzahl	Salzgehalt °/₀₀	Salzgehalt Anzahl
August				
5	9.7	114	34.82	5
6	9.4	94	34.87	11
7	9.4	61	34.90	2
8	9.5	56	34.84	11
9	9.2	46	34.86	3
10	9.9	39	34.95	5
11	9.6	28	34.95	2
12	9.8	24	34.95	2
13	9.6	25	—	—
14	9.7	28	34.94	3
15	9.6	21	34.95	2
16	9.4	14	34.87	2
17	9.1	8	34.87	2
18	9.0	9	34.83	3
19	9.1	15	34.63	2
20	10.3	13	34.99	1
21	10.1	9	35.00	1
22	10.1	10	34.98	1
23	9.2	13	—	—
24	10.2	6	34.97	1
25	10.7	3	35.01	1
26	10.9	4	33.98	2
27	10.3	3	35.02	1
28	9.5	9	34.90	1
29	7.6	14	34.03	5
30	9.9	22	35.10	1
31	10.6	20	35.14	3
32	10.0	7	35.00	2
33	11.4	3	35.09	2
34	10.7	4	35.08	3
35	10.4	2	35.06	1
36	10.3	2	35.07	1
37	8.9	10	34.93	4
38	9.0	12	34.65	3
39	6.7	23	33.02	10
40	9.7	24	34.96	4
41	9.9	21	35.08	4
42	9.5	35	35.12	2
43	8.7	49	34.92	8
44	7.1	45	34.25	2
45	5.7	28	32.41	4
46	6.4	15	30.18	1
47	5.5	25	28.41	6
48	5.0	21	32.77	4
49	1.9	24	32.86	1
50	5.2	10	33.65	1
51	5.8	15	33.47	2
52	7.2	24	34.23	4
53	5.8	33	33.56	5
54	4.3	42	32.54	5

Eingradfeld	Temperatur t°	Temperatur Anzahl	Salzgehalt ‰	Salzgehalt Anzahl
August				
55	2.7	69	32.68	5
56	1.8	88	30.96	4
57	2.4	88	29.82	6
58	0.8	36	31.23	1
59	0.9	2	—	—
60	4.9	17	33.78	2
61	2.5	15	32.33	1
62	3.3	15	32.72	1
63	1.6	9	30.00	1
64	1.7	10	30.71	1
65	2.2	5	—	—
70	1.9	6	28.71	2
71	3.7	5	—	—
72	2.2	4	—	—
73	4.4	1	—	—
80	0.0	2	—	—
81	0.3	8	25.60	2
82	0.2	1	31.32	1
Zehngradfeld 221				
00	8.8	50	34.15	9
1	5.6	46	33.38	7
2	3.8	41	31.99	11
3	4.0	8	31.38	2
4	4.0	8	29.33	2
5	4.3	38	31.39	7
6	3.5	265	30.51	21
7	3.8	307	30.45	17
8	4.3	372	31.32	22
9	5.6	230	33.42	7
10	7.6	20	34.40	8
11	4.3	18	33.37	5
16	3.9	5	30.70	2
18	4.7	176	30.82	4
19	3.9	220	31.48	48
20	7.1	21	34.17	3
21	4.3	8	32.32	2
26	3.9	5	28.01	1
29	1.9	12	—	—
30	4.2	16	29.64	6
31	3.6	6	26.65	5
40	4.1	3	31.24	1
Zehngradfeld 222				
00	5.7	180	34.11	5
1	7.0	92	34.55	1
2	6.7	78	34.52	1
3	7.0	34	33.28	3
4	7.0	22	33.60	4
5	9.5	1	—	—

Eingradfeld	Temperatur t°	Temperatur Anzahl	Salzgehalt ‰	Salzgehalt Anzahl
August				
6	9.9	1	34.46	1
7	7.3	2	34.19	2
8	7.1	4	34.49	1
9	6.0	2	—	—
10	4.1	230	31.85	7
11	5.8	125	34.10	3
12	5.7	73	34.47	1
13	6.1	52	33.48	4
14	7.1	17	—	—
15	5.3	4	32.07	1
16	4.7	1	32.57	1
17	9.3	1	34.41	1
18	9.1	1	34.38	1
19	9.1	1	34.17	1
20	4.7	266	31.06	32
21	4.4	317	32.28	12
22	4.8	127	33.37	6
23	6.1	70	33.96	1
24	5.5	22	33.55	2
25	5.0	21	33.67	2
26	8.4	1	33.95	1
27	8.2	1	33.62	1
28	8.7	1	33.82	1
30	4.6	27	29.40	1
31	5.6	596	31.72	20
32	5.0	448	32.05	17
23	4.9	131	32.81	16
34	5.3	98	32.90	3
35	4.7	46	33.60	2
36	7.6	2	33.47	1
37	8.5	2	33.61	2
38	4.6	1	33.55	1
39	3.4	1	—	—
41	6.0	70	29.43	5
42	5.3	413	32.09	35
43	5.0	341	32.56	16
44	5.0	120	32.43	4
45	3.6	36	33.11	2
46	6.2	4	33.73	1
47	6.5	3	33.52	3
49	1.5	2	32.90	1
51	6.3	1	—	—
52	6.5	70	30.21	3
53	5.9	448	32.66	23
54	5.3	251	32.87	12
55	4.3	74	33.64	2
56	4.0	31	32.05	1
57	2.3	2	31.80	2
58	3.6	3	32.64	2
59	4.1	3	31.29	2

Eingradfeld	Temperatur t°	Temperatur Anzahl	Salzgehalt ‰	Salzgehalt Anzahl
August				
61	2.5	1	—	—
62	2.3	1	20.05	1
63	5.7	110	32.71	6
64	5.3	519	33.00	23
65	4.2	212	33.06	11
66	3.6	59	33.11	5
67	5.2	12	—	—
68	3.4	1	30.90	1
69	1.8	5	30.56	4
70	6.3	1	—	—
73	5.2	32	32.88	1
74	5.1	394	32.96	20
75	4.5	228	33.16	9
76	3.8	39	33.34	4
77	3.6	24	33.56	1
78	4.3	7	30.82	4
79	1.6	2	30.94	1
81	6.5	32	31.14	2
82	5.7	80	32.93	3
83	5.0	214	33.01	10
84	5.1	367	33.26	16
85	4.5	191	33.28	3
86	4.1	36	33.51	3
87	4.8	20	32.69	1
88	3.8	14	32.63	1
89	3.4	7	32.01	1
90	2.5	1	32.44	1
91	5.4	160	32.37	7
92	6.4	137	32.30	13
93	6.1	82	32.77	6
94	5.4	90	33.13	3
95	4.8	138	32.94	9
96	4.0	39	31.42	2
97	3.7	9	—	—
98	4.4	4	—	—
Zehngradfeld 223				
10	7.7	2	33.70	1
11	6.2	1	33.71	1
12	6.1	1	33.54	1
13	4.1	2	32.70	1
14	1.6	2	32.50	1
15	—0.4	1	—	—
16	—0.9	1	—	—
18	0.2	1	—	—
20	7.8	2	33.78	1
21	5.6	1	32.09	1
23	1.8	1	—	—
28	0.3	1	—	—
29	—1.0	1	—	—

Eingradfeld	Temperatur t°	Temperatur Anzahl	Salzgehalt ‰	Salzgehalt Anzahl
August				
30	3.0	1	30.41	1
31	3.6	1	31.38	1
32	2.6	1	30.78	1
33	2.8	2	29.90	1
40	2.9	1	30.64	1
43	0.6	1	—	—
44	1.1	1	—	—
50	2.4	3	30.58	2
51	1.4	2	30.45	1
52	—0.1	1	—	—
60	2.2	3	30.00	1
61	0.1	1	—	—
70	0.9	3	—	—
71	0.2	2	30.00	1
72	0.0	1	—	—
73	0.7	1	—	—
80	3.6	3	31.58	1
81	2.9	3	31.65	1
82	5.6	2	30.55	1
83	1.4	1	—	—
84	3.0	3	31.46	1
85	2.0	2	—	—
92	0.9	1	—	—
Zehngradfeld 281				
30	4.8	4	9.92	3
31	6.7	2	10.20	2
32	4.3	3	12.01	2
33	1.1	11	10.59	10
34	7.2	1	11.38	1
36	5.0	1	—	—
37	4.5	1	—	—
39	5.2	2	—	—
40	6.4	2	9.59	2
69	—1.1	1	28.08	1
78	—1.5	1	30.71	1
87	—1.0	1	30.84	1
88	—1.3	1	30.96	1
89	—0.4	3	31.08	3
90	—1.2	2	32.83	2
91	—0.7	2	32.54	2
92	—0.6	1	32.10	1
93	—0.7	2	31.83	2
94	—0.8	4	31.59	4
95	—0.9	3	32.18	4
96	—1.0	3	32.23	3
97	—1.3	3	31.48	3
98	—1.2	2	32.21	2

August — Zehngradfeld 282

Eingradfeld	Temperatur t°	Anzahl	Salzgehalt °/oo	Anzahl
00	4.9	3	25.00	1
1	3.7	5	27.89	3
2	4.2	2	28.76	1
3	4.0	1	—	—
14	5.0	1	—	—
15	5.4	1	—	—
26	5.9	2	—	—
27	4.6	1	—	—
28	2.4	2	—	—
30	1.0	4	29.59	4
31	0.7	2	30.16	2
32	0.7	2	31.40	2
33	0.3	3	6.40	3
34	0.2	2	6.60	2
35	3.4	2	16.89	2
36	3.4	1	11.80	1
37	3.3	4	8.68	2
38	5.4	2	8.52	1
39	4.0	4	12.83	3
40	2.4	3	29.87	1
50	1.5	2	—	—
60	2.3	13	32.16	3
61	2.3	10	32.71	4
62	3.0	4	31.77	2
63	4.5	1	33.60	1
64	0.0	1	—	—
66	0.0	1	—	—
67	1.4	1	—	—
68	0.2	1	—	—
70	1.3	4	32.88	2
71	1.2	4	32.99	2
72	—0.3	4	31.04	1
73	0.4	5	32.01	2
74	—0.4	3	—	—
75	—0.5	2	—	—
76	—0.4	2	—	—
77	—0.3	2	—	—
78	—0.2	2	—	—
79	—1.1	1	—	—
80	—0.6	3	32.03	2
84	—0.2	1	30.90	1
85	—0.5	1	31.65	1
86	—0.8	1	32.06	1
88	—1.4	1	32.45	1
90	—1.2	1	32.26	1
91	0.7	1	—	—
98	—1.6	1	32.92	1
99	—1.5	2	32.92	2

August — Zehngradfeld 283

Eingradfeld	Temperatur t°	Anzahl	Salzgehalt °/oo	Anzahl
00	5.4	8	33.07	5
1	4.0	6	29.60	5
2	4.8	12	31.09	9
3	4.4	9	31.94	6
4	4.1	9	31.47	4
5	3.0	7	28.18	2
6	3.0	9	30.69	3
7	3.3	11	26.98	5
8	4.4	13	27.50	10
9	5.0	1	—	—
10	5.1	16	31.28	11
11	5.1	12	30.76	7
12	4.0	10	30.29	4
13	3.1	2	33.03	1
16	0.8	27	—	—
17	0.4	52	—	—
18	4.2	3	29.01	2
20	4.7	11	33.12	8
21	5.0	16	32.05	10
22	5.8	21	27.74	14
23	2.8	1	—	—
30	4.7	8	33.87	5
31	4.2	10	32.78	4
32	4.7	19	30.98	9
33	3.9	23	30.33	7
34	2.7	13	29.86	6
35	1.9	4	29.58	1
36	2.3	3	28.44	1
37	5.2	21	28.54	10
38	—0.4	1	27.24	1
39	—0.1	5	28.11	5
40	3.7	2	—	—
41	2.6	2	—	—
42	5.5	6	33.11	5
43	3.9	11	33.51	3
44	3.4	10	32.44	3
45	4.4	5	32.16	1
48	4.2	1	30.30	1
49	2.2	2	27.65	2
50	1.4	3	32.56	1
51	2.3	3	33.33	1
52	2.1	4	33.17	1
53	1.8	7	—	—
54	3.4	11	32.69	3
55	3.7	13	32.80	5
56	2.8	13	32.66	3
57	4.1	7	32.52	2
58	2.7	11	33.14	2

August

Eingradfeld	Temperatur t°	Anzahl	Salzgehalt °/oo	Anzahl
59	0.4	1	—	—
60	0.6	1	—	—
61	0.9	2	—	—
62	2.3	2	—	—
63	2.1	2	33.31	1
64	2.8	5	33.60	2
65	2.3	6	33.30	2
66	1.9	8	32.96	2
67	2.1	9	32.98	2
68	2.2	16	33.45	4
69	2.3	16	32.78	4
72	0.3	1	—	—
73	0.4	1	—	—
74	0.0	1	—	—
75	—0.2	1	—	—
76	—0.2	2	—	—
77	—0.1	2	—	—
78	0.1	3	—	—
79	1.1	4	33.15	2
82	—1.1	2	33.16	1
83	—0.6	2	33.06	1
85	—0.1	1	33.02	1
86	—0.4	3	32.24	2
87	0.0	5	31.01	4
88	—0.1	2	31.86	2
91	—0.4	1	—	—
92	—0.4	1	32.20	1
93	—0.4	4	32.18	3
94	—0.8	3	31.47	3
96	—0.6	2	31.11	2
97	—1.3	2	32.31	2
99	0.6	1	33.37	1
Zehngradfeld 284				
00	6.7	3	34.23	2
1	7.6	7	33.79	6
2	6.9	6	33.82	5
3	6.2	5	34.48	4
4	6.7	5	34.25	4
5	7.6	8	34.23	6
6	6.9	5	34.31	4
7	7.3	8	33.90	7
8	7.1	5	33.94	4
9	6.8	4	34.26	3
10	6.5	3	34.43	2
11	5.4	2	34.17	2
12	5.6	2	33.63	1
13	6.5	4	33.31	4
14	6.6	3	33.21	3
16	6.7	4	34.48	4

August

Eingradfeld	Temperatur t°	Anzahl	Salzgehalt °/oo	Anzahl
17	6.1	6	34.53	5
18	5.5	7	34.15	6
19	5.2	10	30.62	7
20	6.5	1	34.88	1
21	5.8	2	34.74	2
22	6.7	3	34.77	2
23	6.0	4	34.78	3
24	5.7	3	34.87	1
25	6.1	7	33.81	6
26	5.6	8	34.24	6
27	5.7	6	34.18	6
28	5.2	6	33.59	5
29	5.6	8	33.01	6
30	4.7	7	34.62	3
31	4.3	7	34.43	2
32	3.7	6	34.18	1
33	4.2	5	34.02	1
34	4.1	2	34.16	1
35	4.1	1	—	—
36	4.3	1	—	—
37	5.2	3	34.69	1
38	4.8	3	34.81	1
39	3.9	4	33.55	1
40	3.0	2	34.27	1
41	—0.5	1	—	—
42	4.3	1	—	—
43	4.6	1	—	—
44	3.1	3	—	—
45	4.9	1	—	—
46	2.8	4	—	—
47	4.1	2	—	—
48	4.2	2	—	—
49	2.3	2	—	—
50	0.9	3	33.78	1
51	1.3	2	33.74	1
52	0.1	2	33.73	1
53	1.0	3	33.84	1
54	1.5	2	33.75	1
55	2.1	2	33.86	1
56	1.2	2	33.82	1
57	1.8	1	33.66	1
58	0.6	2	33.10	1
59	2.0	2	32.47	1
64	1.0	1	—	—
65	0.6	1	—	—
66	1.8	1	—	—
67	1.0	1	—	—
68	0.4	1	—	—
69	0.8	1	—	—
70	1.4	2	—	—

Eingradfeld	Temperatur t°	Temperatur Anzahl	Salzgehalt ‰	Salzgehalt Anzahl
August				
71	0.8	1	—	—
72	1.0	1	—	—
73	1.9	1	—	—
74	3.2	2	—	—
75	0.4	1	—	—
80	—0.9	1	—	—
82	2.1	1	—	—
84	1.6	2	33.69	1
93	0.7	1	—	—
94	—0.3	2	—	—
95	—0.3	1	—	—
96	—1.0	1	—	—
97	—0.2	3	—	—
98	0.7	1	—	—
99	0.1	3	33.19	1
Zehngradfeld 285				
00	9.0	38	34.07	6
1	8.7	47	33.88	12
2	8.9	43	33.93	9
3	9.0	21	34.32	10
4	9.5	5	34.32	3
5	8.8	8	34.48	4
6	8.1	8	34.66	5
7	6.4	3	34.72	3
8	7.1	7	34.60	6
9	6.0	4	34.59	4
10	9.0	9	34.14	3
11	9.0	3	—	—
12	8.5	4	—	—
13	8.0	10	34.47	7
14	7.1	3	—	—
16	6.5	3	34.78	2
17	6.7	3	34.72	3
18	6.9	7	34.67	6
19	5.6	2	34.71	2
20	9.5	4	34.76	4
21	6.7	1	—	—
22	7.5	1	34.79	1
23	7.0	8	34.69	7
24	6.1	2	—	—
25	5.3	1	—	—
28	5.1	3	34.34	3
30	8.5	6	34.95	5
31	6.6	1	—	—
32	6.3	4	34.85	3
33	5.5	8	34.50	7
34	5.4	6	34.87	2
35	4.9	4	—	—
36	5.2	3	34.87	1

Eingradfeld	Temperatur t°	Temperatur Anzahl	Salzgehalt ‰	Salzgehalt Anzahl
August				
37	4.7	4	34.94	1
38	4.7	9	34.25	5
39	3.8	2	34.74	1
40	6.2	2	34.39	2
41	8.4	1	34.98	1
42	8.3	1	34.83	1
43	4.8	8	34.36	8
44	5.5	2	34.79	2
45	5.4	2	34.75	2
46	4.2	4	34.44	4
47	3.7	4	33.78	3
48	2.6	5	33.37	3
49	1.9	5	33.74	2
50	3.1	4	31.29	2
51	5.4	2	—	—
52	4.7	5	34.97	2
53	2.3	7	32.83	7
54	2.1	6	34.89	1
55	2.2	3	33.44	2
56	1.7	3	33.68	1
57	1.8	5	33.84	1
58	1.9	6	32.97	3
59	1.5	2	33.64	1
60	2.5	2	33.45	2
61	5.5	1	32.95	1
62	5.1	1	—	—
63	2.2	4	31.98	3
64	2.2	3	33.24	2
65	0.1	1	31.91	1
66	—0.2	1	—	—
67	—0.9	2	—	—
68	1.5	2	32.92	2
70	0.8	2	33.55	1
71	2.1	1	33.48	1
72	1.1	4	33.19	1
74	0.5	2	33.25	1
75	—0.1	3	31.88	2
76	0.6	3	31.87	1
77	—0.5	2	—	—
78	0.7	4	32.39	3
79	0.4	1	—	—
80	—0.9	4	31.79	2
81	1.9	2	33.04	2
82	1.0	4	33.58	3
83	1.0	2	33.12	1
84	1.0	2	33.10	2
85	—1.4	1	—	—
90	—0.3	2	32.95	2
91	—0.1	2	32.78	2
92	7.3	3	33.27	1

Eingradfeld	Temperatur t°	Temperatur Anzahl	Salzgehalt ‰	Salzgehalt Anzahl
August				
94	—1.2	1	—	—
96	—0.3	1	—	—
98	—0.2	2	32.39	1
Zehngradfeld 286				
00	9.7	19	34.00	10
1	9.3	20	33.01	12
2	9.4	11	32.82	6
3	9.2	16	31.96	11
4	9.3	10	32.45	3
5	8.6	6	33.46	5
6	10.6	2	33.37	1
7	6.9	1	—	—
8	9.0	3	33.90	2
9	8.7	6	33.41	1
10	8.1	6	34.62	4
11	9.6	2	—	—
12	9.2	4	34.45	2
13	9.4	13	32.55	6
14	8.8	9	34.45	3
15	3.8	17	34.30	5
16	8.6	4	34.02	1
17	8.3	6	—	—
18	8.5	7	33.98	2
19	8.0	4	34.15	2
20	8.3	4	34.91	2
21	8.2	8	34.83	2
22	7.6	12	34.83	5
23	9.1	8	34.80	4
24	6.6	2	—	—
25	8.0	3	34.49	3
26	9.5	1	34.93	1
27	7.3	1	34.89	1
28	7.2	2	—	—
30	6.8	14	34.68	6
31	7.9	5	34.90	1
32	7.9	2	34.86	1
33	8.2	2	34.91	1
34	8.4	1	35.04	1
35	8.4	1	—	—
36	8.8	2	34.90	2
37	6.9	2	—	—
38	8.1	1	—	—
39	6.5	1	34.58	1
40	3.4	4	34.25	2
41	3.4	3	34.58	1
42	3.4	5	34.63	2
43	2.4	2	—	—
44	2.7	2	34.91	1
45	3.6	1	33.52	1

Eingradfeld	Temperatur t°	Temperatur Anzahl	Salzgehalt ‰	Salzgehalt Anzahl
August				
46	5.6	4	33.73	4
50	2.3	3	—	—
51	4.0	1	—	—
52	0.6	2	33.49	1
53	3.7	2	34.00	1
54	3.1	1	33.73	1
55	2.1	0	—	—
56	3.0	6	31.59	5
57	2.4	3	32.10	2
58	2.0	5	31.57	3
59	4.5	2	31.08	1
60	0.6	3	—	—
61	2.0	6	33.93	3
62	1.1	7	32.97	2
63	2.1	6	34.16	4
64	0.6	3	34.26	1
65	1.7	2	—	—
66	1.8	1	—	—
67	3.9	4	34.13	2
68	3.2	2	33.43	2
69	2.7	2	33.61	1
70	1.5	4	33.80	2
71	0.2	4	33.32	1
72	1.8	2	—	—
73	2.3	2	33.42	2
74	1.4	3	32.18	3
75	0.8	4	33.08	2
76	0.4	2	30.81	1
77	0.0	1	—	—
78	—1.5	1	—	—
80	—0.2	1	—	—
81	—0.2	1	—	—
82	0.8	1	32.17	1
83	0.3	4	32.99	1
84	—0.4	2	33.10	1
35	0.5	1	33.42	1
86	2.1	2	33.42	1
87	0.6	3	32.84	2
88	1.4	3	33.27	2
89	—1.6	1	—	—
90	0.3	2	—	—
91	0.1	1	—	—
92	1.4	2	32.91	2
93	0.7	1	33.29	1
94	—0.1	2	32.42	1
95	0.3	1	32.60	1
96	1.5	2	36.75	2
97	—0.2	1	32.44	1
98	—0.1	1	36.37	1
99	—0.1	1	32.86	1

Eingradfeld	Temperatur t°	Temperatur Anzahl	Salzgehalt °/°°	Salzgehalt Anzahl
August				
Zehngradfeld 287				
00	7.9	3	35.08	1
1	10.0	1	—	—
2	9.5	5	35.12	1
3	12.0	1	—	—
4	10.9	4	34.86	1
5	9.9	7	34.66	1
6	10.7	3	—	—
7	10.8	3	—	—
8	10.4	7	34.51	1
9	10.0	8	34.44	1
14	10.0	6	34.91	2
15	9.6	4	—	—
16	9.8	3	34.64	2
17	9.4	5	34.74	2
18	9.1	3	34.75	1
19	9.2	16	34.71	4
20	5.2	1	35.17	1
23	8.6	2	34.98	1
24	10.4	1	34.64	1
25	9.4	1	34.47	1
27	6.8	4	35.06	1
28	8.3	11	34.79	5
29	8.8	9	34.83	3
30	5.2	2	35.30	1
32	7.6	3	35.05	2
33	8.1	3	34.99	3
34	7.9	1	34.96	1
35	5.8	3	34.59	1
36	7.3	6	32.14	1
37	6.0	5	30.25	2
38	6.1	8	34.64	5
39	6.1	13	34.59	2
40	6.1	2	35.30	2
41	5.2	2	35.00	1
42	6.3	2	35.03	1
43	6.1	3	35.02	2
44	6.0	3	35.10	2
45	5.5	6	32.45	1
46	5.6	10	34.56	3
47	4.2	14	34.59	6
48	3.9	22	34.15	8
49	2.8	14	34.08	4
51	5.7	5	35.12	2
52	6.2	6	34.99	3
53	6.3	3	35.03	1
54	6.0	5	35.06	1
55	5.2	18	34.33	5
56	4.4	18	34.61	6

Eingradfeld	Temperatur t°	Temperatur Anzahl	Salzgehalt °/°°	Salzgehalt Anzahl
August				
57	4.1	23	34.34	9
58	2.8	3	33.90	1
60	5.9	4	35.13	2
61	5.8	11	34.57	6
62	5.3	10	34.81	6
63	5.1	17	34.25	5
64	3.8	22	33.63	10
65	3.2	22	32.54	13
66	3.2	11	33.11	8
67	2.5	6	34.34	1
68	2.6	7	33.98	2
69	3.8	2	34.03	2
70	4.7	9	33.95	5
71	3.8	14	33.05	7
72	4.0	23	33.82	7
73	3.4	27	32.96	13
74	2.4	14	31.47	11
75	2.8	10	31.69	8
78	2.0	4	25.81	3
79	2.5	4	28.41	3
80	4.8	30	33.41	9
81	5.0	17	32.79	8
82	4.1	20	33.30	10
83	4.4	34	31.30	21
84	4.5	16	28.89	6
85	5.2	16	30.54	9
86	6.4	3	28.51	3
87	5.1	2	31.14	2
89	4.2	3	33.16	2
90	4.4	34	33.94	16
91	3.7	23	32.84	8
92	3.9	18	33.38	9
93	2.7	10	33.79	6
94	3.3	3	33.16	3
95	4.0	4	33.15	4
96	5.5	1	32.30	1
97	4.8	3	21.98	3
98	2.0	6	32.26	4
99	1.2	3	34.16	1
Zehngradfeld 288				
00	8.5	1	35.17	1
1	9.5	1	—	—
3	9.5	2	—	—
5	9.0	2	—	—
6	9.8	4	—	—
7	9.3	4	35.45	2
8	10.0	1	—	—
9	9.6	2	—	—
17	9.1	3	35.30	1

Eingradfeld	Temperatur t°	Temperatur Anzahl	Salzgehalt °/°°	Salzgehalt Anzahl
August				
18	6.9	2	35.44	2
20	—1.7	1	34.71	1
21	—1.5	1	34.85	1
28	6.8	1	35.30	1
29	6.4	2	35.40	1
39	6.3	2	35.45	2
40	4.9	2	—	—
41	5.2	2	—	—
52	4.8	2	—	—
60	3.6	2	—	—
61	2.7	1	—	—
62	4.3	3	33.85	1
63	3.8	1	—	—
64	4.5	4	—	—
65	5.0	2	—	—
66	5.8	3	34.92	1
67	4.9	2	34.80	2
68	5.6	4	35.20	1
69	5.5	3	34.90	2
70	3.6	1	—	—
71	3.0	1	—	—
72	3.7	1	—	—
73	3.9	1	33.91	1
74	4.3	1	—	—
75	5.5	3	34.82	2
76	5.3	4	34.83	1
77	5.6	6	34.93	3
78	4.7	5	34.94	2
79	5.1	9	34.72	5
82	4.5	2	34.77	2
83	4.2	2	34.63	2
84	4.3	2	34.61	1
85	4.8	3	34.81	2
86	5.3	3	—	—
87	5.2	8	34.88	4
88	5.2	5	34.00	3
89	5.4	16	34.01	11
90	3.1	1	—	—
93	—0.4	1	—	—
94	2.1	4	34.04	3
95	2.6	5	34.63	4
96	4.6	7	34.55	5
97	4.6	8	34.40	6
98	4.0	6	34.15	4
99	4.1	17	34.06	12
Zehngradfeld 253				
00	8.3	3	35.17	1
1	8.5	2	35.08	2
2	9.1	3	34.12	2

Eingradfeld	Temperatur t°	Temperatur Anzahl	Salzgehalt °/°°	Salzgehalt Anzahl
August				
3	8.9	2	35.09	1
4	7.6	2	34.92	1
5	5.3	1	34.90	1
6	5.0	3	34.42	2
7	6.9	8	34.47	8
8	5.4	9	34.45	6
9	5.5	14	34.63	8
13	7.2	1	—	—
14	7.0	3	34.30	1
15	6.3	3	33.40	1
16	5.2	1	—	—
17	5.2	7	34.35	6
18	5.3	7	34.56	6
19	3.1	2	34.67	1
22	3.6	2	—	—
23	2.2	1	—	—
25	7.1	1	—	—
26	5.2	2	32.70	1
27	3.7	2	—	—
28	4.8	1	—	—
29	3.1	1	—	—
30	4.0	1	—	—
31	3.5	1	—	—
33	2.9	1	—	—
35	5.6	1	—	—
36	6.5	2	33.60	1
44	3.3	1	—	—
46	6.4	1	33.00	1
47	5.4	1	—	—
48	5.3	1	—	—
50	3.4	1	—	—
52	3.2	1	—	—
56	1.9	1	32.94	1
57	1.3	1	32.59	1
58	1.0	1	31.89	1
59	—0.5	1	31.62	1
60	3.3	1	33.26	1
70	3.4	1	—	—
74	[illegible].6	1	—	—
Zehngradfeld 254				
00	5.9	11	34.73	7
1	5.1	5	34.27	4
2	6.2	4	34.72	2
3	4.9	8	34.54	6
4	4.9	11	34.32	3
5	3.7	10	33.98	4
6	4.2	16	32.31	7
7	2.7	13	31.54	4
8	1.7	20	31.11	5

Eingradfeld	Temperatur		Salzgehalt	
	t°	Anzahl	‰	Anzahl
August				
9	1.7	48	30.82	2
10	5.6	2	33.71	1
11	4.8	2	—	—
12	4.2	5	—	—
13	3.8	3	34.25	1
14	3.2	7	—	—
15	4.1	8	34.11	1
16	2.0	5	—	—
17	1.6	6	31.54	2
18	1.1	14	31.08	2
19	1.3	13	30.42	2
20	3.6	7	—	—
21	4.0	8	32.21	1
22	1.4	2	—	—
23	1.9	5	33.60	1
24	2.1	9	31.77	2
25	2.2	16	31.17	3
26	1.0	7	30.04	2
27	0.2	4	30.02	2
28	0.9	36	30.44	2
29	1.6	24	29.27	2
30	4.4	9	—	—
31	3.2	8	30.41	1
32	2.2	3	31.43	1
33	0.9	3	—	—
34	2.3	8	33.37	1
35	0.5	20	31.93	2
36	0.3	8	31.96	1
37	0.1	5	—	—
38	1.6	4	—	—
39	0.8	9	—	—
40	3.5	4	—	—
41	3.7	6	33.26	1
42	1.8	11	—	—
43	1.5	12	—	—
44	0.2	30	—	—
45	—0.1	33	—	—
46	—0.4	64	—	—
47	0.3	26	—	—
48	2.2	35	—	—
49	2.6	14	—	—
50	—0.4	1	31.56	1
51	—0.8	3	31.36	2
52	1.4	3	30.64	2
53	1.6	5	31.80	1
54	0.0	5	31.40	1
55	0.3	3	—	—
56	—0.2	4	—	—
57	1.6	6	—	—
58	0.6	1	—	—

Eingradfeld	Temperatur		Salzgehalt	
	t°	Anzahl	‰	Anzahl
August				
59	1.8	11	—	—
60	—0.7	1	31.60	1
61	—0.2	2	31.20	1
62	—1.2	1	31.20	1
64	—1.2	2	30.09	2
65	—0.2	1	30.60	1
66	0.3	2	31.90	1
67	0.6	2	25.55	1
68	1.4	22	23.08	7
69	0.8	1	—	—
70	5.4	1	—	—
71	3.1	3	—	—
73	3.3	1	—	—
77	1.9	6	30.12	1
78	2.0	3	—	—
80	2.3	1	—	—
86	1.0	1	31.88	1
87	1.0	10	—	—
88	0.0	1	—	—
90	4.0	2	—	—
91	4.8	2	—	—
97	0.0	19	—	—
Zehngradfeld 255				
00	0.7	62	29.59	2
1	0.5	150	34.40	10
2	0.3	91	29.14	9
3	2.9	11	26.55	6
4	4.2	5	23.02	2
5	7.1	4	21.84	4
6	8.0	1	16.70	1
7	6.9	1	22.56	1
8	7.3	1	23.96	1
10	0.7	11	30.08	1
11	1.1	33	25.95	1
12	3.7	11	16.76	1
13	4.7	2	21.76	1
20	1.5	21	28.37	1
21	2.3	10	26.94	2
22	3.8	10	21.31	4
23	4.7	21	17.93	3
24	4.8	68	19.14	6
25	6.6	5	20.99	2
26	7.7	4	22.48	4
27	6.1	2	22.49	2
30	2.6	82	24.96	4
31	3.4	46	22.36	4
32	5.9	122	19.32	6
33	5.6	70	25.66	11
34	4.6	116	23.52	8

Eingradfeld	Temperatur		Salzgehalt	
	t°	Anzahl	‰	Anzahl
August				
35	4.8	66	25.24	10
36	4.0	10	22.97	4
37	3.4	11	15.94	4
40	3.1	48	27.23	2
41	5.5	54	20.58	3
42	6.3	2	16.15	2
50	4.5	4	—	—
60	2.1	1	—	—
90	0.0	1	—	—
Zehngradfeld 258				
01	5.0	2	32.14	1
2	5.5	25	32.07	8
3	5.3	32	32.13	10
4	4.7	37	32.54	14
5	5.2	31	33.18	5
6	5.3	8	33.02	4
13	6.0	2	—	—
14	5.6	3	—	—
15	5.4	20	32.08	8
16	5.4	39	32.71	7
17	3.7	5	—	—
18	6.0	1	—	—
19	5.1	1	—	—
23	5.4	1	—	—
24	5.7	1	—	—
25	4.8	8	—	—
26	5.5	20	32.43	7
27	3.5	9	—	—
28	3.4	7	—	—
29	0.4	1	—	—
35	4.2	1	—	—
36	2.9	1	31.96	1
37	3.5	18	32.09	1
38	3.1	10	—	—
39	2.8	6	—	—
47	1.6	24	—	—
48	2.5	3	—	—
49	1.8	6	31.33	1
55	3.5	1	32.09	1
59	1.1	5	—	—
Zehngradfeld 259				
07	1.2	2	—	—
8	1.4	2	—	—
9	2.2	1	—	—
31	1.7	13	—	—
41	1.7	4	—	—
42	0.8	7	20.34	2
43	0.8	14	—	—

Eingradfeld	Temperatur		Salzgehalt	
	t°	Anzahl	‰	Anzahl
August				
49	5.2	1	31.85	1
50	1.3	3	—	—
51	—0.7	19	—	—
52	—0.8	19	—	—
53	—0.5	10	—	—
54	0.8	3	—	—
55	2.0	5	29.15	3
56	0.0	15	21.49	3
57	1.9	3	30.30	1
58	0.4	2	—	—
59	—0.2	2	—	—
68	2.1	2	28.55	2
69	1.5	2	27.57	1
76	4.4	1	—	—
77	4.4	3	27.30	1
78	4.9	4	29.88	3
79	4.0	1	31.96	1
Zehngradfeld 260				
10	2.2	1	—	—
11	3.8	2	—	—
12	5.6	1	—	—
23	5.3	2	—	—
24	5.0	1	—	—
25	5.2	2	—	—
26	4.7	1	—	—
36	2.9	3	—	—
37	1.7	1	—	—
38	1.7	1	—	—
40	5.2	1	31.87	1
42	5.0	1	32.48	1
44	5.0	1	36.48	1
45	4.5	1	32.32	1
47	3.3	2	31.91	2
48	4.1	5	31.87	1
49	0.9	8	—	—
50	—0.2	1	—	—
54	3.6	1	—	—
55	3.9	1	—	—
56	4.1	3	—	—
57	3.6	2	—	—
58	3.4	3	—	—
59	1.3	9	—	—
60	1.5	22	28.22	2
61	1.2	9	30.16	1
62	1.9	7	32.49	1
63	3.8	5	32.66	1
64	3.0	3	32.44	1
65	—0.3	1	32.07	1
66	0.2	1	31.13	1

Eingradfeld	Temperatur t°	Temperatur Anzahl	Salzgehalt ‰	Salzgehalt Anzahl
August				
67	2.0	3	31.94	1
68	1.4	2	—	—
69	2.8	1	—	—
70	4.1	3	31.09	2
71	3.5	3	31.70	2
72	2.7	7	32.56	1
73	3.0	7	32.77	2
74	3.0	2	32.84	1
75	—0.6	2	31.80	2
76	0.0	2	—	—
77	0.0	1	—	—
78	1.4	1	—	—
79	0.8	2	—	—
82	1.0	12	—	—
83	1.2	13	31.67	4
84	—0.5	109	31.61	1
85	1.7	1	—	—
93	0.7	1	—	—
Zehngradfeld 261				
32	1.1	2	29.68	2
41	1.5	4	31.77	4
42	0.6	1	29.60	1
51	0.8	3	30.92	3
60	0.8	3	30.65	3
64	0.4	6	—	—
65	0.9	2	—	—
66	0.3	2	—	—
67	0.8	2	—	—
68	0.6	2	—	—
69	—1.0	6	—	—
70	1.1	1	—	—
September				
Zehngradfeld 183				
50	12.2	18	35.60	2
51	12.6	29	—	—
52	12.6	32	35.58	2
53	12.2	34	35.26	1
54	12.5	56	35.22	6
55	12.4	77	35.24	8
56	12.6	82	35.22	2
57	12.3	91	35.09	6
58	12.1	123	35.07	1
59	12.4	82	35.20	4
60	12.4	71	35.28	9
61	12.5	67	35.64	2
62	12.5	121	35.32	10
63	12.5	150	35.30	6

Eingradfeld	Temperatur t°	Temperatur Anzahl	Salzgehalt ‰	Salzgehalt Anzahl
September				
64	12.4	154	35.30	8
65	12.1	130	35.32	8
66	12.2	143	35.29	6
67	12.1	137	35.20	11
68	12.1	90	35.15	3
69	12.0	82	35.35	8
70	12.5	165	35.31	11
71	12.3	154	35.50	3
72	12.3	135	35.33	4
73	12.3	112	35.37	8
74	12.2	62	35.26	2
75	10.3	74	35.29	3
76	12.1	55	35.29	5
77	11.5	29	—	—
78	11.1	21	34.97	1
79	11.1	12	—	—
80	12.2	89	35.34	7
81	11.9	56	35.41	4
82	11.8	58	35.15	4
83	12.0	35	35.30	2
84	11.2	47	35.17	2
85	10.9	61	35.14	5
86	11.1	53	35.19	2
87	10.5	77	35.14	4
88	10.7	81	35.14	6
89	10.4	67	35.14	4
90	11.2	86	35.14	14
91	11.0	72	35.20	3
92	11.0	70	35.16	1
93	10.9	84	35.20	8
94	11.1	79	—	—
95	10.9	38	35.19	2
96	10.8	80	35.14	6
97	10.6	63	35.24	2
98	10.2	74	35.10	1
99	9.8	82	35.10	4
Zehngradfeld 184				
50	11.7	122	34.99	11
51	11.7	102	35.39	5
52	11.8	104	35.23	6
53	11.5	74	34.99	4
54	11.2	42	35.15	4
55	11.2	8	—	—
56	10.5	5	—	—
57	9.4	3	—	—
58	10.0	6	35.42	3
59	10.2	8	34.46	2
60	12.1	60	35.22	4
61	12.0	28	35.03	3

Eingradfeld	Temperatur t°	Temperatur Anzahl	Salzgehalt ‰	Salzgehalt Anzahl
September				
62	10.6	8	35.35	1
63	10.6	11	34.92	1
64	10.9	9	—	—
65	11.1	8	35.22	2
66	10.3	8	34.63	1
67	10.8	11	—	—
68	9.9	24	34.60	1
69	10.0	21	—	—
70	11.5	31	—	—
71	10.6	20	35.10	1
72	10.6	31	35.17	1
73	10.1	39	—	—
74	10.2	50	34.88	1
75	10.0	46	—	—
76	9.4	63	34.87	3
77	9.3	64	—	—
78	9.1	59	34.79	2
79	8.8	67	34.74	3
80	10.4	72	35.10	5
81	10.4	61	35.14	3
82	9.7	75	35.03	2
83	9.3	53	34.87	6
84	8.9	72	34.80	2
85	8.8	81	34.91	3
86	8.5	85	34.77	1
87	8.6	74	35.05	1
88	8.5	88	34.76	3
89	8.3	102	34.39	2
90	9.5	74	35.19	3
91	9.5	89	35.35	2
92	9.2	126	34.88	7
93	9.1	133	34.89	4
94	9.0	159	34.84	6
95	8.9	163	34.92	3
96	8.7	167	34.83	9
97	8.5	192	34.84	9
98	8.2	204	34.79	12
99	8.1	193	34.84	7
Zehngradfeld 185				
50	9.8	19	34.81	1
51	9.9	6	—	—
52	9.8	11	34.71	1
53	9.5	25	34.69	1
54	9.3	33	34.58	1
55	9.4	28	—	—
56	9.3	14	—	—
57	9.1	5	—	—
58	9.9	2	—	—
59	9.8	5	34.47	1

Eingradfeld	Temperatur t°	Temperatur Anzahl	Salzgehalt ‰	Salzgehalt Anzahl
September				
60	10.0	31	—	—
61	8.9	37	34.51	1
62	8.8	28	—	—
63	8.7	16	34.49	1
64	8.3	3	—	—
65	8.4	6	—	—
66	8.4	7	—	—
67	6.1	1	—	—
68	8.5	2	34.64	1
70	8.2	54	—	—
71	7.9	95	34.64	3
72	7.8	74	34.62	2
73	7.1	63	34.66	2
74	7.2	60	34.58	2
75	7.5	49	34.70	2
76	7.3	42	34.54	2
77	7.4	33	34.73	1
78	7.5	37	34.75	1
79	7.0	52	—	—
80	7.6	113	34.74	5
81	7.5	116	34.62	4
82	7.2	121	34.82	2
83	7.1	132	34.73	3
84	6.9	122	34.97	2
85	6.9	118	35.10	1
86	6.6	74	34.60	4
87	6.5	66	34.70	2
88	6.9	101	34.54	5
89	7.2	69	34.36	4
90	7.7	216	34.80	15
91	7.4	221	34.77	13
92	6.4	248	34.62	17
93	5.3	237	33.92	17
94	5.0	289	32.86	23
95	4.8	329	32.83	21
96	5.9	282	33.77	15
97	6.0	190	34.12	4
98	6.3	73	34.55	4
99	6.2	77	34.31	1
Zehngradfeld 186				
51	9.3	1	34.48	1
52	8.9	3	34.46	2
53	9.6	1	—	—
54	8.8	1	—	—
55	9.3	1	33.95	1
58	6.3	2	—	—
59	6.7	2	—	—
60	8.8	1	34.46	1
61	9.4	3	34.45	2

Eingradfeld	Temperatur t°	Temperatur Anzahl	Salzgehalt °/₀₀	Salzgehalt Anzahl
September				
62	9.0	1	—	—
63	9.5	1	—	—
64	9.1	1	—	—
65	9.1	1	34.29	1
70	7.5	7	34.62	2
71	8.3	4	34.54	1
73	9.0	2	—	—
74	13.0	1	—	—
75	9.1	1	34.31	1
79	8.0	1	34.64	1
80	7.6	31	34.66	1
81	6.3	7	—	—
82	6.5	8	—	—
83	7.7	4		
86	8.0	2	—	—
89	1.2	2	—	—
90	6.6	96	34.49	2
91	6.9	60	34.37	3
92	7.1	47	34.14	1
93	7.5	27	34.69	1
94	5.5	5	34.27	1
96	8.2	3	—	—
Zehngradfeld 187				
50	7.2	1	—	—
60	4.9	2	—	—
70	3.1	1	—	—
71	3.4	1	—	—
82	2.8	1	—	—
93	3.3	1	—	—
Zehngradfeld 246				
90	3.7	15	29.81	14
91	3.2	4	31.11	4
92	4.6	2	29.93	2
98	6.1	1	—	—
99	5.9	1	—	—
Zehngradfeld 247				
80	5.4	2	32.91	2
81	5.6	2	32.89	2
84	6.3	3	13.04	1
85	5.3	6	20.39	4
86	5.3	4	23.04	3
87	5.9	2	25.72	2
89	3.7	1	29.18	1
90	4.9	5	33.22	4
91	5.5	5	32.34	5
92	4.9	8	32.28	7
93	4.9	9	31.87	8
September				
94	5.1	8	30.43	7
95	4.3	7	29.49	6
96	4.1	6	29.37	6
97	3.8	6	30.80	6
98	4.4	9	27.54	8
99	4.6	11	27.24	9
Zehngradfeld 248				
50	7.8	4	24.74	3
60	7.2	16	27.64	12
61	6.9	19	28.82	17
62	6.4	1	28.45	1
70	6.1	11	32.90	9
71	6.2	24	32.14	20
72	4.0	1	—	—
75	7.8	2	32.71	2
78	7.9	3	32.04	3
79	6.4	1	33.63	1
80	5.9	10	34.15	8
81	6.2	15	33.12	12
82	6.2	21	35.52	17
83	5.6	24	32.16	18
84	6.1	5	32.48	5
85	6.4	3	32.39	3
86	5.9	2	32.89	2
87	5.8	1	32.56	1
88	5.4	4	33.01	4
89	6.0	4	32.99	4
90	6.2	10	32.32	9
91	5.5	8	34.17	5
92	5.7	10	33.39	8
93	6.3	10	32.93	8
94	6.8	2	32.18	2
95	5.9	11	33.00	9
96	6.3	7	32.57	6
97	4.9	8	31.84	7
98	5.0	5	31.53	4
99	4.9	5	32.96	5
Zehngradfeld 249				
45	8.2	4	26.15	1
46	9.3	3	26.31	2
47	11.2	2	18.43	1
48	9.4	1	25.61	1
49	9.5	1	—	—
54	9.4	1	23.08	1
55	8.4	7	23.09	4
56	8.0	7	25.75	4
57	8.4	10	25.78	4
58	8.5	9	25.83	4
September				
59	7.8	27	24.36	19
63	8.4	1	24.38	1
64	9.5	1	24.73	1
65	9.7	1	25.17	1
66	8.6	1	25.86	1
69	7.1	4	28.02	3
72	8.4	1	20.51	1
86	6.2	2	32.59	2
87	6.6	9	34.29	7
88	6.7	11	33.97	8
89	6.0	17	32.49	13
90	7.0	2	23.74	2
91	7.2	11	29.31	6
92	7.5	19	33.09	10
93	7.6	33	32.66	23
94	7.2	30	33.13	17
95	6.9	21	33.53	14
96	6.8	18	34.19	13
97	6.8	9	34.34	8
98	6.6	7	34.39	4
99	6.5	7	34.48	6
Zehngradfeld 251				
30	11.3	5	30.21	5
40	11.5	9	23.23	1
41	12.4	6	30.47	4
50	10.9	33	—	—
51	11.2	11	33.18	5
52	10.8	13	32.47	9
60	10.7	87	—	—
61	10.7	92	—	—
62	10.6	38	31.43	7
63	10.3	14	30.27	9
64	10.4	2	31.34	2
70	10.7	9	—	—
71	10.6	27	—	—
72	10.2	76	33.28	5
73	10.2	104	32.93	11
74	10.2	91	31.33	24
75	11.7	4	32.85	1
76	9.8	2	—	—
80	13.4	2	34.62	1
81	10.8	9	34.18	1
82	10.6	9	34.70	1
83	10.6	13	33.47	4
84	9.7	118	32.88	91
85	10.4	64	32.45	21
86	9.9	52	32.24	11
87	10.6	19	29.74	12
90	10.8	1	—	—
September				
91	7.4	2	35.00	1
92	9.2	2	—	—
93	8.2	3	35.18	1
94	9.7	8	35.18	1
95	9.8	19	34.37	7
96	10.3	33	33.70	22
97	9.7	42	33.36	20
98	8.8	35	30.40	12
99	8.5	39	32.47	13
Zehngradfeld 252				
00	11.9	77	35.26	32
1	12.3	68	34.95	18
2	12.7	71	34.68	17
3	12.2	77	33.29	11
4	12.7	176	31.94	10
5	12.4	28	28.20	6
6	12.3	15	14.40	14
7	11.1	1	13.80	1
10	12.4	76	35.22	19
11	12.7	63	35.16	16
12	12.5	57	34.92	2
13	12.1	66	32.97	9
14	12.3	176	31.82	11
15	12.7	15	27.15	7
16	11.4	3	19.10	3
17	11.0	2	7.74	2
20	11.8	10	—	—
21	11.8	15	35.23	1
22	11.7	12	—	—
23	11.7	14	—	—
24	11.8	101	33.11	2
25	12.0	105	30.85	5
26	12.4	20	30.07	9
27	10.7	1	31.09	1
30	11.7	7	35.36	1
31	12.0	5	35.08	1
32	12.4	3	—	—
33	11.6	6	32.60	1
34	10.6	13	—	—
35	11.3	74	—	—
36	11.3	114	—	—
37	11.9	32	30.85	6
38	10.6	22	27.90	13
39	11.5	11	32.12	6
41	11.9	1	—	—
42	10.9	2	—	—
43	10.5	2	—	—
44	10.8	3	—	—
45	11.2	6	—	—

Eingradfeld	Temperatur t°	Temperatur Anzahl	Salzgehalt ‰	Salzgehalt Anzahl
September				
46	10.7	45	—	—
47	11.2	111	—	—
48	11.1	67	31.75	1
49	11.7	7	32.43	1
51	7.8	2	—	—
52	10.1	3	—	—
55	10.5	1	—	—
56	10.5	4	—	—
57	11.0	16	—	—
58	11.0	71	—	—
59	11.0	112	—	—
60	11.8	2	—	—
62	11.4	3	—	—
63	8.8	2	—	—
65	8.8	2	—	—
66	9.8	2	—	—
67	10.1	3	—	—
68	11.2	5	–	—
69	10.9	27	—	—
73	10.0	1	—	—
79	10.3	2	—	—
83	9.4	1	—	—
84	8.4	1	—	—
85	11.2	1	—	—
88	11.6	1	—	—
89	9.9	1	—	—
91	10.2	1	—	—
93	10.5	1	—	—
94	13.6	2	—	—
95	8.6	1	—	—
96	9.4	1	—	—
97	9.0	1	—	—
Zehngradfeld 217				
00	11.4	147	35.25	25
1	11.4	33	35.22	8
2	11.8	101	35.24	16
3	11.4	216	35.34	25
4	11.1	263	35.26	31
5	10.4	288	35.19	13
6	10.8	328	35.28	13
7	11.1	338	35.27	18
8	11.1	387	35.31	23
9	11.1	369	35.25	16
10	12.0	125	35.29	15
11	11.6	173	35.27	29
12	11.1	185	35.27	33
13	10.9	152	35.24	38
14	10.6	185	35.24	39
15	10.5	251	35.22	59

Eingradfeld	Temperatur t°	Temperatur Anzahl	Salzgehalt ‰	Salzgehalt Anzahl
September				
16	10.2	335	35.20	56
17	10.1	127	35.16	6
18	10.5	71	35.26	12
19	10.8	69	35.28	4
20	10.9	42	35.30	1
21	10.4	39	35.24	4
22	10.5	46	35.19	1
23	9.8	52	35.06	4
24	9.7	44	34.91	2
25	9.7	39	35.15	7
26	10.1	190	35.14	32
27	10.0	245	35.19	46
28	10.0	228	35.22	39
29	10.5	228	35.22	28
30	10.7	16	35.23	2
31	10.7	6	—	—
32	10.6	19	—	—
33	9.8	22	—	—
34	9.7	26	—	—
35	9.6	33	34.97	2
36	8.9	39	35.12	4
37	9.5	40	35.11	14
38	9.5	53	35.02	27
39	8.7	75	34.89	24
40	10.0	8	—	—
41	11.1	10	35.07	1
42	8.4	3	34.92	1
43	9.7	10	—	—
44	9.0	16	—	—
45	9.0	11	—	—
46	8.7	24	—	—
47	8.5	27	—	—
48	7.6	24	35.08	1
49	8.3	31	34.90	13
50	8.8	2	—	—
51	9.7	6	—	—
52	10.7	7	34.96	1
53	10.1	7	—	—
54	10.2	6	—	—
55	9.3	5	—	—
56	8.9	11	—	—
57	7.2	6	—	—
58	7.8	14	—	—
59	7.4	16	—	—
60	9.6	1	—	—
61	10.6	2	—	—
62	10.3	7	35.05	2
63	8.4	7	34.89	7
67	9.4	4	—	—
68	7.5	9	34.61	1

Eingradfeld	Temperatur t°	Temperatur Anzahl	Salzgehalt ‰	Salzgehalt Anzahl
September				
69	7.9	15	34.56	1
73	10.2	3	—	—
74	8.3	2	35.03	1
75	8.3	2	34.92	2
76	7.7	2	34.74	2
77	12.3	2	—	—
79	9.0	7	—	—
82	13.0	1	—	—
83	9.6	1	—	
84	9.6	4	—	—
85	7.3	3	—	—
86	15.0	1	—	—
87	6.8	2	34.61	1
88	6.7	1	34.58	1
89	6.0	2	34.60	1
91	9.0	3	—	—
93	9.4	2	—	—
94	10.1	3	—	—
95	7.8	4	34.95	1
96	7.7	3	—	—
97	7.0	2	—	—
98	7.7	2	—	—
Zehngradfeld 218				
00	11.1	306	35.28	18
1	11.4	294	35.25	9
2	11.4	269	35.30	19
3	11.6	242	35.20	11
4	11.4	256	35.22	22
5	11.4	226	35.18	13
6	11.3	246	35.27	19
7	11.3	194	35.24	4
8	11.3	202	35.23	18
9	11.3	192	35.13	17
10	11.1	98	35.23	4
11	10.9	148	35.21	9
12	11.2	157	35.22	8
13	11.1	185	35.23	21
14	11.1	130	35.21	18
15	11.5	111	35.18	16
16	10.9	89	35.26	2
17	11.1	88	35.15	2
18	11.0	91	35.20	4
19	10.8	116	35.17	2
20	10.8	239	35.27	43
21	10.6	178	35.23	17
22	10.9	221	35.27	42
23	10.9	197	35.24	25
24	10.8	274	35.27	41
25	10.9	254	35.17	20

Eingradfeld	Temperatur t°	Temperatur Anzahl	Salzgehalt ‰	Salzgehalt Anzahl
September				
26	10.7	215	35.22	36
27	10.5	145	35.12	12
28	10.5	90	34.97	6
29	10.5	60	35.09	3
30	8.9	200	34.75	21
31	9.2	201	34.80	7
32	8.5	122	35.07	1
33	8.9	16	35.16	1
34	9.7	27	35.11	6
35	10.0	54	35.12	5
36	10.3	244	34.93	43
37	10.3	198	34.78	27
38	10.1	262	34.74	45
39	10.0	334	34.55	24
40	8.1	26	34.71	14
41	8.0	232	34.77	28
42	7.9	143	34.38	31
43	7.2	97	34.35	15
44	8.2	90	34.41	10
45	8.4	22	34.21	3
46	9.0	1	—	—
50	6.8	21	—	—
51	6.5	22	—	—
52	7.1	21	34.45	1
53	6.5	77	34.31	7
54	7.9	10	33.97	5
58	8.2	40	33.95	4
59	8.4	5	—	—
60	7.3	30	34.59	7
61	6.1	13	34.33	1
62	6.7	17	34.59	3
63	6.7	23	34.55	3
64	7.2	75	34.25	7
65	7.7	42	33.82	4
66	7.3	43	33.68	6
67	7.5	41	34.13	6
68	7.5	131	34.32	13
69	7.2	68	34.37	13
70	7.9	7	—	—
71	6.4	7	—	—
72	6.3	17	34.33	3
73	6.5	17	34.45	3
74	6.2	15	34.34	3
75	5.9	10	34.19	3
76	5.5	9	34.38	2
77	5.1	19	34.21	3
78	5.8	14	34.01	2
79	5.9	27	33.17	4
80	7.4	3	—	—
81	5.9	3	—	—

Eingradfeld	Temperatur t°	Temperatur Anzahl	Salzgehalt ‰	Salzgehalt Anzahl
September				
82	5.0	5	—	—
83	5.6	6	—	—
84	5.5	13	—	—
85	4.4	9	—	—
86	3.7	12	—	—
87	3.0	20	—	—
88	2.9	21	31.00	1
89	2.6	3	—	—
90	5.9	1	34.61	1
91	7.0	2	34.63	1
92	5.7	2	34.36	1
93	7.0	1	—	—
94	3.2	4	—	—
95	4.2	3	—	—
96	4.6	2	—	—
97	2.7	18	—	—
98	2.7	26	—	—
99	1.8	22	—	—
Zehngradfeld 219				
00	11.2	232	35.17	37
1	11.3	192	35.28	2
2	11.1	198	35.20	16
3	10.8	184	35.24	3
4	10.7	194	35.21	9
5	10.5	181	35.23	10
6	10.3	192	35.18	13
7	10.3	159	35.19	3
8	10.0	204	35.10	17
9	9.8	186	34.94	4
10	11.0	87	35.25	5
11	10.7	91	35.21	1
12	10.7	92	35.25	7
13	10.5	90	35.13	2
14	10.6	68	35.20	6
15	10.2	74	35.17	3
16	10.4	60	35.09	5
17	10.1	50	35.01	1
18	10.0	48	34.99	3
19	9.7	36	34.92	1
20	10.3	48	35.12	1
21	10.6	53	35.24	5
22	10.4	58	35.02	2
23	10.4	31	35.20	2
24	9.7	28	34.94	1
25	9.3	22	35.12	1
26	9.7	21	—	—
27	9.2	23	35.03	1
28	9.7	22	34.94	1
29	9.8	27	—	—
September				
30	9.8	237	34.45	33
31	9.7	214	34.62	20
32	9.6	306	34.25	33
33	9.6	46	35.12	1
34	9.3	129	—	—
35	9.6	49	35.11	1
36	9.7	34	—	—
37	9.8	33	35.00	2
38	9.4	44	—	—
39	9.3	38	34.91	2
41	9.0	117	—	—
42	9.7	397	34.22	37
43	9.4	282	34.53	22
44	9.6	169	34.44	20
45	8.6	26	—	—
46	8.4	20	—	—
47	8.2	17	—	—
48	8.7	15	—	—
49	8.4	21	—	—
50	8.0	9	—	—
51	7.0	5	—	—
52	9.5	29	—	—
53	9.1	51	34.41	3
54	9.2	325	34.67	32
55	9.7	19	—	—
56	8.0	28	—	—
57	9.5	4	—	—
58	7.6	14	—	—
59	7.4	17	—	—
60	7.4	96	33.89	4
61	7.3	67	34.57	10
62	7.5	103	34.70	17
63	8.2	257	34.66	25
64	7.0	213	34.54	3
65	6.1	132	—	—
66	8.0	47	—	—
67	6.3	42	—	—
68	3.9	4	—	—
70	5.2	12	32.97	5
71	5.6	19	32.80	3
72	4.9	22	31.98	2
73	5.1	19	31.85	1
74	2.1	18	—	—
75	1.4	12	—	—
76	1.7	5	—	—
77	1.2	3	—	—
78	1.3	8	—	—
79	1.5	4	—	—
80	2.3	13	—	—
81	2.4	11	—	—
September				
82	2.1	14	—	—
83	2.0	4	—	—
84	1.9	15	—	—
85	1.0	2	—	—
86	1.0	2	—	—
90	0.8	25	—	—
91	—0.4	37	—	—
92	—0.2	27	—	—
93	1.3	7	—	—
Zehngradfeld 220				
00	9.8	199	34.98	16
1	9.4	171	34.95	7
2	9.4	162	34.91	18
3	9.1	143	34.84	3
4	9.2	120	34.90	17
5	9.0	94	34.85	5
6	8.8	86	34.83	10
7	8.3	76	34.79	2
8	8.0	73	34.86	8
9	8.3	51	—	—
10	9.3	35	34.84	2
11	9.4	21	—	—
12	9.1	20	—	—
13	9.3	29	—	—
14	8.7	24	—	—
15	8.8	22	—	—
16	8.7	18	—	—
17	8.5	8	—	—
18	8.3	23	—	—
19	8.6	11	34.63	1
20	9.6	34	—	—
21	9.2	21	—	—
22	9.3	19	—	—
23	3.8	14	—	—
24	8.9	15	—	—
25	9.5	9	—	—
26	9.1	10	—	—
27	8.0	9	—	—
28	8.4	15	—	—
29	7.6	12	—	—
30	9.1	16	34.98	1
31	8.5	20	34.95	1
32	8.0	23	—	—
33	9.0	9	—	—
34	6.9	10	—	—
35	6.7	5	—	—
36	6.7	7	—	—
37	5.6	7	—	—
38	7.1	10	34.99	1
September				
39	5.4	14	—	—
40	8.9	23	34.47	1
41	8.5	26	34.95	1
42	7.5	52	35.01	4
43	6.9	47	35.01	1
44	6.2	57	34.67	4
45	5.0	37	34.71	3
46	4.6	23	—	—
47	3.9	19	33.35	1
48	3.6	19	34.63	1
49	4.4	9	—	—
50	7.3	17	35.05	2
51	6.9	19	—	—
52	5.5	16	—	—
53	5.4	22	34.47	2
54	2.0	21	—	—
55	2.0	48	—	—
56	1.6	68	33.06	1
57	1.4	54	30.95	1
58	0.3	21	—	—
58	—1.5	1	—	—
61	1.8	4	—	—
62	1.4	2	—	—
63	2.3	4	—	—
64	1.1	6	29.43	1
70	1.8	6	—	—
71	0.0	2	—	—
72	1.6	6	—	—
80	2.0	1	—	—
81	1.7	3	—	
Zehngradfeld 221				
00	7.8	43	34.87	4
1	6.5	30	33.70	3
2	3.4	42	34.99	1
3	2.0	18	33.60	1
4	3.7	14	28.45	1
5	3.7	53	21.96	8
6	3.2	202	31.06	13
7	3.3	196	33.05	5
8	3.8	244	32.23	15
9	5.3	123	33.22	8
10	6.8	20	34.88	1
11	3.8	23	—	—
12	2.0	31	—	—
17	2.0	1	31.32	1
18	5.1	98	31.40	6
19	3.6	147	31.81	14
20	5.3	13	31.12	1
21	2.3	27	—	—

Eingradfeld	Temperatur t°	Temperatur Anzahl	Salzgehalt °/₀₀	Salzgehalt Anzahl
September				
22	1.7	2	—	—
29	2.9	3	—	—
30	1.7	15	30.19	1
31	2.8	17	—	—
40	1.8	13	—	—
41	1.1	1	—	—
Zehngradfeld 222				
00	5.6	86	33.37	4
1	6.1	43	—	—
2	7.0	88	32.95	1
3	6.8	39	34.14	4
4	5.8	24	—	—
9	5.9	1	—	—
10	4.1	142	33.03	9
11	5.3	78	34.15	4
12	5.0	64	33.78	1
13	5.5	80	34.13	1
14	5.5	32	—	—
15	4.9	4	—	—
19	4.8	2	—	—
20	3.5	130	31.98	13
21	3.9	169	32.78	13
22	3.7	226	31.57	12
23	3.9	88	31.96	2
24	5.0	98	33.86	1
25	4.9	34	—	—
26	6.4	2	—	—
29	5.0	1	—	—
30	3.8	3	—	—
31	4.0	128	31.33	13
32	3.7	226	31.57	12
33	3.9	88	31.96	2
34	5.0	98	33.86	1
35	4.0	59	—	—
39	3.6	1	—	—
41	3.9	16	31.31	1
42	4.1	256	31.83	21
43	3.8	176	32.26	6
44	3.4	95	—	—
45	3.2	54	31.27	1
46	3.4	7	—	—
49	2.3	1	—	—
52	4.9	18	32.30	6
53	4.5	289	32.12	16
54	3.8	224	32.42	7
55	3.6	94	33.56	1
56	3.0	10	—	—
58	1.1	1	—	—
59	2.2	1	—	—

Eingradfeld	Temperatur t°	Temperatur Anzahl	Salzgehalt °/₀₀	Salzgehalt Anzahl
September				
63	5.1	45	32.18	2
64	4.2	312	32.58	28
65	3.9	107	32.90	3
66	3.9	28	33.16	2
67	2.2	3	—	—
68	2.5	2	30.85	1
69	1.5	1	30.91	1
71	1.5	1	—	—
73	4.5	4	—	—
74	4.3	248	33.03	23
75	3.9	125	31.96	1
76	3.9	18	32.18	1
77	3.6	6	30.72	1
78	3.7	11	—	—
79	3.8	2	—	—
81	5.6	12	32.24	3
82	4.3	49	33.20	5
83	3.9	136	33.04	7
84	3.8	225	33.17	14
85	3.5	72	33.19	2
86	3.3	16	32.76	2
87	3.5	2	32.44	1
88	4.1	3	32.28	2
89	4.0	4	31.60	2
91	3.6	87	32.01	3
92	4.7	77	32.74	6
93	4.1	33	32.83	1
94	3.9	69	33.30	6
95	3.9	65	—	—
96	3.2	4	—	—
98	3.0	1	—	—
Zehngradfeld 223				
03	1.4	1	—	—
4	—0.8	1	—	—
5	—0.2	1	—	—
13	2.0	2	—	—
14	—0.3	1	—	—
22	4.2	1	—	—
31	3.6	1	—	—
32	4.4	1	—	—
41	3.7	1	—	—
51	3.1	1	—	—
60	1.4	1	30.61	1
61	1.7	2	31.45	1
62	2.0	1	29.87	1
70	1.9	1	30.79	1
71	2.3	2	30.68	1
72	2.2	2	30.41	1
80	3.9	1	31.74	1

Eingradfeld	Temperatur t°	Temperatur Anzahl	Salzgehalt °/₀₀	Salzgehalt Anzahl
September				
81	4.0	1	—	—
82	5.0	2	31.19	1
83	4.2	3	30.15	1
84	4.8	3	30.22	1
85	5.6	7	29.44	—
86	5.2	1	—	—
Zehngradfeld 281				
01	0.5	1	19.50	1
23	4.3	1	5.07	1
29	4.5	1	—	—
30	2.3	5	15.08	3
31	—0.1	15	16.64	16
32	—0.2	15	17.94	12
33	3.3	3	—	—
34	3.8	2	—	—
35	2.2	1	—	—
36	3.6	2	—	—
37	2.2	2	16.28	1
38	1.2	2	22.07	1
39	4.1	5	—	—
60	0.8	1	12.80	1
62	2.8	1	21.74	1
63	3.2	1	18.19	1
64	0.9	1	19.51	1
65	1.1	1	19.36	1
66	—0.7	1	19.98	1
68	—1.1	1	26.67	1
69	—0.7	1	29.63	1
70	1.2	1	33.37	1
71	0.7	2	32.02	2
72	1.1	2	30.99	2
73	1.1	1	33.33	1
74	1.1	1	33.26	1
75	0.8	2	31.20	2
76	1.1	1	33.14	1
77	1.4	1	33.19	1
87	1.3	1	33.09	1
89	1.4	1	33.16	1
Zehngradfeld 282				
00	2.5	16	29.07	6
1	2.3	10	30.17	3
2	2.9	7	28.88	3
3	4.7	2	—	—
4	0.5	1	—	—
5	4.7	3	—	—
10	3.1	1	31.11	1
11	5.3	2	28.54	2
12	4.0	2	25.37	1

Eingradfeld	Temperatur t°	Temperatur Anzahl	Salzgehalt °/₀₀	Salzgehalt Anzahl
September				
13	3.9	3	22.94	1
14	4.0	2	—	—
15	5.0	2	—	—
16	5.0	1	—	—
18	5.3	2	33.40	1
21	4.4	1	26.63	1
22	4.4	1	25.88	1
23	2.8	1	29.20	1
24	5.2	2	19.79	2
25	3.8	4	22.59	1
26	3.6	2	—	—
27	4.6	2	—	—
28	4.7	1	—	—
30	1.6	1	23.78	1
31	2.2	1	21.35	1
32	0.4	1	21.96	1
33	1.8	1	—	—
34	1.0	1	10.40	1
37	4.0	4	—	—
38	1.5	9	14.48	6
39	3.8	1	—	—
40	2.1	10	23.12	4
45	1.2	2	16.53	2
46	1.2	2	18.03	2
49	3.0	1	—	—
50	2.5	1	—	—
54	2.7	1	19.62	1
55	1.4	1	16.86	1
56	1.6	2	13.55	5
60	2.9	7	33.80	4
61	1.8	5	33.68	1
62	2.7	3	32.66	1
63	1.8	1	33.83	1
64	1.8	1	33.64	1
65	—0.8	2	32.95	1
69	2.0	3	27.36	3
70	0.9	2	—	—
71	—0.8	1	—	—
73	—0.1	1	—	—
74	1.0	2	34.22	1
75	0.7	2	34.26	1
76	0.5	3	33.05	2
77	1.1	4	32.80	2
78	1.1	2	32.37	2
79	0.5	1	32.07	1
80	—1.2	2	30.93	1
81	—0.5	1	—	—
82	0.1	1	—	—
83	—0.5	1	31.73	1
84	—0.6	1	—	—

Eingradfeld	Temperatur t°	Anzahl	Salzgehalt °/₀₀	Anzahl
September				
85	—1.1	2	31.60	1
86	—1.3	1	—	—
87	—1.5	1	—	—
88	1.3	1	30.03	1
89	—0.2	1	31.44	1
90	—0.1	1	—	—
91	—0.2	1	—	—
99	—1.2	1	30.90	1
Zehngradfeld 283				
00	4.5	4	32.66	4
1	4.4	5	32.25	4
2	3.6	5	30.87	4
3	4.0	7	31.41	6
4	4.6	4	29.53	2
5	4.6	5	31.01	4
6	3.9	3	29.05	1
7	3.7	6	30.66	2
8	3.6	9	29.93	7
9	3.9	6	29.69	5
10	4.5	6	33.71	4
11	4.7	6	33.59	4
12	5.6	1	—	—
16	1.5	1	—	—
18	8.9	2	30.76	1
19	2.5	2	30.74	2
20	3.9	6	33.57	6
21	3.9	9	33.07	8
22	5.0	4	31.08	4
25	1.6	1	—	—
26	3.8	3	28.41	2
27	3.5	2	29.88	2
28	3.3	1	30.03	1
29	4.9	1	26.82	1
30	3.5	2	34.34	1
31	5.7	3	33.49	2
32	4.2	9	32.80	6
33	3.4	11	32.76	6
34	1.6	9	30.80	7
35	2.4	8	31.85	4
36	3.1	3	32.97	1
37	2.7	3	33.06	2
38	1.2	3	29.40	3
39	2.0	3	23.27	3
40	2.6	1	34.19	1
41	2.4	1	34.21	1
42	2.2	2	34.28	1
43	4.8	3	33.61	3
44	4.8	2	33.71	2
45	3.0	2	32.72	1

Eingradfeld	Temperatur t°	Anzahl	Salzgehalt °/₀₀	Anzahl
September				
47	1.3	1	32.11	1
48	2.0	9	21.53	1
49	2.2	14	26.26	5
50	—0.2	1	—	—
51	1.9	1	—	—
52	1.7	2	33.89	1
53	3.0	5	34.19	5
54	3.1	5	33.76	5
55	4.7	6	33.53	6
56	3.7	6	33.67	6
57	2.4	5	33.70	2
58	0.6	3	—	—
59	—0.5	3	—	—
60	0.5	3	—	—
61	0.2	1	—	—
62	0.6	1	—	—
63	1.0	1	—	—
64	4.0	1	33.75	1
65	1.1	2	33.85	1
66	1.1	2	33.99	1
67	0.2	4	34.09	2
68	3.2	4	33.86	4
69	1.7	8	33.98	4
70	0.8	2	—	—
71	2.8	2	—	—
72	3.0	2	—	—
73	1.9	4	—	—
74	2.0	5	—	—
75	—0.2	5	—	—
76	—0.2	2	—	—
77	—0.8	1	—	—
78	—1.2	2	—	—
79	—0.8	1	—	—
81	—0.6	1	—	—
82	0.5	1	—	—
83	0.0	1	—	—
84	0.0	1	—	—
85	—0.2	5	31.09	1
86	—0.2	2	—	—
87	—0.8	1	—	—
88	—1.2	2	31.47	1
89	—0.8	1	—	—
90	—0.4	1	—	—
91	—0.6	1	—	—
93	—0.7	2	31.98	1
94	0.2	1	—	—
95	1.1	1	—	—
96	—0.2	1	—	—
98	2.1	2	28.72	2
99	2.4	2	28.61	2

Eingradfeld	Temperatur t°	Anzahl	Salzgehalt °/₀₀	Anzahl
September				
Zehngradfeld 284				
00	5.3	1	34.30	1
1	5.7	6	34.20	3
2	6.1	5	34.13	3
3	6.4	3	34.16	3
4	6.1	6	33.72	4
5	5.9	9	33.91	8
6	5.8	10	34.03	8
7	5.5	5	34.05	5
8	5.7	3	33.99	2
9	5.5	4	33.75	3
10	5.1	1	—	—
12	5.9	1	34.56	1
13	5.8	3	34.53	2
14	5.3	2	34.64	2
15	5.4	1	34.56	1
16	6.1	4	34.39	3
17	5.1	9	34.41	7
18	5.5	5	34.23	4
19	4.8	7	33.92	6
20	5.3	1	—	—
22	9.7	1	—	—
23	6.2	1	—	—
24	5.3	2	34.63	1
25	6.2	1	34.73	1
26	5.5	3	34.65	2
27	5.2	3	34.62	1
28	5.4	3	34.57	2
29	5.0	6	33.18	4
30	4.7	2	—	—
31	5.3	3	34.87	1
32	3.3	2	—	—
34	4.7	1	—	—
35	5.0	2	—	—
36	5.3	3	34.76	1
37	4.8	2	34.71	1
38	4.9	1	—	—
39	4.9	1	34.58	1
40	3.2	2	—	—
43	3.9	2	—	—
44	3.8	1	—	—
47	4.3	1	34.49	1
48	3.4	1	34.34	1
50	2.3	4	—	—
51	1.8	2	—	—
52	1.8	2	—	—
53	2.2	2	—	—
54	0.4	1	—	—
57	0.5	1	—	—

Eingradfeld	Temperatur t°	Anzahl	Salzgehalt °/₀₀	Anzahl
September				
60	1.7	2	—	—
62	1.5	1	—	—
63	1.7	3	—	—
64	1.5	3	—	—
65	1.4	5	—	—
66	1.5	5	—	—
67	0.9	5	—	—
68	1.8	3	—	—
69	1.9	2	—	—
71	0.4	1	—	—
72	0.7	1	—	—
73	0.3	1	—	—
74	0.4	2	—	—
75	1.1	2	—	—
76	—0.9	1	—	—
77	0.4	2	—	—
78	—0.3	3	—	—
79	—0.5	4	—	—
80	1.5	1	—	—
89	—1.2	1	—	—
90	1.0	2	—	—
92	0.4	1	—	—
93	1.5	1	—	—
94	0.5	1	—	—
97	—0.5	1	—	—
98	—0.8	1	—	—
99	—0.6	2	—	—
Zehngradfeld 285				
00	7.7	37	34.27	3
1	7.8	38	33.93	6
2	8.0	36	33.70	6
3	7.5	16	34.38	2
4	7.4	9	31.69	1
5	6.1	7	—	—
6	7.7	6	—	—
7	6.8	1	—	—
8	5.4	3	34.68	2
9	6.1	3	—	—
10	7.0	4	—	—
11	7.0	4	—	—
12	7.0	4	—	—
13	5.1	2	34.63	1
14	7.0	3	34.49	1
15	7.2	2	34.51	1
16	6.6	2	34.68	1
17	6.7	3	34.84	1
18	7.2	3	—	—
19	4.9	1	—	—
20	7.8	1	—	—

Eingradfeld	Temperatur		Salzgehalt	
	t°	Anzahl	‰	Anzahl
September				
21	7.4	2	—	—
22	7.1	2	—	—
23	6.1	3	34.69	1
24	6.1	1	—	—
25	5.9	2	—	—
26	5.1	1	—	—
27	5.1	2	—	—
28	5.4	3	34.92	1
29	6.3	2	34.92	1
30	7.6	1	35.01	1
33	3.6	1	34.58	1
34	5.5	1	—	—
35	5.0	1	—	—
36	4.8	1	—	—
37	4.1	1	—	—
38	4.0	1	—	—
39	4.4	1	—	—
40	4.8	3	34.64	2
43	4.0	1	—	—
45	5.2	1	—	—
46	2.8	2	—	—
47	4.4	1	—	—
48	4.0	1	—	—
49	2.5	3	—	—
50	2.9	4	32.39	2
51	2.1	2	—	—
52	4.2	1	—	—
53	0.9	4	33.80	1
55	—0.2	1	—	—
56	0.0	1	—	—
57	—0.4	1	—	—
58	0.1	1	—	—
59	1.9	2	—	—
60	0.2	3	31.06	3
61	—0.6	1	—	—
62	—1.3	1	—	—
63	—1.5	1	—	—
64	0.6	2	—	—
66	2.5	2	—	—
67	2.4	1	—	—
68	1.6	1	—	—
69	2.2	2	—	—
70	0.5	1	—	—
74	1.3	1	—	—
78	—1.0	1	32.01	1
81	0.1	1	32.38	1
83	0.2	1	32.63	1
84	1.6	1	—	—
88	2.5	1	—	—

Eingradfeld	Temperatur		Salzgehalt	
	t°	Anzahl	‰	Anzahl
September				
Zehngradfeld 286				
00	8.7	12	34.23	7
1	8.5	18	33.80	13
2	8.4	7	32.63	4
3	7.3	10	32.29	3
4	7.8	3	33.38	1
5	7.9	4	34.13	1
6	7.9	1	—	—
8	7.3	2	—	—
9	7.6	7	34.20	2
10	7.8	11	34.73	6
11	6.7	7	34.82	3
12	7.3	5	34.75	2
13	7.7	9	34.35	2
14	7.8	5	34.87	1
15	8.3	5	34.11	1
16	8.3	9	33.96	2
17	7.5	5	34.33	1
18	7.4	7	34.24	2
19	7.2	5	—	—
20	7.4	5	34.83	5
21	7.0	2	34.71	1
22	8.3	3	34.89	2
23	8.0	1	—	—
24	6.5	2	34.89	1
25	5.4	1	—	—
30	5.8	3	34.63	3
33	7.2	2	35.08	1
34	6.1	2	34.49	1
35	8.2	2	35.11	2
36	4.8	1	—	—
37	4.1	1	—	—
38	3.7	1	—	—
40	2.8	4	34.10	4
41	4.5	1	34.72	1
44	4.8	1	—	—
45	4.4	2	33.81	1
46	4.4	1	—	—
47	4.2	1	—	—
48	2.7	2	—	—
49	1.9	1	—	—
50	2.9	3	34.01	3
51	2.1	1	33.85	1
52	2.1	1	33.28	1
53	1.8	3	33.25	3
54	1.7	1	31.07	1
55	1.7	1	31.11	1
56	2.1	2	31.12	2
58	2.8	1	—	—

Eingradfeld	Temperatur		Salzgehalt	
	t°	Anzahl	‰	Anzahl
September				
59	4.2	2	34.88	1
60	3.6	1	34.47	1
61	—0.5	1	—	—
62	1.8	2	34.11	1
63	3.4	2	34.20	2
65	0.4	2	33.58	1
66	1.5	3	31.96	3
67	1.8	2	32.42	2
68	—0.7	1	30.86	1
69	0.6	1	31.04	1
70	—0.4	1	—	—
71	0.0	1	—	—
75	0.4	2	32.97	1
76	—0.2	1	32.81	1
77	—0.9	1	—	—
84	—1.2	1	34.44	1
85	—1.2	1	31.71	1
89	—0.6	1	31.64	1
90	6.3	1	33.01	1
Zehngradfeld 287				
01	7.0	2	35.02	1
2	7.3	4	35.18	3
3	7.4	3	35.10	2
4	7.1	4	35.13	2
6	8.9	12	34.24	3
7	9.2	11	34.23	7
8	8.8	8	34.48	2
9	9.1	18	34.13	9
10	7.3	3	34.72	2
11	5.5	3	35.22	2
12	6.1	3	35.16	2
13	7.3	1	—	—
14	7.6	3	35.10	1
15	7.8	5	34.94	3
16	7.4	3	34.72	2
17	8.2	6	34.77	5
18	8.5	7	34.72	6
19	8.1	12	34.60	8
20	3.3	1	35.28	1
21	7.9	1	35.03	1
22	6.9	2	35.05	2
23	7.5	2	35.09	2
24	8.4	2	35.15	1
25	8.7	4	34.77	3
26	7.7	5	34.91	3
27	8.0	7	34.77	6
28	7.9	11	34.90	9
29	8.3	10	34.84	7
32	5.7	1	35.07	1

Eingradfeld	Temperatur		Salzgehalt	
	t°	zahl An-	‰	Anzahl
September				
33	6.4	1	35.05	1
34	7.5	1	34.75	1
35	7.6	7	35.01	6
36	7.2	8	34.92	7
37	6.4	7	34.76	5
38	6.7	10	34.75	9
39	5.6	12	34.62	11
41	4.9	2	35.02	2
42	5.9	2	35.08	2
43	5.6	11	34.92	6
44	6.2	8	35.06	7
45	6.3	8	35.04	8
46	5.5	12	34.90	11
47	5.0	16	34.61	13
48	4.2	11	34.35	9
49	1.8	7	33.73	7
50	5.3	3	34.98	3
51	5.5	4	34.94	4
52	5.7	3	34.92	3
53	5.5	5	35.00	5
54	6.0	6	35.05	6
55	4.7	4	34.88	3
56	5.3	9	34.85	7
57	4.0	9	34.48	7
58	3.1	5	34.33	5
59	2.3	4	34.04	4
60	4.6	1	35.05	1
61	5.2	2	34.99	2
62	5.5	6	35.01	6
63	3.8	11	34.42	8
64	1.7	9	33.78	6
65	2.7	8	34.04	7
66	2.9	4	34.09	3
67	3.3	3	33.89	3
68	2.8	3	33.58	3
69	3.0	1	34.02	1
70	4.9	4	34.43	4
71	3.6	6	34.18	5
72	2.5	7	33.72	6
73	2.6	12	33.71	10
74	2.9	3	32.53	3
78	—0.5	1	—	—
79	—0.7	1	—	—
80	3.5	11	33.36	8
81	2.9	6	32.33	5
82	3.0	8	32.73	7
83	2.9	9	32.43	8
84	3.0	4	30.31	2
85	3.7	2	30.19	1
86	3.1	1	27.77	1

Eingradfeld	Temperatur t°	Temperatur Anzahl	Salzgehalt ‰	Salzgehalt Anzahl
September				
90	—0.5	2	—	—
91	—0.5	2	—	—
95	1.5	3	34.29	1
96	0.6	3	33.87	1
Zehngradfeld 288				
07	8.3	1	—	—
8	7.6	1	—	—
9	7.5	1	—	—
19	6.3	1	35.18	1
27	6.4	1	35.08	1
28	4.8	2	35.13	2
32	1.8	2	34.71	2
33	—0.2	1	34.70	1
34	6.2	1	34.84	1
35	6.5	1	35.08	1
36	4.2	2	35.02	2
42	6.0	1	35.07	1
43	6.1	1	34.84	1
44	6.2	1	34.72	1
45	—0.8	1	34.86	1
49	5.9	2	35.04	2
50	5.2	1	34.94	1
51	5.9	1	35.05	1
59	5.2	2	35.05	2
60	4.4	1	34.11	1
61	4.1	1	—	—
62	4.0	1	34.59	1
68	4.0	1	33.29	1
69	4.6	1	34.41	1
78	5.0	2	33.51	1
79	4.8	2	33.72	2
80	—1.3	1	—	—
84	2.8	1	—	—
85	0.8	1	—	—
86	1.2	1	—	—
87	1.9	2	33.56	1
88	3.0	2	34.82	1
89	3.0	4	33.57	3
90	—0.4	1	—	—
98	4.0	1	34.18	1
99	2.6	4	33.43	3
Zehngradfeld 253				
05	7.8	2	—	—
8	4.0	1	—	—
9	3.0	1	—	—
16	6.2	1	—	—
17	5.4	1	—	—
September				
18	5.1	2	—	—
30	—1.6	2	34.72	2
31	—1.6	3	34.77	3
33	2.5	1	—	—
41	—1.7	2	34.82	2
42	—2.0	1	34.78	1
44	2.6	1	—	—
65	3.0	1	—	—
77	4.0	1	—	—
88	1.9	1	—	—
89	2.2	2	34.60	2
99	2.0	1	33.95	1
Zehngradfeld 254				
00	2.2	2	—	—
1	2.4	2	—	—
2	5.9	1	34.52	1
3	5.0	1	32.92	1
4	3.5	1	30.82	1
6	2.0	4	—	—
7	2.3	5	—	—
8	2.2	10	—	—
9	1.2	2	—	—
10	3.2	2	—	—
11	1.5	1	—	—
12	2.0	1	—	—
14	4.1	1	31.46	1
15	1.8	1	30.01	1
17	2.4	3	—	—
18	2.1	7	—	—
19	1.5	3	—	—
22	4.3	2	—	—
23	2.8	3	—	—
24	0.0	1	—	—
26	2.4	2	28.65	1
27	0.0	4	—	—
28	—0.9	11	—	—
34	0.3	2	—	—
35	—0.5	1	—	—
36	—0.7	2	—	—
37	0.2	5	—	—
38	—1.4	2	—	—
39	—1.3	4	—	—
45	—1.3	2	—	—
46	1.9	1	—	—
47	—0.8	4	—	—
48	—1.5	3	32.38	1
49	1.3	1	—	—
68	—1.6	4	29.88	4
69	—0.7	1	15.40	1
September				
90	2.0	1	—	—
98	0.8	1	—	—
Zehngradfeld 255				
00	—0.5	12	—	—
1	—0.2	36	—	—
2	—0.4	101	—	—
3	—1.2	36	—	—
10	1.6	5	—	—
11	3.6	2	—	—
12	4.1	3	—	—
20	—0.3	8	—	—
21	2.7	5	—	—
30	3.0	10	—	—
31	1.8	7	—	—
32	1.4	4	—	—
33	1.4	22	—	—
34	1.0	19	—	—
35	2.6	6	—	—
40	2.4	2	—	—
91	0.3	1	—	—
Zehngradfeld 258				
01	4.0	1	—	—
2	3.2	26	32.28	8
3	3.7	15	32.47	8
4	4.0	20	32.00	7
5	4.8	14	33.66	5
6	4.1	4	—	—
13	4.0	1	32.81	1
14	3.5	5	30.88	4
15	4.2	6	32.53	4
16	3.8	15	32.71	5
17	5.5	1	—	—
25	4.7	1	—	—
26	4.2	17	32.14	6
27	5.0	1	—	—
Zehngradfeld 259				
05	1.6	1	30.07	1
6	2.4	2	30.76	2
7	1.6	2	29.22	2
21	2.4	1	32.57	1
38	2.2	1	32.40	1
54	—1.3	12	—	—
55	—0.5	2	30.23	2
56	—1.4	1	27.97	1
68	—1.7	1	30.19	1
69	—1.6	1	31.55	1
September				
Zehngradfeld 260				
12	2.3	2	30.78	2
20	2.6	1	32.44	1
21	2.0	1	31.33	1
22	2.0	1	31.18	1
84	—1.3	54	—	—
Oktober				
Zehngradfeld 183				
50	11.3	8	—	—
51	11.4	17	35.41	2
52	11.6	18	35.40	3
53	11.2	40	35.48	1
54	11.0	62	35.28	3
55	10.9	89	35.28	5
56	11.2	105	35.29	3
57	11.0	111	35.06	6
58	10.9	126	35.14	5
59	10.6	96	35.06	6
60	11.1	54	35.51	6
61	11.3	93	35.25	1
62	11.2	127	35.00	10
63	11.4	139	35.29	5
64	11.3	165	35.28	15
65	11.1	160	35.41	11
66	10.9	141	35.27	11
67	10.8	122	35.28	9
68	10.6	101	35.32	7
69	10.7	102	35.29	6
70	11.2	191	35.40	21
71	11.2	169	35.43	8
72	11.2	149	35.43	8
73	11.2	124	35.40	5
74	11.1	92	35.59	5
75	11.1	64	35.41	4
76	11.1	39	35.26	2
77	10.8	16	—	—
78	11.1	34	35.14	1
79	9.7	12	—	—
80	11.4	89	35.21	7
81	11.1	58	35.46	2
82	10.9	42	35.32	2
83	10.5	35	—	—
84	10.5	42	35.23	3
85	10.5	43	—	—
86	10.3	66	35.26	1
87	10.0	63	35.09	2
88	9.9	45	34.96	1

Eingradfeld	Temperatur t°	Temperatur Anzahl	Salzgehalt ‰	Salzgehalt Anzahl
Oktober				
89	9.7	48	35.02	2
90	10.5	73	35.11	12
91	10.5	54	35.21	2
92	10.7	42	35.22	3
93	10.3	42	35.20	2
94	10.0	62	35.10	4
95	9.7	59	35.20	3
96	9.6	55	35.17	3
97	9.6	64	35.20	2
98	8.9	79	35.14	6
99	8.8	69	35.10	2
Zehngradfeld 184				
50	10.6	141	35.14	17
51	10.2	108	35.18	4
52	10.2	105	35.20	6
53	9.8	81	35.13	9
54	9.9	41	35.12	2
55	9.2	16	35.13	2
56	8.8	8	34.85	1
57	9.1	4	—	—
58	7.6	2	35.05	1
59	8.2	10	34.63	5
60	10.5	51	35.22	5
61	10.3	18	—	—
62	8.6	9	35.05	3
63	8.9	8	35.28	1
64	8.5	3	34.96	2
65	7.9	3	—	—
66	8.6	5	—	—
67	9.4	7	—	—
68	7.9	21	34.69	2
69	7.9	28	—	—
70	9.2	14	—	—
71	9.1	14	—	—
72	9.1	35	35.12	2
73	8.4	24	—	—
74	8.3	28	34.91	2
75	8.7	27	34.64	1
76	8.4	30	—	—
77	7.9	31	34.84	3
78	8.0	23	—	—
79	7.4	18	34.78	1
80	9.2	43	35.03	2
81	8.9	47	34.96	3
82	8.5	40	34.93	2
83	8.3	40	34.85	1
84	7.9	44	34.80	3
85	7.7	41	34.78	4
86	7.1	35	34.65	1

Eingradfeld	Temperatur t°	Temperatur Anzahl	Salzgehalt ‰	Salzgehalt Anzahl
Oktober				
87	6.9	44	34.75	3
88	6.6	55	34.80	5
89	6.5	60	34.69	2
90	8.7	94	35.02	5
91	8.4	105	34.96	1
92	8.1	122	34.94	9
93	7.7	124	34.83	4
94	7.4	146	34.88	8
95	7.2	209	34.92	5
96	7.0	188	34.88	12
97	6.7	175	35.01	6
98	6.6	204	34.78	8
99	6.4	224	34.86	11
Zehngradfeld 185				
50	7.5	6	35.34	1
51	8.0	14	—	—
52	7.3	22	34.69	1
53	7.9	28	—	—
54	7.7	28	—	—
55	7.8	23	—	—
56	7.9	16	—	—
57	6.3	3	—	—
59	7.8	3	—	—
60	7.7	28	34.92	1
61	7.9	23	—	—
62	7.5	11	—	—
63	8.0	9	—	—
64	6.6	3	—	—
65	5.5	2	—	—
66	6.5	1	34.60	1
67	7.3	3	—	—
68	7.1	2	—	—
70	6.9	18	34.64	1
71	6.3	19	34.67	1
72	5.8	20	34.65	2
73	6.7	15	—	—
74	6.3	14	—	—
75	6.3	20	34.83	1
76	6.3	23	—	—
77	5.7	9	33.89	1
78	5.0	2	—	—
80	6.4	72	34.82	3
81	6.1	104	34.82	2
82	6.1	103	34.95	6
83	6.3	137	34.81	4
84	5.9	101	35.01	3
85	5.8	68	35.05	1
86	5.8	31	34.76	2
87	5.3	36	34.74	2

Eingradfeld	Temperatur t°	Temperatur Anzahl	Salzgehalt ‰	Salzgehalt Anzahl
Oktober				
88	6.9	9	—	—
89	6.1	31	—	—
90	6.3	255	34.90	18
91	6.0	244	34.95	7
92	5.4	227	34.86	20
93	4.4	217	34.87	5
94	3.4	322	32.99	25
95	3.7	304	33.94	8
96	4.6	246	33.66	12
97	5.0	116	34.41	5
98	5.1	70	34.85	1
99	5.4	51	34.78	2
Zehngradfeld 186				
50	8.4	2	—	—
51	5.0	1	—	—
52	5.3	3	—	—
53	6.2	1	—	—
61	5.5	2	—	—
62	7.1	2	—	—
70	4.7	2	—	—
71	6.0	3	—	—
80	4.9	13	—	—
81	5.0	7	—	—
90	5.5	39	—	—
91	4.1	10	—	—
92	4.3	10	—	—
93	3.1	5	—	—
Zehngradfeld 248				
50	5.9	1	26.20	1
60	6.0	3	28.15	1
61	6.4	4	29.31	2
62	6.1	1	28.06	1
63	6.1	1	28.23	1
70	4.8	1	—	—
71	5.4	3	32.20	1
80	6.5	1	—	—
82	5.2	2	32.51	2
83	5.3	7	32.26	5
88	5.1	1	—	—
92	5.3	1	34.52	1
93	5.2	4	32.96	3
96	5.7	2	33.35	1
97	4.9	2	33.10	1
98	5.2	1	33.50	1
99	5.7	1	33.69	1
Zehngradfeld 249				
47	0.5	1	—	—
58	3.7	2	26.12	2

Eingradfeld	Temperatur t°	Temperatur Anzahl	Salzgehalt ‰	Salzgehalt Anzahl
Oktober				
59	5.3	5	24.42	3
62	0.3	1	25.81	1
63	1.4	1	25.70	1
64	2.6	1	25.82	1
65	3.6	1	25.84	1
72	0.3	1	25.61	1
87	6.5	3	19.25	1
88	5.6	2	34.05	1
89	6.4	3	34.23	1
91	4.5	2	32.68	1
92	4.5	5	34.18	2
93	4.8	11	33.67	5
94	6.1	3	—	—
95	6.1	3	—	—
96	5.6	1	—	—
Zehngradfeld 251				
30	9.2	4	32.06	4
40	9.5	11	31.79	5
41	9.0	9	31.05	2
42	7.7	3	—	—
50	9.0	24	—	—
51	7.7	7	32.34	1
52	9.4	15	32.30	9
60	8.8	86	—	—
61	8.5	93	—	—
62	8.9	27	30.72	7
63	8.8	22	30.86	13
64	9.0	4	31.80	4
70	8.8	5	—	—
71	8.8	26	—	—
72	8.6	69	—	—
73	8.4	83	32.42	13
74	8.4	90	31.42	38
75	6.0	8	24.23	8
80	9.1	5	—	—
81	9.0	3	—	—
82	8.3	12	34.19	2
83	8.4	9	32.95	5
84	8.3	67	32.63	50
85	7.6	48	31.74	14
86	8.3	35	32.59	19
87	7.4	29	30.00	17
90	7.4	1	—	—
91	6.7	1	—	—
92	8.5	7	—	—
93	8.5	8	34.76	1
94	8.4	5	34.35	1
95	8.0	27	33.49	3
96	8.8	47	32.89	11

Eingradfeld	Temperatur t°	Temperatur Anzahl	Salzgehalt ‰	Salzgehalt Anzahl
Oktober				
97	6.5	8	31.82	1
98	7.2	13	32.35	3
99	6.8	14	32.34	4
Zehngradfeld 252				
00	10.7	46	35.30	14
1	10.1	45	35.26	13
2	10.7	45	35.07	5
3	10.8	70	33.75	4
4	10.9	151	32.44	11
5	10.9	20	27.81	2
6	10.0	8	15.02	7
7	10.4	3	19.34	3
10	10.8	65	35.32	7
11	10.7	56	35.25	8
12	10.7	50	35.27	4
13	10.3	42	33.93	1
14	10.7	161	29.64	2
15	10.4	21	29.81	6
16	9.7	1	31.50	1
20	9.1	7	—	—
21	8.6	24	—	—
22	9.3	14	—	—
23	9.7	11	—	—
24	10.4	101	—	—
25	10.4	87	30.31	2
26	10.6	30	31.07	14
27	10.5	4	31.12	2
28	9.8	2	27.58	2
30	9.6	2	—	—
31	8.4	15	—	—
32	9.0	3	—	—
33	9.5	1	—	—
34	9.3	11	—	—
35	9.5	69	—	—
36	9.6	98	—	—
37	10.1	23	31.28	2
38	10.1	19	29.58	2
39	9.4	12	31.63	5
40	8.8	1	—	—
41	9.2	1	—	—
42	9.0	2	—	—
43	9.3	3	—	—
45	9.7	1	—	—
46	9.2	26	—	—
47	9.0	108	—	—
48	8.9	47	—	—
49	10.1	8	—	—
52	8.5	1	—	—
53	8.3	1	—	—

Eingradfeld	Temperatur t°	Temperatur Anzahl	Salzgehalt ‰	Salzgehalt Anzahl
Oktober				
54	8.8	1	—	—
55	9.0	2	—	—
56	9.6	2	—	—
57	8.7	5	—	—
58	8.8	70	—	—
59	8.9	94	—	—
63	7.6	1	—	—
64	7.4	1	—	—
66	9.1	3	—	—
67	9.2	4	—	—
68	9.0	1	—	—
69	8.9	15	—	—
74	8.1	1	—	—
75	7.3	1	—	—
76	8.3	1	—	—
77	8.9	2	—	—
78	9.4	4	—	—
79	8.4	2	—	—
85	6.6	1	—	—
86	7.5	2	—	—
87	7.8	2	—	—
88	8.6	1	—	—
89	8.3	2	—	—
93	12.0	1	—	—
97	8.4	1	—	—
98	7.9	1	—	—
99	8.1	1	—	—
Zehngradfeld 217				
00	10.4	115	35.28	18
1	10.4	39	35.32	6
2	10.6	73	35.27	8
3	10.3	147	35.31	22
4	9.9	238	35.24	32
5	9.9	216	35.27	25
6	9.9	269	35.31	17
7	9.9	272	35.30	21
8	9.9	308	35.32	20
9	10.0	304	35.30	21
10	9.9	93	35.30	6
11	10.3	136	35.33	15
12	9.7	147	35.32	26
13	9.6	154	35.19	22
14	9.5	175	35.24	28
15	9.3	275	35.22	53
16	9.2	265	35.20	47
17	9.3	116	35.20	3
18	9.6	54	35.24	5
19	9.8	60	35.26	1
20	9.2	23	35.22	1

Eingradfeld	Temperatur t°	Temperatur Anzahl	Salzgehalt ‰	Salzgehalt Anzahl
Oktober				
21	8.9	21	35.28	3
22	8.1	45	35.26	2
23	7.5	45	34.77	1
24	8.0	29	35.23	2
25	8.5	44	35.25	4
26	8.9	264	35.16	17
27	8.9	280	35.19	41
28	9.1	230	35.23	42
29	9.3	194	35.22	25
30	7.9	4	—	—
31	6.5	2	—	—
32	6.5	3	—	—
33	7.4	5	—	—
34	6.9	5	—	—
35	6.6	4	35.06	2
36	7.6	23	35.10	7
37	7.6	21	34.85	2
38	7.6	37	35.09	8
39	7.6	87	34.95	15
42	7.7	3	35.05	1
43	6.8	3	35.03	1
45	6.4	4	—	—
46	7.6	6	34.68	6
47	7.8	1	—	—
48	6.7	4	—	—
49	6.8	9	34.21	1
53	8.0	6	34.88	6
55	7.5	3	34.70	3
56	7.4	4	34.68	5
58	4.3	1	—	—
69	5.8	1	34.66	1
73	7.6	6	34.92	6
77	6.2	3	34.73	3
78	5.7	3	34.66	3
79	5.4	2	34.78	2
Zehngradfeld 218				
00	9.9	313	35.32	20
1	10.0	273	35.29	13
2	10.1	274	35.29	18
3	9.9	272	35.24	18
4	10.2	249	35.27	28
5	10.2	256	35.23	37
6	10.2	234	35.25	20
7	10.1	200	35.31	8
8	10.1	222	35.28	15
9	10.1	212	35.15	16
10	9.5	79	35.22	2
11	9.9	111	35.24	6
12	9.7	122	35.24	10

Eingradfeld	Temperatur t°	Temperatur Anzahl	Salzgehalt ‰	Salzgehalt Anzahl
Oktober				
13	9.9	106	35.23	11
14	9.6	93	35.19	15
15	10.2	62	35.17	9
16	10.0	52	35.26	4
17	9.9	53	35.27	3
18	9.5	50	35.29	3
19	9.4	58	35.26	1
20	9.4	130	35.26	26
21	9.4	161	35.23	30
22	9.3	153	35.23	33
23	9.4	201	35.25	27
24	9.6	207	35.23	38
25	9.4	241	35.24	22
26	9.3	157	35.19	26
27	9.1	129	35.16	21
28	9.0	81	35.09	11
29	8.7	41	34.86	4
30	8.8	188	34.71	11
31	8.3	57	34.92	2
32	8.6	34	—	—
33	7.8	11	—	—
34	8.6	15	35.13	3
35	8.8	44	35.00	11
36	8.9	139	35.14	28
37	8.6	163	34.98	31
38	8.5	208	34.93	44
39	8.2	273	34.91	34
40	6.5	21	34.87	4
41	7.4	80	34.90	17
42	6.9	97	34.69	19
43	5.7	76	34.58	17
44	7.0	50	34.58	8
45	7.1	19	34.95	3
46	8.9	1	—	—
50	5.2	1	—	—
51	4.8	4	—	—
52	5.2	18	—	—
53	5.7	109	34.37	10
54	5.7	34	34.79	1
58	5.9	7	—	—
59	5.6	17	—	—
60	6.0	4	34.65	4
61	6.5	4	34.72	3
62	6.3	3	34.82	3
63	6.1	5	34.81	4
64	5.0	31	35.03	1
65	5.3	27	34.54	1
66	5.7	38	34.49	1
67	5.2	45	34.75	5
68	5.3	98	34.52	6

Eingradfeld	Temperatur		Salzgehalt	
	t°	Anzahl	‰	Anzahl
Oktober				
69	5.6	5	34.75	6
75	3.0	5	34.68	4
76	4.3	5	34.82	4
82	2.2	2	34.68	2
83	2.5	5	34.66	5
84	1.9	5	34.66	5
90	2.5	5	34.87	3
91	2.0	5	34.79	5
92	2.2	4	34.68	4
Zehngradfeld 219				
00	10.1	218	35.25	35
1	9.8	199	35.07	8
2	9.7	198	35.25	12
3	9.5	186	35.20	8
4	9.5	207	35.21	12
5	9.3	170	35.20	8
6	9.1	202	35.22	16
7	9.1	183	35.19	3
8	8.9	204	35.16	16
9	8.7	155	35.08	5
10	9.3	52	35.24	5
11	9.5	45	35.18	1
12	9.5	74	35.26	7
13	9.6	40	35.11	1
14	9.2	62	35.20	6
15	9.0	46	35.30	1
16	9.0	42	35.18	7
17	8.1	33	—	—
18	8.3	40	35.09	3
19	8.4	21	34.97	1
20	9.0	39	34.78	6
21	8.8	28	35.13	3
22	8.6	11	—	—
23	9.0	22	35.16	1
24	8.5	14	—	—
25	7.9	19	34.96	1
26	7.7	6	—	—
27	7.1	12	34.97	1
28	7.7	23	—	—
29	7.7	15	—	—
30	7.8	330	34.78	22
31	7.9	244	34.73	30
32	7.7	284	34.59	26
33	7.8	24	34.68	4
34	8.4	126	35.17	1
35	7.6	21	—	—
36	7.8	20	35.14	2
37	8.3	16	—	—
38	7.6	5	—	—

Eingradfeld	Temperatur		Salzgehalt	
	t°	Anzahl	‰	Anzahl
Oktober				
39	6.5	2	—	—
41	7.1	173	—	—
42	7.4	444	34.54	10
43	7.4	182	34.60	15
44	7.4	180	34.69	22
45	7.9	8	—	—
46	7.7	3	—	—
47	7.4	4	—	—
48	7.4	9	35.26	1
49	7.5	5	—	—
50	6.5	27	—	—
51	5.9	13	—	—
52	8.1	3	—	—
53	7.0	60	34.49	1
54	6.9	318	34.56	17
55	7.8	20	—	—
56	7.4	50	—	—
60	5.7	80	34.82	8
61	5.6	85	34.59	11
62	5.9	105	34.81	13
63	6.6	226	34.68	4
64	4.3	265	17.22	1
65	4.9	156	—	—
66	6.8	132	—	—
67	7.4	14	—	—
68	5.0	1	—	—
69	6.0	2	—	—
80	7.0	1	—	—
86	9.9	3	—	—
91	—0.2	2	—	—
92	0.9	1	—	—
93	0.0	1	—	—
Zehngradfeld 220				
00	8.5	132	34.99	13
1	8.0	173	35.01	15
2	7.9	148	34.90	14
3	7.6	122	35.12	14
4	7.4	126	34.85	13
5	7.3	92	34.82	3
6	7.1	98	34.81	11
7	7.3	62	—	—
8	6.9	69	34.80	14
9	6.4	78	—	—
10	7.7	21	—	—
11	7.4	23	34.90	2
12	7.5	22	34.96	3
13	7.1	20	—	—
14	7.2	16	34.88	2
15	6.8	17	—	—

Eingradfeld	Temperatur		Salzgehalt	
	t°	Anzahl	‰	Anzahl
Oktober				
16	7.5	8	34.82	2
17	6.4	9	—	—
18	6.6	3	—	—
19	1.5	1	31.80	1
20	8.0	16	34.86	3
21	7.8	8	34.82	1
22	7.6	19	34.95	2
23	7.0	1	—	—
24	4.0	1	—	—
25	6.6	2	—	—
26	7.2	2	—	—
27	6.6	12	—	—
28	6.2	2	—	—
29	6.7	2	—	—
30	7.4	2	—	—
31	7.3	2	—	—
32	6.9	2	—	—
33	7.2	5	—	—
34	5.0	1	—	—
35	6.2	12	—	—
36	6.6	6	—	—
37	5.8	5	—	—
39	4.0	7	—	—
40	7.4	7	35.19	1
41	7.0	9	—	—
42	6.7	6	—	—
43	6.3	6	—	—
44	5.9	4	—	—
45	5.6	9	32.97	1
46	4.6	7	—	—
47	4.5	6	—	—
48	1.5	5	—	—
49	1.4	7	33.93	1
51	6.7	2	—	—
52	4.0	1	—	—
53	6.0	4	—	—
54	3.6	6	34.42	1
55	—0.1	7	—	—
56	1.0	15	—	—
57	1.2	14	—	—
61	—0.2	2	—	—
62	1.5	1	—	—
71	—0.6	2	—	—
Zehngradfeld 221				
00	6.3	31	34.90	7
1	5.8	11	33.28	1
2	3.2	12	33.46	4
3	0.2	7	—	—
4	0.7	3	—	—

Eingradfeld	Temperatur		Salzgehalt	
	t°	Anzahl	‰	Anzahl
Oktober				
5	1.7	50	31.44	4
6	2.2	214	32.66	9
7	2.5	213	32.34	16
8	2.6	313	32.60	17
9	3.8	142	33.34	3
10	1.6	2	—	—
11	3.5	8	—	—
17	3.2	1	—	—
18	2.1	57	32.93	5
19	2.1	176	32.19	14
20	2.8	7	—	—
21	2.0	10	30.75	1
29	1.4	8	31.92	1
30	—0.3	3	30.35	1
31	1.5	1	—	—
Zehngradfeld 222				
00	4.9	70	34.37	2
1	5.1	25	34.30	1
2	4.5	21	34.61	1
3	4.5	21	34.61	1
4	4.3	5	—	—
5	4.0	4	—	—
6	6.5	1	—	—
10	2.6	137	32.79	7
11	4.0	63	34.29	2
12	3.7	22	—	—
13	4.7	16	34.14	1
14	4.1	20	33.48	1
15	3.9	2	—	—
19	3.1	1	—	—
20	2.3	129	31.90	16
21	2.5	161	32.48	16
22	3.4	58	34.29	2
23	3.7	27	—	—
24	4.4	18	—	—
25	4.4	7	34.26	1
26	3.9	3	34.23	1
27	0.4	1	—	—
31	2.4	125	31.90	16
32	2.3	207	33.03	9
33	2.9	42	34.02	1
34	3.5	21	33.18	2
35	4.2	8	34.60	1
36	3.7	12	—	—
41	2.0	13	32.71	2
42	1.8	148	32.46	17
43	2.3	128	32.72	9
44	2.6	59	—	—
45	1.4	18	33.42	1

Eingradfeld	Temperatur t°	Anzahl	Salzgehalt ‰	Anzahl
Oktober				
46	3.0	3	31.99	1
47	2.6	13	32.70	1
52	1.4	10	32.22	2
53	2.3	136	32.13	5
54	2.0	116	32.83	10
55	1.7	2	—	—
56	1.6	6	—	—
57	2.2	2	—	—
63	2.2	21	31.44	4
64	2.1	180	32.51	15
65	1.1	11	—	—
66	3.4	3	—	—
69	—1.1	1	31.55	1
74	2.3	96	33.01	12
75	2.0	38	33.84	1
76	1.0	1	—	—
81	1.4	8	32.08	2
82	2.0	2	33.22	1
83	1.8	39	32.98	9
84	1.8	71	33.30	3
85	2.1	29	—	—
91	1.7	19	32.76	2
92	2.3	16	32.84	1
93	1.2	16	33.14	2
94	1.8	8	—	—
95	0.8	10	—	—
Zehngradfeld 284				
00	6.2	4	34.63	2
1	6.1	2	34.66	2
2	5.1	1	—	—
4	6.3	1	—	—
5	6.4	1	—	—
8	5.2	1	34.48	1
10	6.6	6	34.81	1
13	6.2	1	34.76	1
14	6.2	2	34.81	1
16	6.3	4	34.83	1
17	4.8	1	34.74	1
26	7.5	1	—	—
Zehngradfeld 285				
00	6.3	14	34.34	3
1	7.0	43	34.33	4
2	6.7	18	34.61	1
3	6.4	8	34.39	3
4	7.4	35	34.61	1
6	7.2	3	34.65	1
7	6.5	2	34.72	1
8	6.7	12	—	—

Eingradfeld	Temperatur t°	Anzahl	Salzgehalt ‰	Anzahl
Oktober				
9	5.6	1	34.98	1
10	7.6	2	34.27	1
13	4.7	2	34.63	1
15	7.2	2	—	—
16	6.6	1	—	—
18	6.3	1	—	—
19	6.5	1	34.96	1
23	3.5	1	—	—
33	4.1	1	—	—
Zehngradfeld 286				
00	7.1	4	32.96	1
1	8.5	4	33.16	3
2	6.1	2	31.43	1
4	8.9	1	33.86	1
5	7.8	2	33.56	2
6	6.2	1	33.12	1
7	5.2	1	—	—
8	7.5	1	33.12	1
9	6.9	3	33.63	2
10	7.9	5	34.78	2
11	8.1	2	34.18	2
13	8.7	1	—	—
14	9.2	2	—	—
15	7.3	2	33.12	1
16	8.0	6	33.81	3
17	5.2	4	34.30	3
18	6.7	7	34.10	3
19	5.7	6	34.58	2
20	7.8	3	34.67	2
24	4.7	2	35.00	2
25	4.5	4	34.87	2
26	4.8	3	34.90	2
27	4.2	3	34.80	2
30	3.0	3	—	—
31	3.2	2	35.08	1
32	3.6	2	35.07	1
33	4.5	2	34.94	2
34	4.4	2	35.00	2
40	2.5	2	34.31	1
41	2.6	1	34.78	1
42	2.3	6	—	—
51	0.2	1	—	—
52	0.2	1	—	—
61	—0.6	1	—	—
63	—0.6	1	—	—
Zehngradfeld 287				
06	8.5	7	—	—
7	8.2	103	34.84	1

Eingradfeld	Temperatur t°	Anzahl	Salzgehalt ‰	Anzahl
Oktober				
8	9.5	1	—	—
9	8.1	4	—	—
14	8.0	2	—	—
15	6.8	1	—	—
17	8.2	20	35.08	1
18	7.5	2	—	—
19	6.5	1	—	—
25	6.3	1	—	—
26	6.6	1	—	—
27	8.0	1	35.09	1
21	5.2	3	—	—
37	6.2	1	34.87	1
38	3.5	2	—	—
39	6.4	8	34.98	7
43	7.6	1	35.07	1
44	7.5	1	34.98	1
45	7.7	1	34.91	1
46	6.4	3	35.00	3
47	3.8	4	34.72	2
48	2.4	4	34.51	2
49	2.1	9	34.22	7
57	4.4	2	34.99	1
58	3.3	1	34.38	1
59	3.6	1	34.57	1
63	3.1	1	—	—
64	2.0	1	—	—
66	0.1	1	—	—
68	—0.6	1	—	—
69	1.3	2	34.57	1
71	2.5	1	—	—
72	4.0	1	—	—
Zehngradfeld 253				
03	5.1	1	34.97	1
4	2.8	3	34.71	3
5	1.2	2	34.76	2
6	1.1	2	34.52	2
7	1.3	3	34.50	2
8	1.7	2	34.46	2
9	2.3	4	34.77	4
10	6.7	4	35.20	4
11	7.2	3	35.18	3
12	7.0	3	35.17	3
13	4.4	3	34.94	1
Zehngradfeld 258				
02	0.8	2	32.46	2
3	1.2	3	—	—
4	2.5	6	32.95	1
5	0.2	5	—	—

Eingradfeld	Temperatur t°	Anzahl	Salzgehalt ‰	Anzahl
Oktober				
6	0.4	1	—	—
15	1.4	2	32.73	1
16	0.3	6	—	—
26	0.4	8	—	—
November				
Zehngradfeld 183				
50	10.4	13	35.03	1
51	10.5	12	—	—
52	10.8	18	35.32	1
53	10.1	46	—	—
54	10.1	39	35.18	3
55	10.1	91	35.25	9
56	9.7	93	35.28	5
57	9.6	106	35.34	4
58	9.3	111	35.11	3
59	9.1	129	35.15	3
60	10.4	61	35.28	1
61	10.3	67	35.34	6
62	10.1	102	35.42	4
63	10.1	118	35.42	6
64	10.0	150	35.35	8
65	9.7	144	35.26	16
66	9.6	133	35.25	7
67	9.6	124	35.27	7
68	9.3	119	35.22	6
69	9.5	53	35.13	3
70	10.1	188	35.39	22
71	9.9	144	35.44	5
72	9.9	159	35.48	12
73	10.0	117	35.53	4
74	9.9	91	35.41	5
75	9.9	67	—	—
76	9.7	46	—	—
77	9.5	14	—	—
78	9.4	6	—	—
79	8.7	5	—	—
80	10.1	84	35.49	2
81	9.9	56	—	—
82	10.0	35	—	—
83	9.9	40	35.36	1
84	9.7	40	—	—
85	9.4	29	—	—
86	9.0	25	—	—
87	8.7	35	—	—
88	8.8	27	—	—
89	8.3	27	—	—
90	9.6	52	35.18	20
91	9.1	38	35.25	1

November

Eingradfeld	Temperatur t°	Temperatur Anzahl	Salzgehalt °/oo	Salzgehalt Anzahl
92	8.9	46	35.31	3
93	8.8	29	—	—
94	8.8	37	35.18	3
95	8.7	42	35.43	1
96	8.2	50	35.18	4
97	8.3	79	35.14	1
98	7.8	58	35.18	4
99	7.5	57	35.21	2

Zehngradfeld 184

Eingradfeld	Temperatur t°	Temperatur Anzahl	Salzgehalt °/oo	Salzgehalt Anzahl
50	9.2	115	35.13	10
51	8.8	124	35.23	8
52	8.8	80	35.06	3
53	8.4	63	35.13	5
54	8.8	43	35.18	4
55	8.1	13	34.94	1
56	7.6	8	34.77	2
57	7.9	18	—	—
58	7.3	16	—	—
59	7.6	8	—	—
60	9.3	53	35.10	3
61	9.3	19	35.03	1
62	8.7	14	35.05	1
63	8.7	3	—	—
64	8.2	6	—	—
65	7.2	2	—	—
66	7.0	1	—	—
67	7.9	16	—	—
68	6.5	13	—	—
69	6.6	13	—	—
70	8.6	10	—	—
71	8.2	12	—	—
72	8.0	23	35.16	1
73	7.5	17	—	—
74	7.6	22	—	—
75	7.2	25	—	—
76	7.1	25	34.97	1
77	6.8	14	—	—
78	6.7	15	—	—
79	5.7	6	34.87	1
80	8.3	28	—	—
81	8.0	23	—	—
82	7.6	20	—	—
83	7.3	17	35.08	1
84	6.9	17	—	—
85	6.4	25	34.85	1
86	6.1	41	34.92	2
87	5.8	51	—	—
88	5.4	59	34.92	4
89	5.2	71	34.88	2

November

Zehngradfeld 185

Eingradfeld	Temperatur t°	Temperatur Anzahl	Salzgehalt °/oo	Salzgehalt Anzahl
50	6.8	3	34.62	3
51	5.9	5	—	—
52	6.0	9	—	—
53	5.0	11	—	—
54	6.0	14	—	—
55	5.1	16	—	—
56	5.3	5	—	—
57	3.5	2	—	—
58	5.8	2	—	—
59	6.5	3	—	—
60	6.2	22	—	—
61	6.2	17	—	—
62	5.4	9	—	—
63	5.0	3	—	—
64	5.8	2	—	—
67	6.2	2	—	—
68	6.4	2	—	—
70	4.8	6	34.81	1
71	5.0	13	—	—
72	4.9	17	—	—
73	5.1	16	34.73	1
74	4.8	15	—	—
75	5.4	9	—	—
76	5.6	9	—	—
77	5.3	1	—	—
80	5.1	91	34.85	7
81	4.7	94	34.95	5
82	5.2	99	34.90	6
83	4.7	121	34.55	3
84	4.6	114	34.96	9
85	4.8	69	34.79	2
86	5.1	47	34.98	4
87	4.8	42	34.82	1
88	4.4	6	—	—
89	5.3	2	—	—
90	4.8	107	34.94	8
91	5.0	82	35.03	4
92	4.3	98	34.76	12
93	3.8	109	34.19	5
94	2.7	148	33.51	13
95	3.3	179	33.32	12
96	3.4	177	34.05	12
97	4.3	135	34.65	5
98	4.4	44	34.67	2
99	4.0	33	—	—

Zehngradfeld 186

Eingradfeld	Temperatur t°	Temperatur Anzahl	Salzgehalt °/oo	Salzgehalt Anzahl
50	6.7	2	—	—
52	5.0	1	—	—

November

Eingradfeld	Temperatur t°	Temperatur Anzahl	Salzgehalt °/oo	Salzgehalt Anzahl
53	5.2	1	—	—
62	5.0	1	—	—
71	4.9	3	—	—
80	3.9	13	—	—
81	3.5	10	—	—
82	3.1	4	—	—
90	4.7	25	34.73	2
91	3.1	4	—	—
92	3.0	6	—	—
93	3.3	4	—	—

Zehngradfeld 248

Eingradfeld	Temperatur t°	Temperatur Anzahl	Salzgehalt °/oo	Salzgehalt Anzahl
80	3.9	1	—	—
81	3.9	1	—	
82	3.4	3	32.63	3
83	3.4	3	33.18	3

Zehngradfeld 249

Eingradfeld	Temperatur t°	Temperatur Anzahl	Salzgehalt °/oo	Salzgehalt Anzahl
45	5.5	2	25.95	1
46	6.7	2	25.77	2
47	11.4	1	—	—
55	5.2	2	25.65	2
56	2.9	3	26.58	3
57	2.8	2	26.77	2
58	2.7	2	26.75	2
59	2.5	1	26.62	1
63	1.3	1	26.27	1
64	2.8	1	26.38	1
65	3.0	1	26.35	1
83	1.2	1	23.80	1
86	2.4	1	34.16	1
87	3.9	2	33.48	1
88	5.0	3	34.22	1
89	3.8	2	33.93	2
91	3.1	6	34.04	4
92	3.8	9	34.26	6
93	3.1	21	32.85	10
94	2.6	4	33.96	1
95	3.0	5	34.05	1
96	2.7	4	—	—

Zehngradfeld 251

Eingradfeld	Temperatur t°	Temperatur Anzahl	Salzgehalt °/oo	Salzgehalt Anzahl
10	7.8	1	31.77	1
30	7.1	6	30.14	6
33	7.7	1	31.55	1
40	8.1	6	32.40	4
41	7.3	2	—	—
50	6.7	25	—	—
51	6.6	2	—	—
52	7.3	9	32.59	5

November

Eingradfeld	Temperatur t°	Temperatur Anzahl	Salzgehalt °/oo	Salzgehalt Anzahl
60	6.8	115	34.91	1
61	6.6	100	34.66	1
62	6.0	24	31.81	4
63	6.1	9	28.19	7
64	6.0	1	28.57	1
70	7.3	7	—	—
71	7.5	31	—	—
72	6.6	81	—	—
73	6.2	84	32.73	5
74	5.8	53	32.90	4
75	7.5	1	—	—
81	6.8	4	—	—
82	7.8	22	—	—
83	7.8	11	—	—
84	5.9	39	33.47	2
85	5.1	27	33.26	1
86	6.0	12	33.42	2
87	5.1	5	33.61	1
91	9.0	1	—	—
92	8.4	4	—	—
93	9.0	2	—	—
94	7.9	13	—	—
95	7.0	42	33.88	1
96	7.2	214	33.41	5
97	6.6	36	32.20	2
98	5.3	6	33.73	1
99	4.9	6	33.56	2

Zehngradfeld 252

Eingradfeld	Temperatur t°	Temperatur Anzahl	Salzgehalt °/oo	Salzgehalt Anzahl
00	9.5	58	35.29	25
1	8.8	45	35.22	8
2	9.1	63	34.72	8
3	8.7	75	33.94	6
4	8.5	166	32.10	6
5	9.1	13	30.77	10
6	7.4	11	25.97	11
7	7.1	1	17.54	1
10	9.9	48	35.30	16
11	9.8	56	35.11	13
12	9.5	28	34.77	8
13	8.2	35	34.16	4
14	8.2	181	30.16	2
15	7.8	16	29.87	11
16	8.3	3	27.62	3
17	7.8	6	29.84	6
20	8.7	2	35.30	2
21	9.0	3	35.30	3
22	8.0	4	34.73	2
23	7.9	10	34.45	2
24	8.3	131	35.19	2

Eingradfeld	Temperatur t°	Temperatur Anzahl	Salzgehalt ‰	Salzgehalt Anzahl
November				
25	8.2	86	31.39	5
26	8.7	18	31.58	13
27	8.2	1	30.80	1
29	7.8	1	33.12	1
30	7.7	2	35.26	1
31	7.7	3	35.12	2
32	6.2	2	—	—
33	7.8	2	35.03	1
34	7.6	14	34.99	1
35	7.9	92	—	—
36	3.9	109	—	—
37	7.5	13	32.11	2
38	8.2	4	31.64	2
39	7.5	10	31.06	9
40	7.1	4	35.05	4
43	7.5	3	35.16	1
44	7.3	1	34.96	1
45	7.5	8	35.08	1
46	7.6	55	35.02	1
47	7.3	119	35.04	1
48	7.0	64	35.04	1
49	8.1	6	32.38	2
50	6.4	2	35.18	2
51	6.4	2	35.12	2
52	7.2	1	35.13	1
54	7.5	1	—	—
56	7.0	4	—	—
57	6.5	20	—	—
58	7.0	96	—	—
59	6.9	116	—	—
60	8.1	4	35.17	2
61	6.7	1	35.15	1
62	6.9	1	—	—
63	6.5	1	—	—
64	6.8	1	—	—
65	6.6	1	—	—
67	6.6	2	34.68	1
68	6.9	6	34.64	1
69	7.1	32	34.75	1
79	8.5	5	—	—
91	9.2	2	—	—
Zehngradfeld 217				
00	9.3	100	35.23	14
1	9.1	24	35.26	4
2	9.4	50	35.34	1
3	9.3	174	35.25	21
4	8.8	246	35.27	28
5	8.8	237	35.27	12
6	8.6	197	35.26	10

Eingradfeld	Temperatur t°	Temperatur Anzahl	Salzgehalt ‰	Salzgehalt Anzahl
November				
7	8.8	250	35.28	16
8	9.0	237	35.30	18
9	8.8	205	35.32	11
10	9.3	104	35.31	13
11	9.4	135	35.24	24
12	8.9	144	35.24	32
13	8.7	121	35.20	31
14	8.3	152	35.17	35
15	8.2	256	35.21	53
16	8.1	257	35.18	38
17	8.1	118	35.17	5
18	8.5	65	35.28	4
19	8.8	54	34.64	2
20	8.3	21	35.29	2
21	7.8	23	35.16	4
22	7.6	15	34.89	1
23	7.2	18	35.08	1
24	7.4	17	34.78	2
25	8.1	20	35.23	6
26	7.1	249	35.14	13
27	7.9	159	35.17	38
28	8.3	219	35.23	39
29	8.4	230	35.23	35
30	6.0	2	35.04	1
31	8.3	3	35.19	3
32	6.9	3	35.03	1
33	6.7	1	34.96	1
34	7.0	9	35.03	5
35	5.5	5	34.66	3
36	6.7	3	34.92	2
37	7.1	14	35.04	2
38	7.3	31	35.11	5
39	7.4	45	35.09	5
40	7.2	4	35.06	2
42	6.2	2	35.02	2
43	5.8	2	34.94	2
44	6.1	4	34.94	2
45	5.2	2	—	—
46	4.9	1	—	—
47	5.0	1	—	—
48	5.6	1	—	—
49	6.1	4	34.80	2
50	6.0	1	—	—
51	5.6	1	35.10	1
53	8.6	1	—	—
55	4.8	1	—	—
56	8.4	1	—	—
60	8.1	3	35.20	1
61	8.4	1	—	—
62	8.7	1	—	—

Eingradfeld	Temperatur t°	Temperatur Anzahl	Salzgehalt ‰	Salzgehalt Anzahl
November				
64	9.9	1	—	—
65	9.6	1	—	—
92	9.0	1	—	—
95	10.8	1	—	—
Zehngradfeld 218				
00	8.9	168	35.34	15
1	9.0	152	34.34	7
2	9.0	151	35.36	13
3	8.9	114	35.30	4
4	9.0	140	35.32	13
5	9.0	128	35.31	3
6	9.0	140	35.30	12
7	8.9	119	35.29	5
8	9.1	147	35.30	11
9	8.9	136	35.34	2
10	8.9	58	35.19	2
11	8.6	100	35.20	5
12	8.7	100	35.22	4
13	9.0	106	35.18	3
14	8.9	69	35.29	3
15	8.8	28	35.26	1
16	9.1	28	35.30	4
17	9.3	18	35.28	1
18	9.2	27	35.26	2
19	8.8	31	—	—
20	8.4	182	35.22	34
21	8.6	181	35.24	31
22	8.4	185	35.20	36
23	8.5	193	35.25	35
24	8.5	241	35.25	44
25	8.4	231	35.13	31
26	8.2	184	35.18	22
27	8.0	125	35.19	10
28	8.0	70	35.19	8
29	8.0	25	35.18	3
30	7.3	98	34.93	7
31	7.4	51	35.13	4
32	7.7	27	—	—
33	8.2	21	—	—
34	8.0	24	35.25	2
35	8.2	32	35.24	4
36	8.1	126	35.22	20
37	8.0	153	35.14	37
38	7.5	191	35.11	31
39	7.4	253	35.07	34
40	5.9	19	35.00	3
41	5.6	39	34.84	5
42	5.5	55	34.71	7
43	5.5	57	34.81	4

Eingradfeld	Temperatur t°	Temperatur Anzahl	Salzgehalt ‰	Salzgehalt Anzahl
November				
44	7.0	24	—	—
45	5.7	10	—	—
50	7.3	1	—	—
51	3.4	2	—	—
52	4.2	14	33.98	1
53	3.8	46	34.84	1
54	3.1	7	—	—
58	2.6	5	—	—
59	3.7	1	—	—
60	1.0	1	—	—
63	4 4	16	34.82	4
64	5.8	40	34.53	4
65	4.2	15	34.21	3
66	3.7	25	34.79	1
67	3.8	19	—	—
68	3.4	26	34.58	3
69	4.0	47	34.81	5
95	8.4	1	35.39	1
Zehngradfeld 219				
00	9.0	156	35.19	38
1	8.8	104	35.22	3
2	8.7	106	35.26	6
3	8.6	101	35.26	4
4	8.3	104	35.22	7
5	8.2	104	35.18	4
6	8.1	104	35.23	6
7	7.8	96	35.21	2
8	7.9	100	35.21	10
9	7.5	89	35.08	3
10	9.0	30	35.27	4
11	8.8	29	—	—
12	8.4	27	35.21	3
13	8.7	20	—	—
14	8.7	25	35.18	4
15	8.2	25	—	—
16	8.4	22	35.36	2
17	8.0	36	35.16	1
18	8.2	22	35.09	3
19	7.3	15	34.92	1
20	8.4	9	35.25	2
21	8.2	11	—	—
22	8.1	7	35.17	1
23	8.6	6	—	—
24	8.0	10	—	—
25	7.9	10	—	—
26	7.5	9	—	—
27	6.0	1	—	—
28	6.7	7	35.21	1
29	7.1	4	—	—

Eingradfeld	Temperatur t°	Temperatur Anzahl	Salzgehalt ‰	Salzgehalt Anzahl
November				
30	6.5	215	34.86	13
31	6.5	158	34.76	20
32	6.3	239	34.78	17
33	7.5	13	—	—
34	7.6	38	35.26	1
35	7.4	6	—	—
36	6.8	6	35.17	1
37	6.9	4	—	—
38	7.6	5	—	—
39	6.5	2	—	—
41	4.2	150	—	—
42	5.8	336	34.60	13
43	6.3	178	34.74	11
44	6.2	107	34.84	13
45	7.4	10	—	—
46	7.7	3	—	—
47	10.6	2	—	—
48	8.0	1	—	—
49	7.8	3	—	—
50	4.3	4	34.63	1
52	4.8	24	—	—
53	5.7	18	—	—
54	5.6	210	34.72	10
55	7.5	30	—	—
56	7.2	264	—	—
57	6.1	9	—	—
59	7.4	6	—	—
60	4.2	55	34.83	5
61	4.3	48	34.86	7
62	4.0	51	34.82	11
63	4.6	199	34.52	15
64	5.6	212	—	—
65	5.8	85	—	—
66	6.4	131	—	—
67	7.1	5	—	—
Zehngradfeld 220				
00	7.4	80	35.08	4
1	7.1	62	34.54	3
2	6.9	61	34.99	8
3	6.6	43	34.94	3
4	6.4	26	34.94	4
5	6.3	36	35.16	2
6	6.0	32	34.87	6
7	5.7	26	34.99	2
8	5.8	33	34.85	5
9	5.7	16	—	—
10	7.3	14	34.90	2
11	6.9	9	—	—
12	6.2	9	—	—

Eingradfeld	Temperatur t°	Temperatur Anzahl	Salzgehalt ‰	Salzgehalt Anzahl
November				
13	6.2	5	—	—
14	5.7	10	35.03	1
15	6.6	4	—	—
16	5.9	6	34.96	1
17	5.8	2	—	—
20	7.0	5	35.04	1
21	6.7	3	—	—
22	6.7	4	35.09	1
23	7.5	1	—	—
24	7.5	1	—	—
25	7.5	1	—	—
30	7.5	1	—	—
31	7.5	1	—	—
40	8.5	1	—	—
Zehngradfeld 221				
00	5.1	17	34.97	3
1	5.7	3	—	—
2	1.8	1	—	—
3	1.5	5	—	—
4	1.6	2	—	—
5	1.7	14	—	—
6	0.9	96	32.62	12
7	1.4	115	32.72	10
8	1.5	206	32.98	17
9	2.5	50	33.13	6
10	4.2	3	—	—
18	1.4	45	32.82	3
19	1.2	95	32.37	12
29	1.9	4	33.65	2
Zehngradfeld 222				
00	4.0	28	34.42	3
1	3.5	23	34.72	1
2	4.4	3	34.62	1
3	3.4	2	—	—
4	3.2	2	—	—
10	2.1	78	33.38	11
11	3.4	49	34.06	3
12	2.3	17	34.68	2
13	3.8	4	—	—
14	3.0	2	—	—
15	3.1	2	—	—
20	1.3	95	33.00	11
21	1.4	105	32.87	11
22	1.9	47	33.89	4
23	3.3	9	33.78	2
24	2.9	21	—	—
25	3.2	1	—	—
31	1.1	74	32.73	13

Eingradfeld	Temperatur t°	Temperatur Anzahl	Salzgehalt ‰	Salzgehalt Anzahl
November				
32	1.1	137	32.89	13
33	2.5	10	33.05	3
41	0.3	4	—	—
42	0.8	152	32.79	22
43	1.1	79	32.63	7
44	2.3	2	33.40	2
45	2.2	1	33.13	1
52	0.4	6	32.62	1
53	0.7	136	32.46	23
54	1.0	60	32.99	5
55	1.8	1	—	—
63	1.0	26	32.67	5
64	0.5	166	32.60	27
65	0.7	9	—	
74	0.3	55	32.66	10
75	1.2	7	32.66	1
81	1.8	2	33.30	1
82	—0.4	3	—	—
83	1.3	16	32.95	7
84	—0.1	31	32.43	1
85	0.8	2	—	—
92	2.1	4	—	—
93	1.0	1	—	—
94	—0.2	2	—	—
95	2.0	2	—	—
Zehngradfeld 284				
00	3.9	6	—	—
3	2.8	1	—	—
10	4.2	45	—	—
11	4.2	35	—	—
12	4.2	16	—	—
13	2.4	1	34.42	1
Zehngradfeld 285				
00	5.6	7	—	—
1	5.1	7	34.29	1
2	5.9	28	—	—
3	4.7	13	34.49	6
4	1.9	1	—	—
5	6.0	1	—	—
6	4.6	1	—	—
7	5.9	1	—	—
8	5.2	1	—	—
9	4.4	1	—	—
10	6.3	6	—	—
12	6.2	6	34.42	1
13	4.6	10	34.60	6
14	4.2	4	—	—
15	5.4	35	—	—

Eingradfeld	Temperatur t°	Temperatur Anzahl	Salzgehalt ‰	Salzgehalt Anzahl
November				
16	5.1	25	—	—
17	3.6	2	—	—
18	5.4	1	—	—
19	4.6	2	—	—
23	3.4	3	34.88	1
33	3.6	1	—	—
43	3.0	1	—	—
53	2.8	1	—	—
Zehngradfeld 286				
00	7.0	13	34.09	7
1	6.6	8	33.91	2
2	8.0	2	34.06	1
3	5.2	2	33.93	1
4	5.8	2	34.04	2
6	4.5	1	34.18	1
8	9.5	1	—	—
10	7.1	4	34.64	1
11	6.9	1	—	—
12	6.9	4	—	—
13	7.1	3	—	—
14	6.7	5	—	—
15	6.6	3	—	—
16	5.9	1	—	—
17	6.2	18	—	—
18	5.8	4	—	—
19	5.2	7	—	—
20	6.8	2	—	—
21	5.0	1	—	—
24	4.5	1	—	—
25	4.7	3	—	—
26	4.5	4	—	—
27	4.0	2	—	—
31	3.2	2	—	—
32	3.6	3	—	—
33	5.0	2	—	—
40	0.7	1	—	—
42	3.7	1	—	—
Zehngradfeld 287				
03	5.6	1	—	—
4	8.0	1	—	—
6	7.4	17	—	—
7	8.3	101	—	—
8	8.2	4	—	—
9	7.5	7	—	—
13	8.0	1	—	—
14	8.0	1	—	—
17	7.1	3	—	—
19	7.3	5	34.80	3

Eingradfeld	Temperatur t°	Temperatur Anzahl	Salzgehalt °/₀₀	Salzgehalt Anzahl
November				
27	7.5	2	—	—
29	6.5	5	34.92	5
30	5.2	1	35.07	1
36	8.0	1	—	—
37	5.8	3	—	—
38	2.5	11	34.89	6
39	4.2	11	34.86	4
40	0.3	1	—	—
41	5.2	2	35.09	2
42	5.1	2	35.06	2
43	5.2	1	35.02	1
44	5.6	2	—	—
45	4.3	3	35.12	1
46	4.9	10	34.92	5
47	2.9	11	34.46	4
48	1.6	14	34.42	3
49	—0.3	14	34.36	1
50	0.6	2	—	—
51	1.0	1	—	—
54	4.3	1	—	—
55	3.4	1	—	—
56	2.5	2	—	—
57	2.9	4	—	—
60	1.5	1	—	—
61	1.2	1	—	—
62	1.4	1	—	—
63	2.3	1	—	—
64	4.2	1	—	—
Zehngradfeld 288				
13	6.8	2	35.15	2
14	6.3	3	35.12	3
15	6.4	5	35.45	5
20	2.4	1	34.40	1
21	3.2	2	34.80	2
22	6.8	3	35.17	3
23	6.5	1	35.12	1
25	6.3	6	35.15	6
30	1.6	2	34.56	2
35	5.8	3	35.05	2
36	5.5	2	35.08	2
37	5.4	2	35.06	2
38	6.8	1	35.08	1
39	5.1	2	35.14	2

Eingradfeld	Temperatur t°	Temperatur Anzahl	Salzgehalt °/₀₀	Salzgehalt Anzahl
Dezember				
Zehngradfeld 183				
50	10.0	10	35.32	1
51	10.2	12	—	—
52	9.6	22	35.45	1
53	9.5	29	35.05	1
54	9.2	36	35.28	1
55	9.1	67	35.23	7
56	8.9	74	35.18	4
57	8.6	79	35.08	3
58	8.5	84	35.12	2
59	8.2	96	35.00	4
60	9.6	42	35.40	3
61	9.5	64	—	—
62	9.3	78	35.35	7
63	9.3	111	35.34	3
64	9.1	125	35.28	6
65	8.9	132	35.24	13
66	8.8	94	35.18	7
67	8.4	93	—	—
68	8.4	86	35.13	4
69	8.2	46	35.18	3
70	9.5	141	35.39	17
71	9.3	94	35.33	3
72	9.3	114	35.46	5
73	9.4	58	35.23	2
74	9.1	55	35.39	1
75	8.6	34	35.34	1
76	8.7	25	35.22	2
77	7.0	22	—	—
78	8.8	2	35.44	1
79	8.8	2	—	—
80	9.3	30	35.30	1
81	9.4	28	35.37	1
82	8.7	12	35.41	1
83	9.2	3	—	—
84	9.6	2	35.21	1
85	9.3	1	—	—
86	8.0	2	35.21	1
87	10.0	1	—	—
88	8.7	5	—	—
89	8.2	6	—	—
90	9.4	18	35.24	12
91	9.2	6	—	—
92	8.7	10	35.26	2
93	8.5	10	—	—
94	8.5	21	35.25	3
95	8.4	17	35.28	4
96	8.8	12	35.18	2
97	8.0	17	35.30	2

Eingradfeld	Temperatur t°	Temperatur Anzahl	Salzgehalt °/₀₀	Salzgehalt Anzahl
Dezember				
98	7.6	19	35.23	3
99	7.7	19	35.26	2
Zehngradfeld 184				
50	7.9	75	35.09	8
51	8.1	79	35.07	5
52	7.5	63	35.16	2
53	8.3	41	35.07	4
54	8.4	21	35.05	2
55	7.5	4	35.05	1
56	8.0	1	—	—
57	5.8	2	—	—
59	6.0	1	—	—
60	9.0	23	35.14	1
61	7.9	12	—	—
62	8.5	1	—	—
64	6.8	1	—	—
65	6.0	1	—	—
66	7.9	3	—	—
68	9.8	1	—	—
69	6.0	1	—	—
70	5.0	1	34.99	1
71	8.0	1	—	—
73	6.7	5	—	—
74	5.8	2	—	—
76	7.3	1	—	—
77	6.0	2	—	—
78	7.0	1	—	—
79	4.2	2	—	—
80	7.4	8	35.09	1
81	6.5	6	—	—
82	6.6	12	35.06	1
83	6.1	7	35.00	1
84	6.6	10	35.12	2
85	5.3	6	—	—
86	5.1	9	34.98	2
87	4.6	6	34.94	2
88	4.5	9	34.93	3
89	4.2	13	34.87	1
90	7.4	27	35.20	2
91	6.8	28	35.13	3
92	6.2	29	35.09	5
93	6.0	40	35.07	1
94	6.1	27	35.01	1
95	5.5	26	35.03	3
96	5.5	25	35.05	1
97	5.2	25	34.87	1
98	5.1	32	35.24	2
99	5.0	28	34.93	3

Eingradfeld	Temperatur t°	Temperatur Anzahl	Salzgehalt °/₀₀	Salzgehalt Anzahl
Dezember				
Zehngradfeld 185				
51	4.1	2	—	—
52	4.0	2	—	—
53	4.2	2	—	—
54	4.0	1	—	—
55	3.5	2	—	—
56	4.0	1	—	—
57	3.5	1	—	—
58	5.4	2	—	—
59	5.0	2	—	—
60	4.2	2	—	—
61	4.9	3	—	—
64	3.5	1	—	—
65	5.4	2	—	—
66	5.2	2	—	—
67	4.0	2	—	—
68	3.8	2	—	—
69	6.0	1	—	—
71	4.2	1	—	—
72	4.5	1	—	—
73	4.6	3	—	—
74	6.3	3	—	—
75	5.0	1	—	—
76	4.8	2	—	—
80	4.1	12	34.96	1
81	4.5	8	35.08	1
82	4.6	10	35.08	2
83	4.7	8	35.10	1
84	4.4	8	35.02	2
85	4.4	5	—	—
86	3.1	4	35.03	1
87	2.8	1	—	—
90	4.8	33	34.90	4
91	4.7	24	34.94	1
92	4.3	32	34.94	4
93	2.9	31	33.82	2
94	1.0	114	34.58	4
95	2.4	30	34.26	4
96	3.8	12	34.68	1
97	3.0	8	—	—
98	2.3	5	34.99	1
Zehngradfeld 248				
82	2.7	1	—	—
83	0.7	1	—	—
90	0.4	1	—	—
91	1.6	1	—	—
94	3.7	1	—	—

Dezember

Zehngradfeld 249

Eingradfeld	Temperatur t°	Anzahl	Salzgehalt ‰	Anzahl
86	2.5	1	34.13	1
87	2.3	1	34.28	1
91	1.4	3	33.58	2
92	2.0	8	34.01	5
93	2.2	17	32.04	5
94	2.2	4	34.20	1
95	2.5	4	34.48	2
96	2.5	2	34.12	2
99	5.0	1	—	—

Zehngradfeld 251

Eingradfeld	Temperatur t°	Anzahl	Salzgehalt ‰	Anzahl
30	6.7	1	31.76	1
40	6.9	11	32.86	2
41	5.3	5	—	—
50	6.0	25	—	—
51	6.0	9	—	—
52	4.9	13	32.56	1
60	6.0	85	—	—
61	5.8	74	—	—
62	5.5	30	32.88	2
63	5.4	11	31.51	3
64	7.2	3	32.60	2
70	7.2	16	—	—
71	6.9	39	—	—
72	5.5	74	—	—
73	5.1	64	—	—
74	5.4	66	31.72	13
75	7.0	4	32.39	4
76	8.1	1	32.13	1
81	6.5	5	—	—
82	6.4	53	—	—
83	7.1	21	—	—
84	5.5	42	32.42	14
85	4.9	42	32.35	7
86	5.1	25	32.96	5
87	6.1	17	32.26	12
90	7.1	2	—	—
92	7.8	2	—	—
93	7.0	6	—	—
94	7.4	64	—	—
95	6.2	42	33.57	1
96	6.8	98	33.40	1
97	5.2	9	33.15	2
98	5.7	7	32.98	4
99	5.8	13	33.15	5

Zehngradfeld 252

Eingradfeld	Temperatur t°	Anzahl	Salzgehalt ‰	Anzahl
00	8.8	40	35.20	18
1	7.9	32	35.19	6
2	7.6	27	34.88	4
3	7.7	58	34.16	5
4	7.3	171	33.90	5
5	7.5	15	30.98	1
6	4.5	4	24.14	4
7	7.6	1	30.92	1
10	9.3	38	35.36	9
11	9.0	44	35.30	11
12	8.7	44	34.49	12
13	7.3	44	33.35	6
14	7.3	163	31.94	2
15	7.6	7	31.37	3
17	9.1	8	30.45	8
20	8.5	3	—	—
21	8.0	2	—	—
22	9.0	6	—	—
23	7.0	9	—	—
24	7.1	109	—	—
25	7.3	86	32.79	3
26	7.2	16	32.49	5
27	6.5	3	32.14	2
30	7.1	4	35.17	2
31	8.2	4	—	—
32	8.2	3	—	—
33	6.1	6	34.13	1
34	6.9	11	34.29	1
35	7.1	81	33.88	1
36	7.2	96	34.00	1
37	6.8	16	33.45	1
38	6.6	10	32.72	2
39	6.2	11	32.02	1
40	6.0	4	35.12	3
41	4.8	1	—	—
42	8.2	1	34.25	1
43	7.9	3	—	—
44	6.2	9	33.76	2
45	6.8	10	34.43	1
46	7.0	37	—	—
47	6.9	103	—	—
48	6.5	56	—	—
49	6.3	9	—	—
50	5.1	1	—	—
56	7.8	4	—	—
57	6.3	12	—	—
58	6.8	82	—	—
59	6.3	96	—	—
67	7.1	1	—	—
68	7.8	4	—	—
69	6.9	45	—	—
71	6.1	1	—	—
82	6.0	1	—	—
93	6.1	1	—	—

Zehngradfeld 217

Eingradfeld	Temperatur t°	Anzahl	Salzgehalt ‰	Anzahl
00	8.7	65	35.31	11
1	8.4	25	35.34	5
2	8.6	58	35.24	5
3	8.4	113	35.36	15
4	8.2	154	35.25	23
5	8.4	131	35.25	16
6	8.3	81	35.27	7
7	8.7	92	35.31	4
8	8.3	117	35.32	9
9	8.3	92	35.30	5
10	0.0	57	35.33	4
11	8.9	95	35.31	22
12	8.4	105	35.38	21
13	8.0	101	35.32	21
14	7.6	119	35.25	26
15	7.6	170	35.27	27
16	7.3	199	35.24	30
17	7.7	94	35.20	6
18	8.1	53	35.33	4
19	8.1	36	—	—
20	8.2	6	—	—
21	8.2	7	—	—
22	6.7	6	35.17	1
23	7.1	11	—	—
24	7.3	19	—	—
25	7.4	28	35.20	4
26	6.7	222	35.07	8
27	7.1	118	35.20	23
28	7.7	164	35.24	25
29	7.9	142	35.25	20
30	6.2	2	34.97	1
31	8.1	4	—	—
33	5.3	1	35.03	1
34	5.4	3	35.00	1
35	6.5	11	35.16	3
36	6.6	14	35.04	2
37	6.5	19	—	—
38	6.9	40	35.23	2
39	7.6	104	35.12	6
43	5.2	2	—	—
44	4.8	1	35.00	1
45	4.7	9	34.97	3
46	4.0	15	34.94	2
47	4.3	8	35.01	3
48	5.0	11	35.19	1
49	4.6	4	—	—
55	4.6	1	34.96	1
56	3.2	2	34.98	2
59	1.7	1	34.83	1

Zehngradfeld 218

Eingradfeld	Temperatur t°	Anzahl	Salzgehalt ‰	Anzahl
00	8.4	87	35.29	9
1	8.6	40	35.32	5
2	8.7	47	35.34	7
3	8.8	46	35.24	10
4	8.6	47	35.31	13
5	8.7	38	35.28	3
6	8.6	31	35.29	4
7	8.5	39	35.26	4
8	8.2	24	35.30	2
9	8.4	42	35.08	1
10	8.4	62	35.28	1
11	8.4	93	35.31	2
12	8.2	80	35.26	6
13	8.2	78	35.26	12
14	8.4	59	35.23	18
15	8.1	20	35.24	3
16	8.2	20	35.29	3
17	8.5	8	35.34	1
18	8.3	9	35.26	1
19	7.7	9	—	—
20	8.0	166	35.30	25
21	8.0	112	35.26	15
22	8.1	139	35.30	24
23	8.0	119	35.27	15
24	8.1	179	35.29	26
25	8.0	180	35.23	18
26	7.6	131	35.31	19
27	7.2	102	35.25	11
28	7.5	52	35.25	5
29	7.8	17	35.23	1
30	7.0	81	35.05	7
31	6.9	41	35.18	4
32	7.5	33	34.87	2
33	8.9	25	—	—
34	8.2	105	35.26	2
35	7.6	30	35.27	2
36	7.4	87	35.20	7
37	7.4	109	35.21	11
38	7.1	161	35.18	24
39	6.9	153	35.11	19
40	5.5	21	35.08	2
41	5.8	47	35.08	6
42	5.0	61	34.81	8
43	5.6	65	34.44	3
44	4.1	18	—	—

Dezember

Eingradfeld	Temperatur t°	Temperatur Anzahl	Salzgehalt °/₀₀	Salzgehalt Anzahl
45	4.4	7	—	—
50	3.4	3	—	—
51	4.6	6	34.86	1
52	3.5	19	34.60	1
53	3.4	38	34.52	1
54	2.9	3	—	—
58	3.2	3	—	—
63	3.4	5	34.91	1
64	3.8	12	—	—
65	3.0	11	—	—
66	3.7	12	—	—
67	3.1	8	—	—
68	2.6	16	34.69	5
69	3.5	15	34.74	4

Zehngradfeld 219

Eingradfeld	Temperatur t°	Temperatur Anzahl	Salzgehalt °/₀₀	Salzgehalt Anzahl
00	8.6	59	35.22	29
1	8.6	36	35.26	3
2	8.1	39	35.28	4
3	8.0	31	35.22	2
4	8.0	30	—	—
5	8.0	30	35.23	2
6	7.4	34	35.31	1
7	7.6	23	—	—
8	7.5	27	35.17	3
9	7.0	22	35.19	1
10	8.2	11	35.20	3
11	8.0	9	35.24	2
12	8.2	13	35.24	2
13	8.2	7	—	—
14	8.0	10	35.27	4
15	8.0	6	35.26	2
16	7.9	8	35.28	2
17	7.2	6	35.02	1
18	7.3	11	35.12	3
19	7.0	10	34.98	2
20	6.6	7	—	—
21	7.6	2	—	—
23	7.8	1	—	—
27	8.0	1	—	—
28	6.9	2	—	—
29	7.0	3	—	—
30	6.2	117	34.94	10
31	6.0	134	34.95	10
32	5.8	142	34.63	15
33	6.8	20	—	—
34	7.2	75	—	—
35	7.0	4	—	—
36	7.0	2	—	—
37	7.1	4	—	—
38	6.2	3	35.02	1
39	6.9	1	—	—

Dezember

Eingradfeld	Temperatur t°	Temperatur Anzahl	Salzgehalt °/₀₀	Salzgehalt Anzahl
41	3.1	13	34.09	5
42	4.6	71	34.59	3
43	5.5	61	34.85	4
44	5.9	58	34.75	9
45	6.1	7	—	—
46	6.1	13	—	—
52	4.4	7	—	—
53	3.4	10	—	—
54	4.5	76	34.81	6
55	6.0	79	—	—
56	6.2	291	—	—
57	6.4	8	—	—
60	3.6	23	34.98	3
61	3.4	26	34.92	1
62	3.0	26	34.64	8
63	3.4	47	34.69	3
64	4.6	74	—	—
65	5.9	96	—	—
66	6.1	52	—	—
67	6.7	22	—	—

Zehngradfeld 220

Eingradfeld	Temperatur t°	Temperatur Anzahl	Salzgehalt °/₀₀	Salzgehalt Anzahl
00	6.5	21	35.03	3
1	6.0	19	—	—
2	6.4	22	34.94	2
3	5.7	17	34.94	1
4	5.6	14	34.97	3
5	5.7	17	—	—
6	5.5	21	34.91	3
7	5.2	7	—	—
8	5.0	9	34.81	2
9	4.4	2	—	—
10	6.5	5	—	—
11	6.2	6	—	—
12	6.6	3	—	—
13	6.5	3	—	—
14	6.2	2	—	—
15	6.2	2	—	—
20	6.9	4	—	—
22	6.5	1	—	—

Zehngradfeld 221

Eingradfeld	Temperatur t°	Temperatur Anzahl	Salzgehalt °/₀₀	Salzgehalt Anzahl
00	4.9	4	34.93	1
1	0.9	1	—	—
5	1.2	3	33.08	2
6	2.2	13	33.72	2
7	0.6	19	34.26	2
8	1.0	27	33.42	4
9	3.2	4	34.54	1
18	0.5	10	33.26	1
19	0.7	7	32.81	2
29	3.4	1	33.01	1

Dezember

Zehngradfeld 222

Eingradfeld	Temperatur t°	Temperatur Anzahl	Salzgehalt °/₀₀	Salzgehalt Anzahl
00	3.8	2	34.97	1
8	—1.0	1	—	—
9	—1.3	2	—	—
10	0.2	7	—	—
11	3.4	5	34.70	1
20	0.9	9	33.05	2
21	0.5	12	33.36	2
31	0.6	11	33.23	2
32	1.2	23	33.53	6
41	1.0	1	—	—
42	0.6	18	33.19	6
43	1.2	12	33.54	3
52	1.4	2	—	—
53	0.2	18	33.23	7
54	1.0	9	33.21	2
63	—0.2	1	33.40	1
64	0.0	14	33.40	6
65	0.1	2	—	—
66	1.6	1	—	—
74	—0.3	3	—	—
83	—0.9	1	33.30	1
84	0.1	2	—	—

Zehngradfeld 284

Eingradfeld	Temperatur t°	Temperatur Anzahl	Salzgehalt °/₀₀	Salzgehalt Anzahl
00	3.2	29	—	—
10	3.6	142	—	—
11	3.0	2	—	—
12	2.6	42	—	—
13	3.4	1	—	—
22	3.5	2	—	—
24	3.3	9	—	—
25	3.4	2	—	—

Zehngradfeld 285

Eingradfeld	Temperatur t°	Temperatur Anzahl	Salzgehalt °/₀₀	Salzgehalt Anzahl
00	4.0	6	34.47	1
1	4.8	11	34.64	1
2	4.6	5	34.67	1
3	5.2	2	—	—
4	5.4	2	—	—
5	5.1	1	—	—
6	3.9	4	—	—
7	4.6	2	—	—
8	5.0	1	—	—
9	5.3	8	—	—
10	5.9	5	—	—
11	5.3	13	—	—
12	4.6	13	—	—
13	4.5	20	—	—
14	4.5	33	—	—
15	4.5	86	—	—

Dezember

Eingradfeld	Temperatur t°	Temperatur Anzahl	Salzgehalt °/₀₀	Salzgehalt Anzahl
16	4.7	77	—	—
17	2.9	1	—	—
18	3.8	6	—	—
19	2.8	4	—	—
23	4.2	2	—	—
33	3.4	2	—	—
43	2.7	1	—	—

Zehngradfeld 286

Eingradfeld	Temperatur t°	Temperatur Anzahl	Salzgehalt °/₀₀	Salzgehalt Anzahl
00	6.6	4	33.67	1
1	7.0	4	—	—
2	6.6	4	—	—
11	5.5	2	—	—
12	5.3	6	—	—
13	5.5	6	—	—
14	6.6	6	—	—
15	5.4	10	—	—
16	4.9	7	—	—
17	5.5	17	—	—
18	6.0	4	—	—
19	5.8	6	—	—

Zehngradfeld 287

Eingradfeld	Temperatur t°	Temperatur Anzahl	Salzgehalt °/₀₀	Salzgehalt Anzahl
03	7.3	2	—	—
4	6.9	3	—	—
5	6.7	1	—	—
6	6.9	9	—	—
7	6.3	64	—	—
8	6.2	6	—	—
9	5.5	4	—	—
12	5.0	1	—	—
13	5.0	1	—	—
15	6.6	4	—	—
16	6.6	1	—	—
17	6.8	4	—	—
18	6.6	2	—	—
19	4.0	2	—	—
20	2.5	2	—	—
21	2.9	1	—	—
26	6.2	3	—	—
27	6.4	2	—	—
28	6.3	1	—	—
30	0.1	1	—	—
31	2.1	1	—	—
37	4.3	28	—	—
38	3.3	32	—	—
39	3.8	40	—	—
40	0.4	1	—	—
41	2.0	1	—	—
48	1.4	9	—	—
49	3.3	15	—	—
50	0.7	1	—	—

II. Erläuterungen zur Bearbeitung der Beilagen

1. Die Mittelwertkarten (Beilagen III—XXXVIII)

Die Mittelwertkarten der Temperatur, des Salzgehaltes und der Dichte (Beilagen III bis XXXVIII) basieren nördlich von 55° N bzw. 60° N auf den in Tabelle II wiedergegebenen Werten. Für die Gebiete A, B und C (s. Materialkarte, Beilagen I und II) wurde der Isolinienverlauf übernommen, und zwar für

Gebiet A von Böhnecke, G.: Temperatur, Salzgehalt und Dichte an der Meeresoberfläche des Atlantischen Ozeans. Wiss. Ergeb. Dtsch. Atlant. Exped. »Meteor« 1925 bis 1927, **5**, Berlin und Leipzig 1935

Gebiet B von Bullig, H.J. und Bintig, P.: Klimatologie der Nordwesteuropäischen Gewässer, Teil I. Einzelveröff. d. Seewetteramtes, Nr. 4, Hamburg 1954.

Gebiet C von Lumby, J. R.: Temperature and Salinity at the Surface of the North Sea and Adjacent Waters. Provisional Mean Charts. Service Hydrogr., Charlottenlund, 1955.

An den Übergangsstellen wurden die Isolinien einander angeschlossen. Da im Gebiet C die Eingradfeldmittelwerte der Temperatur und des Salzgehaltes entsprechend den Lumbyschen Karten nicht vorliegen, konnte für dieses Gebiet die Dichte nicht berechnet werden.

In den Gebieten, in denen die hydrographische Situation aus dem vorliegenden Material nicht eindeutig erschlossen werden konnte, wurden die Isolinien gebrochen gezeichnet. Extrapolationen auf Gebiete, in denen keine Beobachtungen vorliegen, wurden unterlassen.

Die Eisgrenze wurde dem Eisatlas Nr. 2335 des Deutschen Hydrographischen Instituts, Hamburg, entnommen. Innerhalb des schraffierten Gebietes wird stets oder fast stets (Wahrscheinlichkeit nahezu 100%) Eis angetroffen.

2. Jahresgang der Temperatur und Temperaturanomalien

Der Jahresgang der Temperatur kann auf der Basis des vorliegenden Materials nur für einige ausgewählte Gebiete angegeben werden. Zu diesem Zweck wurden jeweils zwei benachbarte Eingradfelder zusammengefaßt und die Mittelwerte gebildet. Die Kurven sind in Beilage XXXIX wiedergegeben. Außerdem ist die Jahresschwankung Δt und das Jahresmittel t_m der Temperatur angegeben, falls für alle Monate Beobachtungen vorliegen.

Die Bildung der Temperaturanomalien setzt die Bildung der Zonenmittel voraus. Dies ist an Hand des vorliegenden Materials nur im Sommer — und auch dann nur bedingt — möglich. Zwar liegen z. B. im August nahezu für alle Eingradfelder Temperaturbeobachtungen vor, diesen kommt jedoch ein sehr unterschiedliches Gewicht zu. Deshalb wurden, um allzu große Streuungen zu umgehen, alle Temperaturmittelwerte, die sich aus weniger als fünf Beobachtungen zusammensetzen, geprüft, ob sie näherungsweise dem Wert entsprechen, der auf Grund der gezeichneten Isothermen (Beilagen) zu »erwarten« wäre. Wichen die Werte um mehr als 0,5° C von den »erwarteten« ab, so wurden sie durch die letzteren ersetzt.

Ein Zonenmittel auf der Basis des Kartenausschnittes würde nur geringe Repräsentationskraft besitzen, weil die sehr kalten Gebiete des Baffin Meeres Berücksichtigung fänden, wohingegen die relativ warmen Regionen der südlichen Barents See nicht enthalten wären. Deshalb wurden die Eingradzonen-Mittelwerte nur zwischen 30° E und 60° W gebildet, also für einen 90°-Sektor (jedoch ohne Berücksichtigung der Ostsee). In den Gebieten B und C, soweit sie nördlich von 55° N liegen (s. Materialkarten), wurden die Eingradfeldmittelwerte nach H. J. Bullig u. P. Bintig[1]) zugrunde gelegt.

Tabelle III enthält die Zonenmittel für die Monate Mai und August zwischen 55° N und 76° N. Den Werten wurde in den Regionen, die in den Beilagen mit »stets« oder »fast stets Eis« gekennzeichnet sind, eine Temperatur von —1° bis —1,5° C zugrunde gelegt.

Die Anomalien für Mai und August sind in den Beilagen XL—XLI dargestellt.

Tabelle III
Eingradzonen-Mittelwerte der Temperatur für den 90°-Sektor zwischen 30° E und 60° W (ohne Berücksichtigung der Ostsee) für die Monate Mai und August

Eingradzone	Mai	August	Eingradzone	Mai	August
55—56	7,5	12,6	66—67	3,2	8,0
56—57	6,9	11,5	67—68	2,3	7,4
57—58	6,8	11,3	68—69	2,3	7,1
58—59	6,8	10,5	69—70	2,1	7,2
59—60	6,6	10,0	70—71	2,1	6,9
60—61	5,9	9,9	71—72	1,9	6,5
61—62	5,8	9,9	72—73	1,5	5,3
62—63	5,4	10,0	73—74	0,8	4,8
63—64	5,3	9,7	74—75	0,4	4,2
64—65	4,2	8,4	75—76	—0,1	2,9
65—66	3,5	8,0			

3. Langjährige Temperaturänderungen und ihre Einflüsse auf die Mittelwertkarten der Temperatur

In Abschnitt 1 ist angeführt worden, daß sich das Beobachtungsmaterial aus dem Zeitraum 1868—1953 zusammensetzt. Bei der zeitlichen Inhomogenität des Beobachtungsmaterials ist daher anzunehmen, daß Klimaschwankungen die Eingradfeld-Mittelwerte der Temperatur — und damit den Isothermenverlauf — beeinflußt haben. Die Größe dieser Beeinflussung läßt sich näherungsweise abschätzen.

Abb. 1 gibt die 10-jährigen übergreifenden Mittelwerte der mittleren Jahrestemperatur der Stationen Torungen, Hellisöy, Ona, Nordöyan (Skandinavien), Thorshavn bzw. Myggenaes (Färöer Inseln) und Vestmannaeyjar, Stykkisholmur, Papey (Island) wieder. Der Abbildung liegen die Werte von E. Frogner[2]) zugrunde, welche nach den Frognerschen Angaben auf 8^h reduziert und nach dem »Norsk Meteorologisk Arbok«, Oslo bzw. »Vedrattan«, Reykjavik, ergänzt wurden. Die Werte für Myggenaes wurden dem »Meteorologisk Arbok«, Kopenhagen 1951 (Anhang Färöer) entnommen.

[1]) H. J. Bullig u. P. Bintig, Klimatologie der Nordwesteuropäischen Gewässer, Teil I. Einzelveröff. d. Seewetteramtes, Nr. 4, Hamburg 1954.

[2]) E. Frogner, Means and Extremes of Sea Temperatures by the Norweg. Coast. Geofys. Publikasj. Vol. XV, Nr. 3, Oslo 1948.

Aus Abb. 1 geht hervor, daß die Erwärmung in den vergangenen Jahrzehnten an den Küsten etwa 0,5°—2° C betrug. Man darf vielleicht annehmen, daß sie im offenen Ozean im allgemeinen 1° C nicht überschreitet. Obgleich somit eine Verschiebung der Isothermen lokal möglich ist, bleibt sie in den meisten Gebieten (wegen der Scharung der Isothermen) relativ gering.

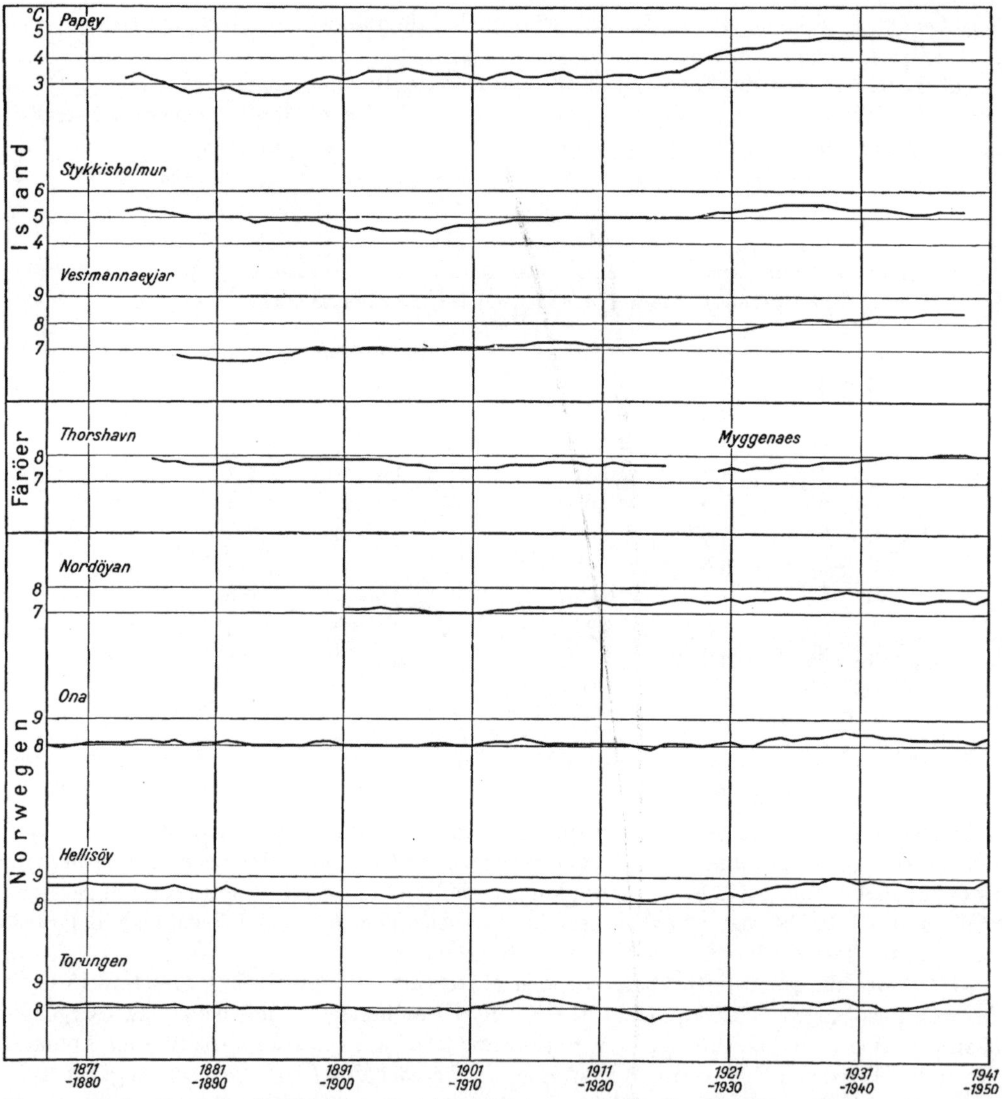

Abb. 1. 10-jährige übergreifende Mittelwerte der mittleren Jahrestemperatur für einige Küstenstationen Norwegens, der Färöer und Islands

4. Unterschiede zwischen dem Jahresgang der Temperatur an der Küste und in den vorgelagerten Meeresgebieten

Ein Vergleich der Temperaturwerte der norwegischen Küstenstationen mit den Werten, die in den betreffenden Eingradfeldern in offener See gemessen wurden, zeigt, daß zwischen dem

Tabelle IV

Temperaturdifferenz zwischen Küstenstation und offener See für Norwegen in den Monaten Januar bis Dezember.
Eingeklammerte bzw. fettgedruckte Zahlen bedeuten, daß weniger als 10 bzw. mehr als 50 Schiffsbeobachtungen vorliegen.

Station	φ (N)	λ (E)	I	II	III	IV	V	VI	VII	VIII	IX	X	XI	XII
Andenes II	69° 19′	16° 07′	— 3.4	— 4.8	— 3.6	— 2.0	— 1.1	+ 0.7	+ 0.1	— 1.4	— 1.5	— 2.4	**— 2.9**	**— 3.7**
Björnöya*)	74° 28′	19° 17′	(— 2.3)	—	(— 0.9)	(— 3.2)	(— 4.5)	1.3—	**— 0.7**	+ 0.1	(+ 0.7)	(— 0.9)	— 0.4	— 4.5
Eggum	68° 22.8′	13° 38.7′	— 1.3	— 0.1	+ 0.1	— 0.9	— 1.4	— 0.5	— 0.4	— 0.8	— 0.4	(+ 0.3)	— 0.2	— 0.7
Fruholmen	71° 06′	23° 59′	(— 3.6)	(— 0.5)	(— 1.8)	(— 2.5)	**— 2.0**	— 1.1	— 0.2	— 0.9	(+ 0.3)	(— 2.2)	(— 1.7)	(— 1.6)
Gjesvaer	71° 06′	25° 22′	—	(— 4.2)	—	(— 2.0)	— 1.6	+ 0.5	0.0	— 0.3	(— 1.1)	(— 2.1)	(— 3.2)	— 3.3
Hellisöy	60° 45′	4° 43′	**— 0.6**	**— 0.9**	**— 0.9**	**— 0.7**	**— 0.1**	**+ 0.8**	**— 0.4**	**— 0.4**	**— 0.2**	**— 0.1**	**+ 0.2**	**— 0.5**
Ingöy	71° 04′	24° 09′	—	(— 0.7)	—	(— 0.1)	— 1.0	(+ 1.0)	+ 0.1	(+ 0.2)	(+ 0.7)	(— 1.8)	(— 0.2)	(— 1.0)
Krakanes	62° 02′	4° 59′	**— 1.0**	**— 1.1**	**— 1.0**	**— 0.3**	**— 0.2**	+ 0.1	**0.0**	**+ 1.8**	**+ 0.6**	**0.0**	**0.0**	**— 0.6**
Lödingen	68° 19′	15° 39′	— 2.0	**— 2.2**	**— 1.3**	**— 0.9**	— 0.1	**+ 0.8**	**+ 1.1**	**— 0.1**	**— 1.5**	— 2.4	— 1.2	— 2.9
Loppa	70° 20′	21° 27′	(— 4.1)	(— 2.2)	(— 1.9)	(— 1.1)	— 1.7	(— 0.2)	+ 0.1	+ 0.6	— 0.6	(— 2.2)	(— 2.2)	(— 3.6)
Makkaur	70° 42′	30° 05′	(— 0.7)	(— 1.2)	(— 1.2)	— 1.5	— 1.6	**— 1.1**	— 0.4	— 1.0	— 0.4	— 0.4	(— 1.6)	(— 0.9)
Myken	66° 46′	12° 29′	+ 0.5	+ 0.6	+ 0.1	— 0.3	— 0.9	— 0.9	0.0	**— 0.4**	0.0	+ 0.2	+ 1.4	+ 0.4
Navaren	69° 19′	18° 33′	(— 2.0)	— 2.3	(— 0.8)	(— 0.1)	+ 0.7	+ 1.6	+ 2.0	+ 1.0	— 0.6	— 1.8	(— 1.3)	(— 2.9)
Nordöyan	64° 48′	10° 33′	— 0.6	— 0.8	— 0.5	— 1.0	— 1.0	0.0	+ 0.2	— 0.6	(— 0.6)	— 0.6	(— 1.2)	— 1.7
Nyksund	69° 00′	15° 01′	**— 2.6**	**— 3.5**	**— 3.6**	— 2.4	— 1.7	— 0.3	0.0	— 0.8	— 0.7	— 0.6	— 1.2	— 1.5
Ona	62° 52′	6° 33′	**— 0.1**	**+ 0.2**	**— 0.1**	— 0.8	— 1.0	—2.6	— 1.1	— 0.8	— 0.2	— 0.3	— 0.6	— 0.9
Prestöy	64° 47′	11° 07′	(— 1.3	(— 1.7)	(— 1.4)	(— 1.3)	(+ 0.3)	(+ 0.4)	(+ 1.5)	+ 0.1	—	(— 1.5)	(— 2.1)	(— 1.8)
Reine	67° 56′	13° 09′	**— 0.6**	**— 0.5**	**— 0.5**	**+ 0.1**	**+ 0.1**	**+ 0.3**	**0.0**	**— 0.2**	**0.0**	**— 0.4**	**— 0.3**	**— 0.5**
Rundöy	62° 23′	5° 38′	**— 2.4**	**— 2.1**	**— 1.0**	**+ 0.9**	**+ 2.2**	+ 1.5	**+ 1.5**	**+ 0.6**	**0.0**	**— 1.6**	**— 2.0**	**— 3.0**
Skomvaer	67° 25′	11° 53′	— 1.7	— 1.2	— 1.7	— 1.2	— 1.2	— 0.4	— 1.1	— 1.8	— 1.4	— 1.0	— 1.0	— 1.6
Skrova	68° 97.5′	14° 39.4′	+ 0.3	**+ 0.4**	**— 0.2**	**+ 0.1**	— 0.5	**— 1.6**	**+ 1.8**	+ 0.6	**+ 1.1**	**+ 0.3**	+ 1.2	0.0
Sognesjöen	61° 01.4′	4° 50.5	**— 0.7**	**— 0.8**	**— 0.7**	**— 0.3**	**+ 0.1**	**— 0.2**	**+ 1.5**	**+ 0.5**	**+ 0.7**	**— 0.2**	**+ 0.5**	**— 0.8**
Sula	63° 51′	8° 28′	(— 0.5)	— 1.0	— 0.9	+ 0.1	— 0.4	(— 2.4)	— 0.1	— 0.7	+ 0.7	— 0.8	(— 1.2)	— 1.1
Tritan	63° 40′	8° 19′	(— 1.8)	— 1.9	— 1.4	— 0.4	0.0	(— 1.8)	+ 0.5	— 0.3	+ 0.1	— 2.1	(— 2.5)	— 1.7

*) Für Björnöya liegt nur ein 8jähriges Mittel vor.

Jahresgang der Temperatur an der Küste und dem in der vorgelagerten See beträchtliche Unterschiede auftreten können. Die Untersuchung basiert auf den 60-jährigen Mittelwerten der norwegischen Küstenstationen nach E. Frogner[2]) (die 60-jährigen Mittelwerte enthalten zum Teil Extrapolationen) sowie den Schiffsbeobachtungen gemäß Tabelle II. Die Abweichungen sind in Tabelle IV wiedergegeben. Aus Tabelle IV ist zu entnehmen, daß im allgemeinen, wie zu erwarten, der Jahresgang der Temperatur an der Küste extremer ist als in offener See. Aber die Abweichungen, die hiervon auftreten, sind doch recht erheblich. Wenn auch die Anzahl der Werte, auf denen die Untersuchung basiert, nicht immer sehr groß ist, so bleiben doch einige Erscheinungen, die wahrscheinlich als real anzusehen sind:

1. Die Stationen Makkaur, Nyksund und Skomvaer weisen während des ganzen Jahres niedrigere Temperaturen auf als die offene See. Auch Björnöya, Eggum, Fruholmen, Gjesvaer, (Hellisöy), Nordöyan, Ona, Sula und Tritan zeigen eine solche Tendenz. Das sind 12 von 27 Stationen.
2. Die Station Myken ist im Winter wärmer als die offene See, im Sommer kälter. Ähnliches zeigt sich auch bei Skrova, obgleich dort die Gegenläufigkeit zum normalen Temperaturgang nicht so ausgeprägt ist.

Welche Faktoren die Temperaturunterschiede zwischen der Küste und der offenen See bei den einzelnen Stationen bedingen, läßt sich ohne Kenntnis der lokalen Verhältnisse nicht entscheiden. Sicherlich spielen dabei verschiedene Prozesse — z. B. Gezeitenstrom-Turbulenz, Tiefe des Wassers, Süßwasserzufuhr usw. — eine Rolle.

III. Die mittleren hydrographischen Verhältnisse an der Meeresoberfläche des nördlichen Nordatlantischen Ozeans

Die hydrographischen Verhältnisse an der Meeresoberfläche werden nur zum Teil durch die lokalen Prozesse bestimmt, die an der Meeresoberfläche selbst wirksam sind (Strahlung, Niederschlag und Verdunstung, Eisbildung und Eisschmelze, Süßwasserzufuhr vom Festland usw.); im allgemeinen ergeben sich die oberflächennahen Verhältnisse aus den Vorgängen, die in einer mehr oder weniger mächtigen Schicht stattfinden. Neben der Advektion, den Divergenz- und Konvergenzerscheinungen, welche stets mit Vertikalbewegungen verbunden sein müssen, greifen vor allem die Vermischungsvorgänge, welche durch die verschiedenen dynamischen Prozesse bewirkt werden (Wirbel, Gezeitenströme, Wind usw.), bestimmend in die hydrographischen Verhältnisse ein. Eine Interpretation der oberflächennahen Verteilung von Temperatur und Salzgehalt wird daher stets nur aus einer dreidimensionalen Betrachtung der ozeanischen Vorgänge folgen können. In diesem Sinne seien an die Beilagen I—XLI einige Bemerkungen geknüpft.

1. Das Europäische Nordmeer und das Seegebiet westlich des Färöer-Island-Grönland-Rückens

Wie den Materialkarten (Beilagen I und II) zu entnehmen ist, liegen im Seegebiet westlich des oben genannten Rückens an der Meeresoberfläche (im Sommer) zahlreiche Beobachtungen vor, insbesondere in der Nähe Islands sowie auf dem Schiffahrtsweg Färöer-Westgrönland. Die zentrale und westliche Labrador See hingegen, das Baffin Meer und die Region des Ostgrönlandstromes sind weniger dicht mit Beobachtungen belegt.

Die mittleren Verhältnisse in der Tiefe dieser Gebiete sind zur Zeit nicht überall hinreichend bekannt. Über die Dichte des Beobachtungsnetzes in diesen Regionen gibt eine Zusammenstellung im »Marion«-Werk[3]) Auskunft (Stand: 1935). Nach dem Kriege hat das dänische Forschungsschiff »Dana« mehrere Profile Färöer-Kap Farvel bzw. Irland-Kap Farvel durchgeführt, welche insbesondere eine sehr scharf ausgeprägte Front zwischen dem Atlantischen Wasser und dem Mischwasser der Irminger See erkennen lassen. In den vorliegenden Mittelwertkarten laßt sich jedoch eine stärkere Scharung der Isothermen in dem in Frage kommenden Gebiet nicht auffinden. Offenbar unterliegt diese Front — wie zu erwarten — in längeren Zeiträumen doch größeren Verlagerungen, so daß sie in der mittleren Verteilung eliminiert wird*). »Dana« hat auch die Arbeiten im Westgrönlandstrom nach dem Kriege wieder intensiviert; die hydrographischen Verhältnisse in dieser Region werden alljährlich untersucht.

In der Irminger See und im Ostgrönlandstrom wurden durch »Anton Dohrn« die deutschen Untersuchungen wieder aufgenommen, im Seegebiet um Island wurde besonders durch das isländische Forschungsschiff »Aegir« Beobachtungsmaterial gesammelt.

Das Europäische Nordmeer ist in weiten Regionen auch heute noch nicht hinreichend dicht mit Beobachtungsmaterial belegt. Dies gilt insbesondere von seinem zentralen Teil. Die umfangreichen neueren Untersuchungen, die in den letzten Jahren mit »G. O. Sars« durchgeführt wurden, scheinen jedoch im wesentlichen das von Helland-Hansen und Nansen[4]) entworfene Bild über die hydrographische Gesamtsituation zu bestätigen.

Allgemein können folgende Expeditionen bzw. Expeditionsberichte als die wesentlichsten Grundlagen der hier (insbesondere in Abschnitt IV) entwickelten Ansichten angesehen werden:

Europäisches Nordmeer: B. Helland-Hansen and F. Nansen:
»The Norwegian Sea«[4]) and »The Sea west of Spitsbergen«[5]).

Irminger See und Ostgrönlandstrom:

Dana 1920—22—32—33, Heimland 1933, Meteor 1929—30—33—35, Øst 1929, Polaris 1932, Veiding 1931

Labrador See und Baffin Meer:

Godthaab 1928, Marion 1928.

Eine ausführliche Diskussion der hydrographischen Situation erübrigt sich durch diese Hinweise. Einige Bemerkungen, die sich im wesentlichen daraus ergeben, daß die Beilagen einen Überblick über das gesamte Gebiet des nördlichen Nordatlantischen Ozeans vermitteln, seien jedoch angeführt.

Temperatur-, Salzgehalt- und Dichteverteilung (in den Beilagen III—XXXVIII) zeigen südlich von 60° N eine merklich zonale Komponente im Isolinienverlauf, wohingegen im Norden die Isolinien in erster Näherung küstenparallel verlaufen. Diese Küstenparallelität in den höheren Breiten ist eine sehr markante Erscheinung. Während jedoch das Temperaturgefälle sowohl zur Küste als auch zur offenen See gerichtet sein kann — entsprechend den Strömungsverhältnissen — nimmt der Salzgehalt prinzipiell in Richtung Küste ab. Es liegt nahe, als Ursache für das letztere die Süßwasserzufuhr vom Festland anzusehen.

Ausschlaggebend für die Temperaturverteilung scheint demgegenüber das Strömungssystem zu sein, welches an den Westküsten warmes Wasser nach Norden, an den Ostküsten kaltes Wasser nach Süden transportiert. Dadurch entstehen zum Teil ausgesprochen große zonale Temperaturunterschiede auf engstem Raum (z. B. südwestliche Dänemarkstraße).

[3]) E. Smith, F. Soule and O. Mosby (1937), The Marion and General Greene Expeditions to Davis Strait and Labrador Sea. Scientific Results, Part 2 U S. Treasury Dep. Coast Guard, Bull. No. 19, S. 11.

[4]) B. Helland-Hansen and F Nansen (1909), The Norwegian Sea, Rep. on Norweg. Fishery and Marine Investig Vol. II, No. 2

[5]) B. Helland-Hansen and F. Nansen (1912), The Sea West of Spitsbergen. Videnskap. Skrifter, I. Mat. Naturv Klasse 1912, No. 12.

*) Die Untersuchungen mit »Anton Dohrn« im Juni und Oktober 1955 zeigen ebenfalls keine Front.

Die Unterschiede in der Temperaturverteilung, welche sich daraus ergeben, daß sich die absorbierte Strahlungsenergie bei örtlich verschiedener vertikaler Stabilität des Massenfeldes an der Meeresoberfläche verschieden stark auswirkt, lassen sich zwar ebenfalls nachweisen (z. B. Jahresgang der Temperatur im Bereich des Ostislandstromes, Beilage XXXIX), sie treten jedoch im allgemeinen gegenüber den strömungsbedingten Temperaturunterschieden stark zurück. Die meridionalen Temperaturunterschiede, welche aus der polwärts abnehmenden Intensität der von der Sonne kommenden Strahlungsmenge folgen müssen, treten nördlich von 60° nur schwach in Erscheinung. Im Europäischen Nordmeer ist das Temperaturgefälle nahezu zonal gerichtet.

Man kann somit die großräumige Temperaturverteilung im nördlichen Nordatlantischen Ozean in erster Näherung als advektionsbedingt ansehen.

In der Salzgehaltsverteilung treten die advektiven Züge zwar auch hervor, die wesentlichen Merkmale sind jedoch die bereits erwähnten Gradienten vor den Küsten. Oft verstärkt durch die Eisschmelze (Grönländisches Strömungssystem, Labradorstrom usw.) oder durch Advektion salzarmen Wassers (z. B. Baltischer Strom) wird der Salzgehalt vor den Küsten bis auf 30 ‰ herabgesetzt. Im Gebiet der Petschora- und Obmündung (s. folgenden Abschnitt) ist die Aussüßung noch stärker. Diese Unterschiede in der Salzgehaltsverteilung sind in den höheren Breiten auf dem Schelf meist bestimmend für das Massenfeld — und damit für das Strömungssystem —, da die Dichte vom Salzgehalt stärker beeinflußt wird als von der Temperatur.

Der Jahresgang der Temperatur (Beilage XXXIX) in den höheren Breiten des Nordatlantischen Ozeans wird von verschiedenen Faktoren beherrscht, wodurch eine Deutung der einzelnen Kurven nicht ohne weiteres möglich ist. Dennoch deuten sich einige generelle Züge an:

Es scheint, daß die Jahresschwankung der Temperatur in den Regionen mit Advektion warmen Wassers größer, in denen mit Advektion kalten Wassers geringer ist als in stromschwachen Gebieten. So findet man im Bereich des warmen Norwegischen Stromes nordwärts abnehmend $\Delta t = 6{,}5^{0}$, $\Delta t = 6{,}1^{0}$ und $\Delta t = 5{,}0^{0}$C. Entsprechendes zeigt sich an der westgrönländischen Küste mit $\Delta t = 5{,}4^{0}$ vor Godthaab und $\Delta t = 5{,}0^{0}$ vor der Discobay. Die warmen Meeresströmungen (Norwegischer Strom, Irminger Strom, Westgrönlandstrom) weisen sämtlich Jahresschwankungen von mehr als 5° C auf. Demgegenüber haben die Gebiete ohne Advektion wesentlich anders temperierten Wassers, wozu insbesondere die Felder zwischen Island und Schottland gerechnet werden dürfen, Jahresschwankungen zwischen 4° C und 5° C.

Die Schwankungen in den kalten Meeresströmungen bleiben in der Regel unter 4° C (Ostgrönlandstrom bei Kap Farvel $\Delta t = 3{,}4^{0}$, bei Frederikshaab $\Delta t = 3{,}7^{0}$; Bäreninselstrom $\Delta t = 3{,}0^{0}$), was zum großen Teil durch die Eisschmelze bedingt ist. Eine Ausnahme bildet der Ostislandstrom, dessen große Jahresschwankung bekannt ist. Sie ist darauf zurückzuführen, daß in diesem das gesamte vorhandene Eis bereits im Frühling schmilzt (keine Eisberge), wodurch sich eine stabile Deckschicht bildet, welche einer starken Erwärmung ausgesetzt ist. Darum tritt in diesem Strom das Temperaturminimum auch erst im Mai ein*).

Ähnliches findet sich auch im Bäreninselstrom, wo sich das Minimum sogar bis in den Juni hineinzieht. Die anschließende Erwärmung ist jedoch bedeutend geringer. (Das scheinbare Paradoxon, daß die Temperatur in dieser Region im Januar höher liegt als im Dezember, kann damit erklärt werden, daß im Winter wahrscheinlich eine Verlagerung der Grenze zwischen dem kalten und dem benachbarten warmen Wasser — Westspitzbergenstrom — stattfindet).

Im allgemeinen zeigen die Beilagen III—XLI die zu erwartenden Züge. Bei der Isolinienführung wurden Besonderheiten auch nur dann zum Ausdruck gebracht, wenn sie entweder

*) Der Eisrückgang der letzten Jahrzehnte kann zu Abweichungen gegenüber diesen (vorwiegend auf älterem Material beruhenden) Befunden geführt haben.

eindeutig aus dem gesammelten Material hervorgingen, oder aber, wenn sich die Besonderheiten in mehreren Monaten zeigten, so daß ihre Existenz als wahrscheinlich angesehen werden konnte.

Als solche Besonderheiten sehen wir an: Im nordwestlichen Baffin Meer tritt in der Temperaturverteilung eine merkliche Erwärmung auf (im August $> 3^0$ C), welche in den einzelnen Beobachtungen sogar 5^0 C überschreitet. Es handelt sich hierbei um das sogenannte Nordwasser, dessen Existenz verschiedentlich belegt wurde[6]. Es ist dies eine ausgedehnte (meist auch im Winter eisfreie) Wasserfläche am Eingang des Smith-Sundes, die sowohl den Eskimos als auch den Walfängern bekannt ist. E. K. Kane[6]) schätzt diese Fläche auf 90000 Quadratmeilen. Kane gibt als höchste Temperaturen dieses Gebietes $6{,}7^0$ C an. Da das Nordwasser an der Meeresoberfläche durch eine Zone häufigen Eises und sehr niedriger Temperaturen gegen das warme Wasser vor der Westgrönländischen Küste abgeschirmt ist, kann es seine Ursache nur in dem in der Tiefe über den Holstenborg-Rücken strömenden Wasser haben, welches — wir schließen uns in diesem Punkte der Meinung von L. Mecking[6]) an — im nordwestlichen Baffin Meer aufsteigt. Welche Prozesse das Aufsteigen des Wassers erzwingen, läßt sich jedoch nicht eindeutig sagen. Daß der Westeisstrom (Canadian Polar Current) und der Mitteleisstrom — beides Oberflächenströme — aus dieser Region Wasser nach Süden führen, ist bekannt. Es liegt daher nahe, daß dieses Absaugen des oberflächennahen Wassers einer Kompensation bedarf. Vielleicht haben auch ablandige Winde einen Einfluß auf diesen Vorgang.

Eine andere Erscheinung ist das zungenförmige Gebilde, welches sich sowohl in der Temperatur- als auch in der Salzgehaltsverteilung der Labrador See nachweisen läßt. Im Mai beginnt sich bei etwa 62^0 N, 55^0 W ein linsenförmiges Temperatur- und Salzgehaltsminimum auszubilden, welches im Juni mit Temperaturen $< 2^0$ C und einem Salzgehalt unter $33^0/_{00}$ am stärksten ausgeprägt ist. Die Erscheinung verschwindet im September, sie steht während der Sommermonate mit den kalten Regionen der westlichen Davis-Straße in Verbindung. Da es sich um ein Temperatur- und Salzgehaltsminimum im Sommer handelt, liegt es nahe, schmelzendes Eis als Ursache anzusehen. Es ist anzunehmen, daß das Trifteis aus dem Baffin Meer unter dem Einfluß der vorherrschend nördlichen Winde[7]) nicht in Gänze dem (küstenparallelen) Verlauf des Labradorstromes folgt, sondern zum Teil direkt nach Süden triftet, wo es dann beim Eindringen in die wärmeren Regionen abschmilzt (Temperatur- und Salzgehaltsminimum). Dieser Vorgang führt zu einem Dichteminimum, welches die umgebenden Wassermassen — entsprechend den dynamischen Gesetzen — im antizyklonalen Sinne in Bewegung setzt, so daß das warme Wasser ($> 8^0$ C im August) nicht längs der grönländischen Küste, sondern im zentralen bzw. sogar westlichen Teil der Labrador See nach Norden vordringt. Das Dichteminimum scheint auch eine Rolle beim Abbiegen des Westgrönlandstromes zu spielen; dessen Wassermassen zweigen nicht direkt nach Westen ab und schließen sich dem Labradorstrom an, sondern werden — wie die Untersuchungen der Godthaab-Expedition[8]) zeigen — von diesem Dichteminimum gesteuert.

Im Europäischen Nordmeer treten insbesondere die sogenannte Nordbucht (74^0—76^0 N, 5^0 E) und der Is-Odden (73^0 N, 0^0) hervor, welche in der früheren Literatur häufig erwähnt werden.

Bemerkenswert ist schließlich, daß sich in drei Regionen warme Meeresströmungen aufspalten und sich einer kalten Strömung anschließen:

[6]) L. Mecking (1906), Die Eistrift aus dem Bereich der Baffin-Bai. Veröff. Inst. f. Meereskunde, Heft 7, Berlin.

[7]) M. Rodewald (1955), Klima und Wetter der Fischereigebiete West- und Südgrönlands. Amtl. Veröff. d. Seewetteramtes, Hamburg.

[8]) A. Kiilerich (1939), A theoretical treatment of the hdyrographical observations material. (The Godthaab Exped.) Kopenhagen.

1. Der Westgrönlandstrom vor der Davis-Straße. Er spaltet sich dort; ein Arm fließt weiter küstenparallel nach Norden, der andere flankiert den Labradorstrom. Während das kalte Wasser des Labradorstromes den Schelf beherrscht, strömt das warme am Kontinentalabhang.
2. Der Irmingerstrom in der Dänemarkstraße. Er spaltet sich ebenfalls; ein Arm fließt weiter küstenparallel längs Nordislands nach Osten, der andere schließt sich dem Ostgrönlandstrom an. Auch hier beherrscht das kalte Wasser den Schelf, das warme fließt wieder nur am Kontinentalabhang
3. Der Westspitzbergenstrom bei 80° N. Auch dort wiederholt sich der gleiche Vorgang. Das warme Wasser umrundet in einem Arm Spitzbergen im Norden, der andere schließt sich dem kalten Ostgrönlandstrom an und fließt am Kontinentalabhang nach Süden.

Wir werden auf diese Erscheinung im Abschnitt IV, 3 zurückkommen und in diesem Zusammenhang weitere Vorgänge erwähnen.

2. Die Barents- und Kara-See

Das Material der Tabelle II umfaßt zahlreiche Expeditionen in die Barents- und Kara-See, so daß es möglich war, auch für diese Gebiete während des Sommerhalbjahres Darstellungen der Temperatur und des Salzgehaltes zu entwerfen. Im allgemeinen liegen jedoch pro Eingradfeld nur sehr wenige Beobachtungen vor (meist weniger als fünf), weswegen bei der Isolinienführung nur die großen Züge hervorgehoben wurden.

In den Abb. 2—11 sind die Temperatur- und Salzgehaltsverteilungen für die Monate Mai—September wiedergegeben. Die schraffierten Gebiete stellen Regionen dar, in denen stets oder fast stets (Wahrscheinlichkeit nahezu 100%) Eis angetroffen wird. Sie sind dem Eisatlas Nr. 2335 des Deutschen Hydrographischen Instituts, Hamburg, entnommen.

Die Abb. 2—6 zeigen, daß die Temperaturverteilung auch in der Barents-See vorwiegend durch das Strömungssystem beherrscht wird. Im Salzgehalt (Abb. 7—11) spielt die Süßwasserzufuhr vom Festland offenbar die beherrschende Rolle, insbesondere zeichnen sich die Mündungsgebiete der nordsibirischen Flüsse deutlich ab. So wird im Mündungsbereich der Petschora (südlich von Nowaja Semlja) der Salzgehalt zwischen Mai und Juli von etwa 34,0‰ auf weniger als 20,0‰ reduziert. Dies führt im Sommer zur Ausbildung einer oberflächennahen Deckschicht mit entsprechenden Temperaturerhöhungen (10° C im August). Ähnliches — weit stärker ausgebildet — zeigt sich in der östlichen Kara-See, welche unter dem Einfluß der Süßwasserzufuhr von Ob und Jenissej steht. Im August wird dort der Salzgehalt auf Werte kleiner als 10 ‰ herabgesetzt. Diese Störung breitet sich im Sommer stark aus und umfaßt die gesamte nördliche Kara-See, deren Salzgehalt wegen des Abschmelzens der winterlichen Eisdecke allgemein bei niedrigeren Werten liegt als der der entsprechenden Regionen in der Barents-See. Die haline Schichtung scheint generell von sehr wesentlicher Bedeutung für die sommerliche Temperatur an der Meeresoberfläche zu sein.

Es ist offenbar, daß mit den starken Salzgehaltsgradienten vor der Küste eine entsprechende küstenparallele Strömung verknüpft sein muß. Man darf aus dem Gang der Süßwasserzufuhr auf eine wesentliche Intensivierung des Strömungssystems im Sommer schließen, falls die verstärkte Süßwasserzufuhr nicht zu weiträumigen Niveaudifferenzen der Meeresoberfläche führt.

Eine Besonderheit in der Salzgehaltsverteilung des Monats August stellt die Zunge relativ hohen Salzgehaltes ($>$ 33,00‰) östlich von Spitzbergen dar; auch in den übrigen Monaten macht sich (in einzelnen Beobachtungen) östlich Spitzbergens der Einfluß des Westspitzbergenstromes bemerkbar. Dieses Wasser umrundet — wie es den Anschein hat — nicht Nordostland, sondern dringt durch die Hinlopen Straße (zwischen Westspitzbergen und Nordostland)

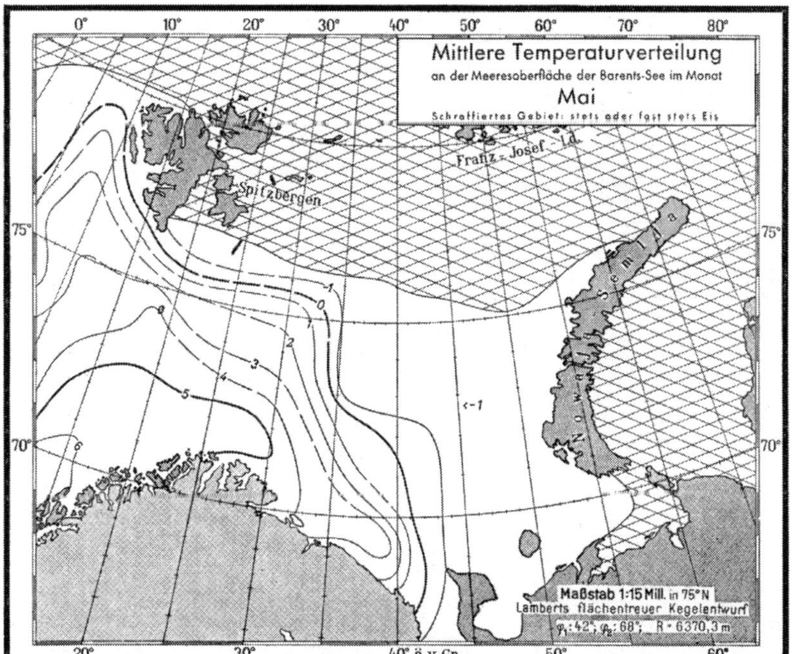

Abb. 2. Mittlere Temperaturverteilung an der Meeresoberfläche der Barents-See im Monat Mai. Schraffiertes Gebiet: stets oder fast stets Eis

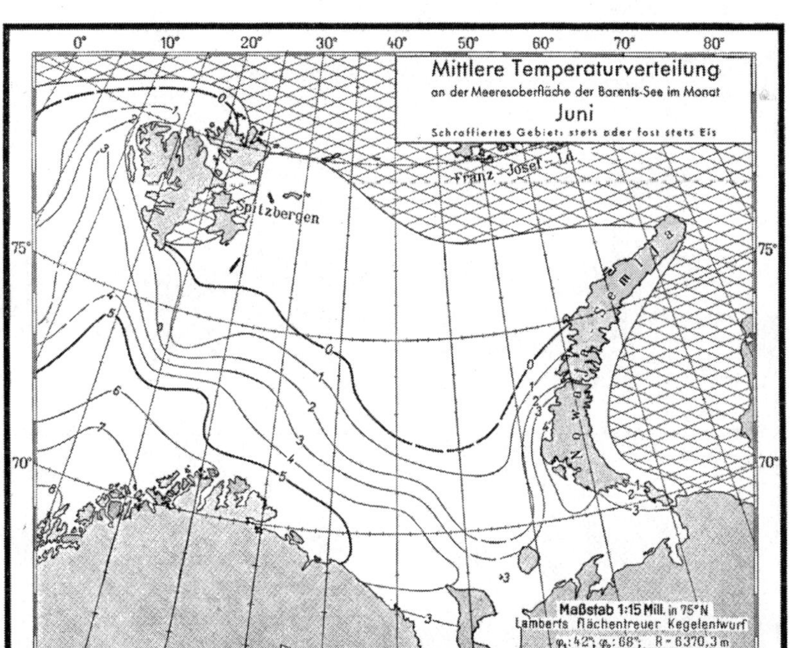

Abb. 3. Mittlere Temperaturverteilung an der Meeresoberfläche der Barents-See im Monat Juni. Schraffiertes Gebiet: stets oder fast stets Eis

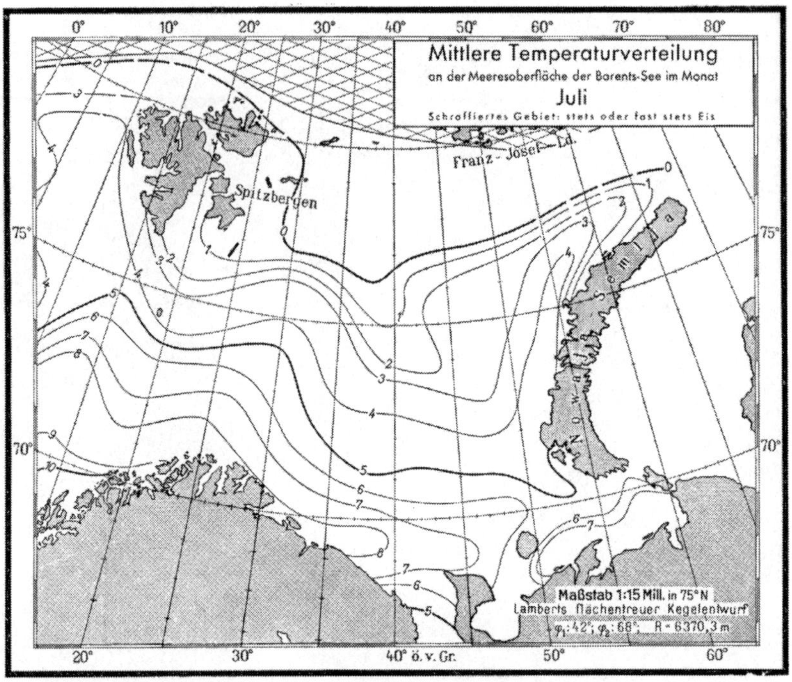

Abb. 4. Mittlere Temperaturverteilung an der Meeresoberfläche der Barents-See im Monat Juli. Schraffiertes Gebiet: stets oder fast stets Eis

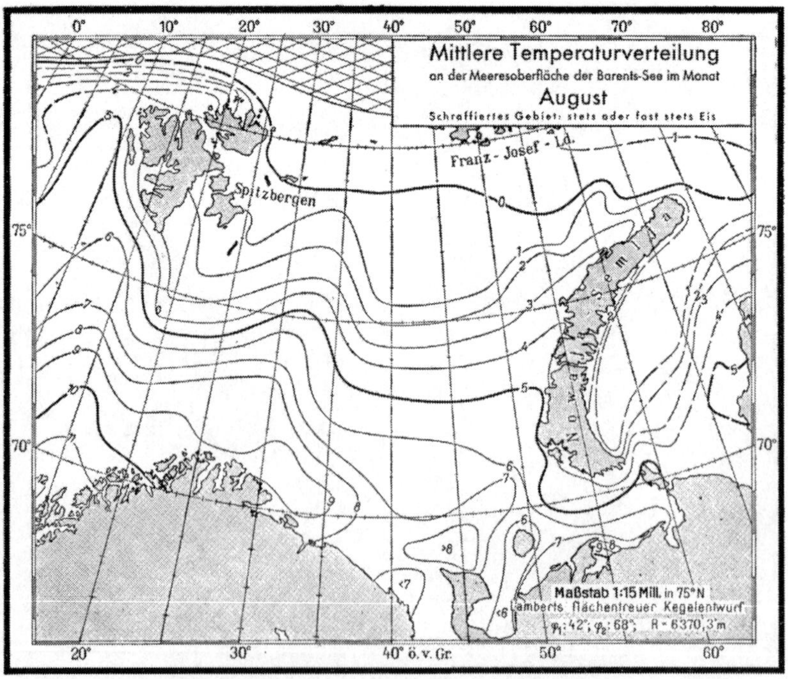

Abb. 5. Mittlere Temperaturverteilung an der Meeresoberfläche der Barents-See im Monat August. Schraffiertes Gebiet: stets oder fast stets Eis

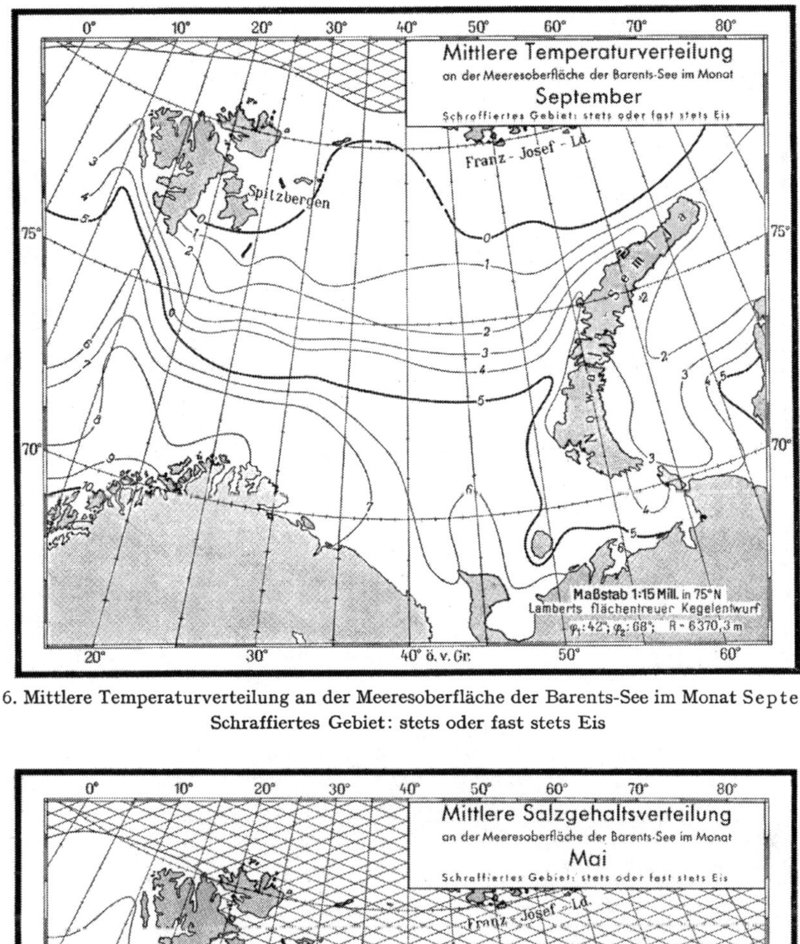

Abb. 6. Mittlere Temperaturverteilung an der Meeresoberfläche der Barents-See im Monat September.
Schraffiertes Gebiet: stets oder fast stets Eis

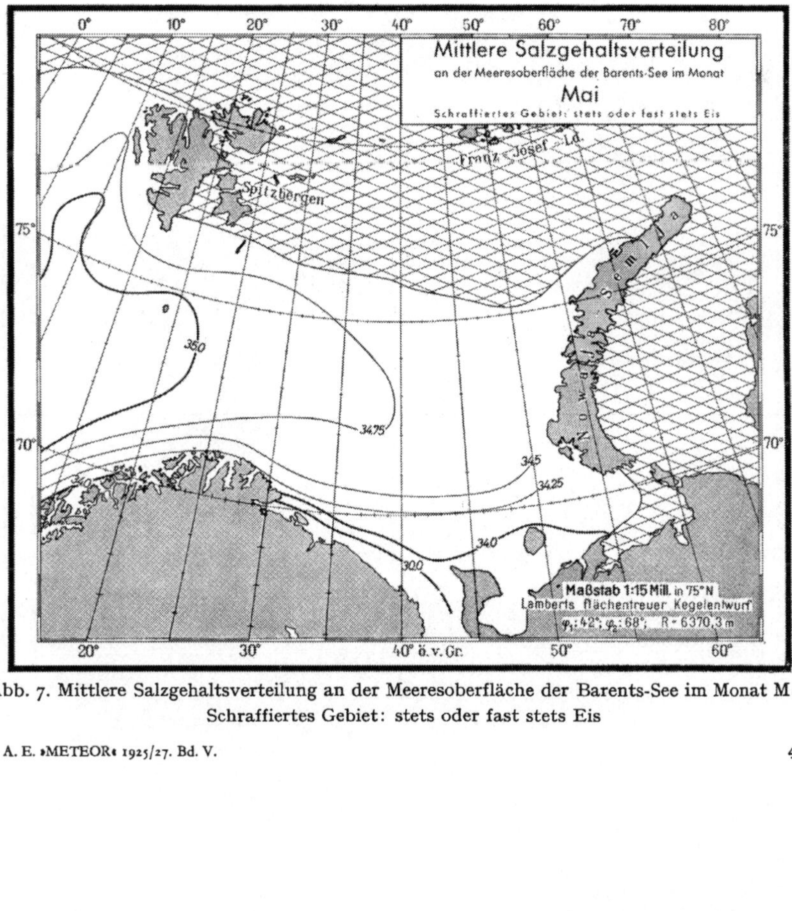

Abb. 7. Mittlere Salzgehaltsverteilung an der Meeresoberfläche der Barents-See im Monat Mai.
Schraffiertes Gebiet: stets oder fast stets Eis

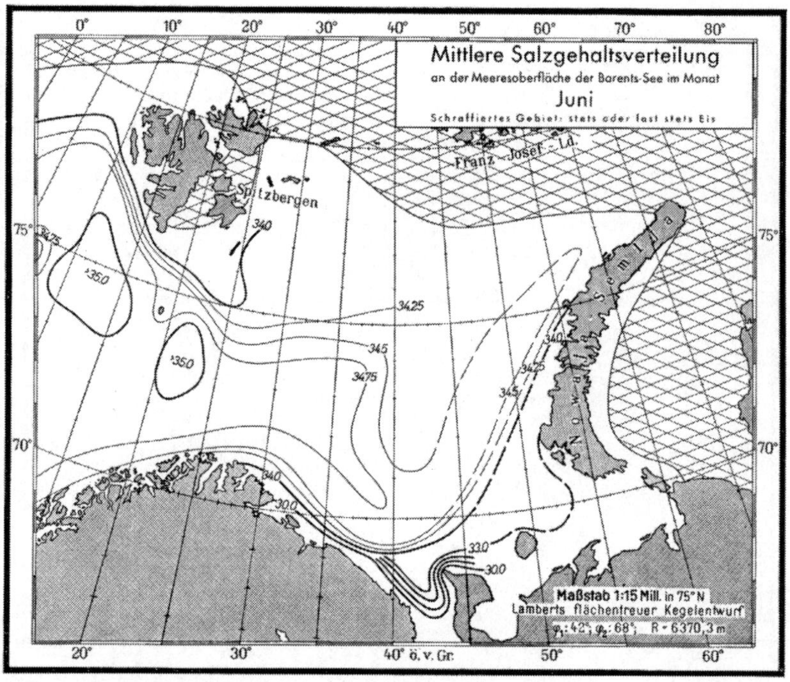

Abb. 8. Mittlere Salzgehaltsverteilung an der Meeresoberfläche der Barents-See im Monat Juni. Schraffiertes Gebiet: stets oder fast stets Eis

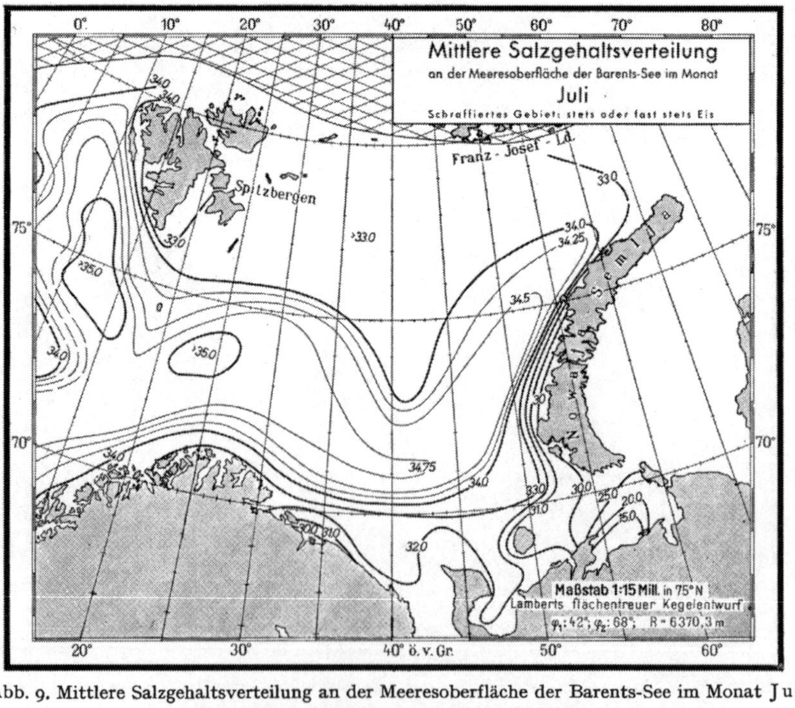

Abb. 9. Mittlere Salzgehaltsverteilung an der Meeresoberfläche der Barents-See im Monat Juli. Schraffiertes Gebiet: stets oder fast stets Eis

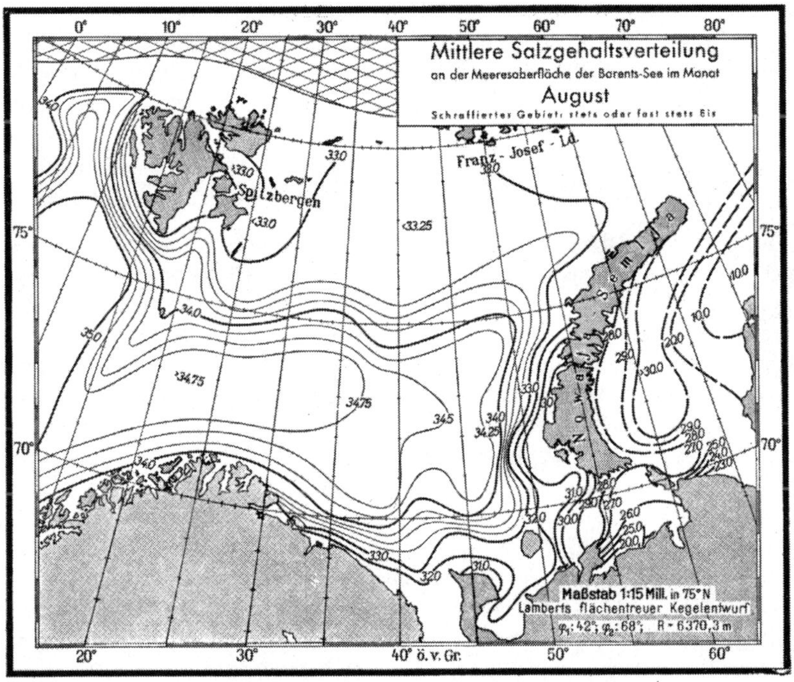

Abb. 10. Mittlere Salzgehaltsverteilung an der Meeresoberfläche der Barents-See im Monat August. Schraffiertes Gebiet: stets oder fast stets Eis

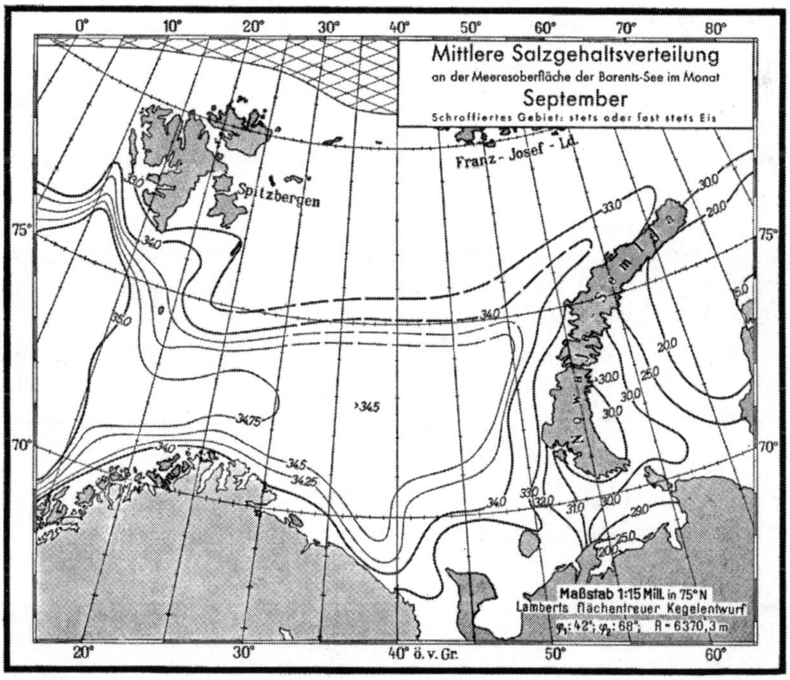

Abb. 11. Mittlere Salzgehaltsverteilung an der Meeresoberfläche der Barents-See im Monat September. Schraffiertes Gebiet: stets oder fast stets Eis

südostwärts vor. Zwischen den Inseln existiert nach den Beobachtungen der »Quest«-Expedition (1931) eine Strömung von etwa 4 cm/sec in der angegebenen Richtung[9]). Diese Expedition konnte auch zeigen, daß die Inseln östlich von Spitzbergen — wie alle Inseln in den hohen Breiten des Nordatlantischen Ozeans — von antizyklonalen Ringströmen umgeben sind.

IV. Versuch einer Interpretation der hydrographischen Verhältnisse und des Strömungssystems im nördlichen Nordatlantischen Ozean

Im Abschnitt III wurde darauf hingewiesen, daß die Temperatur- und Salzgehaltsverteilungen sowohl lokale als auch advektive Züge besitzen. Die advektiven deuten auf das Strömungssystem hin. Wegen der innigen Verknüpfung zwischen diesem und dem Massenfeld ist es jedoch nicht ohne weiteres möglich zu sagen, ob und inwieweit das Strömungssystem die hydrographischen Verhältnisse bedingt oder umgekehrt. Denn es ist wohl denkbar, daß das Strömungssystem in seinen wesentlichen Zügen windbedingt ist, aber auch, daß die an der Oberfläche und an den Küsten wirksamen Prozesse (Niederschlag und Verdunstung, Süßwasserzufuhr, Sonnenstrahlung usw.) die Ursache des Strömungssystems sind. All diese Prozesse erzeugen in der Berandungsfläche (Meeresoberfläche, Küstenlinie) Störungen der Temperatur und des Salzgehaltes, welche sich auf Grund der Austauschvorgänge ins Innere des Ozeans ausbreiten müssen und somit barokline Felder erzeugen; diese werden entsprechend der Bewegungsgleichung bzw. dem Bjerknesschen Theorem mit einem Strömungszustand verknüpft sein. In solchem Falle wäre das Massenfeld primär gegeben (als Folge der äußeren Störungsquellen, d. h. als Folge der klimatischen Verhältnisse). Wegen der innigen Verquickung von Massenfeld und Strömungssystem ist man gezwungen, beide gleichzeitig zu betrachten.

Die Strömungen im Ozean werden im allgemeinen durch die Navier-Stokesschen Bewegungsgleichungen beschrieben:

$$(1) \qquad \frac{\partial \mathfrak{v}}{\partial t} + \mathfrak{v} \cdot \operatorname{grad} \mathfrak{v} - 2\,[\vec{\omega}, \mathfrak{v}] = -\frac{1}{\varrho} \operatorname{grad} p - \operatorname{grad} \Phi + \frac{A}{3} \operatorname{grad} \operatorname{div} \mathfrak{v} + A \Delta \mathfrak{v}\,,$$

worin der Austauschkoeffizient A meist als Konstante behandelt wird. Die Untersuchungen der vergangenen Jahrzehnte haben nun allerdings gezeigt, daß diese Annahme nicht gerechtfertigt ist. Es hat sich ergeben, daß

1. der Austauschkoeffizient anisotrop ist, und zwar in sehr markanter Weise[10])
2. der Austauschkoeffizient raumzeitlich variabel ist[10])
3. der Austauschkoeffizient ein Spektrum darstellt[11]), welches die Wirbelprozesse der verschiedensten Größenordnung umfaßt, so daß der Wert des Austauschkoeffizienten an ein und demselben Ort von verschiedener Größenordnung sein kann, je nachdem, welchen Skalenbereich man der Untersuchung zugrunde legt.

Die Punkte 1 und 2 lassen sich zum Teil in Gl. (1) berücksichtigen, (wodurch die Gleichung entsprechend komplizierter wird)[12]), wegen Punkt 3 hingegen wird die Brauchbarkeit des Navier-Stokesschen Reibungsterms

$$\frac{A}{3} \operatorname{grad} \operatorname{div} \mathfrak{v} + A \Delta \mathfrak{v}$$

für ozeanische Untersuchungen in Frage gestellt. Nach neueren Ansichten muß jedoch gerade den mit dem Austausch zusammenhängenden Vorgängen große Bedeutung beigemessen werden.

[9]) H. Mosby (1938), Svalbard Waters. Geofys. Publikasj., Vol. XII, No. 4, Oslo.
[10]) H. U. Sverdrup, M. W. Johnson and R. H. Fleming, The Oceans. New York 1955, 6. Auflage, S. 484—485.
[11]) A. Defant (1954), Turbulenz und Vermischung im Meer. Deutsche Hydrogr. Zeitschr. Bd. 7, S. 2 (dort weitere Literatur).
[12]) H. Ertel (1937), Tensorielle Theorie der Turbulenz. Ann. Hydr. Bd. 65, S. 193.

Zu Gleichung (1) tritt die Kontinuitätsgleichung

$$(2)\qquad \frac{\partial \varrho}{\partial t} + \operatorname{div}(\varrho \mathfrak{v}) = 0,$$

welche bisweilen auch (unter Voraussetzung der Kompressibilitätsbedingung $\frac{d\varrho}{dt} = 0$ in der Form

$$(3)\qquad \operatorname{div} \mathfrak{v} = 0$$

Verwendung findet. Letzteres ist wohl statthaft bei der Behandlung reiner Triftstromprobleme, nicht aber bei der Betrachtung der allgemeinen ozeanischen Dynamik. Denn da die Dichte ϱ außer vom Druck p auch von der Temperatur T und dem Salzgehalt S abhängt, unterliegt sie auch deren (durch die Austauschvorgänge hervorgerufenen) Änderungen. In einem deformierbaren Medium, in dem Austauschvorgänge von wesentlicher Bedeutung sind, gibt es keine individuelle Konstanz einer Größe. Denn jedes gedachte Volumenelement steht mit der Umgebung in ständigem Austausch.

Das System der 4 Gleichungen (1) und (2) mit den 5 Unbekannten u, v, w, ϱ und p wird vervollständigt durch die beiden »Diffusionsgleichungen«

$$(4)\qquad \begin{aligned} &\frac{\partial T}{\partial t} + u\frac{\partial T}{\partial x} + v\frac{\partial T}{\partial y} + w\frac{\partial T}{\partial z} - \frac{A_x}{\varrho}\frac{\partial^2 T}{\partial x^2} - \frac{A_y}{\varrho}\frac{\partial^2 T}{\partial y^2} - \frac{A_z}{\varrho}\frac{\partial^2 T}{\partial z^2} = 0, \\ &\frac{\partial S}{\partial t} + u\frac{\partial S}{\partial x} + v\frac{\partial S}{\partial y} + w\frac{\partial S}{\partial z} - \frac{A_x}{\varrho}\frac{\partial^2 S}{\partial x^2} - \frac{A_y}{\varrho}\frac{\partial^2 S}{\partial y^2} - \frac{A_z}{\varrho}\frac{\partial^2 S}{\partial z^2} = 0 \end{aligned}$$

sowie die Relation

$$(5)\qquad \varrho = \varrho\,(T, S, p),$$

welche den Zusammenhang zwischen Dichte, Temperatur, Druck und Salzgehalt darstellt. Dabei gelten jedoch die gleichen Bedenken, die gegenüber dem Navier-Stokesschen Reibungsterm geltend gemacht wurden, auch für die Gleichungen (4). Die sieben Gleichungen (1), (2), (4) und (5) mit den sieben Unbekannten u, v, w, ϱ, p, S, T gestatten (falls sie näherungsweise gültig sind) die Lösung des Problems der allgemeinen ozeanischen Dynamik — Gezeiten unberücksichtigt —, wenn die notwendigen Randbedingungen vorgegeben sind. Diese sind aber weitgehend instationär und hängen von den atmosphärischen Prozessen ab. Prinzipiell ist eine Vorausberechnung ozeanischer Erscheinungen — Gezeiten unberücksichtigt — wegen der Abhängigkeit der Randbedingungen von den Vorgängen in der Atmosphäre solange nicht möglich, wie das analoge atmosphärische Problem nicht gelöst ist.

Bei der Betrachtung mittlerer Verhältnisse — wie es hier geschieht — können die Randbedingungen aus den Mittelwerten der meteorologischen Verhältnisse (evtl. unter Berücksichtigung des Jahresganges) gewonnen werden, wenn dadurch der physikalische Vorgang noch richtig beschrieben wird. Dies ist näherungsweise der Fall für Süßwasserzufuhr, Niederschlag und Verdunstung, Strahlung sowie Eisbildung und Eisschmelze. Denn diese Vorgänge wirken skalar, d. h. durch diese werden an der Berandungsfläche des Ozeans die skalaren Größen Temperatur und Salzgehalt beeinflußt; die Störungen breiten sich dann ins Innere des Ozeans aus. Ob einem Meeresgebiet die Wärme, das Süßwasser usw. in diskreten Stufen oder kontinuierlich zugeführt bzw. entzogen werden, bleibt im physikalischen Endeffekt in erster Näherung sicherlich gleich. (Untersuchungen hierüber sind dem Verfasser jedoch nicht bekannt).

Obiges gilt nicht für den Wind. Der von ihm auf den Ozean ausgeübte Einfluß ist vektorieller Natur, und die von einem veränderlichen Windfeld hervorgerufene Endwirkung ist sicherlich nicht derjenigen gleich, welche man erhält, wenn man das gemittelte Windfeld zugrunde legt. Denn im ersteren geht ein Großteil der vom Wind an den Ozean abgegebenen Energie

1. in den Seegang und
2. in ageostrophische Trägheitsbewegungen,

das gemittelte Windfeld hingegen ist physikalisch mit einem stationären Windfeld identisch und erzeugt (mit Ausnahme des Anfangsstadiums) weder Seegang noch ageostrophische Trägheitsschwingungen, wird also dem Sachverhalt der Veränderlichkeit des Windes in dem betrachteten Meeresgebiet nicht mehr gerecht. Aber auch dort, wo das Windfeld quasistationär ist, stellen sich der Integration des Gleichungssystems zur Zeit unüberbrückbare Schwierigkeiten entgegen; die Integration kann als einstweilen unmöglich bezeichnet werden.

Um nun dennoch einer Lösung der aufgeworfenen Frage, inwieweit die Strömung primär (windbedingt), inwieweit sie sekundär (die Folge eines durch die klimatischen Verhältnisse gegebenen Massenfeldes) ist, näherzutreten, läßt sich folgender Weg einschlagen: Man trennt das Gleichungssystem (1), (2), (4), (5) in das reine Triftstromproblem — Gl. (1) und (2) — und in das Austauschproblem — Gl. (4) und (5) — und untersucht

1. welche Strömungen im Ozean durch das veränderliche Windfeld entstehen können und welchen Einfluß diese auf das hydrographische Feld haben,
2. von welcher Größenordnung die Einflüsse der klimatischen Verhältnisse auf das ozeanische Massenfeld sind und welche Strömungen mit diesen (stationären) Störungen verbunden sein müssen.

Auf diese Weise ist es möglich, zumindest die Größenordnung der Vorgänge zu erfassen und damit abzugrenzen, welche Vorgänge von größerer und welche von kleinerer Bedeutung für die physikalische Situation im nördlichen Nordatlantischen Ozean sind.

1. Die äußeren Störungsquellen des Ozeans

Als äußere Störungsquellen bezeichnen wir jene Prozesse, welche von außen auf den Ozean einwirken (Wind, Strahlung, Niederschlag und Verdunstung, Süßwasserzufuhr, Eisbildung und -schmelze usw.). Wir trennen sie von den inneren Störungsquellen, welche ihren Sitz im Ozean haben und beispielsweise dadurch gegeben sind, daß ein Wasserkörper in eine Gegend advektiert wird, deren Temperatur sich von seiner eigenen unterscheidet. In diesem Falle treten zwischen beiden Wassermassen Vermischungen auf; der fremde Wasserkörper wirkt also als Störungsquelle. Während aber die äußeren Störungsquellen vektorieller oder skalarer Natur sind, wirken die inneren nur skalar.

Wir wenden uns zunächst den vektoriellen Störungen zu, dem Einfluß des Windes.

a) Die Wirkung veränderlicher Windfelder

Das atmosphärische Windfeld ist für den Ozean von großer Bedeutung; in ihm ist eine eminente Energiequelle zu sehen, welche an der Meeresoberfläche auf den Ozean einwirkt. Dabei bleibt aber zu berücksichtigen, daß der Wind nicht allein Triftströme erzeugt sondern gleichzeitig das komplexe Gebilde des Seeganges hervorruft, weshalb man sich die Frage stellen muß, welche Beträge der vom Wind an den Ozean abgegebenen Energie in den Seegang und welche in die Triftströmung übergehen. Es ist anzunehmen, daß das Verhältnis zwischen beiden keine Konstante ist sondern vom Charakter des Windfeldes abhängt, was einschließt, daß möglicherweise bei bestimmten Windverhältnissen alle oder fast alle Energie nur in die Strömung oder nur in den Seegang fließt. Das Problem ist leider bisher noch nicht quantitativ untersucht worden.

Die Wirkung des Windes auf die hydrographischen Verhältnisse ist dreifacher Art:

1. Durch den Seegang wird die vertikale Vermischung in den oberflächennahen Schichten verstärkt; diese Wirkung des Windes ist somit im vertikalen Austauschkoeffizienten enthalten.

2. Durch die winderzeugten permanenten Triftströme werden Wassermassen in andere Gebiete verfrachtet, d. h. das hydrographische Gesamtbild erhält advektive Züge.

3. Durch die nichtpermanenten winderzeugten Massenversetzungen wird eine großräumige horizontale Vermischung bewirkt. (Dies beruht darauf, daß bei den nichtpermanenten Massenversetzungen Wasser mit der Eigenschaft E_0 aus der Region R_0 in die Region R_1 vertrieben wird und sich dort mit der Eigenschaft E_1 der Umgebung ausgleicht). Die Wirkung dieser Massenversetzungen ist somit im horizontalen Austauschkoeffizienten enthalten, d. h. es werden die nichtpermanenten winderzeugten Massenversetzungen als Bereich des sogenannten Turbulenzspektrums angesehen. Sie werden (ähnlich wie die Wirbel) als Turbulenzelemente (oder besser: als Elemente des großräumigen Vermischungsvorganges) aufgefaßt.

Aus dem zur Untersuchung stehenden Gebiet des Nordatlantischen Ozeans ist bekannt:

1. daß die Windverhältnisse veränderlich sind (das Windfeld ist im ständigen Umbau begriffen) aber

2. daß die großräumigen Strömungen und das damit verbundene Massenfeld permanenten Charakter haben (die großräumigen Strömungen sind stets vorhanden und bleiben sich in ihren Grundzügen stets gleich).

Damit erhebt sich die Frage: Kann ein veränderliches Windfeld ein permanentes Strömungsfeld erzeugen?

Wir modifizieren die Frage dahingehend:

1. Unterliegt das erzeugte Triftstromsystem bei kontinuierlichen Änderungen des erzeugenden Windfeldes analogen Änderungen?

2. Was geschieht, wenn der Wind pulsierend wirkt?

Die zweite Frage wurde kürzlich von G. Veronis und H. Stommel[13] [14]) untersucht. Es ergab sich, daß im geschichteten Ozean (zwei Schichten) zum Teil beträchtliche Energiebeträge zur Erzeugung ageostrophischer Bewegungskomponenten verwendet werden. Das Verhältnis der Energiebeträge, welche die ageostrophische und geostrophische Bewegung nähren, ist veränderlich und hängt von der Dauer der Windeinwirkung ab. Es gehen 74%, 51% bzw. 11% der zugeführten Energie in die ageostrophische Bewegung, wenn die Energie plötzlich, während 6 Pendelstunden bzw. während 12 Pendelstunden zugeführt wird[14]).

Man kann hieraus entnehmen, daß bei schnell veränderlichen Windverhältnissen von der dem Ozean durch Tangentialkräfte zugeführten Energie — vom Seegang ganz abgesehen — beträchtliche Mengen zur Erzeugung bloßer Trägheitsschwingungen verwendet werden. Ihre Wirkung auf die hydrographischen Verhältnisse wird durch den Austauschkoeffizienten erfaßt.

Wir wenden uns nun der anderen Frage zu: ob eine kontinuierliche Änderung des Windvektors analoge Änderungen der ozeanischen Triftströme nach sich zieht.

Diese Frage ist von vornherein zu bejahen. Denn da wir den Triftstromvektor unmittelbar aus der Tangentialkraft des Windes ableiten, muß er, ganz gleich welcher Art seine Bindung an den Windvektor ist, dessen Änderungen in gesetzmäßiger Abhängigkeit unterliegen. Die Ab-

[13]) G. Veronis and H. Stommel (1955), The action of variable wind-stresses on a stratified ocean. J. Mar. Res., 14, No. 3.

[14]) G. Veronis (1956), Partition of energy between geostrophic and non-geostrophic oceanic motions. Deep-Sea Res., III, 3.

hängigkeit läßt sich einfach mit Hilfe des Wirbelfeldes zeigen. Wir gehen aus von den beiden Horizontalkomponenten der Bewegungsgleichung in der Form

$$\frac{\partial u}{\partial t} - \lambda v - \frac{A_x}{\varrho}\frac{\partial^2 u}{\partial x^2} - \frac{A_y}{\varrho}\frac{\partial^2 u}{\partial y^2} - \frac{A_z}{\varrho}\frac{\partial^2 u}{\partial z^2} = -\frac{1}{\varrho}\frac{\partial p}{\partial x}, \tag{6a}$$

$$\frac{\partial v}{\partial t} + \lambda u - \frac{A_x}{\varrho}\frac{\partial^2 v}{\partial x^2} - \frac{A_y}{\varrho}\frac{\partial^2 v}{\partial y^2} - \frac{A_z}{\varrho}\frac{\partial^2 v}{\partial z^2} = -\frac{1}{\varrho}\frac{\partial p}{\partial y} \tag{6b}$$

und der Kontinuitätsgleichung

$$\frac{\partial u}{\partial x} + \frac{\partial v}{\partial y} = 0 \tag{7}$$

mit $\lambda, \varrho, A_x, A_y, A_z = \text{const.}$

Kreuzweise Differentiation nach y bzw. x und Subtraktion der Gleichung (6a) von Gleichung (6b) ergibt (unter Berücksichtigung der Kontinuitätsgleichung)

$$\frac{\partial \zeta}{\partial t} - \frac{A_x}{\varrho}\frac{\partial^2 \zeta}{\partial x^2} - \frac{A_y}{\varrho}\frac{\partial^2 \zeta}{\partial y^2} - \frac{A_z}{\varrho}\frac{\partial^2 \zeta}{\partial z^2} = 0, \tag{8}$$

worin $\zeta = \frac{\partial v}{\partial x} - \frac{\partial u}{\partial y}$ die den horizontalen Bewegungszustand des Ozeans kennzeichnende Vertikalkomponente des Wirbelvektors ist. Bezeichnet man nun die x-Komponente der Tangentialkraft des Windes τ mit U, die y-Komponente mit V, also $\tau = U\mathfrak{i} + V\mathfrak{j}$, so gilt an der Meeresoberfläche

$$\left(\frac{\partial u}{\partial z}\right)_{z=0} = U, \quad \left(\frac{\partial v}{\partial z}\right)_{z=0} = V, \quad \left(\frac{\partial \zeta}{\partial z}\right)_{z=0} = \frac{\partial V}{\partial x} - \frac{\partial U}{\partial y}. \tag{9}$$

Jedes beliebige Windfeld erfüllt die Dirichletschen Bedingungen, d. h. es hat höchstens endlich viele Unstetigkeitsstellen, läßt sich somit hinsichtlich seiner raumzeitlichen Veränderlichkeit durch mehrdimensionale Fourierreihen darstellen:

$$U = \sum_{k,l,m=-\infty}^{+\infty} A_{k,l,m}\, e^{i(kx+ly+mt)} \text{ mit } A_{k,l,m} = \frac{1}{8\pi^3}\int\int\int U(x,y,t)\, e^{-i(kx+ly+mt)}, \tag{10}$$

$$V = \sum_{k,l,m=-\infty}^{+\infty} B_{k,l,m}\, e^{i(kx+ly+mt)} \text{ mit } B_{k,l,m} = \frac{1}{8\pi^3}\int\int\int V(x,y,t)\, e^{-i(kx+ly+mt)}. \tag{11}$$

Daraus folgt

$$\left(\frac{\partial \zeta}{\partial z}\right)_{z=0} = \frac{\partial V}{\partial x} - \frac{\partial U}{\partial y} = \sum_{k,l,m=-\infty}^{+\infty} E_{k,l,m}\, e^{i(kx+ly+mt)} \text{ mit } E_{k,l,m} = i(kB - lA) \tag{12}$$

als 1. Randbedingung für Gleichung (8).

Als 2. Randbedingung fordern wir das Verschwinden des windbedingten ozeanischen Wirbelfeldes in großer Tiefe:

$$\zeta = 0 \text{ für } z \to \infty. \tag{13}$$

Die Lösung stellt einen Spezialfall der in Gleichung (44) gegebenen dar, sie lautet:

$$\zeta(x,y,z,t) = \frac{1}{\sqrt{\pi A_z}} \sum_{k,l,m=-\infty}^{+\infty} E_{k,l,m} \frac{e^{i(kx+ly+mt)}}{\sqrt{im + A_x k^2 + A_y l^2}} \cdot$$
$$\cdot \left\{ e^{z\sqrt{\frac{im + A_x k^2 + A_y l^2}{A_z}}} \int\limits_{\sqrt{(im + A_x k^2 + A_y l^2)t} + \frac{z}{2}\sqrt{\frac{1}{A_z t}}}^{\infty} e^{-\varkappa^2}\, d\varkappa + e^{-z\sqrt{\frac{im + A_x k^2 + A_y l^2}{A_z}}} \int\limits_{\sqrt{(im + A_x k^2 + A_y l^2)t} - \frac{z}{2}\sqrt{\frac{1}{A_z t}}}^{-\infty} e^{-\varkappa^2}\, d\varkappa \right\}. \tag{14}$$

Gleichung (14) besagt, daß ein durch ein raumzeitlich veränderliches atmosphärisches Wirbelfeld

$$\sum_{k,l,m} E_{k,l,m} e^{i(kx+ly+mt)}$$

hervorgerufener ozeanischer Strömungszustand ebenfalls ein raumzeitlich veränderliches Wirbelfeld ζ hat, welches an der Meeresoberfläche $z = 0$ lediglich eine modifizierte Abbildung des atmosphärischen Wirbelfeldes darstellt. Denn für $z = 0$ gilt

$$\zeta(x,y,t) = \frac{2}{\sqrt{\pi A_z}} \sum_{k,l,m=-\infty}^{+\infty} E_{k,l,m} \frac{e^{i(kx+ly+mt)} \Phi\{\sqrt{(im + A_x k^2 + A_y l^2)t}\}}{\sqrt{im + A_x k^2 + A_y l^2}}. \tag{15}$$

Da aber

$$\frac{\Phi\{\sqrt{(im + A_x k^2 + A_y l^2)t}\}}{\sqrt{im + A_x k^2 + A_y l^2}} = \frac{\Phi\{\sqrt{(m - iA_x k^2 - iA_y l^2)it}\}}{\sqrt{i(m - iA_x k^2 - iA_y l^2)}} \tag{16}$$

geschrieben werden kann, und

$$\frac{\Phi(\sqrt{it})}{\sqrt{i}} = \sqrt{2}\{C - iS\} \tag{17}$$

den Zusammenhang zwischen dem Fehlerintegral bei komplexer Veränderlichkeit und den Fresnelschen Integralen C und S wiedergibt[15]), nähert sich das ozeanische Wirbelfeld an der Meeresoberfläche in der Art einer Cornuspirale der direkten Abbildung des atmosphärischen Wirbelfeldes. Es liegen also ähnliche Verhältnisse vor wie im Falle der Fredholmschen Lösungen[16]) des unstationären Triftstromproblems. Wir gelangen somit zu folgendem Ergebnis über den Einfluß raumzeitlich veränderlicher Windfelder auf die hydrographischen Verhältnisse: Raumzeitlich veränderliche Windfelder verursachen

1. Seegang. Sein Einwirken auf die hydrographischen Verhältnisse wird durch die Vertikalkomponente des Austauschkoeffizienten beschrieben.
2. Ageostrophische Geschwindigkeitskomponenten, welche nichtpermanente Massenversetzungen darstellen. Ihre Wirkung wird durch den horizontalen Austauschkoeffizienten erfaßt. (Meteorologisch bedingte interne Wellen einbeschlossen.)
3. Strömungszustände, welche von ähnlicher Veränderlichkeit sind wie das Windfeld, also ebenfalls nichtpermanente Massenversetzungen darstellen, somit durch den Austauschkoeffizienten erfaßt werden.

Wir schließen daraus: In den Gebieten, in denen das Windfeld raumzeitlich veränderlich ist, können permanente Triftströmungen im Ozean nicht entstehen. Die Wirkung der veränderlichen Windfelder auf den Ozean wird durch den Austauschkoeffizienten erfaßt. Der Austauschkoeffizient beinhaltet daher, wie schon an anderer Stelle erörtert[17]), die Wirkung sämtlicher physikalischer Prozesse, welche zur Vermischung beitragen. All jene Vorgänge, welche bei der Betrachtung kurzzeitlicher, kleinräumiger Verhältnisse und bei Einzelproblemen von sehr großer Bedeutung sein können (z. B. Gezeitenströme, Windstau, veränderliche Divergenzen usw.), sind hiernach bei Untersuchung der mittleren Gesamtsituation nicht von Bedeutung. Es interessiert nur, inwieweit sie den Austauschkoeffizienten beeinflussen bzw. bestimmen.

Daß in den Regionen veränderlicher Winde, in denen permanente Gradientströme nur schwach ausgeprägt sind, die windbedingten Vertriftungen entsprechend dem Winde veränderlich sind,

[15]) Jahnke-Emde, Tafeln höherer Funktionen. Leipzig 1948, 4. Aufl., S. 35.
[16]) S. z. B. H. Ertel, Operatorenrechnung S. 121 (Fußnote 20).
[17]) W. Krauß (1955), Zum System der Meeresströmungen in den höheren Breiten. Deutsche Hydrogr. Zeitschr., Bd. 8, S. 102.

zeigen sehr deutlich die Beobachtungen auf den Wetterschiffen I (59°00′ N, 19° W) und J (52° 30′ N, 20° W)[18]). Diesen ist zu entnehmen, daß die Versetzungen alle Richtungen umfassen, ganz analog zum Wind.

b) Die Wirkung skalarer Störungsquellen.

Die im Ozean vorgefundenen skalaren Felder (Temperaturfeld, Salzgehaltsfeld, Dichtefeld, Druckfeld usw.) stellen die resultierende Wirkung der verschiedensten Prozesse dar. Offenbar sind die Advektions- und Vermischungsvorgänge die wesentlichsten. Im vorangegangenen Abschnitt war gezeigt worden, daß ein veränderliches Windfeld nur zu veränderlichen Massenversetzungen führen kann. Die beobachteten permanenten Strömungen in dem zur Untersuchung stehenden Meeresraum müßten somit Gradientströmungen sein. Das ist aber nur möglich, wenn die von außen an den Ozean angreifenden klimatischen Gegebenheiten tief in das ozeanische Massenfeld einzudringen in der Lage sind. Der thermohalinen Zirkulation des Ozeans, die als Folge der unterschiedlichen Erwärmung, Verdunstung usw. resultiert, wurde jedoch bislang wenig Bedeutung beigemessen. Dies geschah allerdings im wesentlichen deshalb, weil Berechnungen über die allgemeine Größenordnung der thermohalinen Zirkulation — als Folge der unterschiedlichen Klimaverhältnisse auf der Erde — bislang nicht vorlagen. Sverdrup schreibt in »The Oceans« (S. 507) »..... serve to emphasize the importance of the thermal processes in the development of the currents, but an exact discussion of the thermodynamics of the ocean is by no means possible. So far, the principles of thermodynamics have found very limited application to oceanographic problems, but this statement does not mean that the thermal processes are unimportant compared to the mechanical.« Und weiter unten (S. 510): ».... This circulation would be modified by the rotation of the earth and by the form of the ocean basins, but nothing can be said as to the character of the system of currents that would develop under such conditions.«

Über die möglichen Ausmaße einer thermohalinen Zirkulation wurden insbesondere in der früheren Literatur qualitative Überlegungen angestellt[19]). Da aber quantitative Berechnungen nicht vorlagen, konnte die Diskussion nicht sehr fruchtbar werden. Das Grundproblem bei Untersuchungen dieser Art ist die Frage, wie tief die Störungen in den Ozean eindringen können. Die Verknüpfung dieses klimatisch bedingten thermohalinen Feldes mit dem Strömungszustand ist dann durch das Bjerknessche Theorem gegeben, welches besagt, daß es auf der nichtrotierenden Erde entsprechend dem solenoidalen Feld zu direkten Zirkulationen zwischen den thermohalinen Quellen und Senken kommen würde (wie es die Sandströmschen Versuche zeigen); auf der rotierenden Erde jedoch bildet (sich bei Stationarität) gemäß

$$\oint \alpha \, dp + 2\omega \frac{d\Omega}{dt} = 0, \tag{18}$$

eine geostrophische Strömung aus (Formel von Helland-Hansen und Sandström).

Wir wenden uns nun dem bislang noch nicht hinreichend untersuchten Komplex zu, wie tief die klimatischen Gegebenheiten in das ozeanische Massenfeld eindringen.

Wir gehen von einem unbegrenzten Ozean aus, der den gegebenen klimatischen Verhältnissen zur Zeit $t < t_0$ nicht ausgesetzt ist, so daß sich in ihm alle Unterschiede ausgeglichen haben. Der Ozean ist dann homogen in allen Eigenschaften, $U = U_m$ (U sei eine skalare Größe, also Temperatur, Salzgehalt, Dichte oder ähnliches). Vom Zeitpunkt t_0 an mögen auf den Ozean be-

[18]) E. W. Barlow (1956), Five-year Current Means at Ocean Weather Stations I and J. The Marine Observer. Vol. XXVI, No. 172 p. 108.

[19]) O. Krümmel, Handbuch der Ozeanographie, Bd. II, Stuttgart 1911, S. 479—514.

stimmte klimatische Verhältnisse einwirken: Strahlung, Niederschlag und Verdunstung, Eisbildung und -schmelze, Süßwasserzufuhr. Die raumzeitliche Verteilung dieser Vorgänge sei bekannt. Wie orientieren nun prinzipiell das rechtwinklige Koordinatensystem x, y, z (Rechtssystem) so, daß die betrachteten klimatischen Verhältnisse in die durch x, y gebildete Fläche eindringen, d. h. bei Niederschlag, Verdunstung usw. sind x, y die Koordinaten der Meeresoberfläche, bei der Süßwasserzufuhr bilden sie eine küstenparallele, vertikal stehende Fläche. z zeigt entsprechend in die Tiefe bzw. in die zur Küste Senkrechte.

Die in der Fläche x, y wirksamen klimatischen Verhältnisse sind — gemäß den klimabestimmenden Faktoren — grundsätzlich stetig bzw. haben höchstens endlich viele Unstetigkeitsstellen. Ihr raumzeitlicher Verlauf erfüllt also die Dirichletschen Bedingungen, sie lassen sich daher stets in eine mehrdimensionale Fourierreihe entwickeln. Somit gilt für die Störungsquelle Q (z. B. Strahlungsmenge, Niederschlagsmenge usw.):

$$(19)\quad Q(x,y,t) = \sum_{k,l,m=-\infty}^{+\infty} a_{k,l,m}\, e^{i(kx+ly+mt)} \text{ mit } a_{k,l,m} = \frac{1}{8\pi^3}\int\int\int Q(x,y,t)\, e^{-i(kx+ly+mt)}$$

$$(k, l, m = 0, \pm 1, \pm 2, \pm 3 \ldots) .$$

Die Einwirkung der Störungsquelle vom Zeitpunkt t_0 ab verursacht eine Störung der betreffenden skalaren Größe an der Meeresoberfläche (die Strahlung stört die homogene Temperatur T_m, die Süßwasserzufuhr den Salzgehalt S_m usw.). Wegen der Vermischungsvorgänge bleibt diese Störung jedoch nicht auf die Meeresoberfläche beschränkt, sondern pflanzt sich in die Tiefe fort entsprechend

$$(20)\qquad \frac{\partial U}{\partial t} + u\frac{\partial U}{\partial x} + v\frac{\partial U}{\partial y} + w\frac{\partial U}{\partial z} - \frac{A_x}{\varrho}\frac{\partial^2 U}{\partial x^2} - \frac{A_y}{\varrho}\frac{\partial^2 U}{\partial y^2} - \frac{A_z}{\varrho}\frac{\partial^2 U}{\partial z^2} = 0,$$

welche Gleichung auch, da sich das gestörte skalare Feld $U(x, y, z, t)$ aus dem Mittelfeld U_m = const und der Störung $G(x, y, z, t)$ zusammensetzt, also

$$(21)\qquad U(x,y,z,t) = U_m \pm G(x,y,z,t) ,$$

in der Form

$$(22)\qquad \frac{\partial G}{\partial t} + u\frac{\partial G}{\partial x} + v\frac{\partial G}{\partial y} + w\frac{\partial G}{\partial z} - \frac{A_x}{\varrho}\frac{\partial^2 G}{\partial x^2} - \frac{A_y}{\varrho}\frac{\partial^2 G}{\partial y^2} - \frac{A_z}{\varrho}\frac{\partial^2 G}{\partial z^2} = 0$$

geschrieben werden kann.

Das gestörte Feld $U(x, y, z, t)$ folgt aus (22) nach Integration hinsichtlich der unabhängigen Variablen x, y, z, t unter Berücksichtigung der Randbedingungen. Als solche stellen wir auf:

1. Die Störung soll in unendlicher Entfernung von der Störungsquelle verschwinden

$$(23)\qquad G(x,y,z,t) = 0 \text{ für } z \to \infty .$$

2. Dem Vermischungsvorgang kann ein Konzentrationsstrom in Richtung des Konzentrationsgefälles zugeordnet werden[20]), ähnlich wie man nach Fourier der Wärmeleitung einen Wärmestrom in Richtung des Temperaturgefälles zuordnet. Dieser muß an der Fläche x, y gleich der Quellstärke $Q(x, y, t)$ sein. Ist q die Richtung des Konzentrationsstromgefälles, A_q der Austauschkoeffizient in Richtung q, so gilt

$$(24)\qquad Q(x,y,t) = \lim_{q\to 0}\int\int_F A_q \frac{\partial G}{\partial q}\, dF .$$

[20]) H. Ertel, Elemente der Operatorenrechnung, Berlin 1940.

Für die Durchführung der Integration sind wir gezwungen, Gleichung (24) zu vereinfachen. Wir nehmen an, daß das Konzentrationsstromgefälle -grad G jeweils mit der Richtung z zusammenfällt, daß also die durch Niederschlag, Verdunstung usw. erzeugte Störung des skalaren Feldes an der Meeresoberfläche einen Gradienten in vertikaler Richtung erzeugt, die durch die Süßwasserzufuhr hervorgerufenen Störungen einen solchen in küstensenkrechter Richtung. Das erstere ist sicherlich weitgehend gerechtfertigt, da die horizontalen Unterschiede in den klimatischen Faktoren meist gering sind, weswegen auch im Störungsfeld keine großen horizontalen Gradienten erzeugt werden können. Für die Süßwasserzufuhr gilt dies weniger streng, vielmehr hat hier der Gradient neben der küstensenkrechten eine wesentliche Vertikalkomponente. Auf diesen Sachverhalt wird im Abschnitt IV, 2 c zurückgekommen werden.

Aus Gleichung (24) würde unter den gemachten Voraussetzungen

(25) $$Q(x,y,t) = \lim_{z \to 0} \iint_F A_z \frac{\partial G}{\partial z} \, dF$$

folgen; wir fordern jedoch noch strenger, daß die Konzentrationsstromdichte an jeder Stelle $z = 0$ mit der dort vorhandenen Quellstärke identisch sein soll:

(26) $$Q(x,y,t) \equiv \lim_{z \to 0} A_z \frac{\partial G}{\partial z},$$

woraus wegen $A_z = \text{const}$ sofort folgt

(27) $$\left(\frac{\partial G}{\partial z}\right)_{z=0} = \frac{Q(x,y,t)}{A_z}.$$

Die Gleichung (22) mit den Randbedingungen (23) und (27) soll das Eindringen der Störungen in den Ozean beschreiben. Es seien die u, v, w, A_x, A_y, A_z sämtlich Konstanten; wir machen noch die Voraussetzung, daß der Advektionsterm in Richtung des Konzentrationsstromes verschwindet, $w = 0$. Das besagt, daß entweder die Vertikalkomponente oder die küstensenkrechte Komponente der Geschwindigkeit vernachlässigt wird.

Es gilt somit

(28) $$\left\{\begin{array}{l} \dfrac{\partial G}{\partial t} + u\dfrac{\partial G}{\partial x} + v\dfrac{\partial G}{\partial y} - \dfrac{A_x}{\varrho}\dfrac{\partial^2 G}{\partial x^2} - \dfrac{A_y}{\varrho}\dfrac{\partial^2 G}{\partial y^2} - \dfrac{A_z}{\varrho}\dfrac{\partial^2 G}{\partial_z^2} = 0 \\ \text{mit den Randbedingungen} \quad G = 0 \text{ für } z \to \infty \\ \text{und} \\ \left(\dfrac{\partial G}{\partial z}\right)_{z=0} = \dfrac{Q(x,y,t)}{A_z} = \dfrac{1}{A_z} \sum\limits_{k,l,m=-\infty}^{+\infty} a_{k,l,m}\, e^{i(kx+ly+mt)} \end{array}\right.$$

zu integrieren.

Wir bedienen uns hierbei der Operatorenrechnung, also der formellen Handhabung der Theorie der Laplace Transformation[20] [21] [22].

Zweimalige Anwendung des Operators D_z^{-1} unter Berücksichtigung der 2. Randbedingung ergibt die symbolische Lösung

(29) $$G = \frac{D_z^{-1}}{A_z - \{D_t + uD_x + vD_y - A_x D_x^2 - A_y D_y^2\} D_z^{-2}} Q(x,y,t) + $$
$$+ \frac{A_z}{A_z - \{D_t + uD_x + vD_y - A_x D_x^2 - A_y D_y^2\} D_z^{-2}} G_0(x,y,t)$$

mit $G_0 = G$ für $z = 0$ und $\varrho = 1$.

[21]) K. W. Wagner, Operatorenrechnung nebst Anwendung in Physik und Technik, Leipzig 1940.
[22]) G. Doetsch, Theorie und Anwendung der Laplace-Transformation, Berlin 1937.

Erweitert man die rechte Seite der Gleichung (29) mit D_z^2/A_z und realisiert hinsichtlich z mittels der Operatoren

$$\frac{D_z}{D_z^2 - n^2} = \frac{\mathfrak{Sin}\,(nz)}{n}\;;\quad \frac{D_z^2}{D_z^2 - n^2} = \mathfrak{Cof}\,(nz)\,, \tag{30}$$

so erhält man, wenn man statt der Hyperbelfunktionen Exponentialfunktionen verwendet

$$G = \frac{1}{2} e^{z\sqrt{\frac{D_t + uD_x + vD_y - A_x D_x^2 - A_y D_y^2}{A_z}}} \left\{ \frac{Q(x,y,z)/\sqrt{A_z}}{\sqrt{D_t + uD_x + vD_y - A_x D_x^2 - A_y D_y^2}} + G_0(x,y,t) \right\} \tag{31}$$
$$- \frac{1}{2} e^{-z\sqrt{\frac{D_t + uD_x + vD_y - A_x D_x^2 - A_y D_y^2}{A_z}}} \left\{ \frac{Q(x,y,z)/\sqrt{A_z}}{\sqrt{D_t + uD_x + vD_y - A_x D_x^2 - A_y D_y^2}} - G_0(x,y,t) \right\}.$$

Zur Erfüllung der 1. Randbedingung ist erforderlich, daß

$$\frac{Q(x,y,z)/\sqrt{A_z}}{\sqrt{D_t + uD_x + vD_y - A_x D_x^2 - A_y D_y^2}} + G_0(x,y,t) = 0 \tag{32}$$

ist. Dann verbleibt

$$G = - \frac{e^{-z\sqrt{\frac{D_t + uD_x + vD_y - A_x D_x^2 - A_y D_y^2}{A_z}}}\, Q(x,y,z)/\sqrt{A_z}}{\sqrt{D_t + uD_x + vD_y - A_x D_x^2 - A_y D_y^2}}\,. \tag{33}$$

Multipliziert man Gleichung (33) mit $e^{\{uD_x + vD_y - A_x D_x^2 - A_y D_y^2\}t}$ und wendet den Verschiebungssatz nach Heaviside

$$e^{nt} F(D_t) = F(D_t - n)\, e^{nt} \tag{34}$$

und die Operatoren

$$F(D_x^2)\, e^{\pm nx} = F(n^2)\, e^{\pm nx}\,, \tag{35}$$

$$e^{nD_x} f(x),\quad x > 0 = f(x - n),\quad x > n \tag{36}$$

unter Berücksichtigung von

$$Q(x,y,t) - \sum_{k,l,m=-\infty}^{+\infty} a_{k,l,m}\, e^{i(kx + ly + mt)}$$

auf die rechte Seite an, so erhält man nach Einwirken des Operators D_t

$$D_t\, e^{\{uD_x + vD_y - A_x D_x^2 - A_y D_y^2\}t}\, G = \tag{37}$$
$$= - \frac{\sqrt{D_t}\, e^{-z\sqrt{\frac{D_t}{A_z}}}}{\sqrt{A_z}} \sum_{k,l,m=-\infty}^{+\infty} a_{k,l,m}\, e^{i\{k(x-ut) + l(y-vt) + mt\} + (A_x k^2 + A_y l^2)t}$$

Die Realisierung des Operators $\sqrt{D_t}\, e^{-\frac{z}{n}\sqrt{D_t}}$ hinsichtlich der Objektfunktion 1 liefert

$$\frac{e^{-\frac{z^2}{4n^2 t}}}{\sqrt{\pi t}} = h(t)\,.$$

Mit Hilfe des Duhamelschen Integrals

$$F(D_t)\, f(t) = \frac{\partial}{\partial t} \int_0^t h(t - \zeta)\, f(\zeta)\, d\zeta \tag{38}$$

erhält man dann für Gleichung (37)

$$(39)\qquad D_t\, e^{\{uD_x + vD_y - A_x D_x^2 - A_y D_y^2\} t}\, G =$$

$$= -\frac{D_t}{\sqrt{\pi A_z}} \sum_{k,l,m=-\infty}^{+\infty} a_{k,l,m}\, e^{i(kx+ly)} \int_0 \frac{e^{-\frac{z^2}{4A_z(t-\zeta)} + \{i(m-ku-lv) + A_x k^2 + A_y l^2\}\zeta}}{\sqrt{t-\zeta}}\, d\zeta\,.$$

Einwirken von D_t^{-1} und Multiplikation mit $e^{-\{uD_x + vD_y - A_x D_x^2 - A_y D_y^2\} t}$ unter Berücksichtigung von Gleichung (35) liefert

$$(40)\qquad G(x,y,z,t) = -\frac{1}{\sqrt{\pi A_z}} \sum_{k,l,m=-\infty}^{+\infty} a_{k,l,m}\, e^{i(kx+lv) + i(ku+lv)t - (A_x k^2 + A_y l^2)t}$$

$$\cdot \int_0^t \frac{e^{-\frac{z^2}{4A_z(t-\zeta)} + \{i(m-ku-lv) + A_x k^2 + A_y l^2\}\zeta}}{\sqrt{t-\zeta}}\, d\zeta\,.$$

Nach Substitution von

$$\nu = i\,(m - ku - lv) + A_x k^2 + A_y l^2 \quad \text{und} \quad q^2 = \nu\,(t-\zeta)$$

folgt

$$(41)\qquad G(x,y,z,t) = -\frac{2}{\sqrt{\pi A_z}} \sum_{k,l,m=-\infty}^{+\infty} a_{k,l,m}\, e^{i(kx+ly+mt)} \frac{1}{\sqrt{\nu}} \int_0^{\sqrt{\nu t}} e^{-\frac{z^2 \nu}{4 A_z q^2} - q^2}\, dq\,.$$

Nun gilt für ein Integral der obigen Form[23])

$$(42)\qquad \int_\alpha^\beta e^{-u^2 - \frac{p^2}{u^2}}\, du = \frac{1}{2}\left\{ e^{2p} \int_{\alpha+\frac{p}{\alpha}}^{\beta+\frac{p}{\beta}} e^{-\varkappa^2}\, d\varkappa + e^{-2p} \int_{\alpha-\frac{p}{\alpha}}^{\beta-\frac{p}{\beta}} e^{-\varkappa^2}\, d\varkappa \right\},$$

so daß Gleichung (41) geschrieben werden kann

$$(43)\qquad G(x,y,z,t) = \frac{1}{\sqrt{\pi A_z}} \sum_{k,l,m=-\infty}^{+\infty} a_{k,l,m}\, e^{i(kx+ly+mt)} \frac{1}{\sqrt{\nu}} \left\{ e^{z\sqrt{\frac{\nu}{A_z}}} \int_{\sqrt{\nu t} + \frac{z}{2}\sqrt{\frac{1}{A_z t}}}^{+\infty} e^{-\varkappa^2}\, d\varkappa + e^{-z\sqrt{\frac{\nu}{A_z}}} \int_{\sqrt{\nu t} - \frac{z}{2}\sqrt{\frac{1}{A_z t}}}^{-\infty} e^{-\varkappa^2}\, d\varkappa \right\}$$

oder mit der Gauß schen Φ-Funktion

$$(44)\qquad G(x,y,z,t) = \frac{1}{2\sqrt{A_z}} \sum_{k,l,m=-\infty}^{+\infty} \frac{a_{k,l,m}\, e^{i(kx+ly+mt)}}{\sqrt{i(m-ku-lv) + A_x k^2 + A_y l^2}} \cdot$$

$$\left\{ e^{z\sqrt{\frac{i(m-ku-lv) + A_x k^2 + A_y l^2}{A_z}}} \left[1 - \Phi\left(\sqrt{\{i(m-ku-lv) + A_x k^2 + A_y l^2\}\, t} + \frac{z}{2}\sqrt{\frac{1}{A_z t}}\right)\right]\right.$$

$$\left. - e^{-z\sqrt{\frac{i(m-ku+lv) + A_x k^2 + A_y l^2}{A_z}}} \left[1 + \Phi\left(\sqrt{\{i(m-ku-lv) + A_x k^2 + A_y l^2\}\, t} - \frac{z}{2}\sqrt{\frac{1}{A_z t}}\right)\right]\right\}.$$

Gleichung (44) beschreibt das Eindringen der an der Berandung des Ozeans angreifenden raumzeitlich veränderlichen Störungen als Funktion des Ortes und der Zeit.

[23]) B. Riemann, Partielle Differentialgleichungen. 3. Aufl. Braunschweig 1938, S. 173.

Wie oben ausgeführt, orientieren wir im Falle von Niederschlag und Verdunstung, Strahlung, Eisbildung und Eisschmelze das Koordinatensystem x, y, z derart, daß z vertikal gerichtet ist. Dann gilt an der Meeresoberfläche $z = 0$:

$$(45)\qquad U(x,y,t) = U_m \pm \frac{1}{\sqrt{A_z}} \sum_{k,l,m=-\infty}^{+\infty} \frac{a_{k,l,m}\, e^{i(kx+ly+mt)}}{\sqrt{i(m-ku-lv)+A_x k^2+A_y l^2}} \cdot$$
$$\cdot\, \Phi\left(\sqrt{\{i(m-ku-lv)+A_x k^2+A_y l^2\}\, t}\right).$$

Wie bereits an Hand von Gleichung (15) erörtert, läßt sich das Fehlerintegral der komplexen Veränderlichkeiten $\sqrt{it}$ durch die Fresnelschen Integrale C und S ausdrücken:

$$C - iS = \frac{\Phi\sqrt{it}}{\sqrt{2i}}.$$

Im folgenden interessieren lediglich Lösungen für stationäre Verhältnisse. Dann bleibt die Quellfunktion zeitlich konstant und der lokale Term in Gleichung (22) verschwindet. In diesem Falle sind Advektion und Vermischung im Gleichgewicht.
Aus Gleichung (44) folgt dies durch den Grenzübergang $t \to \infty$:

$$(46)\qquad U(x,y,z) = U_m \pm \frac{1}{\sqrt{A_z}} \sum_{k,l=-\infty}^{+\infty} \frac{a_{k,l}\, e^{i(kx+ly)}}{\sqrt{-i(ku+lv)+A_x k^2+A_y l^2}}\, e^{-z\sqrt{\frac{-i(ku+ly)+A_x k^2+A_y l^2}{A_z}}},$$

welche Gleichung für die Meeresoberfläche in

$$(47)\qquad U(x,y) = U_m \pm \frac{1}{\sqrt{A_z}} \sum_{k,l=-\infty}^{+\infty} \frac{a_{k,l}\, e^{i(kx+ly}}{\sqrt{-i(ku+lv)+A_x k^2+A_y l^2}}$$

übergeht. Im strömungsfreien Zustand folgt schließlich allgemein

$$(48)\qquad U(x,y,z) = U_m \pm \frac{1}{\sqrt{A_z}} \sum_{k,l=-\infty}^{+\infty} \frac{a_{k,l}\, e^{i(kx+ly)}}{\sqrt{A_x k^2+A_y l^2}}\, e^{-z\sqrt{\frac{A_x k^2+A_y l^2}{A_z}}}$$

bzw.

$$(49)\qquad U(x,y) = U_m \pm \frac{1}{\sqrt{A_z}} \sum_{k,l=-\infty}^{+\infty} \frac{a_{k,l}\, e^{i(kx+ly)}}{\sqrt{A_x k^2+A_y l^2}}$$

an der Meeresoberfläche.
Betrachtet man endlich die Verhältnisse lediglich auf einem Vertikalschnitt, so ergibt sich

$$(50)\qquad U(x,z) = U_m \pm \frac{1}{\sqrt{A_x A_z}} \sum_{k=-\infty}^{+\infty} \frac{a_k}{k}\, e^{ikx - kz\sqrt{\frac{A_x}{A_z}}}$$

und für die Meeresoberfläche

$$(51)\qquad U(x) = U_m \pm \frac{1}{\sqrt{A_x A_z}} \sum_{k=-\infty}^{+\infty} \frac{a_k\, e^{ikx}}{k}.$$

Die Störung setzt sich also — entsprechend der Quellfunktion — aus einer Reihe von sin- und cos-Funktionen zusammen, deren Amplituden mit wachsendem k gedämpft werden. Die Abnahme der Störungen mit der Tiefe erfolgt gemäß einer e-Funktion.

2. Berechnungen zur Wirkung der äußeren Störungsquellen

Im Anschluß an die theoretischen Untersuchungen im Abschnitt IV, 1 seien nun einige praktische Berechnungen angeschlossen. Wir gehen dabei stets von einem anfangs bewegungslosen Ozean aus.

a) Die Strahlungsverhältnisse

Die Sonne stellt die weitaus wichtigste thermische Energiequelle der Erde dar; ihr Einfluß auf das ozeanische Massenfeld wird nachstehend berechnet.

An der Meeresoberfläche trifft nach Durchdringung der Atmosphäre die Energiemenge Q_t auf, von welcher der Bruchteil Q_e absorbiert wird. Durch die Ausstrahlung geht dem Ozean die Energiemenge Q_a verloren, so daß ihm der resultierende Betrag $Q_e—Q_a$ verbleibt. Durch diese Wärmezufuhr erhöht sich die Temperatur an der Meeresoberfläche und die Erwärmung pflanzt sich auf Grund der Vermischungsvorgänge ins Innere des Ozeans fort.

Im ruhenden Ozean mit der Temperatur T_m = const wird das Eindringen der Erwärmung nach Gleichung (44) beschrieben. Da die Strahlungsverhältnisse bereits seit »eh und je« bestehen, wird die herrschende ozeanische Temperaturverteilung längs eines Meridianschnittes durch den Spezialfall $t \to \infty$, also durch Gleichung (50) wiedergegeben:

$$T(x,z) = T_m + \frac{1}{\sqrt{A_x A_z}} \sum_{k=-\infty}^{+\infty} \frac{a_k}{k} e^{-kz\sqrt{\frac{A_x}{A_z}} + ikx}, \tag{50a}$$

worin $\sum_{k=-\infty}^{+\infty} a_k e^{ikx}$ die dem Ozean zugeführte Wärmemenge ist. Nach H. Mosby[24]) gelten folgende Werte (cal cm^{-2} min^{-1}):

	$Q_e—Q_a$		$Q_e—Q_a$
70—60 N	0,040	0—10 S	0,175
60—50	0,065	10—20	0,171
50—40	0,093	20—30	0,150
40—30	0,125	30—40	0,129
30—20	0,150	40—50	0,097
20—10	0,167	50—60	0,067
10—0	0,171	60—70	0,041

Um aus den pro Minute zugeführten Werten $Q_e—Q_a$ die Beträge für $t \to \infty$ (d. h. praktisch für einen sehr fernen Zeitpunkt) zu erhalten, sind die ersteren mit einer (großen) Zahl c zu multiplizieren, $Q = c\,(Q_e—Q_a)$. Dies besagt, daß die Werte $Q_e—Q_a$ für die Theorie nur die Abhängigkeit der Oberflächentemperatur von der geographischen Breite ergeben (den Gang der Kurve); die Absolutwerte können nur erhalten werden, wenn man die berechneten Werte auf eine andere (den realen Verhältnissen angepaßte) Skala überträgt. Durch Festlegung eines Wertes ist dann die gesamte Temperaturverteilung fixiert.

Die Energiemenge Q kann in Gleichung (50 a) nur in Form einer Fourierreihe eingeführt werden. Um dies zu erreichen, teilen wir das betrachtete Gebiet in 24 gleiche Intervalle und führen die Fourieranalyse durch[25]). Es ergibt sich, wenn man nach 10 Gliedern abbricht:

$$Q_e—Q_a = 0{,}1220—0{,}0629 \cos x — 0{,}0096 \cos 2x — 0{,}0038 \cos 3x — 0{,}0074 \cos 4x —0{,}0014 \cos 5x + 0{,}0015 \sin x + 0{,}0012 \sin 2x + 0{,}0007 \sin 3x + 0{,}0013 \sin 4x —0{,}0006 \sin 5x.$$

In Abb. 12 ist die Strahlungsverteilung nach H. Mosby (Kurve *a*) und deren Approximation mittels der obigen Fourierreihe dargestellt (Kurve *b*). Die Abbildung enthält ferner die mittlere Temperaturverteilung an der Oberfläche des gesamten Weltmeeres (einschließlich Nebenmeere)

[24]) H. Mosby (1936), Verdunstung und Strahlung auf dem Meere. Ann. d. Hydr. usw. **54**, S. 281—286; s. auch H. U. Sverdrup (1951), Evaporation from the oceans. Comp. of Met. S. 1073.

[25]) W. Hort A. Thoma, Die Differentialgleichungen der Technik und Physik. 6. Aufl. Leipzig, 1954.

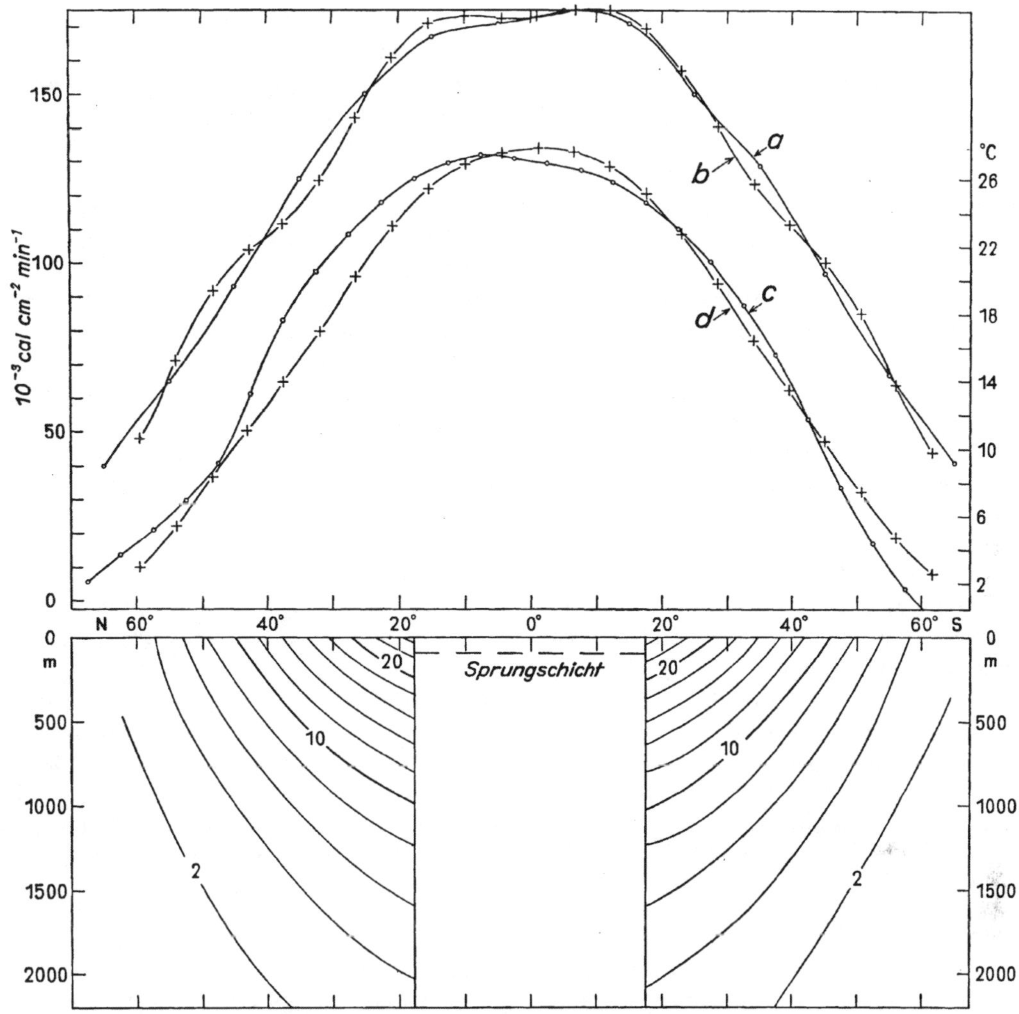

Abb. 12. Der Einfluß der Strahlungsverhältnisse auf das ozeanische Temperaturfeld zwischen 60° N und 60° S

Kurve *a*: Die dem Ozean zugeführte Wärmemenge nach H. Mosby

b: Approximation der Kurve a durch eine Fourierreihe

c: Mittlere Temperaturverteilung an der Oberfläche des Weltmeeres nach G. Wüst

d: Temperaturverteilung an der Meeresoberfläche als Folge der Wärmezufuhr entsprechend Kurve *b*.

darunter: Temperaturverteilung im Ozean als Folge der Wärmezufuhr entsprechend Kurve *b*

nach G. Wüst, W. Brogmus und E. Noodt[26]) sowie die aus Gleichung (50a) folgenden Temperaturwerte für $z = 0$. Letzteren liegen folgende Annahmen zugrunde*):

$$A_x / A_z = 10^6 \frac{c}{\sqrt{A_x A_z}} = 200 .$$

[26]) G. Wüst, W. Brogmus u. E. Noodt (1954), Die zonale Verteilung von Salzgehalt, Niederschlag, Verdunstung, Temperatur und Dichte an der Oberfläche der Ozeane. Kieler Meeresforschungen, Bd. X, 2, S. 137—161.

*) Der Energieverlust des Ozeans durch Verdunstung und Konvektion soll als Konstante in c enthalten sein.

Der Verlauf der Kurve zeigt, daß die an der Meeresoberfläche beobachtete mittlere Temperaturverteilung in ihren wesentlichen Zügen strahlungsbedingt ist. Eine positive Differenz zwischen wirklicher und berechneter Temperaturverteilung, welche sicherlich physikalische Realität besitzt, ergibt sich auf der Nordhalbkugel, insbesondere zwischen 20° N und 40° N. Dies ist offenbar eine Folge der Advektion und stimmt hinreichend überein mit den Ergebnissen über die Temperaturanomalien[27]).

Das Temperaturfeld in den Tiefen des Ozeans hängt wesentlich von der Struktur des Austauschkoeffizienten ab. Die oben gegebene Theorie über die Ausbreitung der Störungen im Ozean setzte die Konstanz des Austauschkoeffizienten voraus. Dies ist jedoch nur beschränkt erfüllt. Neben der Variabilität des Austauschkoeffizienten bleiben die sogenannten Sprungschichten und Fronten zu beachten, welche Unstetigkeitsstellen des Austausches darstellen. Wie die ozeanographischen Beobachtungen zeigen (vgl. beispielsweise[28])), befindet sich eine solche Sprungschicht in den äquatorialen Breiten zwischen 20° N und 20° S in etwa 100 m Tiefe. Diese verhindert somit in den niederen Breiten das Eindringen der Wärme in die Tiefe; Gleichung (50 a) vermag daher in dieser Region die wirklichen Verhältnisse nicht zu beschreiben. (Wir haben dieses Gebiet in Abb. 12 ausgespart). Anders in der Zone zwischen 20° N und 60° N bzw. 20° S und 60° S. Dort stehen einer Anwendung der Theorie keine prinzipiellen Schwierigkeiten gegenüber. Abb. 12 zeigt nun, daß der starke Abfall der Strahlungsintensität zwischen 20° und 60° auf jeder Halbkugel ein ausgeprägtes, sehr tief reichendes thermoklines Feld erzeugt, welches offenbar — wenn es nicht durch die Salzgehaltsverteilung kompensiert wird — eine Zonalströmung erzwingt. Auf diese Strömung wird unten zurückgekommen.

Da die Strahlungsverhältnisse permanenten Charakter haben, muß dieses thermokline Feld ebenfalls eine permanente Erscheinung darstellen. Entsprechendes gilt für den damit verbundenen Strömungszustand.

Der Abfall der Strahlungsintensität zwischen 20° und 60° jeder Halbkugel bedingt in diesen Regionen erhebliche meridionale Temperaturgradienten auch an der Meeresoberfläche. Bei verschwindender Meridionaladvektion müssen daher die Isothermen in dieser Region vorwiegend zonal verlaufen. Dies kommt auch in den Beilagen III—XIV zum Ausdruck.

b) Niederschlag und Verdunstung

Neben den Strahlungsverhältnissen spielen die mit Niederschlag und Verdunstung zusammenhängenden Prozesse eine beherrschende Rolle in der Verteilung der hydrographischen Elemente. Sie beeinflussen nicht nur die Wärmebilanz des Ozeans, sondern bestimmen darüber hinaus den Salzgehalt maßgebend.

Der Niederschlag stellt eine Salzsenke, die Verdunstung eine Salzquelle dar. Demzufolge breiten sich auf Grund der Vermischungsvorgänge von den Regionen, in denen der Niederschlag überwiegt, negative, von den Regionen, in denen die Verdunstung überwiegt, positive Salzgehaltsstörungen aus. Diese Störungen dringen von der Meeresoberfläche ins Innere des Ozeans ein, und dort, wo keine anderen Störungsquellen des Salzgehalts existieren (Süßwasserzufuhr vom Festland, Eisbildung und -schmelze), also insbesondere in den küstenfernen, extrapolaren Gebieten, müssen Niederschlag und Verdunstung die bestimmenden Faktoren des oberflächennahen Salzgehaltes sein.

[27]) G. Dietrich (1950), Kontinentale Einflüsse auf Temperatur und Salzgehalt des Ozeanwassers. Deutsche Hydr. Z., Bd. 3, S. 33—39.

[28]) A. Defant (1936), Schichtung und Zirkulation des Atlantischen Ozeans. Die Troposphäre. Wiss. Ergebn. Dtsch. Atlant. Exp. »Meteor«, 1925—1927, Bd. VI, 1. S. 289ff.

Diesem Sachverhalt ist von G. Wüst in zahlreichen Untersuchungen nachgegangen worden[29]). G. Wüst konnte zeigen, daß zwischen dem Salzgehalt an der Meeresoberfläche und der Differenz (V—N) eine Relation besteht, welche sich näherungsweise in eine einfache lineare Gleichung kleiden läßt:

$$S = c_1 + c_2 (\text{V—N}) \, . \tag{52}$$

Gleichung (52) wurde empirisch gefunden; die Werte, die zu ihrer Aufstellung führten, weisen zum Teil eine gewisse Streuung auf. Dies gilt insbesondere für die äquatorialen Regionen und die höheren Breiten der Nordhalbkugel. Den Konstanten c_1 und c_2 wird dabei keine unmittelbare physikalische Bedeutung zugeschrieben. Bemerkenswert ist, daß c_1 auf der Nordhalbkugel einen anderen Wert als auf der Südhalbkugel hat. Die Grenze zwischen den beiden Hemisphären ist danach etwa bei 10° N zu ziehen. Als Ursache der Unterschiede von c_1 zwischen den beiden Hemisphären sieht G. Wüst die Kontinentalität der Nordhalbkugel an. Wir werden darauf unten zurückkommen.

Entsprechend Gleichung (50) wird die Störung des Salzgehaltes als Folge der Differenz (V—N) gemäß

$$S(x,z) = S_m + \frac{1}{\sqrt{A_x A_z}} \sum_{k=-\infty}^{+\infty} \frac{a_k}{k} e^{ikx - kz\sqrt{\frac{A_x}{A_z}}} \tag{50b}$$

beschrieben, worin $(\text{V—N}) = \sum_{k=-\infty}^{+\infty} a_k e^{ikx}$.

Wir gehen von den (V—N)-Werten für das gesamte Weltmeer (einschließlich Nebenmeere) nach G. Wüst und Mitarbeiter[26]) aus und entwickeln die gegebene Verteilung in eine Fourierreihe. Es ergibt sich

$$\begin{aligned}(\text{V—N}) = {} & 2{,}3 - 43{,}8 \cos x - 33{,}8 \cos 2x + 24{,}3 \cos 3x - 9{,}5 \cos 4x + 7{,}7 \cos 5x \\ & - 10{,}1 \sin x - 14{,}0 \sin 2x + 22{,}8 \sin 3x + 8{,}2 \sin 4x + 3{,}5 \sin 5x \, ,\end{aligned}$$

wenn man nach 10 Gliedern abbricht.

Abb. 13 gibt in den Kurven *a* und *b* die Verteilung (V—N) und deren Approximation zwischen 60° N und 60° S wieder. Darunter befindet sich die Salzgehaltsverteilung an der Meeresoberfläche nach G. Wüst und Mitarbeiter[26]) und die aus der Theorie folgende Verteilung für $z = 0$ (Kurven *c* und *d*). Der ungestörte Salzgehalt ist zu 35,00 ‰ angenommen. Ansonsten gelten die auch bei der Strahlung zugrunde gelegten Werte. Ein Vergleich der Kurven *c* und *d* zeigt, daß (in großen Zügen) die beobachtete, oberflächennahe Salzgehaltsverteilung mit jener übereinstimmt, welche aus der Theorie als Folge von (V—N) folgt. Die Übereinstimmung ist gut auf der Südhalbkugel südlich von 20° S und im Subtropengebiet der Nordhalbkugel. Dies deutet darauf hin, daß in diesen Regionen die beobachtete Salzgehaltsverteilung tatsächlich nur durch Niederschlag und Verdunstung erzeugt wird. Andere Salzquellen sind in diesen Regionen auch nicht vorhanden.

Größere Abweichungen zeigen sich in den äquatorialen Regionen und insbesondere in den höheren Breiten der Nordhalbkugel. Beide dürften die Folge des sehr erheblichen Süßwasserzuflusses vom Festland sein. Es ist jedoch zu beachten, daß die Approximation von (V—N) in

[29]) G. Wüst, Gesetzmäßige Wechselbeziehungen zwischen Ozean und Atmosphäre in der zonalen Verteilung von Oberflächensalzgehalt, Verdunstung und Niederschlag. Archiv f. Met. usw. Serie A, Bd. 7, S. 305 (s. ferner Fußnote 26). Dort weitere Literaturhinweise.

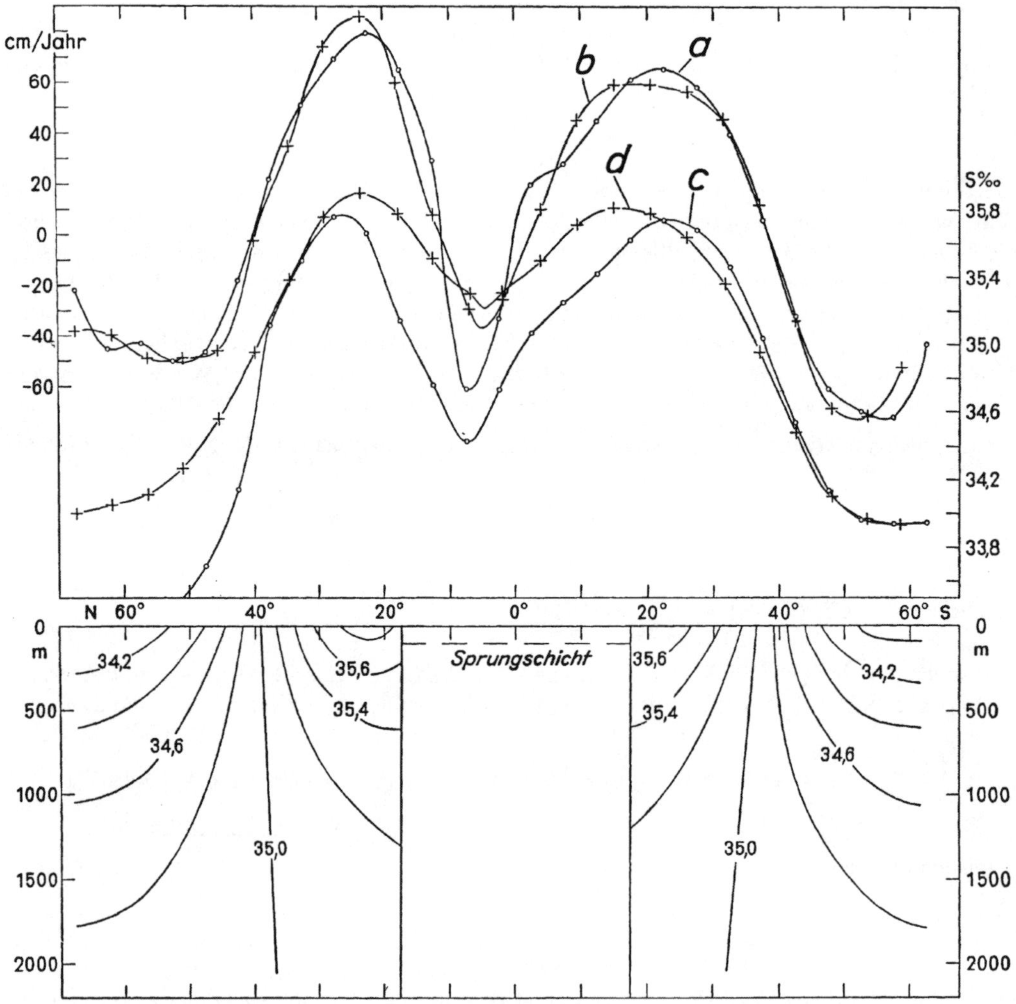

Abb. 13. Der Einfluß von Niederschlag und Verdunstung auf die ozeanische Salzgehaltsverteilung zwischen 60° N und 60° S

Kurve *a*: Verdunstung minus Niederschlag nach G. Wüst

b: Approximation der Kurve *a* durch eine Fourierreihe

c: Mittlere Salzgehaltsverteilung an der Meeresoberfläche nach G. Wüst

d: Salzgehaltsverteilung an der Meeresoberfläche als Folge der Verteilung von Niederschlag und Verdunstung entsprechend Kurve *b*

darunter: Salzgehaltsverteilung im Ozean als Folge der Verteilung von Niederschlag und Verdunstung entsprechend Kurve *b*

unmittelbarer Äquatornähe nicht sehr gut ist, was sich dort ebenfalls in den zu hohen Salzgehalten ausdrücken dürfte. Die Kurven *a*—*d* der Abb. 13 zeigen somit, daß die oberflächennahe Salzgehaltsverteilung südlich von 20° S und im Subtropengebiet der Nordhalbkugel als Folge von Niederschlag und Verdunstung interpretiert werden kann.

Die eingangs erwähnte lineare Beziehung zwischen Salzgehalt und (V—N), die von G. Wüst aufgestellt wurde, läßt sich nun auf der Basis der hier gegebenen Theorie z. T. bestätigen; nach Gleichung (50 b) ist der physikalische Zusammenhang zwischen (V—N) und dem Salzgehalt allerdings nicht unmittelbar durch eine lineare Gleichung, sondern durch

$$S = S_m \pm \frac{1}{\sqrt{A_x A_z}} \sum_{k=-\infty}^{+\infty} \frac{a_k}{k} e^{ikx - kz\sqrt{\frac{A_x}{A_z}}}$$

gegeben, mit $\sum_{k=-\infty}^{+\infty} a_k e^{ikx} = (\mathrm{V}-\mathrm{N})$. Geht man von der komplexen zur reellen Schreibweise über, so lautet Gleichung (50 b) für die Meeresoberfläche

$$\text{(50c)} \qquad S(x) = \text{const} \pm \frac{1}{\sqrt{A_x A_z}} \Big\{ a_1 \cos x + \frac{a_2}{2} \cos 2x + \frac{a_3}{3} \cos 3x + \ldots + b_1 \sin x + \frac{b_2}{2} \sin 2x + \frac{b_3}{3} \sin 3x + \ldots \Big\}.$$

Die Verteilung (V—N) ist hingegen

$$\mathrm{V}-\mathrm{N} = \text{const} + \frac{1}{\sqrt{A_x A_z}} \{ a_1 \cos x + a_2 \cos 2x + a_3 \cos 3x + \ldots + b_1 \sin x + b_2 \sin 2x + b_3 \sin 3x + \ldots \}.$$

In der Salzgehaltsverteilung sind also die Koeffizienten a_n, b_n durch den Summierungsindex n geteilt, im Gegensatz zur Verteilung von (V—N). Gleichung (50 c) wird nur dann mit der Wüstschen Relation identisch, wenn $a_n = 0$ für $n \neq 1$ und $b_n = 0$ für alle n. Dann verbleibt

$$S = \text{const} \pm \frac{a_1}{\sqrt{A_x A_z}} \cos x$$

mit $a_1 \cos x$ als (V—N),

d. h. $$S = \text{const} + \text{const}\ (\mathrm{V}-\mathrm{N}).$$

In den Gebieten, in denen der Verlauf von V—N durch eine einzige Kosinusfunktion dargestellt werden kann, besteht also eine lineare Beziehung zwischen S und (V—N). Dies ist näherungsweise erfüllt auf jeder Hemisphäre; der Anstieg (Kurve a in Abb. 13) vom tropischen Niederschlagsmaximum zum subtropischen Verdunstungsmaximum und der anschließende Abfall zum Niederschlagsmaximum der Westdrift hat auf jeder Hemisphäre einen cosinusähnlichen Verlauf. Man kann daher für jede Hemisphäre getrennt eine lineare Gleichung aufstellen, nicht aber für beide Hemisphären eine gemeinsame, weil der Gesamtverlauf von (V—N) nur durch eine Summe von trigonometrischen Funktionen beschrieben werden kann. Zwar ist auch der Verlauf von (V—N) zwischen 60° N und 60° S noch cosinus-ähnlich, in der Kalmenregion hat diese cosinus-ähnliche Kurve jedoch eine Verwerfung (auf der Nordhalbkugel hat die Kosinuskurve eine andere Wellenlänge als auf der Südhalbkugel).

Ähnlich wie in Abb. 12 stellt der untere Teil der Abb. 13 das Eindringen der Störungen in die Tiefe dar. Es resultiert ein tiefreichendes Salzgehaltsgefälle vom subtropischen Verdunstungsmaximum zum Niederschlagsmaximum der Westdrift. Entsprechend den Ausführungen in IV, 1, b sind dem gewonnenen thermohalinen Feld (Abb. 12 und 13) Zirkulationen zuzuordnen. Sie ergeben sich aus dem Bjerknesschen Theorem unter Berücksichtigung der Erdrotation, also gemäß der Formel von Helland-Hansen und Sandström. Abb. 14 gibt diesen Strömungszustand wieder. Die Salzgehaltsverteilung schwächt die temperaturbedingte Zirkulation auf jeder Halbkugel stark ab, es verbleibt dennoch ein tiefreichender nach Osten setzender Strom auf jeder Hemisphäre in den mittleren Breiten, als dessen Ursache der Abfall der Strahlungsintensität von den niederen nach den höheren Breiten anzusehen ist.

c) Die Süßwasserzufuhr

Abb. 13 zeigt, daß nördlich von 40° N der beobachtete Salzgehalt zum Teil erheblich unter den aus Niederschlag und Verdunstung berechneten Werten liegt. Dies beruht offenbar auf der Süßwasserzufuhr vom Festland, welche in den humiden Klimaregionen bestimmend in die ozeanische Salzgehaltsverteilung eingreift[17]). Die Süßwassermengen, welche über die Küsten

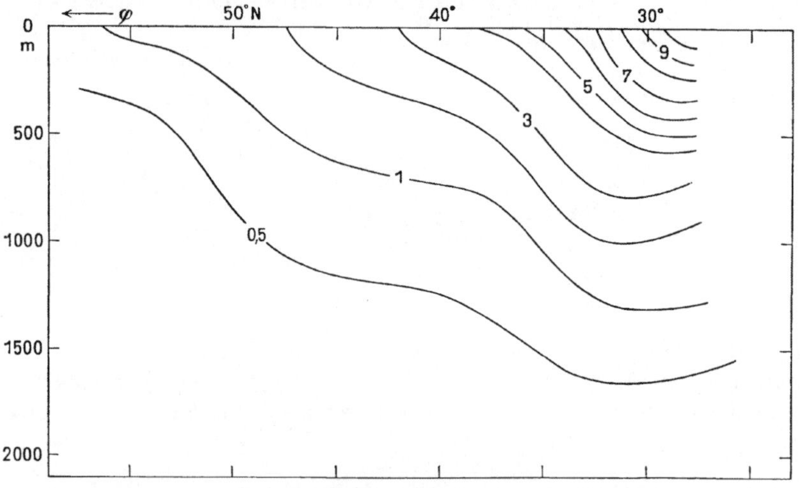

Abb. 14. Das Strömungssystem (cm/sec) im Ozean als Folge des aus den Strahlungsverhältnissen und der Verteilung von Niederschlag und Verdunstung folgenden Massenfeldes (Strom in Richtung Ost)

in den Ozean gelangen, sind allerdings in den einzelnen Gebieten nicht hinreichend bekannt, so daß Rechnungen in der Art, wie sie für Niederschlag, Verdunstung und Strahlung durchgeführt wurden, nicht möglich sind. Auch fehlt bei diesem Vorgang eine Grenzfläche in der Art der Meeresoberfläche. Das Süßwasser des Festlandes mischt sich bereits in den Flußmündungen, den Fjorden, Buchten usw. mit dem Meerwasser, so daß es keine küstenparallele vertikalstehende Fläche gibt, in der das Süßwasser mit dem Meerwasser spontan in Berührung kommt.

Um diese Schwierigkeit zu umgehen, nehmen wir nicht die Süßwassermenge als Ausgangspunkt, sondern gehen davon aus, daß in unmittelbarer Küstennähe die beobachtete Salzgehaltsverteilung weitgehendst durch die Süßwasserzufuhr bestimmt wird. Die beobachteten Salzgehaltswerte können daher als Randwerte dienen, mit denen wir in die Rechnungen eingehen (Gleichung 50).

Abb. 15 stellt ein durch die Süßwasserzufuhr hervorgerufenes Salzgehaltsprofil senkrecht zur Küste dar. Seiner Berechnung liegt zugrunde, daß der Salzgehalt an der Küste in 0 m um $2^0/_{00}$ (von $35^0/_{00}$ auf $33^0/_{00}$) herabgesetzt worden sein soll. Ferner soll diese Störung in 100 m Tiefe verschwinden und zwischen 0 m und 100 m den Verlauf der cosinus-Funktion im Bereich 0 bis $\frac{\pi}{2}$ haben. Dies entspricht im Prinzip den Beobachtungen, allerdings ist in Wirklichkeit die Störung meist tiefreichender (etwa 200 m) und zum Teil auch stärker (Herabsetzung des Salzgehaltes um etwa $5^0/_{00}$). Der allgemeine Isolinienverlauf ist jedoch prinzipiell stets der gleiche. Die Austauschkoeffizienten, welche zu Abb. 15 führen, haben die Werte $A_x = 10^8 \text{ g cm}^{-1} \text{ sec}^{-1}$ und $A_z = 10^2 \text{ g cm}^{-1} \text{ sec}^{-1}$, oder — was allein von Bedeutung ist — ; $A_x/A_z = 10^6$.

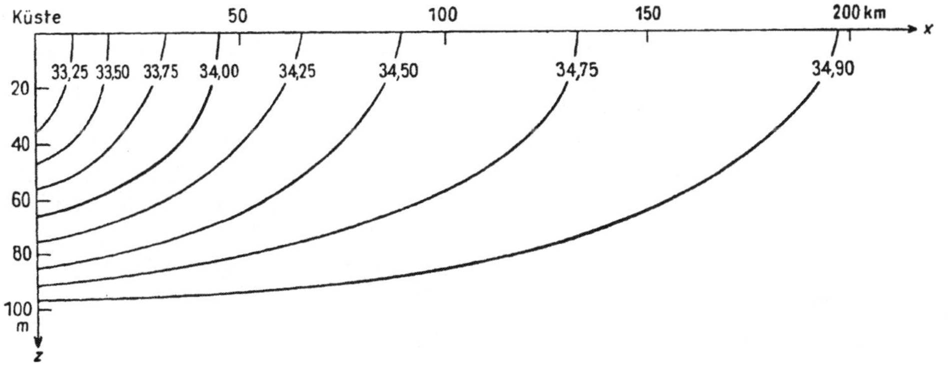

Abb. 15. Salzgehaltsverteilung auf einem Vertikalschnitt senkrecht zur Küste als Folge der Süßwasserzufuhr vom Festland

Zum Vergleich sind in den Abb. 16 und 17 zwei beobachtete Profile wiedergegeben. Abb. 16 stellt die Temperatur-, Salzgehalts- und Geschwindigkeitsverteilung im Norwegischen Küstenstrom bei den Lofoten dar, wie sie am 19. 11. 1955 von »Anton Dohrn« beobachtet wurden. Der berechnete Strom, welcher längs der norwegischen Küste nach Norden setzt, ergibt sich eindeutig aus der Salzgehaltsverteilung, die im Prinzip mit dem theoretischen Profil der Abb. 15 identisch ist. Die Temperaturverteilung enthält praktisch keine horizontalen Gradienten, liefert somit auch keinen Beitrag zum Strom. Analoges kann der Abb. 17 entnommen werden, welche einen Schnitt durch den kalten Ostgrönlandstrom bei Kap Moltke, aufgenommen mit »Anton Dohrn« am 18. 9. 1955, wiedergibt. Auch in dieser Darstellung ist — wie vor allen Küsten in den höheren Breiten — zu erkennen, daß die Salzgehaltsverteilung ähnlich der berechneten in Abb. 15 ist. In diesem Beispiel reicht die Störung etwa bis zu 200 m Tiefe. Das Geschwindigkeitsfeld ergibt sich wiederum aus dem Salzgehaltsgradienten; zwar sind auch größere Temperaturunterschiede in der Horizontalen vorhanden, diese wirken jedoch dem (stärkeren) durch den Salzgehalt erzeugten Dichtegradienten entgegen, schwächen ihn also nur ab. Die Geschwindigkeitsverteilung wird vom Salzgehalt beherrscht.

Aus diesen Darstellungen ist zu entnehmen, daß die Salzgehaltsgradienten vor den Küsten ein Strömungssystem bedingen, welches generell so orientiert ist, daß die Küste zur Rechten liegt, wenn man in Richtung des Geschwindigkeitsvektors blickt; die Strömung verläuft isohalinen-parallel. Daher kann aus den Beilagen XV—XXVI der Strömungsverlauf weitgehendst entnommen werden. Der Küsten-

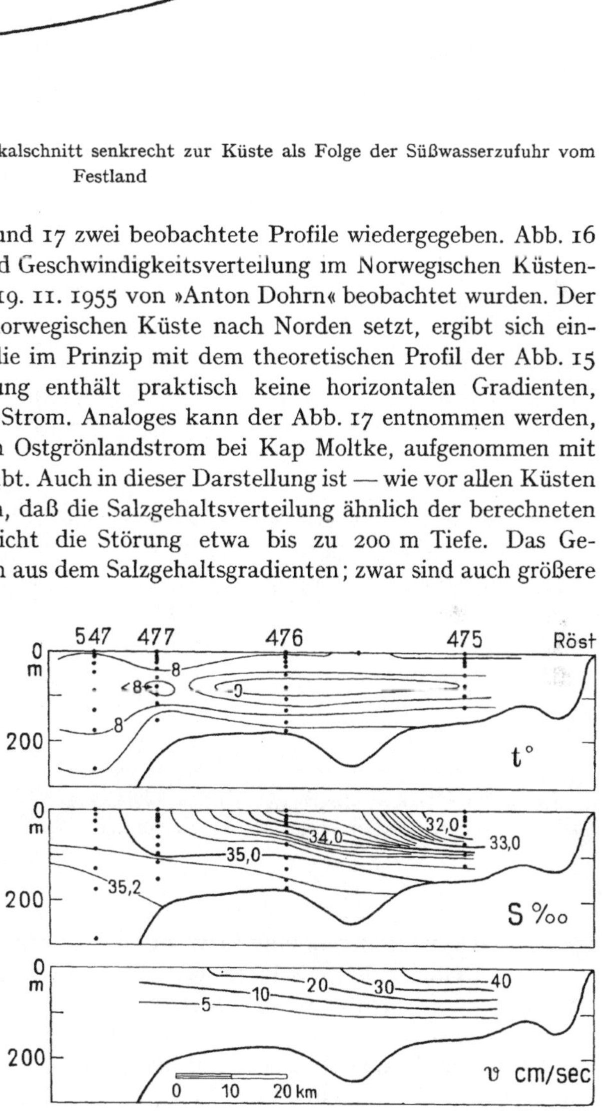

Abb. 16. Temperatur-, Salzgehalts- und Geschwindigkeitsverteilung im Norwegischen Küstenstrom bei den Lofoten (»Anton Dohrn« 19. 11. 1955)

strom weist die größten Geschwindigkeiten in Küstennähe auf. Er transportiert Wassermassen — wegen des Küstenverlaufs — in meridionaler Richtung über Entfernungen von mehr als 20 Breitengrade, verfrachtet also warme Wassermassen nach Norden und kalte nach Süden.

Aus dem Jahresgang der Süßwasserzufuhr muß auf eine entsprechende Intensivierung des Strömungssystems im Sommer geschlossen werden. Dies steht — wie bereits früher hervorgehoben[17]) — in Übereinstimmung mit den Beobachtungen. Aus der Orientierung der Strömungen folgt ferner, daß in den humiden Klimazonen um jede Insel ein antizyklonales, in jedem Meeresbecken ein zyklonales Strömungssystem entwickelt sein muß. Auch dies entspricht den Beobachtungen.

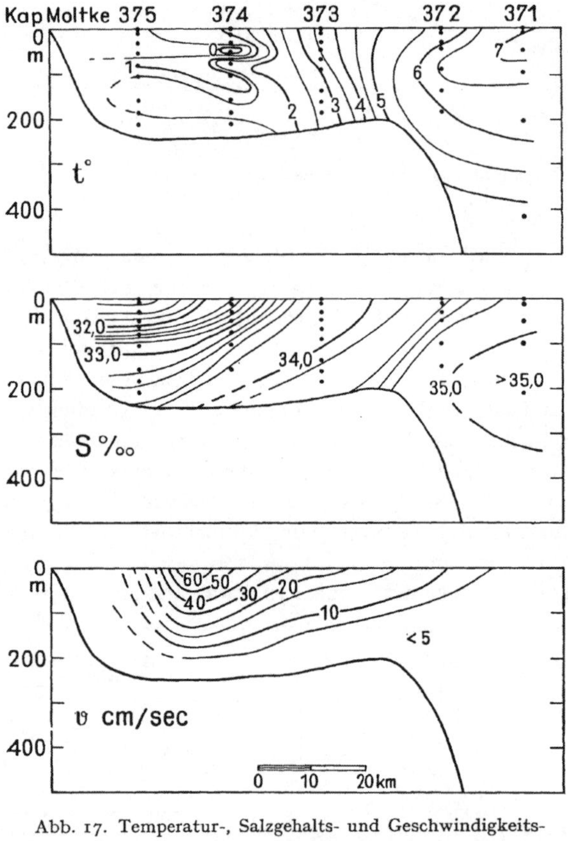

Abb. 17. Temperatur-, Salzgehalts- und Geschwindigkeitsverteilung im Ostgrönlandstrom bei Kap Moltke (»Anton Dohrn« 18. 9. 1955)

Den Beilagen XV—XXVI ist schließlich zu entnehmen, daß die Salzgehaltsgradienten vor den Küsten die markantesten Erscheinungen im Isohalinenbild darstellen. Wir wiesen schon im Abschnitt III darauf hin.

d) Eisbildung und Eisschmelze

Der Jahresgang, der den Zyklus Eisbildung-Eisschmelze beherrscht, kann auf die ozeanische Salzgehaltsverteilung nicht ohne Einfluß sein. G. Neumann[30]) zeigte bereits 1940 an Beobachtung und Modell, daß die Salzgehaltsstörung, welche von dem Jahresgang der Eisbergschmelze bei Neufundland ausgeht, bis in die Azorenregion nachweisbar ist. Es handelt sich hierbei um einen der intensivsten Schmelzvorgänge im nördlichen Nordatlantischen Ozean.

Auf eine kleine Störung in der nördlichen Labrador-See wiesen wir in Abschnitt III, 1 hin.

Die Labrador-See, das Baffin Meer sowie die Barents- und Kara-See werden sicherlich durch die winterliche Eisbildung und durch die Abschmelzvorgänge im Frühling und Sommer sehr stark beeinflußt. In diesen Gebieten bedeckt das Eis im Winter mehr oder weniger den gesamten Meeresraum, wodurch in dieser Jahreszeit größere Salzgehaltsunterschiede in der Horizontalen nicht auftreten. Im Sommer jedoch entstehen durch das Abschmelzen der Eisdecke starke Gradienten am Eisrand, denn die Eisfelder schmelzen im allgemeinen nicht gleichmäßig ab; der Abschmelzvorgang schreitet vielmehr vom Rande nach innen fort, wodurch bisweilen auch ein restliches Eisfeld selbst im Sommer noch verbleibt.

[30]) G. Neumann (1940), Die ozeanographischen Verhältnisse an der Meeresoberfläche im Golfstromsektor nördlich und nordwestlich der Azoren. Ann. Hydrogr. u. Marit. Met. Beiheft.

Im westlichen Baffin Meer hält sich solch ein linsenförmiges Eisfeld, in der Barents- und Kara-See weicht die Eisgrenze nur nach Norden zurück. In all diesen Fällen erreicht der Salzgehaltsgradient im Sommer sein Maximum.

Eine Region, von der im Sommer eine Salzgehaltsstörung ausgeht, findet sich auch im Europäischen Nordmeer: der Is-Odden. Durch den nördlich von Jan Mayen ostwärts setzenden Jan-Mayen-Strom werden größere Eismassen aus dem Ostgrönlandstrom abgezweigt, welche bei etwa 73° N, 0° im Sommer abschmelzen. Früher stellte diese Region ein wichtiges Seehundfanggebiet dar. Von den Seehundfängern sind auch die starken jährlichen Verlagerungen dieses Gebietes bekannt.

Den Beilagen XIX—XXI kann man nun entnehmen, daß die Herabsetzung der Salzgehalte im Gebiet des Is-Odden vom Mai bis zum Juli rasch fortschreitet und dann wieder zurückgeht. Während im Mai noch eine geschlossene Zone salzreichen Wasser ($S > 35‰$) bis Westspitzbergen reicht, erzwingt die vom Is-Odden ausgehende Störung eine Aufspaltung dieser Zone. Das Gebiet maximaler Gradienten unterliegt dabei merklichen Verlagerungen.

Den Beilagen ist ferner zu entnehmen, daß das abgespaltene Gebiet hohen Salzgehaltes eine weitere Teilung erfährt. Als Ursache hierfür ist der Bäreninselstrom anzusehen, welcher zwar nur eine schmale Region östlich der Bäreninsel umfaßt, aber wegen des mitgeführten Eises nicht ohne Bedeutung für die Salzgehaltsverteilung ist.

Schließlich sei noch auf die Salzgehaltsstörung hingewiesen, welche vom Ostgrönlandstrom ausgeht. Betrachtet man den Abstand der 35‰-Isohaline von der grönländischen Küste bei 60° N (Kap Farvel nach Osten), so findet man folgende Werte:

Monat	I	II	III	IV	V	VI	VII	VIII	IX	X	XI	XII
Abstand (sm)	160	—	70	120	160	190	250	280	280	250	250	180

Man erkennt hieran, wie die Herabsetzung des Salzgehaltes im Laufe des Sommers fortschreitet.

Theoretische Untersuchungen über diese Fragen stoßen auf größere Schwierigkeiten. Die in Abschnitt IV, 1, b gegebene Theorie scheint nicht ohne weiteres anwendbar zu sein, weil sich am Eisrand — und wohl auch unter der Eisdecke — erhebliche Sperrschichten zu bilden pflegen, also Unstetigkeiten des Austauschkoeffizienten. Wir stellen daher theoretische Untersuchungen hierüber im Rahmen dieser Arbeit zurück. Über den physikalischen Charakter des Vorgangs läßt sich jedoch sagen, daß er im allgemeinen dem der Süßwasserzufuhr ähnlich ist. Von einem schmelzenden Eisfeld muß eine Herabsetzung des Salzgehaltes senkrecht zum Eisrande ausgehen, das Eisfeld wird also einen Strom parallel zum Eisrand erzwingen, der so orientiert ist, daß das Eisfeld zur Rechten liegt, wenn man in Richtung des Stromes blickt. Dies bedeutet, daß längs des polaren Eisrandes — z. B. in der Barents-See — ein nach Westen setzender Strom erwartet werden könnte. Dieser ist auch tatsächlich vorhanden[31]). Aus dem Jahresgang der Eisschmelze wäre ferner auf eine Intensivierung des Strömungssystems im Sommer und auf ein starkes Abschwächen der Strömungen im Winter zu schließen (vgl. auch Abschnitt IV, 2, c).

Als typische Strömung, die ihre Ursachen in der Eisschmelze hat, sehen wir auch den sogenannten Mitteleisstrom an[6]), welcher im zentralen Baffin Meer, am Ostrand eines Eisfeldes, nach Süden strömt.

3. Die advektiven Störungsquellen

Die Berechnungen über die Wirkung der äußeren Störungsquellen zeigen, daß die klimatischen Verhältnisse tiefgreifend auf den Ozean einwirken, falls die obigen Voraussetzungen erfüllt sind. Diese bestehen darin, daß

[31]) B. Schulz (1943), Der Nordsibirische Seeweg. (Seehandbuch.)

1. die Diffusionsgleichung die ozeanischen Vermischungsvorgänge in erster Näherung beschreibt, wenn man die Diffusionskoeffizienten durch die Austauschkoeffizienten ersetzt;
2. der Austauschkoeffizient in der Horizontalen den Wert 10^7 g cm^{-1} sec^{-1}, in der Vertikalen 10—10^2 g cm^{-1} sec^{-1} besitzt.

Unter diesen Voraussetzungen resultiert in den mittleren Breiten ein Zonalstrom auf jeder Halbkugel als Folge des Abfalles der Strahlungsintensität Äquator — Pol. Ferner ergibt sich in den humiden Klimaregionen ein Küstenströmungssystem, welches so orientiert ist, daß die Küste zur Rechten liegt, wenn man in Richtung des Geschwindigkeitsvektors blickt. Der Eisrand ist offenbar in gleicher Weise wirksam wie eine Küstenlinie.

Es zeigt sich nun, daß die Küstenströme zwar in den Randmeeren von der Größenordnung der beobachteten sind, nicht aber im offenen Ozean. Vielmehr tritt bei den letzteren noch ein wesentlicher Massentransport hinzu.

Schon im Abschnitt III haben wir darauf hingewiesen, daß die sogenannten kalten Meeresströmungen lediglich den Meeresraum über dem Schelf umfassen, daß aber der Kontinentalabhang von warmem Wasser eingenommen wird (z. B. Ostgrönlandstrom auf dem Schelf, Irmingerstrom-Wasser am Kontinentalabhang). Wir hatten auch hervorgehoben, daß in der Dänemarkstraße, der Davis-Straße und westlich Spitzbergens diese warmen Wassermassen zum kalten Küstenstrom stoßen und ihn dann auf dem weiteren Wege flankieren. Im folgenden bezeichnen wir daher diesen warmen Wasserkörper am Kontinentalabhang als »warme Flanke« des Stromes bzw. als »Schelfrandstrom«.

Das Gesagte läßt sich dahingehend erweitern: alle Meeresströmungen im nördlichen Nordatlantischen Ozean, welche sich an den Schelf anlehnen (Norwegischer Strom, Grönländischer Strom, Labradorstrom usw.) bestehen aus diesen beiden Bestandteilen — dem Küstenstrom und der warmen Flanke. Die Annahme liegt nahe, daß dieser warme Wasserkörper die Fortsetzung des Zonalstromes der mittleren Breiten ist (s. Abschnitt IV, 2 a und b), dort in Bewegung versetzt und nur wegen der Land- und Seeverteilung meridional abgelenkt wird.

Die warme Flanke ist leicht erkennbar: Abb. 18 stellt ein Profil bei Andenes (Lofoten) dar, welches am 22. November 1955 von »Anton Dohrn« aufgenommen wurde. Wiedergegeben sind die Temperatur- und Salzgehaltsverteilung sowie das hieraus berechnete Geschwindigkeitsfeld. Der Schnitt liegt in einem Gebiet maximaler Stromstärken.

Der Abbildung ist zu entnehmen, daß der Küstenstrom, wie man leicht an der Salzgehaltsverteilung feststellt, nur die Region des Schelfes umfaßt; seine Ausdehnung kann näherungsweise durch die 7^0-Isotherme beschrieben werden. Im angegebenen Falle herrscht auf dem Schelf nahezu Homothermie, ähnlich wie in Abb. 16. (Wie jedoch Abb. 17 zeigt, kann die Temperaturverteilung auch sehr anders sein. Sie spielt keine wesentliche Rolle.)

Wir zerlegen nun das Geschwindigkeitsprofil (Abb. 18) in seine Bestandteile. Da die Geschwindigkeit entsprechend der Formel von Helland-Hansen und Sandström aus dem horizontalen Dichtegradienten $\frac{\partial \varrho}{\partial x}$ berechnet wird, spaltet man zweckmäßigerweise $\frac{\partial \varrho}{\partial x}$ in seine Konstituenten

$$\frac{\partial \varrho}{\partial T}\frac{\partial T}{\partial x}+\frac{\partial \varrho}{\partial S}\frac{\partial S}{\partial x}$$

auf. Mit Hilfe dieser Aufspaltung ist es möglich, der Ursache des Dichtegradienten (und damit der Strömung) näherzukommen. Überwiegt der erste Term der rechten Seite, so stellt die Temperaturverteilung den beherrschenden Faktor dar, überwiegt der zweite Term, so ist es die Salzgehaltsverteilung. Bildet man also

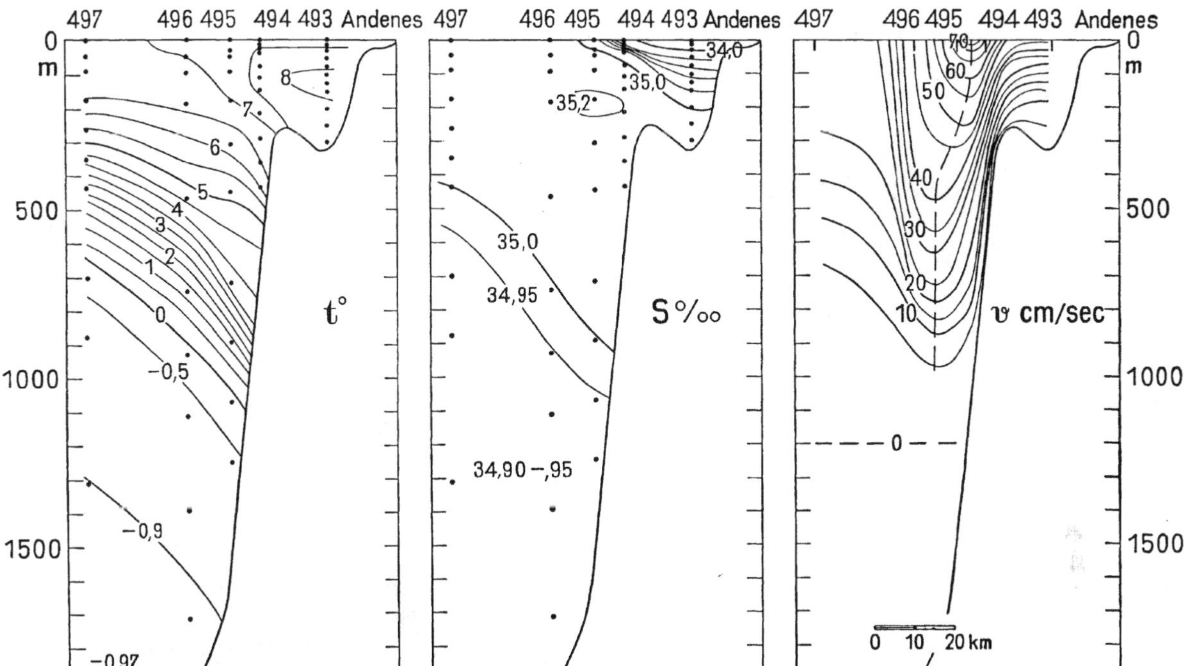

Abb. 18. Temperatur-, Salzgehalts- und Geschwindigkeitsverteilung im Norwegischen Strom bei den Lofoten (»Anton Dohrn« 22. 11. 1955)

$$\Delta = \left| \frac{\partial \varrho}{\partial S} \frac{\partial S}{\partial x} \right| - \left| \frac{\partial \varrho}{\partial T} \frac{\partial T}{\partial x} \right|,$$

so besagt $\Delta > 0$, daß die Strömung aus dem Salzgehaltsfeld, $\Delta < 0$, daß die Strömung aus dem Temperaturfeld ihre Energien zum wesentlichen schöpft. Man kann dann weiter nach der Entstehung der Salzgehalts- bzw. Temperaturverteilung fragen.

In Abb. 19 ist die Zerlegung des Andenes-Profils in der angegebenen Weise vorgenommen worden. Die Werte $\frac{\partial \varrho}{\partial T}$ bzw. $\frac{\partial \varrho}{\partial S}$ wurden den Tabellen von Hesselberg und Sverdrup[30]) entnommen. In Abb. 19 ist die Zweiteilung des Stromes deutlich zu erkennen. Der Küstenstrom umfaßt den Schelf und den Schelfrand; die dort aus dem Salzgehalt resultierenden Dichtegradienten $\frac{\partial \varrho}{\partial S} \frac{\partial S}{\partial x}$ übertreffen die aus dem Temperaturfeld ableitbaren Gradienten $\frac{\partial \varrho}{\partial T} \frac{\partial T}{\partial x}$ um mehrere hundert Einheiten (831 maximal).

Am Kontinentalabhang ergibt sich der Dichtegradient (und damit die Strömung) im wesentlichen aus der Temperaturverteilung. Die Achse dieses Wasserkörpers ist (hypothetisch) skizziert worden. Man erkennt, daß sich der Wasserkörper der warmen Flanke von der Umgebung hinsichtlich der Temperatur sehr stark unterscheidet, denn zu beiden Seiten der Achse besteht je eine Zone maximaler Temperaturgradienten. Das Gesamtströmungssystem errechnet sich aus folgenden Bestandteilen:

[30]) Th. Hesselberg u. H. U. Sverdrup (1914), Die Stabilitätsverhältnisse des Seewassers bei vertikalen Verschiebungen. Bergens Museums Aarbok, Nr. 15.

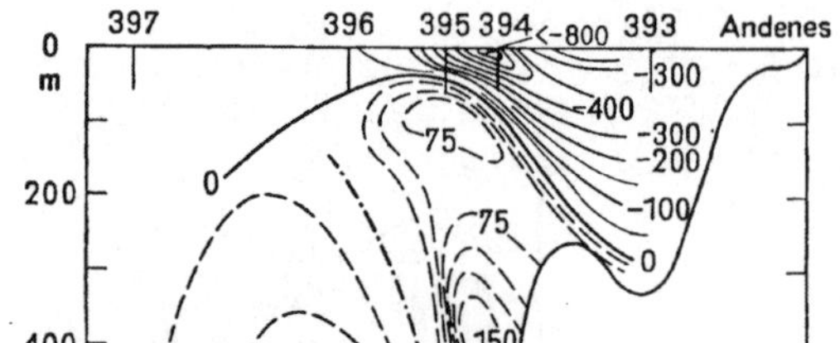

Abb. 19. Aufspaltung des horizontalen Dichtegradienten $\frac{\partial \varrho}{\partial x}$ in seine Bestandteile $\frac{\partial \varrho}{\partial S}\frac{\partial S}{\partial x}$ und $\frac{\partial \varrho}{\partial T}\frac{\partial T}{\partial x}$

Ausgezogene Linie: $\left|\frac{\partial \varrho}{\partial S}\frac{\partial S}{\partial x}\right| > \left|\frac{\partial \varrho}{\partial T}\frac{\partial T}{\partial x}\right|$, d. h. der Salzgehalt beherrscht das Massenfeld

Gestrichelte Linien: $\left|\frac{\partial \varrho}{\partial S}\frac{\partial S}{\partial x}\right| < \left|\frac{\partial \varrho}{\partial T}\frac{\partial T}{\partial x}\right|$, d. h. die Temperatur beherrscht das Massenfeld

Strichpunktierte Linie: Achse der advektiven Wassermasse (hypothetisch)

1. dem Dichtegradienten, welcher im Bereich des Schelfes aus den (durch die Süßwasserzufuhr bedingten) Salzgehaltsunterschieden resultiert,
2. dem Dichtegradienten, welcher sich aus den Temperaturunterschieden zwischen dem Wasser der warmen Flanke und der Umgebung ergibt.

Offenbar hat der Wasserkörper der warmen Flanke eine ähnliche Funktion wie die Störungsquellen, welche von außen an den Ozean angreifen, denn die warme Flanke stellt für die Umgebung ebenfalls eine Störung dar. Es handelt sich also um eine innere Störungsquelle des Ozeans, aus welcher der Strom ständig Energie schöpft, indem der in der Wassermassenverteilung ruhende Energievorrat in kinetische Energie transformiert wird. Daß sich das Reservoir nicht erschöpft, scheint auf folgendem zu beruhen:

1. Am Schelfrand ergibt sich als Folge der Struktur des Austauschkoeffizienten prinzipiell eine Strömung, die so orientiert ist, daß der Schelfrand zur Rechten liegt. Darauf wird in Abschnitt IV. 4. eingegangen. (Bei schmalem Schelf fließt diese Strömung somit parallel zum Küstenstrom.)
2. Der Schelfrandstrom erfährt eine Intensivierung und Verbreiterung a) durch die Vermischungsvorgänge und b) durch die progressive Advektion. Dies wird nachstehend erläutert.

Führt ein Strom, z. B. der Norwegische, auf Grund des Schelfverlaufes warmes Wasser nach Norden, so gelangt dieses Wasser in Regionen, welche sich hinsichtlich der Temperatur von der des advektierten Wasserkörpers unterscheiden. Es muß sich daher wegen der Vermischung das Temperaturfeld zwischen den beiden Wassermassen ändern, und es erheben sich die Fragen:

1. wie ändert sich die Temperatur im advektierten Wasserkörper auf Grund der Vermischung mit der Umgebung
2. wie ändert sich die Temperatur in der Umgebung auf Grund des Wärmestromes, der vom advektierten Wasser ausgeht.

Wir orientieren das rechtwinklige Koordinatensystem x, y, z so, daß y in die Strömungsrichtung und z vertikal nach unten zeigen. x, y, z sei ein Rechtssystem. Es sei ferner $\mathfrak{v} = v$, also

$u = 0$, $w = 0$. Die Vermischung in der Strömungsrichtung werde vernachlässigt. Dann reduziert sich die Gleichung der Vermischungsvorgänge auf

$$\frac{\partial U}{\partial t} + v\frac{\partial U}{\partial y} - \frac{A_x}{\varrho}\frac{\partial^2 U}{\partial x^2} - \frac{A_z}{\varrho}\frac{\partial^2 U}{\partial z^2} = 0 \tag{53}$$

bzw.

$$\frac{dU}{dt} - \frac{A_x}{\varrho}\frac{\partial^2 U}{\partial x^2} - \frac{A_z}{\varrho}\frac{\partial^2 U}{\partial z^2} = 0, \tag{54}$$

wenn $\frac{d}{dt}$ die individuelle Änderung darstellt. Gleichung (54) gibt die individuelle Änderung der Eigenschaft U bezogen auf das festliegende x, y, z-System bzw. die lokale Änderung von U in einem mit der konstanten Geschwindigkeit v in Richtung y sich bewegenden Koordinatensystem wieder. Wir gehen nun von zwei Meeresgebieten aus, M_1 und M_2; in M_1 herrsche die Temperatur $T_1 = \text{const}$, in M_2 die Temperatur $T_2 = \text{const}$. Aus M_2 führe eine Strömung $v = \text{const}$ Wasser mit T_2 nach M_1. (Man denke etwa an die Verhältnisse zu beiden Seiten des Wyville Thompson-Rückens, welcher das warme Atlantische Wasser von dem des Europäischen Nordmeeres trennt, das ohne den Einfluß des Norwegischen Stromes eine sehr tiefe Temperatur haben würde. Durch den Faeroer-Shetland-Kanal führt die Strömung $v = \text{const}$ Wasser mit T_2). Wir bringen in Gleichung (54) die Anisotropie des Austauschkoeffizienten durch die Transformationen

$$x = \sqrt{\frac{A_x}{\varrho}}\,\xi, \quad z = \sqrt{\frac{A_z}{\varrho}}\,\zeta$$

zum Verschwinden. Gleichung (54) lautet dann

$$\frac{dU}{dt} - \frac{\partial^2 U}{\partial \xi^2} - \frac{\partial^2 U}{\partial \zeta^2} = 0. \tag{54a}$$

Dadurch erreichen wir, daß die obige Formulierung des Problems identisch wird mit einem aus der Theorie der Wärmeleitung bekannten Ausbreitungsvorgang. Im Koordinatensystem ξ, η, ζ, welches sich mit der Geschwindigkeit v bewegt, stellt die — gegenüber dem festliegenden Koordinatensystem x, y, z mit der gleichen Geschwindigkeit v bewegte — warme Wassermasse einen ruhenden Wasserkörper dar. Zur Zeit t_0 herrscht eine bestimmte Temperaturverteilung $T(\xi, \zeta, t_0)$. Wegen der Vermischungsvorgänge gleicht sich $T(\xi, \zeta, t_0)$ in der Zeit $t > 0$ mit der Umgebung aus. Hat z. B. $T(\xi, \zeta, t_0)$ die Form einer Gaußschen Fehlerfunktion (Glockenkurve), so wird der Temperaturausgleich mit der Umgebung durch

$$T \sim \frac{1}{t} e^{-\frac{\xi^2 + \zeta^2}{4t}}$$

beschrieben, d. h. die Anfangsverteilung der Temperatur verbreitert sich (sowohl in Richtung ξ als auch in Richtung ζ). Die Verteilung behält dabei die Form einer Fehlerfunktion, geht mit $2\sqrt{A_x t}$ in die Breite (x-Richtung), mit $2\sqrt{A_z t}$ in die Tiefe (z-Richtung) und schwächt sich dabei in der Form $\frac{1}{t}$ ab ($\varrho = 1$).

Wie in der Theorie der Wärmeleitung gezeigt wird[31]), beschreibt dieser Vorgang im Prinzip jeden Ausgleich einer lokalen Temperaturstörung. Denn die spezielle Anfangsbedingung — $T(\xi, \zeta, t_0)$ sei eine Fehlerfunktion — läßt sich leicht durch eine Summe von Fehlerfunktionen (eine Summe von lokalen Erwärmungen verschiedenen Grades C_k an verschiedenen Stellen $\overset{*}{\xi}_k, \overset{*}{\zeta}_k$) ersetzen, wodurch man zu Lösungen in der Form

[31]) F. Hund, Einführung in die theoretische Physik. Bd. IV, Leipzig 1950.

$$T \sim \sum_k C_k \frac{1}{t} e^{-\frac{(\xi - \overset{*}{\xi}_k)^2 + (\zeta - \overset{*}{\zeta}_k)^2}{4t}}$$

gelangt.

Schließlich läßt sich daraus die Lösung für die weitgehend allgemeine Anfangsbedingung

$$T(\xi, \zeta, t_0) = f(\overset{*}{\xi}, \overset{*}{\zeta})$$

entwickeln, wobei die Funktion $f(\xi, \zeta)$ lediglich die Bedingung zu erfüllen hat, daß sie in der Lösung

$$T(\xi, \zeta, t) = \frac{1}{4\pi t} \int\int f(\overset{*}{\xi}, \overset{*}{\zeta}) \, e^{-\frac{(\xi - \overset{*}{\xi})^2 + (\zeta - \overset{*}{\zeta})^2}{4t}} \, d\overset{*}{\xi} \, d\overset{*}{\zeta}$$

das Integral zur Konvergenz bringt. Dies ist für jede Funktion $f(\xi, \zeta)$ erfüllt, welche nur in einem begrenzten Gebiet von Null verschieden ist, also z. B. für Treppen-, Trapez-, Dreieckfunktionen usw. Wir beschränken uns auf die Diskussion der einfachen Lösung

$$(55) \qquad T(\xi, \zeta) = \frac{T_0}{ct} e^{-\frac{1}{4t}\left(\frac{x^2}{A_x} + \frac{z^2}{A_z}\right)} = \frac{T_0}{c^* y} e^{-\frac{1}{4t}\left(\frac{x^2}{A_x} + \frac{z^2}{A_z}\right)},$$

welche den Prozeß im Prinzip hinreichend skizziert ($y = vt$). c stellt eine Konstante dar, die es ermöglicht, die Lösung den ozeanischen Dimensionen anzugleichen. Die Lösung (55) ist in Abb. 20 im x, y, z-System wiedergegeben. Mit $y = vt$ wurde der Abstand y der verschiedenen Profile vom Ausgangspunkt y_0, d. h. $t = t_0$ in Gleichung (55) berechnet. Folgende Werte liegen den Rechnungen zugrunde:

$$T_0 = 15^0 \qquad A_x = 10^7 \text{ g cm}^{-1}\text{ sec}^{-1}$$
$$c = 10^{-6} \qquad A_z = 50 \text{ g cm}^{-1}\text{ sec}^{-1}$$

Der Ausgleich zwischen der Temperaturverteilung im advektierten Wasserkörper und der Umgebung (Abb. 20) schreitet mit zunehmender Entfernung vom Ausgangspunkt fort, indem sich die Wärme unter Abbau des Temperaturmaximum auf die Umgebung ausbreitet. Die Wärme dringt also in die Tiefe und Breite vor.

Daß sich die Isothermen und Isohalinen am Schelfrand in der durch Abb. 20 skizzierten Weise verlagern, wurde bereits von Helland-Hansen und Nansen[32]) im Jahre 1909 am Norwegischen Strom beobachtet und interpretiert. Sie wählten als Index hierfür die $35^0/_{00}$-Isohaline. Es heißt in »The Norwegian Sea«: When comparing all the different sections of Norway, it will be seen that the lower isohaline of $35^0/_{00}$ is generally much deeper in the northern sections, off Lofoten, than in the southern, off Feje or Stad. ... The 35.0-isohaline will be found west of this ridge (Tampen) at depths varying between 350 metres and 550 metres, the depth being generally about 400 metres. The same isohaline, in the Lofoten sections, is at depths between 450 metres and 900 metres, generally about 700 or 800 metres. Coincidently with the sinking of the isohaline of $35.0^0/_{00}$ northwards, there is a decrease in the maximum salinities of the Atlantic water. Great masses of water with salinities above $35.2^0/_{00}$ are generally found in the southern part of the Norwegian Sea, but this high salinity gradually disappears on the way northwards, only very little of it being found upon the whole, in the section from

[32]) B. Helland-Hansen u. F. Nansen, The Norwegian Sea. S. 145.

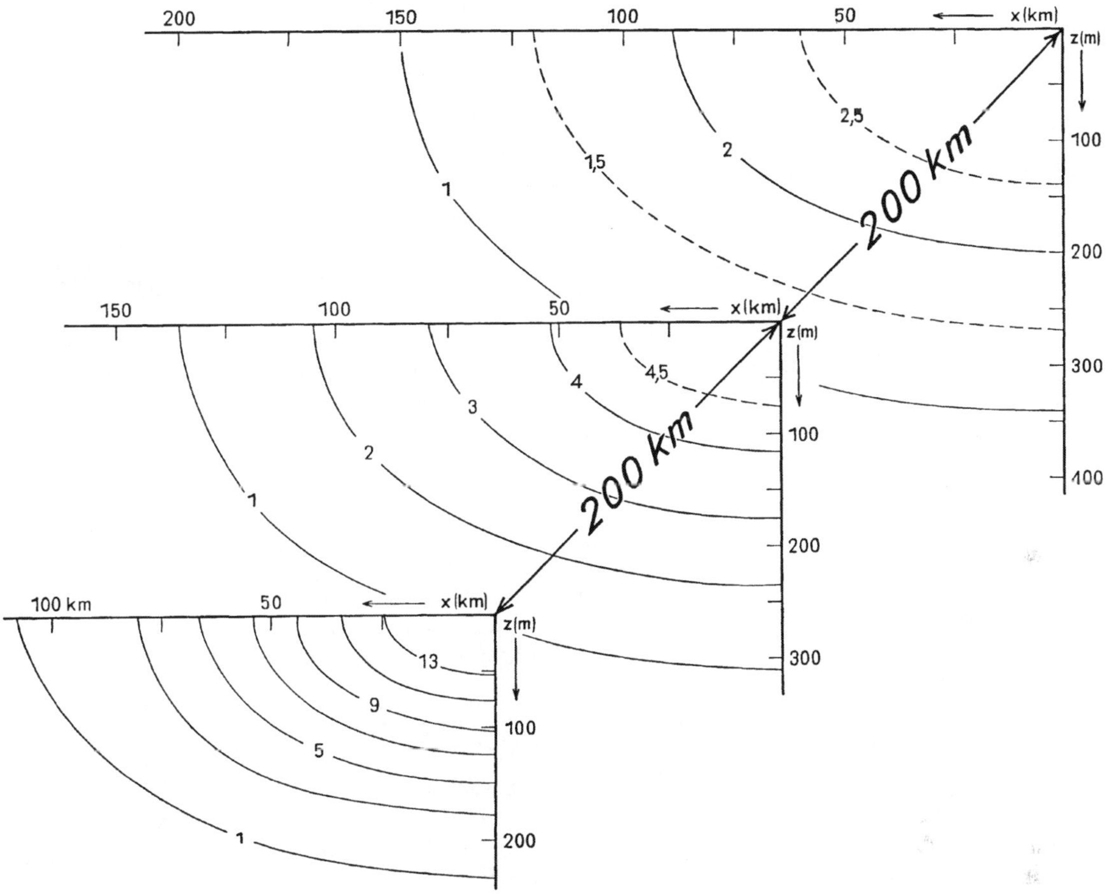

Abb. 20. Die Wirkung der Vermischungsvorgänge auf eine vorgegebene Temperaturverteilung

Lofoten. Still farther north, off Finmark or Bear Island, such high salinities are very rarely met with, and even water with salinities above 35.1‰ is only seldom observed there. This proves that the Atlantic water must have been intermixed with other waters to a great extent. We have already mentioned that coast-water and Atlantic water are intermixed on the eastern side of the Atlantic current; but the Atlantic water is intermixed to a still greater extent with Arctic water and with central waters on the western side of the current, and with bottom-water on its underside . . . The sinking of the isohaline of 35.0‰ to the great depths demonstrated by the Lofoten sections (mentioned above) proves that the intermixture of the Atlantic water with the underlying bottom-water is very considerable.

Es ist also der Vermischungsvorgang, welcher das sonderbare Beobachtungsergebnis bedingt, daß die Grenze zum Tiefenwasser am Norwegischen Kontinentalabhang im Norden tiefer liegt als im Süden, was besagt, daß — insbesondere zwischen 500 und 1000 m — in jedem Horizont längs des norwegischen Kontinentalabhanges eine Temperaturabnahme von Norden nach Süden (!) zu beobachten ist.

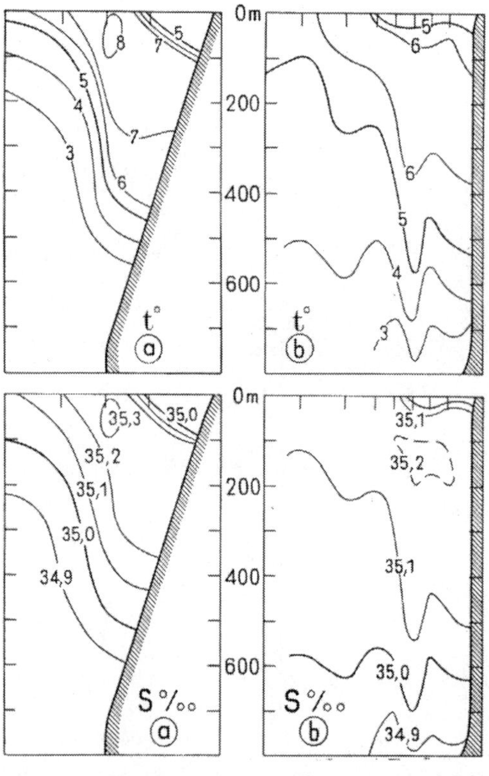

Abb. 21. Mittlere Verteilung von Temperatur und Salzgehalt im Norwegischen Strom bei a) 63° N und b) 70° N

Die von Helland-Hansen und Nansen beschriebene Beobachtung über die Tiefenlage der Isohalinen — entsprechendes gilt für die Isothermen — erläutern wir an einem größeren Material. J. P. Jacobsen[33]) hat aus den Beobachtungen vor der Norwegischen Küste mittlere Schnitte konstruiert und für diese die Vermischung zwischen Atlantischem Wasser und dem umgebenden Wasserkörper berechnet. Aus den dort angegebenen Prozentwerten (Abb. 23 und 16 bei Jacobsen) haben wir die mittlere Temperatur- und Salzgehaltsverteilung für zwei Profile rückberechnet. Abb. 21 gibt diese wieder. Der von Helland-Hansen und Nansen (siehe oben) ausgesprochene Befund läßt sich deutlich erkennen. Durch die Vermischungsvorgänge erfährt die warme Flanke des Stromes eine Verbreiterung und Vertiefung unter Abbau der Maxima.

Als weiteren Vorgang, welcher das Anwachsen selbst eines relativ schwachen Stromes zur mächtigen warmen Flanke bedingt, erwähnten wir auf Seite 358 die progressive Advektion. Es handelt sich hierbei um folgenden Prozeß:

Im Ozean hat man eine räumliche Dichteverteilung $\varrho(x, y, z)$ gegeben (sog. geometrische Dichteverteilung). Diese läßt sich in ihre Konstituenten T und S zerlegen (p vernachlässigt) und — wie auch sonst üblich — in erster Näherung durch

(56) $$\varrho = \varrho_0 + \frac{\partial \varrho}{\partial \mathfrak{r}} d\mathfrak{r}$$

beschreiben, worin ϱ_0 einen Ausgangswert am Orte $\mathfrak{r}_0$ und $\frac{\partial \varrho}{\partial \mathfrak{r}}$ die geometrische Änderung der Dichte im Ozean bedeuten. Gleichung (56) kann auch in der Form

(56a) $$\varrho = \varrho_0 + \frac{\partial \varrho}{\partial T} \frac{\partial T}{\partial \mathfrak{r}} d\mathfrak{r} + \frac{\partial \varrho}{\partial S} \frac{\partial S}{\partial \mathfrak{r}} d\mathfrak{r}$$

geschrieben werden.

Existiert nun ein Strömungssystem, welches die Wassermasse M in der Zeit t vom Orte $\mathfrak{r}_0$, wo sie die Dichte ϱ_0 hat, um die Strecke $d\mathfrak{r}$ verfrachtet, so erfährt M auf dem Wege $d\mathfrak{r}$ durch die Vermischungsvorgänge mit der Umgebung eine Dichteänderung

(57) $$\frac{\delta \varrho}{\delta \mathfrak{r}} d\mathfrak{r} = \frac{\partial \varrho}{\partial T} \frac{\delta T}{\delta \mathfrak{r}} d\mathfrak{r} + \frac{\partial \varrho}{\partial S} \frac{\delta S}{\delta \mathfrak{r}} d\mathfrak{r}\,.$$

[33]) J. P. Jacobsen (1943), The Atlantic Current through the Faroe-Shetland-Channel and its Influence on the Hydrographical Conditions ... Rapp. et Proc. Verb. Vol. CXII, S. 5—47.

Im allgemeinen ist die durch die Vermischung hervorgerufene Änderung δ nicht identisch mit der räumlichen Änderung ∂ des Feldes (geometrische Änderung). Daher kommt die advektierte Wassermasse mit einer anderen Dichte bei $\mathfrak{r}_0 + d\mathfrak{r}$ an als dort in der Umgebung herrscht:

$$(58) \qquad \Delta = \left(\frac{\delta \varrho}{\delta \mathfrak{r}} - \frac{\partial \varrho}{\partial \mathfrak{r}}\right) d\mathfrak{r} = \frac{\partial \varrho}{\partial T}\left(\frac{\delta T}{\delta \mathfrak{r}} - \frac{\partial T}{\partial \mathfrak{r}}\right) d\mathfrak{r} + \frac{\partial \varrho}{\partial S}\left(\frac{\delta S}{\delta \mathfrak{r}} - \frac{\partial S}{\partial \mathfrak{r}}\right) d\mathfrak{r}.$$

Ähnlich wie man bei der quasistatischen Vertikalbewegung (oder auch in der Horizontalen, insbesondere in der Atmosphäre) stabile, labile und indifferente Gleichgewichtszustände zu unterscheiden pflegt, je nachdem, ob das bewegte Teilchen in seine Ausgangslage zurückgetrieben wird (stabiler Zustand), weitere Beschleunigung erfährt (labiler Zustand) oder in jeder Lage ruhend verbleibt (indifferenter Zustand), läßt sich in Gleichung (58) zwischen

$$\left(\frac{\delta \varrho}{\partial \mathfrak{r}} - \frac{\partial \varrho}{\partial \mathfrak{r}}\right) = 0 \quad \text{und} \quad \left(\frac{\delta \varrho}{\delta \mathfrak{r}} - \frac{\partial \varrho}{\partial \mathfrak{r}}\right) < 0$$

unterscheiden. Im ersteren Falle ist die durch die Vermischung bedingte Dichteänderung genauso groß wie die räumliche (geometrische) Dichteänderung, die advektierte Wassermasse kommt daher an jedem Ort mit der Dichte an, die dort herrscht, erzeugt somit keine Gradienten zur Umgebung. Das Strömungssystem bleibt unverändert trotz der Advektion.

Wir bezeichnen diesen Fall $\left(\frac{\delta \varrho}{\delta \mathfrak{r}} - \frac{\partial \varrho}{\partial \mathfrak{r}}\right) = 0$ als indifferente Advektion.

Anders im zweiten Falle: hier ist die durch die Vermischung bedingte Dichteänderung des advektierten Wasserkörpers nicht so groß wie die räumliche Änderung; die advektierte Wassermasse gelangt also an jeden Ort mit einer Dichte, die mit derjenigen der Umgebung nicht übereinstimmt; es entstehen somit zusätzliche Dichtegradienten. Diese zusätzliche Gradientzone zwischen advektiertem Wasserkörper und Umgebung wird daher ebenfalls in einen — dem Dichtegradienten entsprechenden — Bewegungszustand versetzt, wodurch (wenn der Gradient im gleichen Sinne wirkt) noch mehr von der fremden Wassermasse advektiert wird. Dies bedeutet eine Verbreiterung des Schelfrandstromes und neue Gradienten — der Vorgang wächst sich aus. Auf diese Weise wird aus dem Schelfrandstrom von anfangs geringer Mächtigkeit eine warme Flanke, die den gesamten Schelfrand (bis etwa 1000 m Tiefe) umfaßt. Wir bezeichnen daher den Fall $\left(\frac{\delta \varrho}{\delta \mathfrak{r}} - \frac{\partial \varrho}{\partial \mathfrak{r}}\right) < 0$ als progressive Advektion.

Dieser Vorgang ist nun offenbar kennzeichnend für den nördlichen Nordatlantischen Ozean. Das Atlantische Wasser des Norwegischen Stromes verliert durch die Vermischungsvorgänge seine Eigenschaften (hohe Temperatur, hoher Salzgehalt) nur langsam auf dem Weg nach Norden. Es ist noch nördlich Spitzbergens und in der Barents-See eindeutig nachweisbar. Ähnliches gilt für das Grönländische und für die anderen Strömungssysteme.

(Der Fall $\left(\frac{\delta \varrho}{\delta \mathfrak{r}} - \frac{\partial \varrho}{\partial \mathfrak{r}}\right) > 0$ ist physikalisch nicht möglich; er würde besagen, daß eine Störungsquelle sich auf Kosten der Umgebung verstärkt bzw. eine Senke sich auf Kosten der Umgebung vertieft, was dem reinen Ausgleichsvorgang widerspricht und nur durch besondere dynamische Umstände bedingt werden kann).

Zur Erläuterung der progressiven Advektion können folgende Fälle unterschieden werden, die im Ozean von Bedeutung sind:

1. Advektion salzreichen warmen Wassers (z. B. Atlantisches Wasser) in salzärmere kalte Regionen (Europäisches Nordmeer, Labrador-See, Irminger See usw.). Es resultieren:

a) ein Salzgehaltsgefälle vom advektierten Wasserkörper zur Umgebung. Dieses verstärkt den Salzgehaltsgradienten (α) vor der Küste und erzeugt einen solchen (β) zwischen dem advektierten Wasserkörper und dem offenen Ozean (z. B. im Norwegischen Strom Salzgehaltsgefälle zwischen Atlantischem Wasser und Zentralwasser).

b) ein Temperaturgefälle vom advektierten Wasserkörper zur Umgebung. Dieses verstärkt den Temperaturgradienten (γ) vor der Küste, wenn der Küstenstrom kalt ist (Ostgrönlandstrom), schwächt aber das Temperaturgefälle Küste—Schelfrand ab (δ), wenn die Schelfregion warm ist (z. B. Norwegischer Küstenstrom im Sommer). Ferner wird ein Temperaturgefälle (ε) zum offenen Ozean hervorgerufen, der im allgemeinen kälter ist als die warme Flanke (zentrale Wassermasse und Tiefenwasser im Europäischen Nordmeer, der Irminger See und Labrador See).

Die Wirkung dieser Gradienten (α), (β), (γ), (δ) und (ε) auf das Strömungssystem hängt davon ab, ob die Temperatur oder der Salzgehalt den Ausschlag gibt. Die wesentlichen Gradienten sind im allgemeinen (α) auf dem Schelf und (ε) am Kontinentalabhang. Diesen beiden Gradienten wirken aber (γ) und (δ) bzw. (β) entgegen. (γ) kann bisweilen am Schelfrand den Einfluß des Salzgehaltsgradienten stark kompensieren bzw. sogar überkompensieren, wodurch dann — wie in Abb. 18 — der Strom eine starke Abschwächung in diesem Gebiet, evtl. sogar eine entgegengesetzte Orientierung erfährt. Für das letztere lassen sich ebenfalls Beispiele angeben[34]). Der Salzgehaltsgradient (β) bewirkt meist in den oberflächennahen Schichten auf der linken Seite des Stromes eine Abschwächung der Strömung, die ebenfalls oft bis zu einer schwachen Gegenströmung ausgeprägt sein kann (z. B. auf der linken Seite des Westgrönlandstromes).

Die erwähnten Gradienten (β), (γ), (δ) stellen jedoch in ihrer Bedeutung lediglich sekundäre Faktoren dar; die Grundkonstituenten des Strömungssystems sind die Salzgehaltsgradienten auf dem Schelf und die Temperaturgradienten am Kontinentalabhang.

4. Der Einfluß der Orographie

Die Untersuchungen im vorangegangenen Abschnitt setzten einen Strom am Schelfrand voraus; wir hatten auf den abgelenkten Zonalstrom (IV, 2, b) der mittleren Breiten hingewiesen und gezeigt, daß er sich 1. durch die Vermischungsvorgänge und 2. durch die progressive Advektion verstärken, erneuern und verbreitern muß. Das Vorhandensein dieses Schelfrandstromes als generelle Erscheinung auch dort in den höheren Breiten, wohin der orographisch abgelenkte Zonalstrom nicht gelangt, soll nunmehr erläutert werden.

B. H. Ketchum und D. J. Keen[35]) haben kürzlich gezeigt, daß auf dem Schelf vor der amerikanischen Ostküste verschiedene horizontale Austauschkoeffizienten erhalten werden, wenn man der Untersuchung verschiedene Bereiche zugrunde legt. Dieses Ergebnis scheint — obgleich Berechnungen des Austauschkoeffizienten stets größere Fehlerquellen enthalten können — einen wesentlichen Aufschluß über die Struktur des Austauschkoeffizienten zu geben. Während der Zeit Frühling—Sommer fanden sie für den Meeresraum zwischen der Küste und der 30-Faden-Tiefenlinie $A_h = 2{,}52 \cdot 10^6\ \mathrm{cm^2\,sec^{-1}}$, zwischen der Küste und der 40-Faden-Tiefenlinie aber nur $1{,}72 \cdot 10^6$ und schließlich zwischen Küste und 100-Faden-Tiefenlinie $0{,}58 \cdot 10^6\ \mathrm{cm^2\,sec^{-1}}$. Dies bedeutet offenbar, daß der horizontale Austauschkoeffizient eine Funktion der Meerestiefe ist: je tiefer das Meeresgebiet, um so kleiner der horizontale Austauschkoeffizient.

[34]) W. Krauß (1958), Die hydrographischen Untersuchungen mit »Anton Dohrn« auf dem ost- und westgrönländischen Schelf im September—Oktober 1955. Ber. Dtsch. Wiss. Komm. Meeresforschung, XV, 2.

[35]) B. H. Ketchum and D. J. Keen (1956), The accumulation of river water over the continental shelf between Cape Cod and Chesapeake Bay. Pap. Mar. Biol. and Oceanogr., Deep-Sea Research, suppl. to Vol. 3.

Analoge Ergebnisse fanden die genannten Autoren für den Zeitraum Sommer—Winter. Es ergaben sich die Werte 4,96; 3,41 und 1,48 $\cdot 10^6$ cm^2 sec^{-1} für die gleichen Meeresräume. Die unterschiedlichen Werte für die verschiedenen Jahreszeiten werden mit der unterschiedlichen vertikalen Schichtung in Zusammenhang gebracht; im Frühsommer, bei großer vertikaler Stabilität, wenn also der vertikale Austauschkoeffizient klein sein muß, bleibt auch der horizontale Austauschkoeffizient gering. Das Gegenteil wird im Winter beobachtet. Es scheint also eine mehr oder weniger strenge Bindung zwischen den beiden Komponenten des Austauschkoeffizienten zu bestehen.

Dann gilt aber der Befund, daß der horizontale Austauschkoeffizient im Meer von der Wassertiefe abhängt, auch für die Vertikalkomponente; wir nehmen daher an, daß generell in der Schelfregion der höheren Breiten der Austauschkoeffizient in irgendeiner Weise umgekehrt proportional der Wassertiefe ist[36].

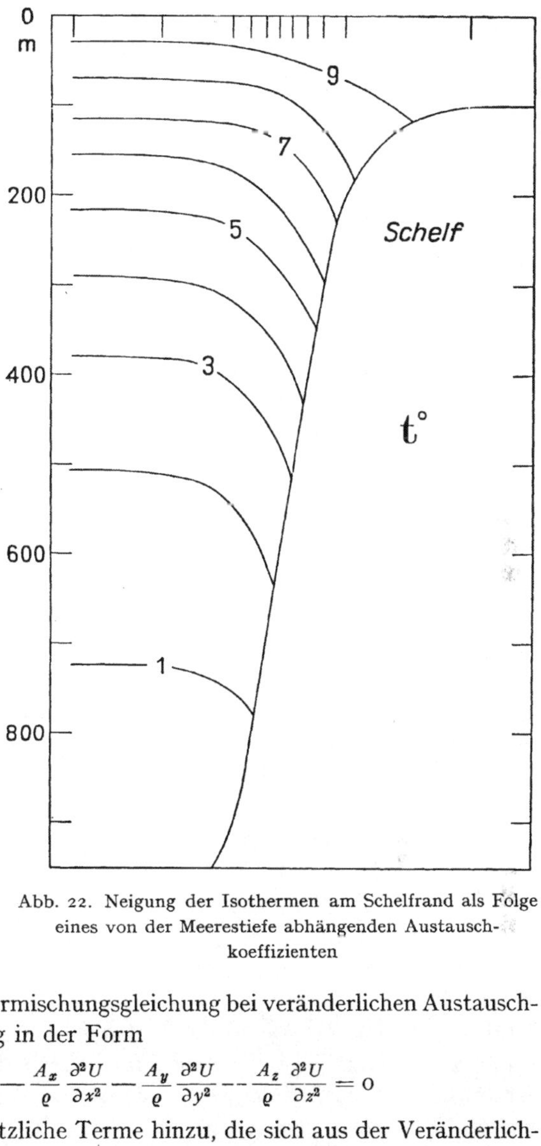

Abb. 22. Neigung der Isothermen am Schelfrand als Folge eines von der Meerestiefe abhängenden Austauschkoeffizienten

Dies muß sich dort, wo die Wassertiefe auf engem Raume sehr veränderlich ist — also insbesondere am Schelfrand, wo die Tiefe von ca. 200 m auf mehr als 1000 m abfällt — auf das hydrographische Feld (und damit den Strömungszustand) auswirken.

Die theoretische Behandlung des Problems ist identisch mit der Integration der Vermischungsgleichung bei veränderlichen Austauschkoeffizienten. Bekanntlich gilt die Gleichung in der Form

$$\frac{\partial U}{\partial t} + u\frac{\partial U}{\partial x} + v\frac{\partial U}{\partial y} + w\frac{\partial U}{\partial z} - \frac{A_x}{\varrho}\frac{\partial^2 U}{\partial x^2} - \frac{A_y}{\varrho}\frac{\partial^2 U}{\partial y^2} - \frac{A_z}{\varrho}\frac{\partial^2 U}{\partial z^2} = 0$$

dann nicht mehr; vielmehr treten noch zusätzliche Terme hinzu, die sich aus der Veränderlichkeit der Koeffizienten ergeben. Die Integration ist z. Z. nicht möglich, wir begnügen uns daher mit einer qualitativen Analyse des Vorganges. Nach Gleichung (50) nimmt eine von der Meeresoberfläche ins Innere des Ozeans eindringende Störung entsprechend $e^{-\mathrm{const}\, z \sqrt{\frac{A_x}{A_z}}}$ mit wachsender Tiefe ab. Man wird erwarten können, daß Ähnliches auch bei veränderlichem Austauschkoeffizienten gilt.

[36]) Die Einschränkung »Schelfregion der höheren Breiten« nehmen wir deshalb vor, weil anzunehmen ist, daß der veränderliche Wind zu dieser Struktur des Austauschkoeffizienten wesentlich beiträgt. Die Stau- und Divergenzerscheinungen in der Flachsee mit den entsprechenden Vertikalbewegungen dürften an der Erhöhung des Austauschkoeffizienten maßgebend teilhaben.

In Abb. 22 wurde ein Beispiel berechnet. Die dort gegebenen Werte basieren darauf, daß sich das Verhältnis A_x/A_z am Schelfrand um eine Zehnerpotenz ändert, und zwar derart, daß A_x/A_z bei 1000 m Wassertiefe zehnmal so groß sein soll wie bei 100 m Wassertiefe. Es soll also sein: bei 100 m Wassertiefe $\left(\frac{A_x}{A_z}\right)_{100}$, bei 200 m Wassertiefe $2 \cdot \left(\frac{A_x}{A_z}\right)_{100}$, bei 300 m $3 \cdot \left(\frac{A_x}{A_z}\right)_{100} \ldots$ bei 1000 m Wassertiefe $10 \cdot \left(\frac{A_x}{A_z}\right)_{100}$.

(Wir legen somit zugrunde, daß die Abnahme des Austauschkoeffizienten am Schelfrand nicht unter Konstanterhaltung des Verhältnisses A_x/A_z erfolgt, sondern daß der vertikale Austauschkoeffizient schneller reduziert wird also der horizontale. Dies scheint berechtigt zu sein, denn der vertikale Austauschkoeffizient nimmt im allgemeinen sehr rasch mit wachsender Tiefe ab. Der horizontale Austauschkoeffizient scheint dies hingegen nicht ähnlich schnell zu tun, denn wie die Untersuchungen C. G. Rossbys[37]) zeigen, pflanzen sich im geschichteten Ozean — und am Schelfrand herrscht sehr starke Schichtung — die vom Wind erzeugten horizontalen, veränderlichen Geschwindigkeitskomponenten in große Tiefe fort. Diese veränderlichen Impulse kommen im horizontalen Austauschkoeffizienten zum Ausdruck.)

Zur Berechnung der Abb. 22 wurde ferner angenommen, daß sich als Folge der Strahlungsverhältnisse an der Meeresoberfläche eine Temperatur von 10° einstellen soll.

Das Ergebnis läßt sich leicht interpretieren: Da auf dem Schelf die Vermischung größer ist als außerhalb, wird auf diesem die von der Sonne kommende Wärme tiefer transportiert als außerhalb des Schelfes; die Isothermen müssen sich also zum Schelf neigen, was bei Berücksichtigung der Corioliskraft einen Strom parallel zum Schelfrand bedingt, welcher so orientiert ist, daß der Schelf zur Rechten liegt. Der Verlauf dieses Stromes ist durch den Schelfverlauf (durch die orographischen Verhältnisse) gegeben; in Abschnitt IV. 3. haben wir gezeigt, daß er eine wesentliche Intensivierung durch die progressive Advektion erfährt.

Aus dem Verlauf des Schelfes folgt, daß der Schelfrandstrom im wesentlichen warmes Wasser transportiert: längs des norwegischen Schelfes nach Norden in Richtung Spitzbergen; dort konvergieren der grönländische und der Spitzbergenschelf. Daher folgt ein Teil des Westspitzbergenstromes dem Ostgrönlandstrom wieder nach Süden. Der Wasserkörper ist sowohl zwischen Jan Mayen und Scoresby Sund als auch weiter im Süden, südlich des Grönland-Island-Rückens, nachweisbar[34]).

Der isländische Schelf bedingt einen Ringstrom, der — von Südisland kommend — im Westen der Insel nach Norden setzt, diese umrundet und im Osten wieder nach Süden strömt, wo er dem Verlauf des Island-Faroer-Rückens folgen muß.

In der Dänemark-Straße konvergiert abermals der Schelf, daher setzt sich der grönländische Schelfrandstrom südlich der Dänemark-Straße im wesentlichen aus dem Wasser des Irminger Stromes zusammen, welches bei Kap Farvel Südgrönland umrundet und dann in der Davis-Straße gezwungen wird, sich dem Labrador-Strom anzuschließen. Es sind dies jene in Abschnitt III erwähnten Regionen, in denen warmes Wasser zum kalten Küstenstrom stößt und diesen dann auf dem weiteren Verlauf außen flankiert. Da es sich um warmes Wasser handelt, haben wir neben dem Ausdruck »Schelfrandstrom« den vielleicht treffenderen »warme Flanke« gebraucht. Bei schmalem Schelf bildet diese warme Flanke mit dem Küstenstrom eine Einheit; dort, wo Küste und Schelfrand divergieren, spaltet sich auch der Strom. Dies ist z. B. an der nordnorwegischen Küste der Fall, wo sich der Norwegische Strom in Westspitzbergenstrom und Nordkapstrom teilt.

[37]) C. G. Rossby (1938), On the mutual adjustment of pressure and velocity distribution in certain simple current systems. J. Mar. Res. 1, p. 239—263.

Eine interessante Erscheinung beobachtet man auf breitem Schelf bzw. in den Schelfmeeren. Dort werden ausgeprägte Bänke, die sich aus dem allgemeinen Schelfniveau wesentlich erheben, im antizyklonalen Sinne umströmt. Ein schönes Beispiel hierfür bilden die Bänke auf dem ostgrönländischen Schelf[34]).

Auch aus anderen Regionen ist dieser Sachverhalt wohlbekannt[38]). Die Ursache ist offenbar die gleiche wie in Abbildung 22: die unterschiedliche Vermischung auf der flachen Bank und der tieferen Umgebung bedingt eine Neigung der Isolinien am Rande der Bank; es resultiert ein Strom, der so orientiert ist, daß die Bank zur Rechten liegt, also ein antizyklonaler Ringstrom. Bänke stellen somit permanente Verwirbelungsgebiete dar, wenn sie sich im Relief von der Umgebung gut abheben. Dies ist für das Fischvorkommen wahrscheinlich nicht ohne Bedeutung[34]).

5. Die resultierenden hydrographischen Verhältnisse und das Strömungssystem

Zu Beginn der theoretischen Betrachtungen war darauf hingewiesen worden, daß man a priori keine Entscheidung treffen kann, ob das Strömungssystem die hydrographischen Verhältnisse oder die letzteren das Strömungssystem verursachen. In Abschnitt IV. 1. a. glaubten wir dann hinreichend dicht belegen zu können, daß die veränderlichen Windfelder keine permanenten Strömungen erzeugen können, so daß die primären Ursachen des Strömungssystems dieser Region im ozeanischen Massenfeld, d. h. in den hydrographischen Störungsquellen zu suchen wären. Es zeigte sich, daß das mit der ozeanischen Westtrift verknüpfte barokline Feld auf den meridionalen Intensitätsabfall der Sonnenstrahlung zurückgeführt werden kann[39]), und daß die Süßwasserzufuhr vom Festland in den humiden Klimaregionen Küstenströme bedingt. Als Folge der äußeren Störungsquellen (Strahlung, Niederschlag, Verdunstung, Süßwasserzufuhr vom Festland) ergeben sich somit nach Osten setzende Zonalströme in den mittleren Breiten und küstenparallele Ströme auf dem Schelf in den humiden Klimaregionen. Ferner wird aus der Veränderlichkeit des Windes eine Erhöhung der Austauschwerte zu folgern sein.

Der Schelfrandstrom ergibt sich ebenfalls z. T. aus den äußeren Störungsquellen, und zwar daraus, daß die Wassermassen des Zonalstromes der mittleren Breiten durch die Land- und Seeverteilung nach Norden abgelenkt werden. Darüber hinaus gewinnt der Strom zusätzliche kinetische Energie, weil der Austauschkoeffizient offenbar von der Tiefe des Meeresgebietes abhängig ist. Dieser weist daher besonders am Schelfrand — und auch an den Rändern der ausgeprägten Bänke — Unterschiede auf. Dadurch werden die von außen kommenden Störungen (Wärmezufuhr usw.) unterschiedlich tief in den Ozean getragen, d. h. die Isolinien erfahren eine Neigung, was im stationären Falle mit einer Strömung parallel zum Schelfrand bzw. zum Rand der Bank identisch ist.

Innere Störungsquellen des ozeanischen Massenfeldes existieren primär nicht. Sie ergeben sich aber durch Advektion. Der — nach unserer Ansicht wichtige — Vorgang der progressiven Advektion wurde aus diesen inneren Störungsquellen gefolgert, er stellt eine wesentliche Energietransformation dar.

Die Untersuchungen scheinen somit zu zeigen, daß die Störungsquellen des ozeanischen Massenfeldes die beherrschenden Faktoren der Zirkulation in den höheren Breiten des nörlichen Nordatlantischen Ozeans sind.

[38]) C. O. D. Iselin (1956), Coastal currents and the fisheries. Pap. Marine Biolog. and Oceanogr., Deep-Sea Research, suppl. to Vol. 3, p. 474.

[39]) Dabei sollen die Wirkung der resultierenden Triftströme sowie der vom Golfstrom stammende Impuls nicht verkannt werden. Wir glauben jedoch, daß diese von sekundärer Bedeutung sind. Seit der Niederschrift dieses Manuskriptes (1955/56) haben sich inzwischen generell die Ansichten von der einseitigen Überbetonung des Triftstromes der thermohalinen Zirkulation zugewandt.

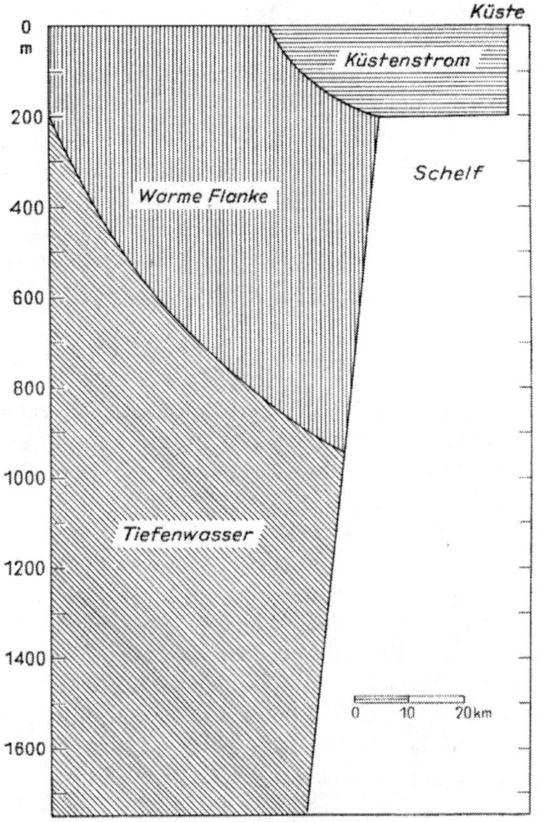

Abb. 23. Schematischer Aufbau der Strömungen im nördlichen Nordatlantischen Ozean

Die großen Strömungen am Schelfrand besitzen sämtlich den gleichen Aufbau; wir haben ihn in Abb. 23 schematisch wiedergegeben. Der Küstenstrom beherrscht die Schelfregion, er wird flankiert durch einen warmen Wasserkörper atlantischer Herkunft, der am Schelfrand die größten Tiefen erreicht. Darunter liegt das kalte Tiefenwasser, dessen obere Grenze eine geneigte Fläche sein muß.

Aus den Überlegungen, die angestellt wurden, läßt sich insbesondere eine Erklärung für die Orientierung des Strömungssystems geben. Darauf aufbauend lassen sich auch Deutungen finden, warum die Strömungen im nördlichen Nordatlantischen Ozean sich von denen in anderen Meeresräumen so sehr unterscheiden. In keinem Ozean existieren solch lange Küstenlinien wie im nördlichen Nordatlantischen Ozean. Die Küste Labradors erstreckt sich von 80° N bis südlich von 50° N, Grönland reicht von 80° N bis 60° N und Norwegen von 70° N bis 60° N. Diese Küsten verbinden die mittleren mit den hohen Breiten; die Küsten- und Schelfrandströme transportieren daher warmes Wasser weit nach Norden und kaltes nach Süden. Die Gliederung des Meeresraumes bedingt ein sehr verästeltes Strömungssystem. Anders im Südatlantischen Ozean und auf der Südhemisphäre generell. Die Kontinente enden dort in den mittleren Breiten — Afrika und Australien in der subtropischen Klimazone, Chile bei 50° S. Keine Küste, kein Schelf verbindet die mittleren mit den hohen Breiten; ein Küstenstromsystem wie im nördlichen Nordatlantischen Ozean kann sich nicht ausbilden. Damit aber fehlt — nach den hier entwickelten Ansichten — die Grundlage für ein Meridionalströmungssystem. Der Aufbau des hydrographischen Feldes ist daher in diesem Gebiete zonaler Natur, die Strömung ist, wie zu erwarten, nach Osten gerichtet. Nur der antarktische Kontinent hat — auf Grund der Süßwasserzufuhr und der Existenz eines Schelfes — einen antizyklonalen Ringstrom.

Eine ins Detail gehende Untersuchung wird von der Konstanz des Austauschkoeffizienten abgehen müssen. Und es ist anzunehmen, daß aus der raumzeitlichen Änderung des Austauschkoeffizienten und insbesondere aus dessen Unstetigkeitsflächen (Sprungschichten, Kabbelungslinien, Polarfront) eine Fülle interessanter Einzelerscheinungen wird abgeleitet werden können. Rechnungen darüber scheitern jedoch zur Zeit noch an den nicht unerheblichen mathematischen Schwierigkeiten. Die Vermutung liegt jedoch nahe, daß die raumzeitliche Struktur des Austauschkoeffizienten die detaillierten hydrographischen Verhältnisse im Ozean maßgebend mitbestimmt. Die Schwierigkeiten bei theoretischen Untersuchungen über diesen Fragenkreis liegen darin, daß in den Differentialgleichungen die Koeffizienten als raumzeitliche Veränderliche behandelt werden müssen, und die Schwierigkeiten bei praktischen Messungen über die Struktur des Austauschkoeffizienten ergeben sich daraus, daß der Austauschkoeffizient das Integral über die Wirkung der verschiedensten Vorgänge ist. Seine Struktur kann nur aus der Analyse aufeinander folgender synoptischer Aufnahmen gewonnen werden. Diese liegen jedoch zur Zeit bestenfalls in Form von hydrographischen Profilen vor.

Beilage I

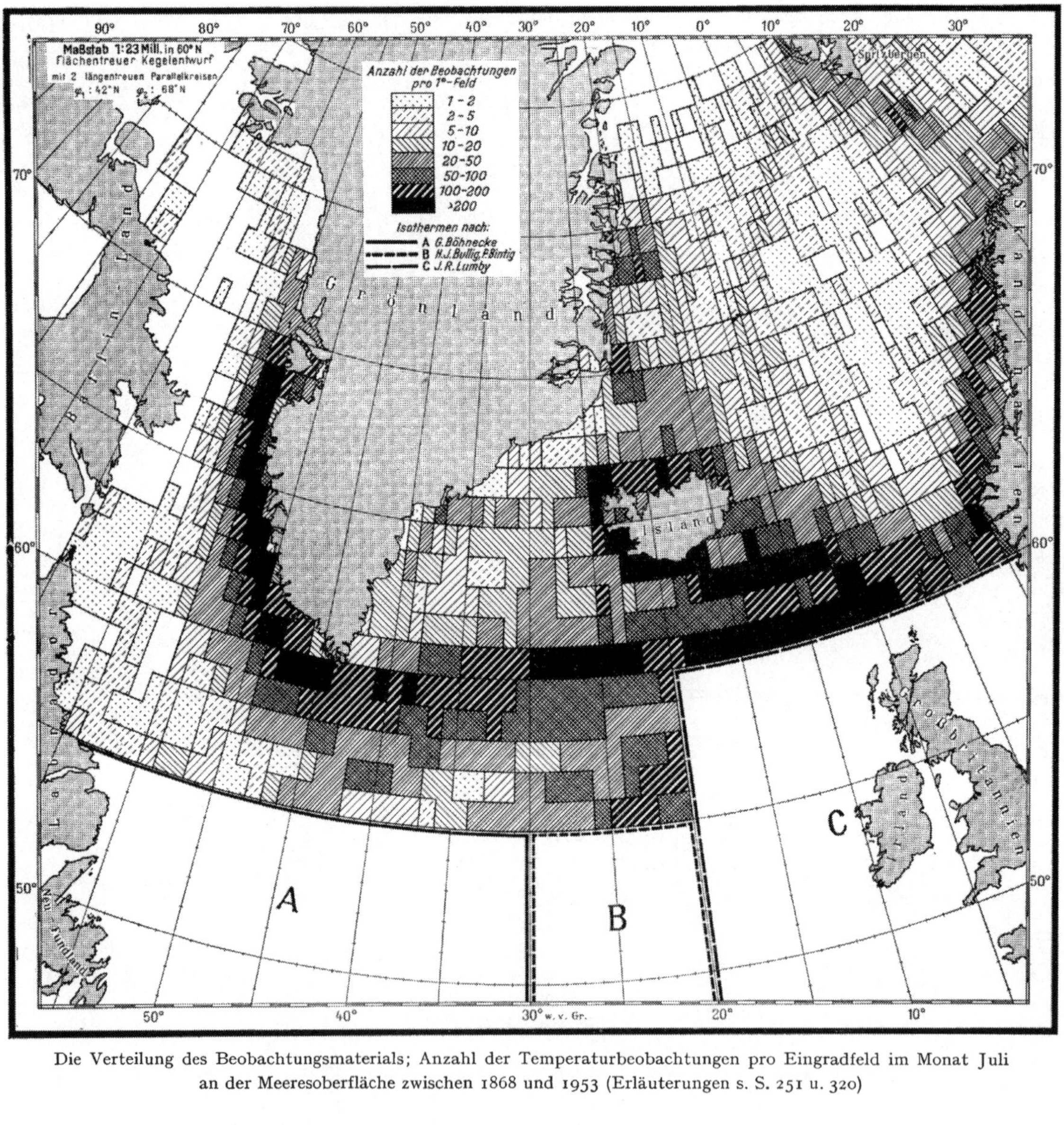

Die Verteilung des Beobachtungsmaterials; Anzahl der Temperaturbeobachtungen pro Eingradfeld im Monat Juli an der Meeresoberfläche zwischen 1868 und 1953 (Erläuterungen s. S. 251 u. 320)

Beilage II

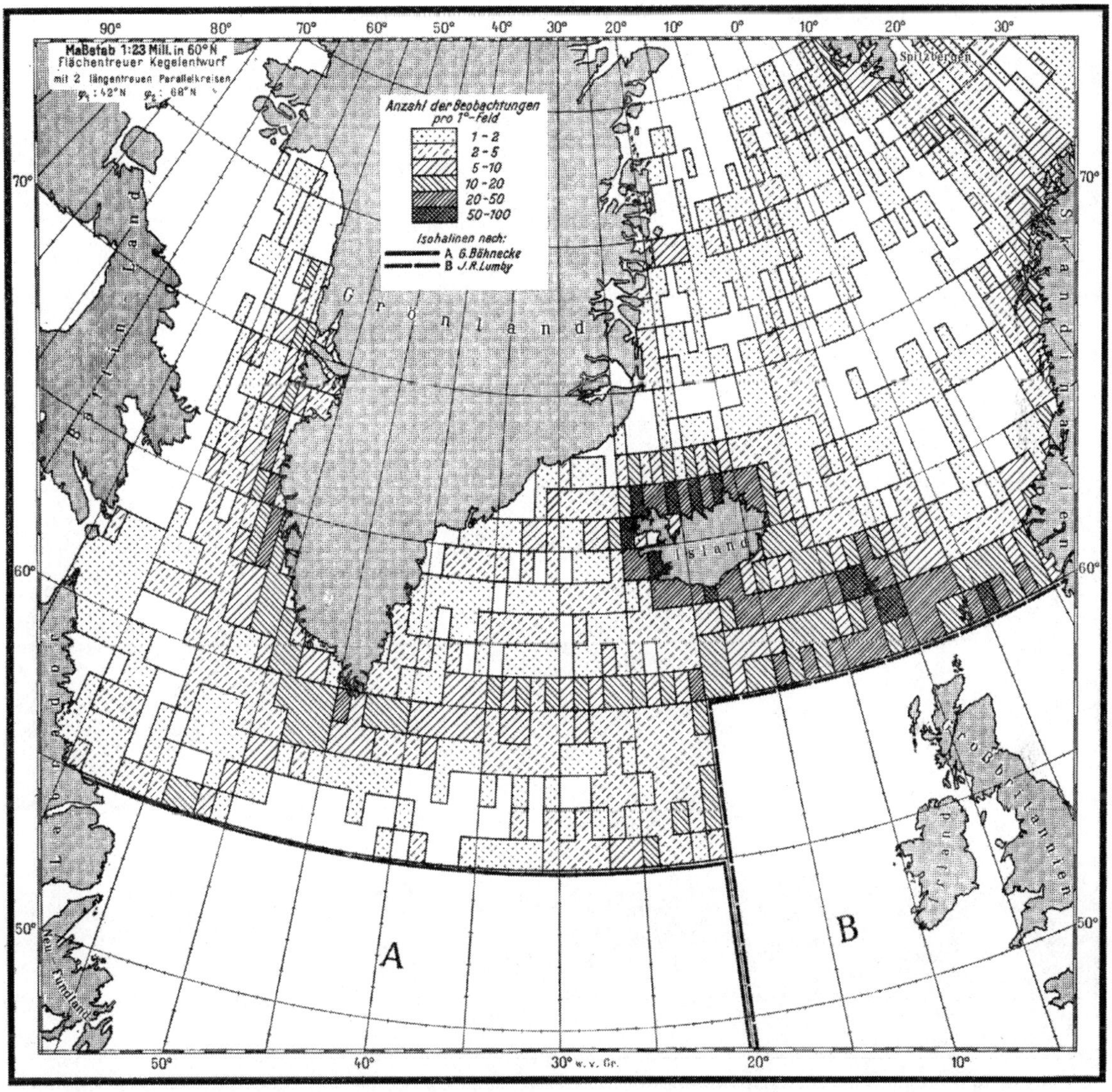

Die Verteilung des Beobachtungsmaterials; Anzahl der Salzgehaltsbeobachtungen pro Eingradfeld im Monat Juli an der Meeresoberfläche zwischen 1868 und 1953 (Erläuterungen s. S. 251 u. 320)

Beilage III

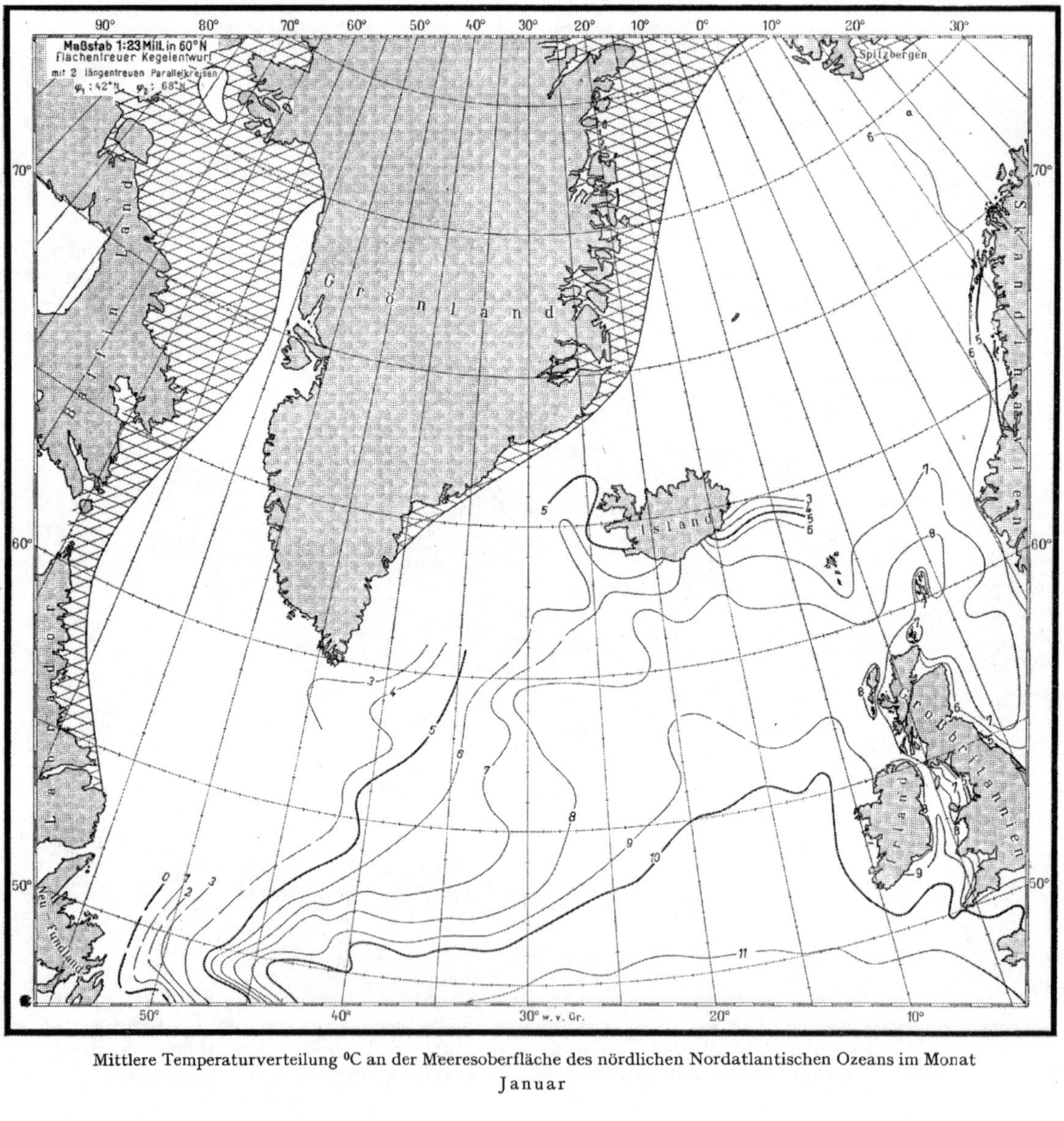

Mittlere Temperaturverteilung °C an der Meeresoberfläche des nördlichen Nordatlantischen Ozeans im Monat Januar

Beilage IV

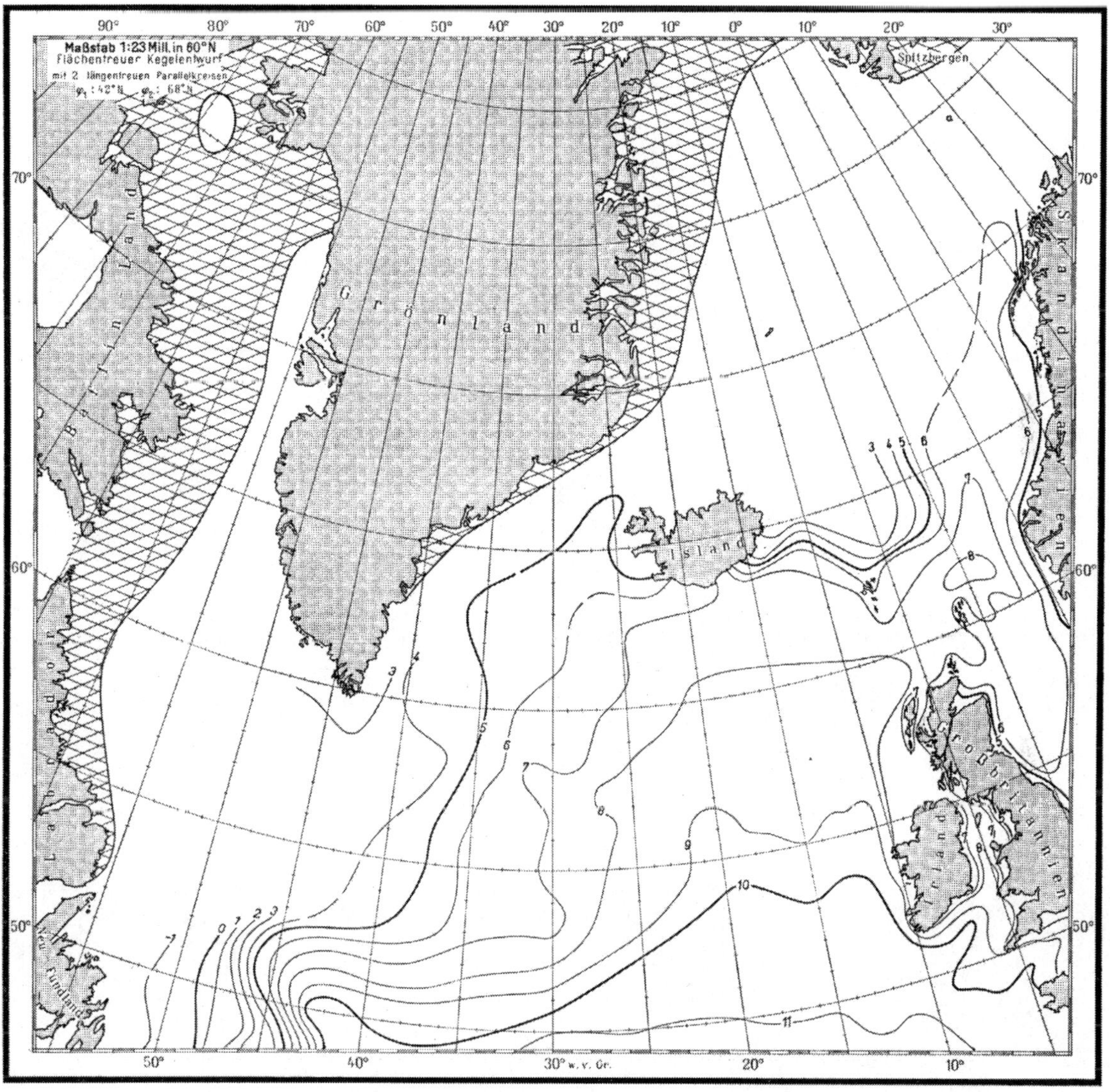

Mittlere Temperaturverteilung °C an der Meeresoberfläche des nördlichen Nordatlantischen Ozeans im Monat Februar

Beilage V

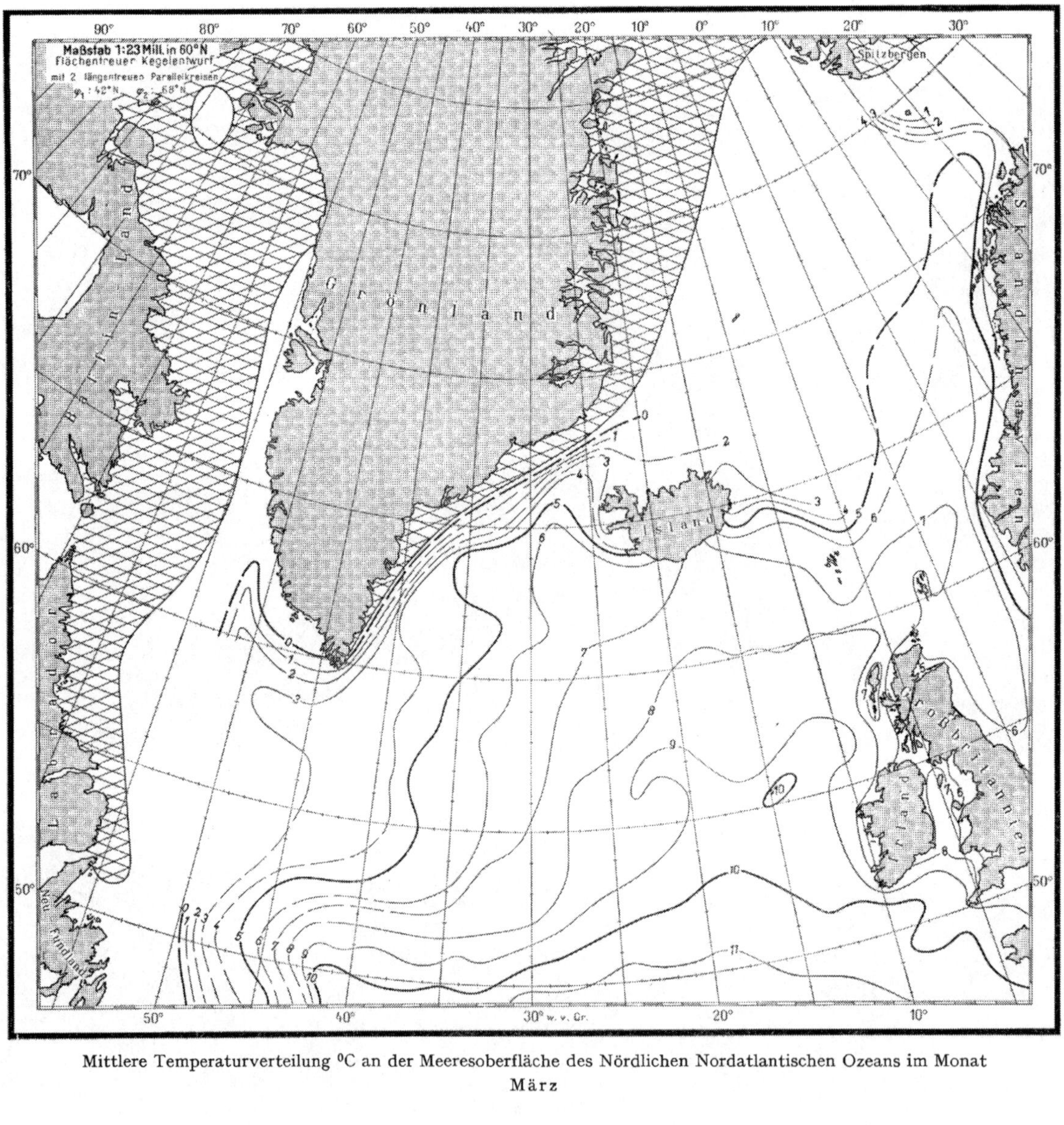

Mittlere Temperaturverteilung °C an der Meeresoberfläche des Nördlichen Nordatlantischen Ozeans im Monat März

Beilage VI

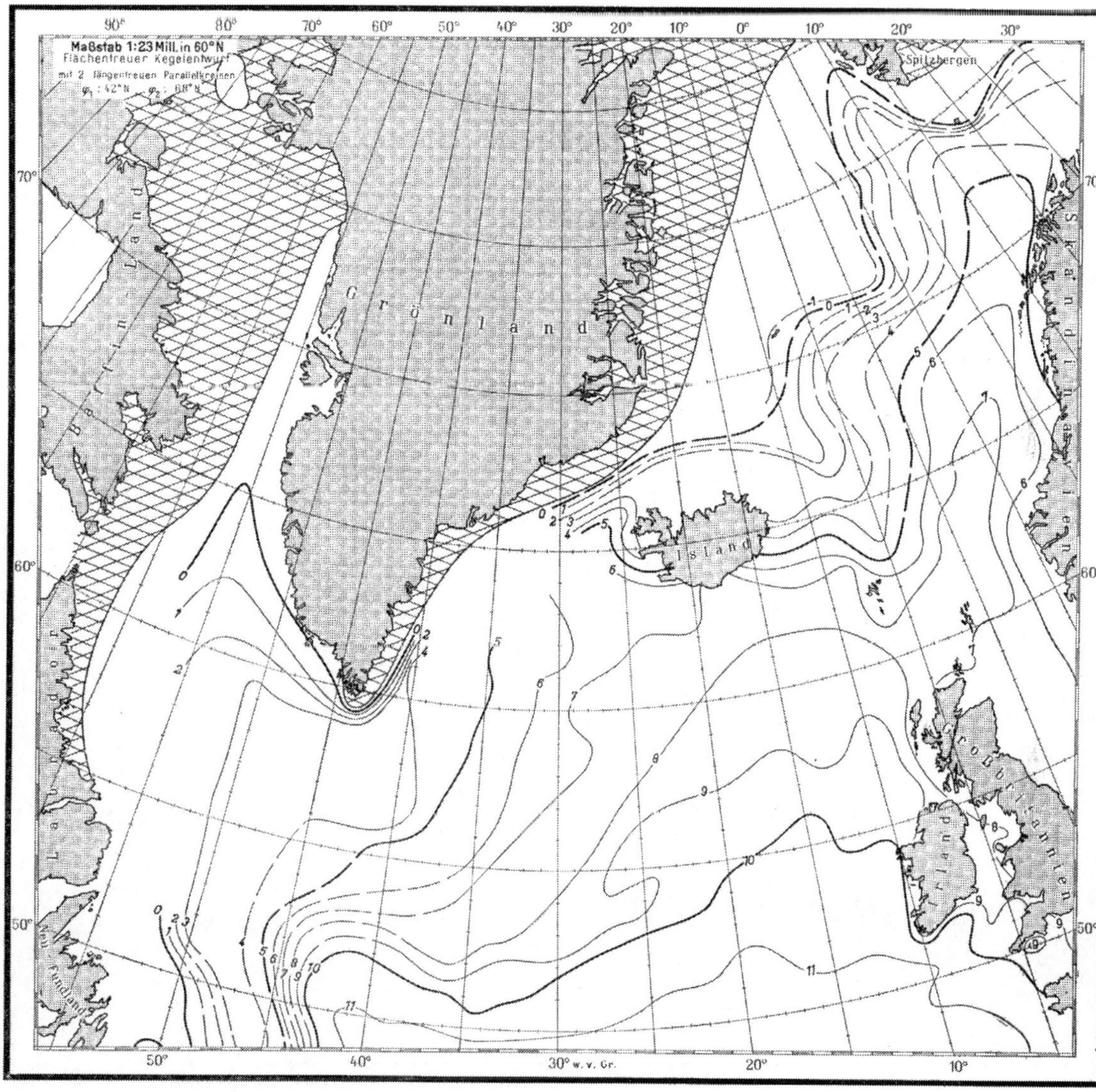

Mittlere Temperaturverteilung °C an der Meeresoberfläche des Nördlichen Nordatlantischen Ozeans im Monat April

Beilage VII

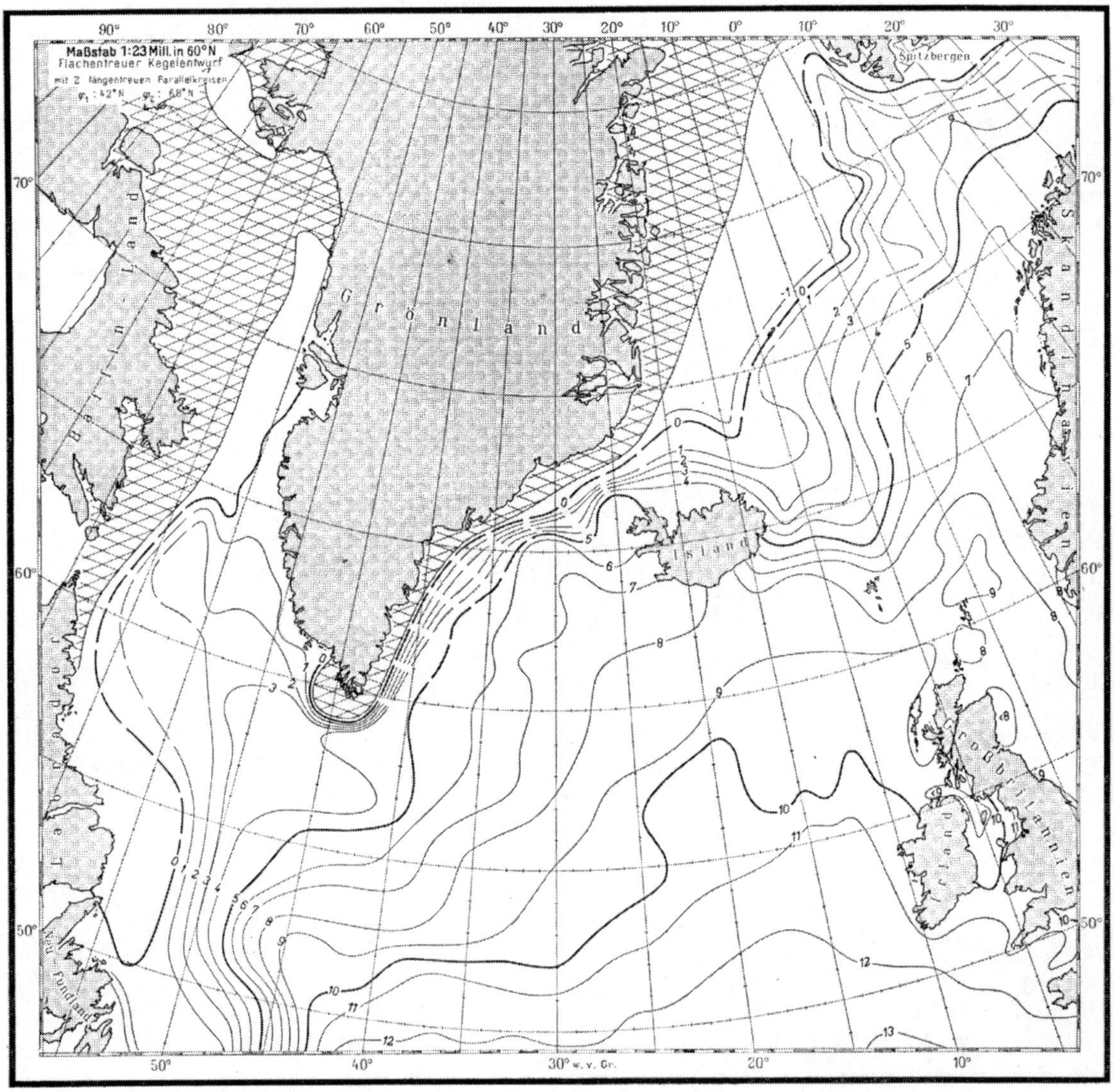

Mittlere Temperaturverteilung °C an der Meeresoberfläche des nördlichen Nordatlantischen Ozeans im Monat Mai

Beilage VIII

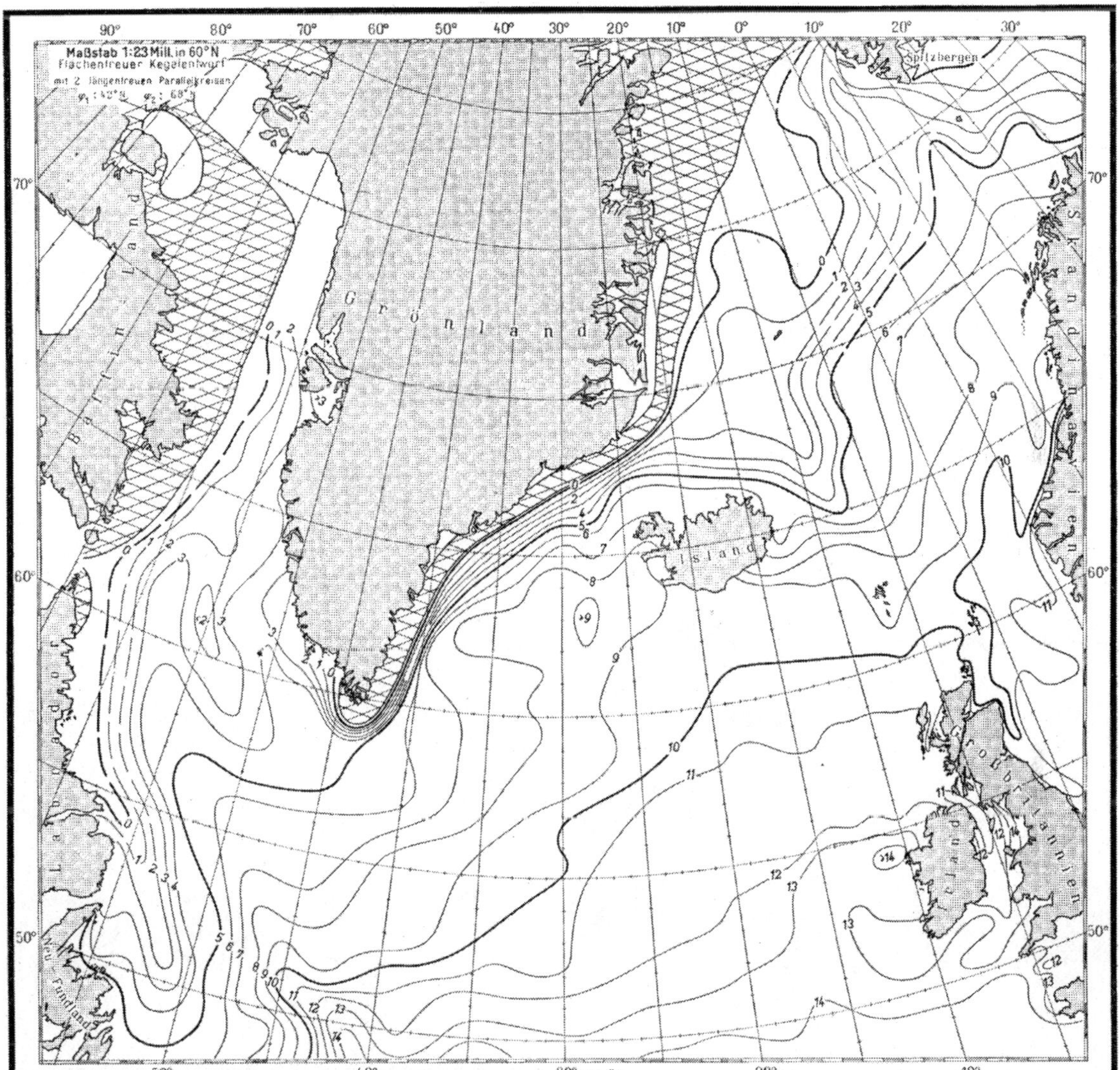

Mittlere Temperaturverteilung °C an der Meeresoberfläche des nördlichen Nordatlantischen Ozeans im Monat Juni

Beilage IX

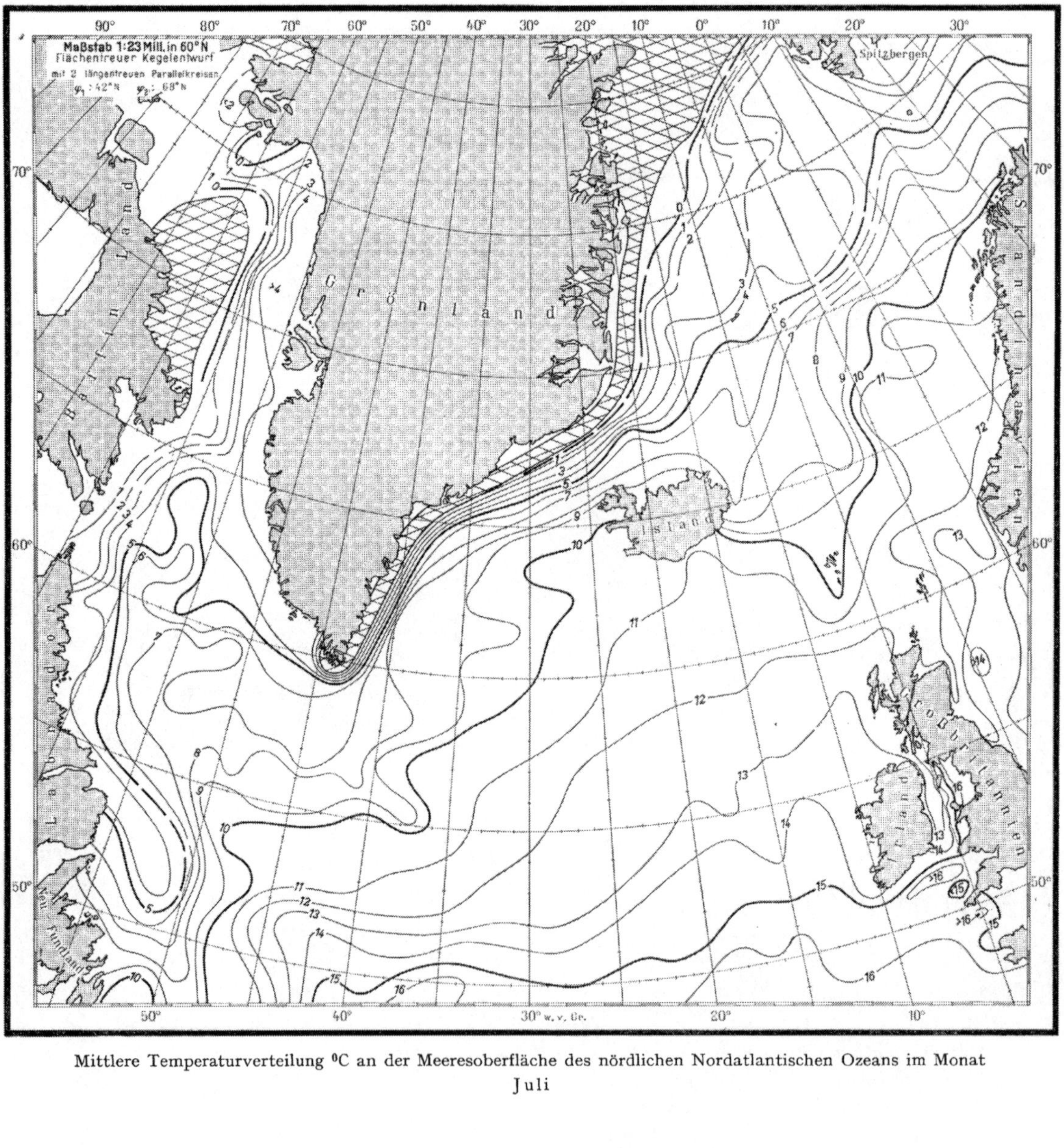

Mittlere Temperaturverteilung °C an der Meeresoberfläche des nördlichen Nordatlantischen Ozeans im Monat Juli

Beilage X

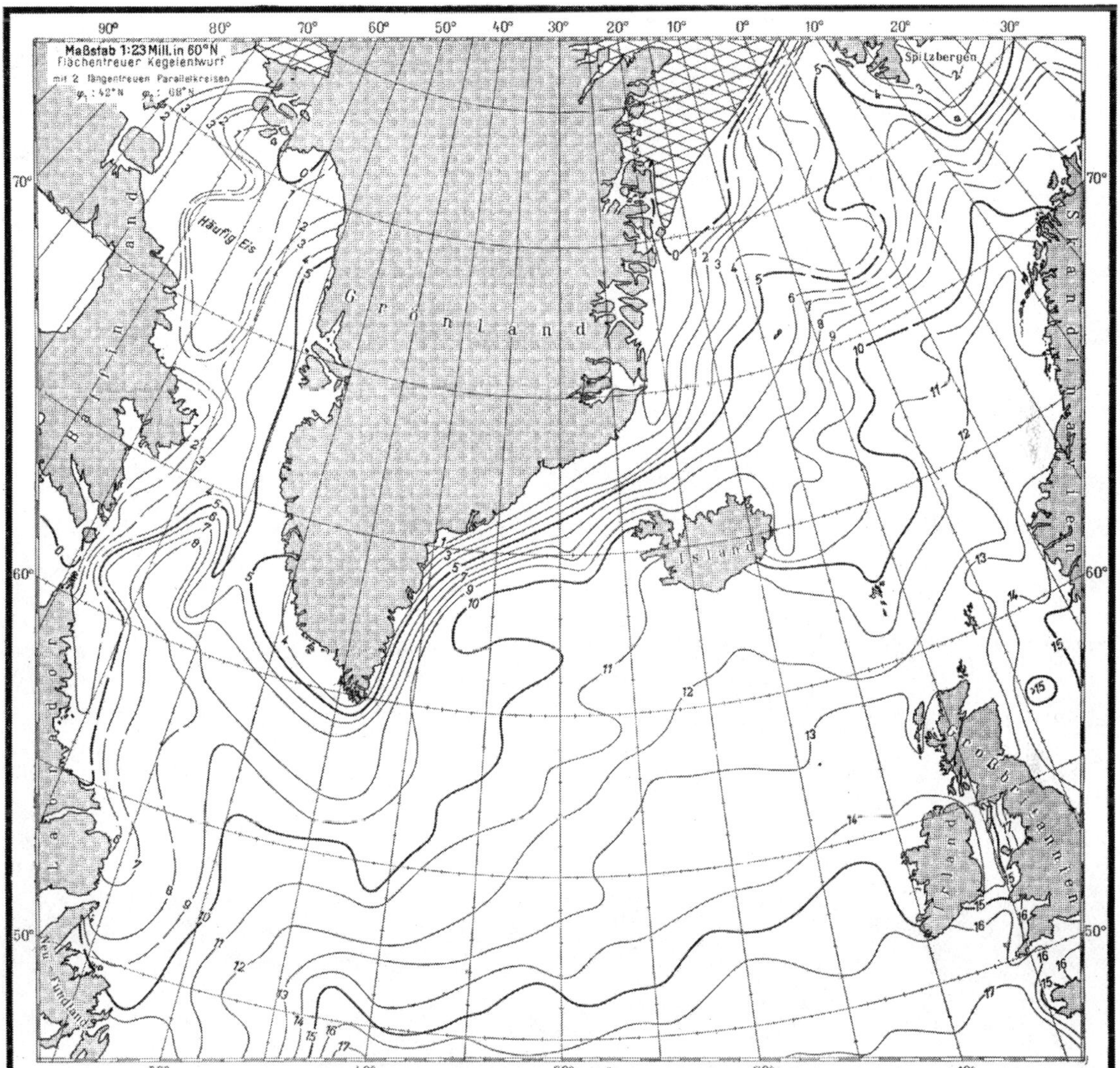

Mittlere Temperaturverteilung °C an der Meeresoberfläche des nördlichen Nordatlantischen Ozeans im Monat August

Beilage XI

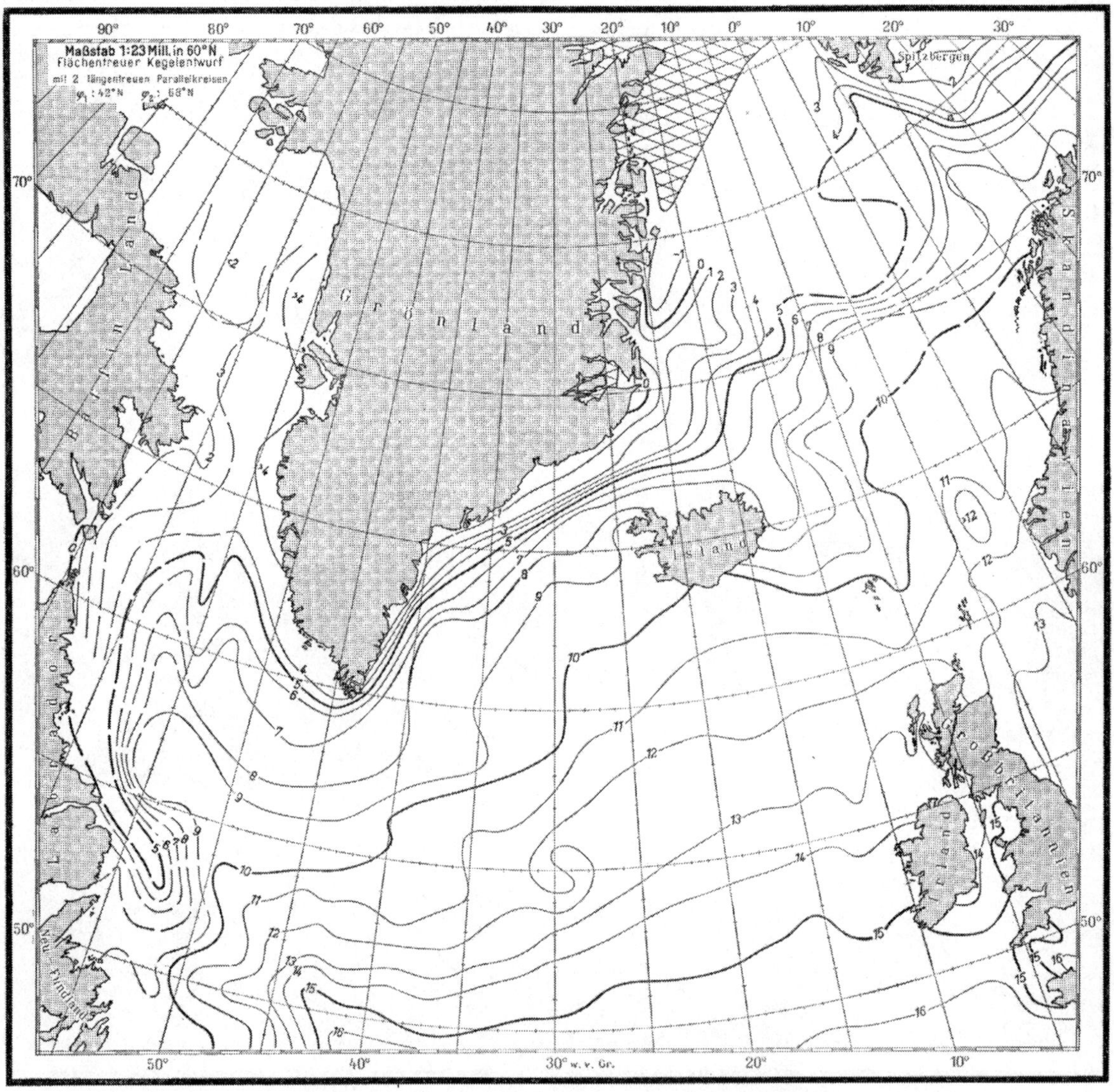

Mittlere Temperaturverteilung °C an der Meeresoberfläche des nördlichen Nordatlantischen Ozeans im Monat September

Beilage XII

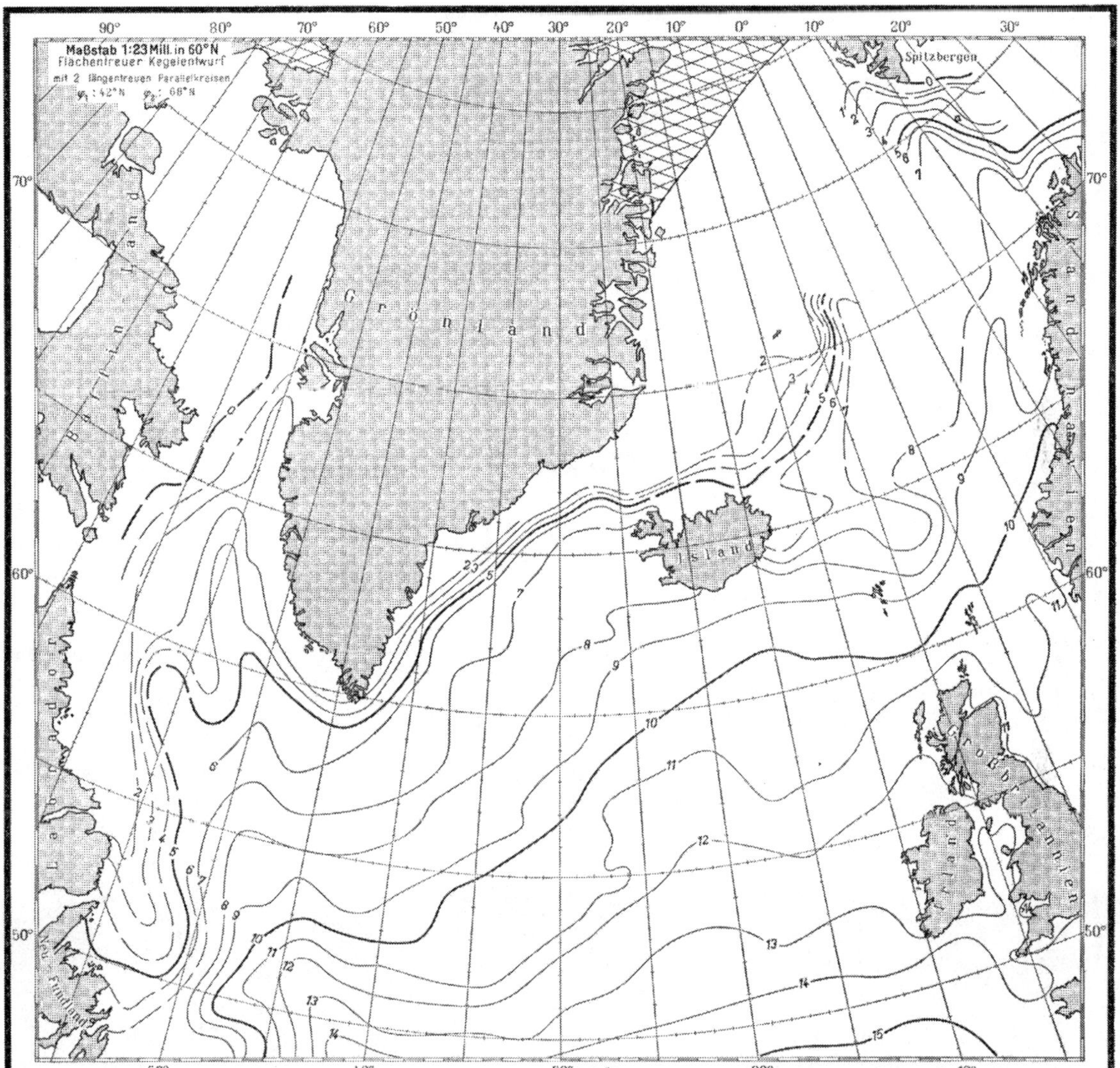

Mittlere Temperaturverteilung °C an der Meeresoberfläche des nördlichen Nordatlantischen Ozeans im Monat Oktober

Beilage XIII

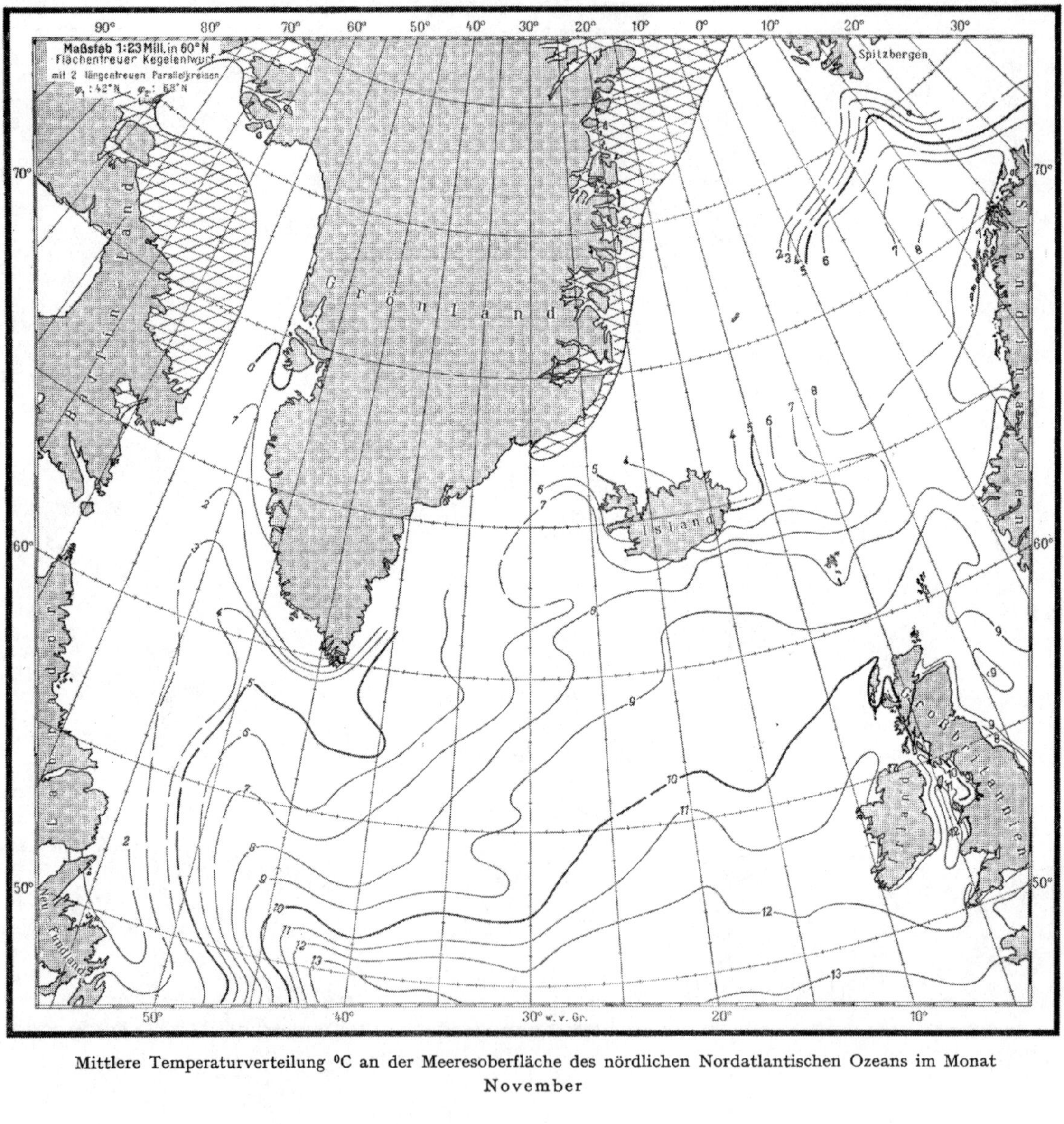

Mittlere Temperaturverteilung °C an der Meeresoberfläche des nördlichen Nordatlantischen Ozeans im Monat November

Beilage XIV

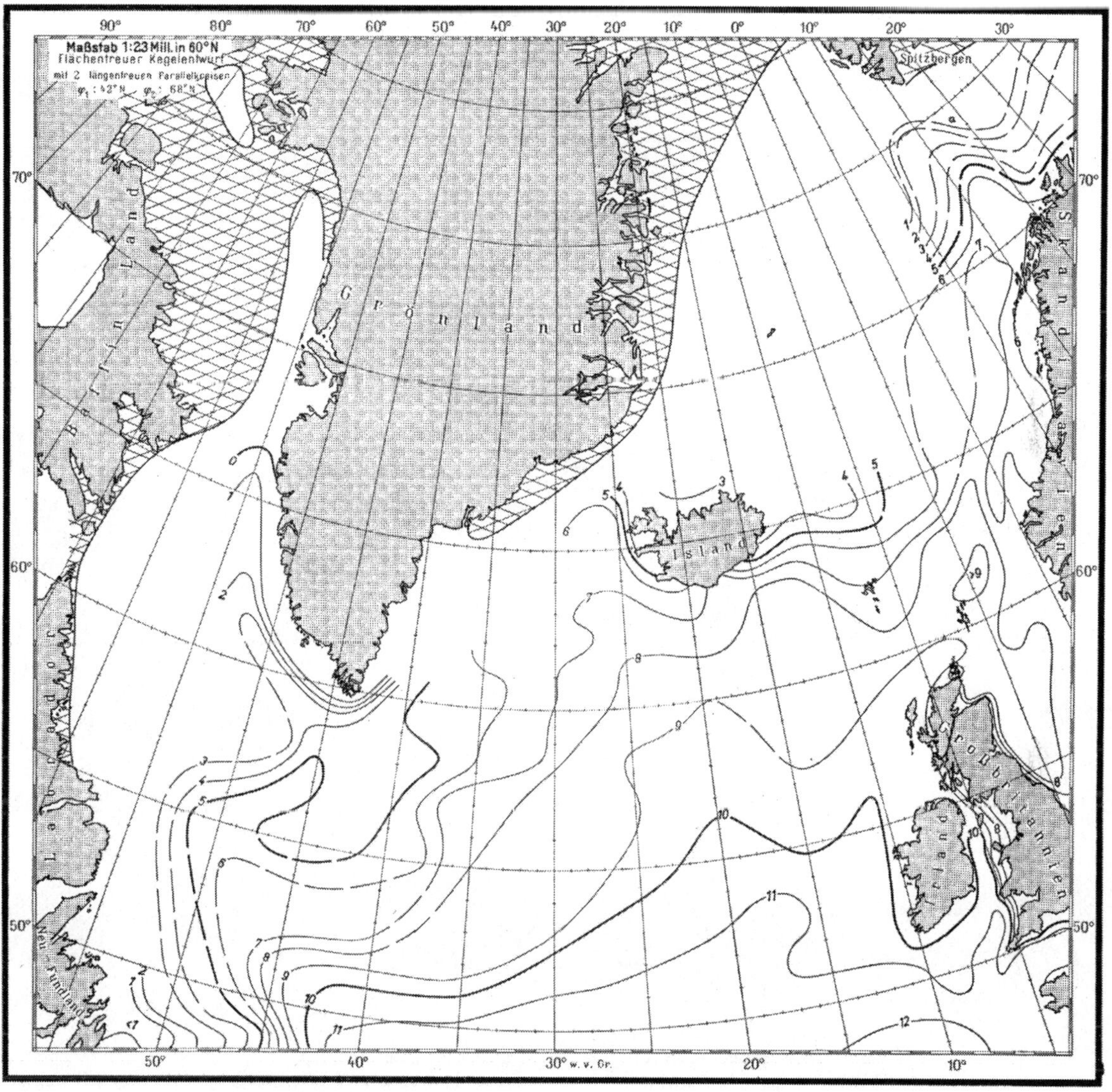

Mittlere Temperaturverteilung °C an der Meeresoberfläche des nördlichen Nordatlantischen Ozeans im Monat Dezember

Beilage XV

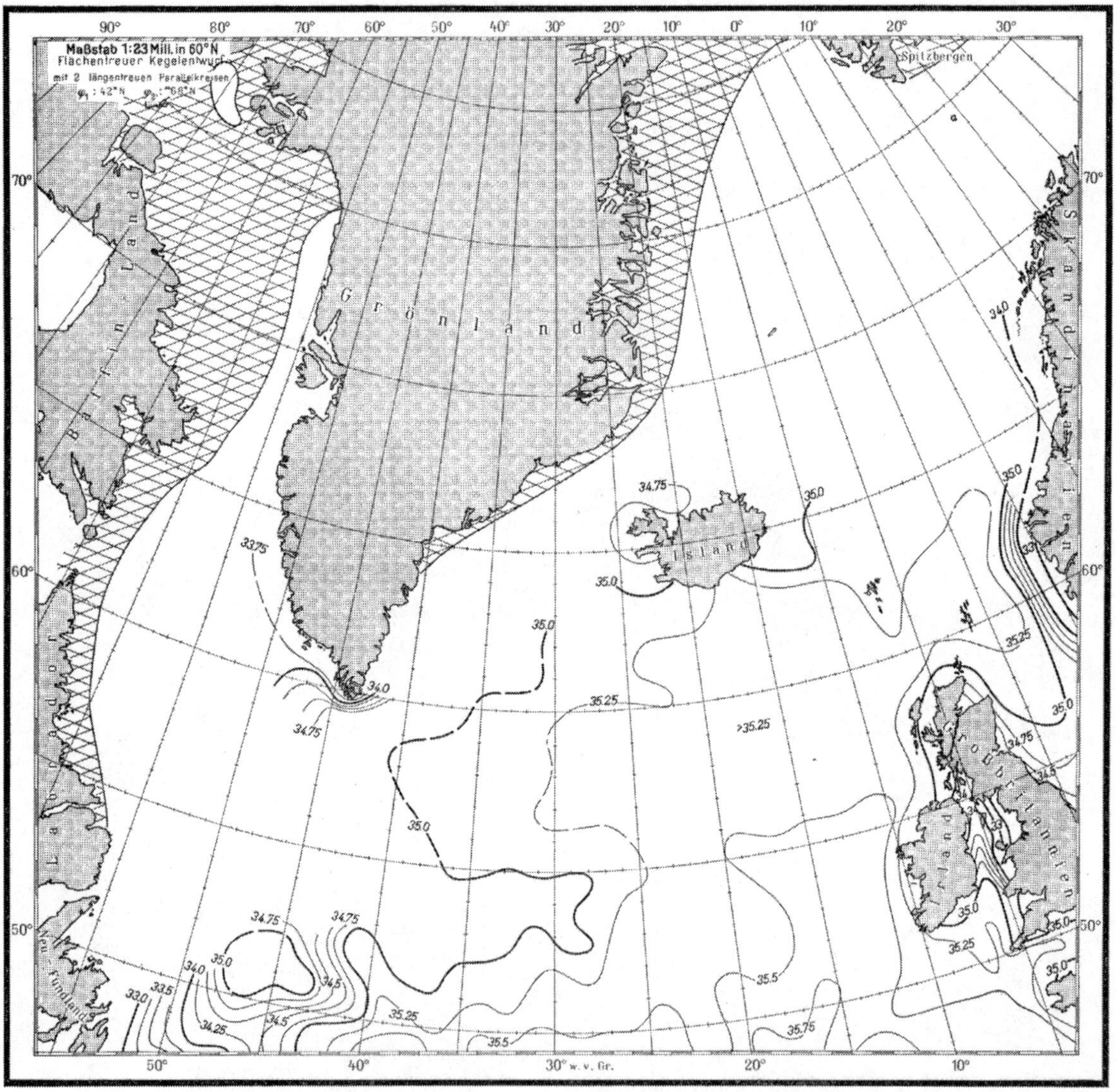

Mittlere Salzgehaltsverteilung $S^0/_{00}$ an der Meeresoberfläche des nördlichen Nordatlantischen Ozeans im Monat Januar

Beilage XVI

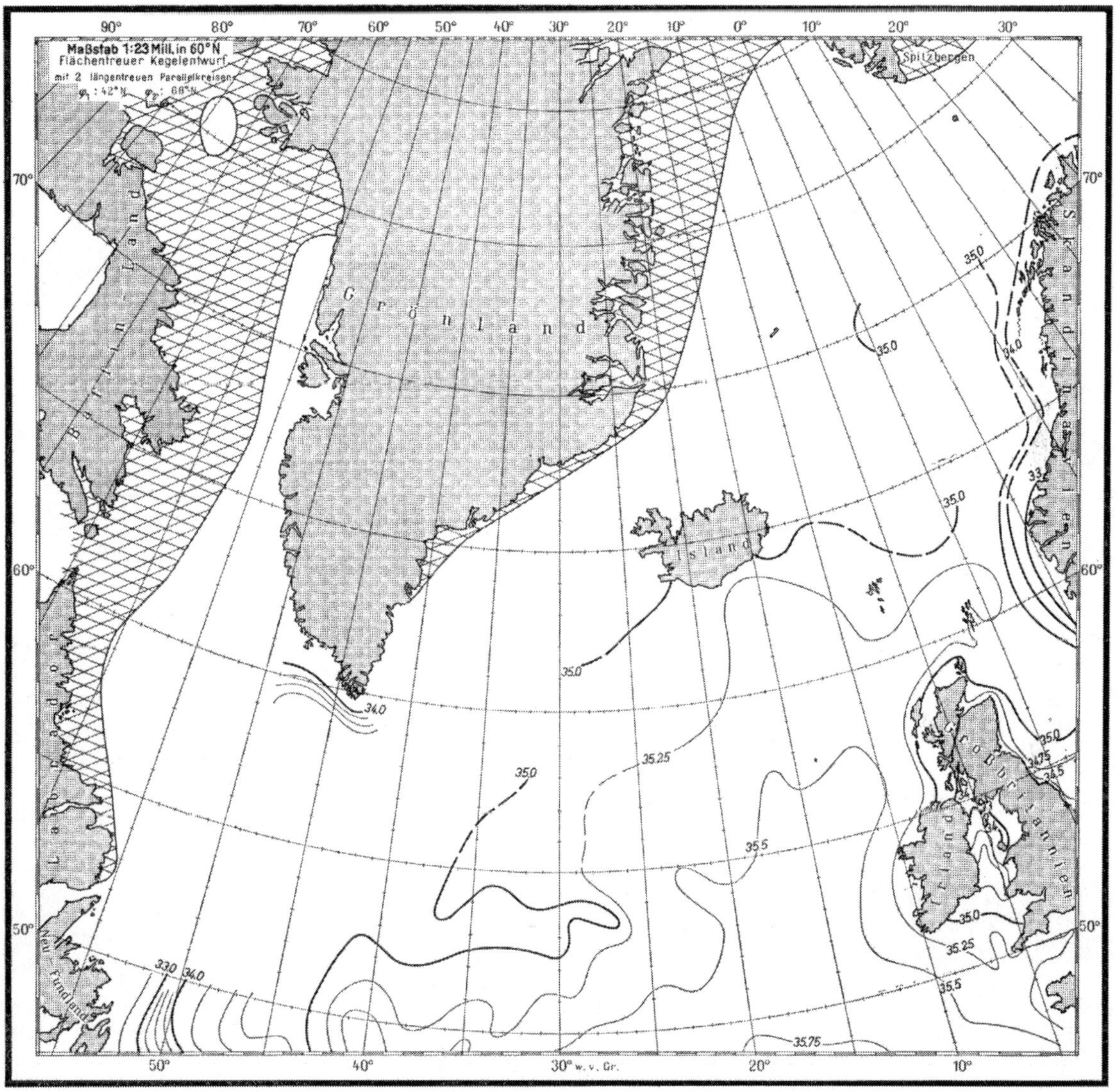

Mittlere Salzgehaltsverteilung $S^0/_{00}$ an der Meeresoberfläche des nördlichen Nordatlantischen Ozeans im Monat Februar

Beilage XVII

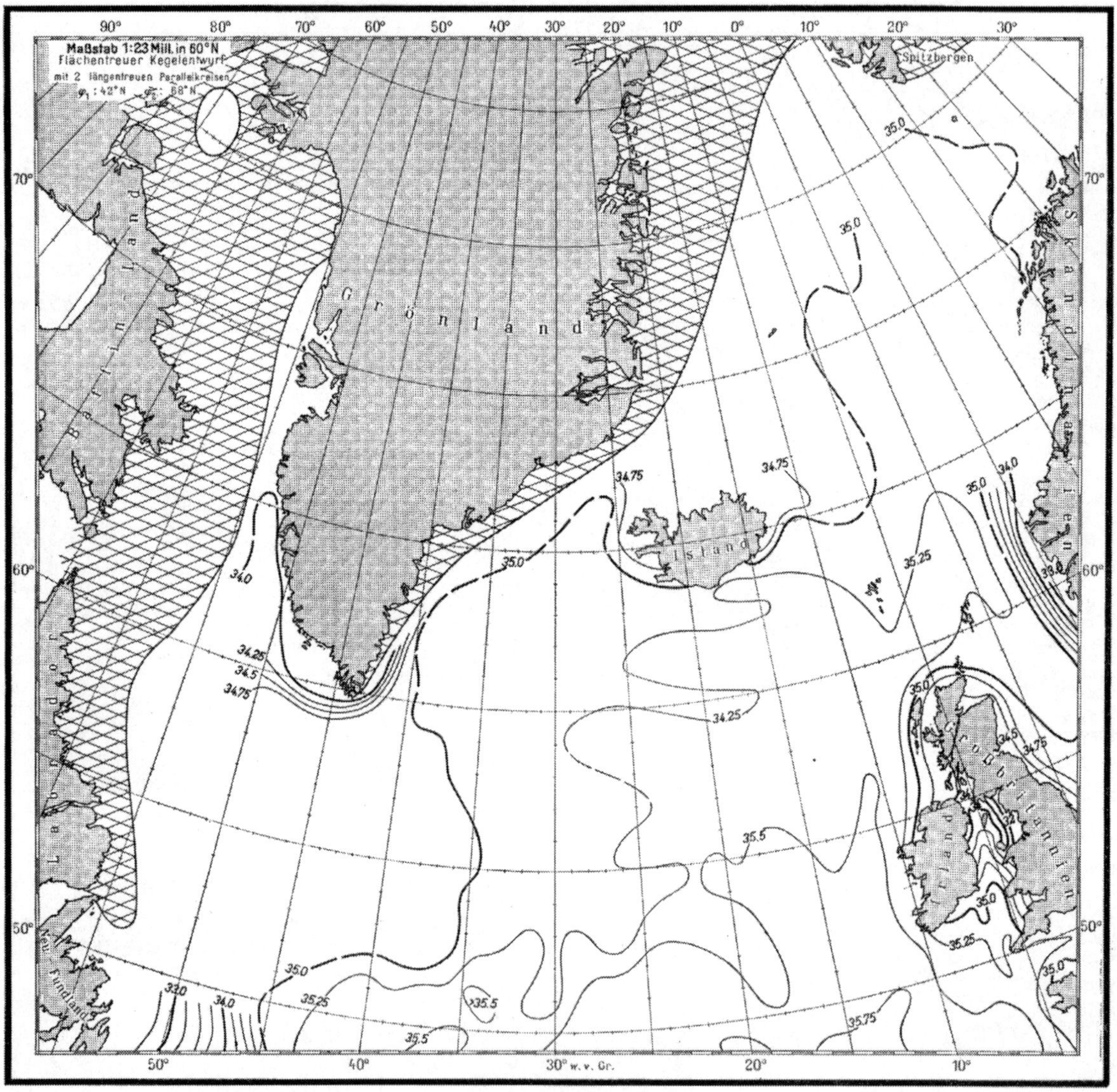

Mittlere Salzgehaltsverteilung $S^0/_{00}$ an der Meeresoberfläche des nördlichen Nordatlantischen Ozeans im Monat März

Beilage XVIII

Mittlere Salzgehaltsverteilung $S^0/_{00}$ an der Meeresoberfläche des nördlichen Nordatlantischen Ozeans im Monat April

Beilage XIX

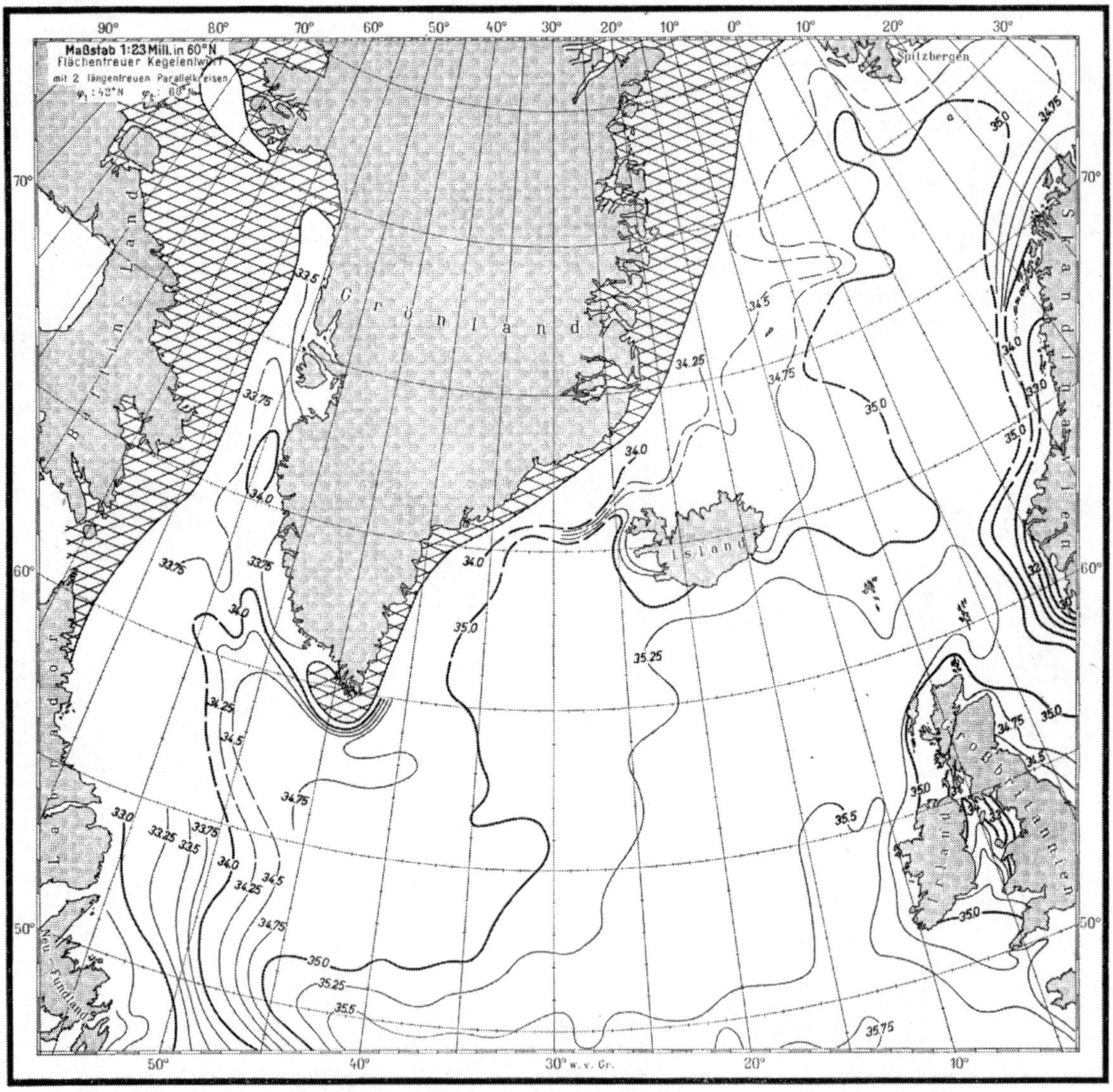

Mittlere Salzgehaltsverteilung $S^0/_{00}$ an der Meeresoberfläche des nördlichen Nordatlantischen Ozeans im Monat **Mai**

Beilage XX

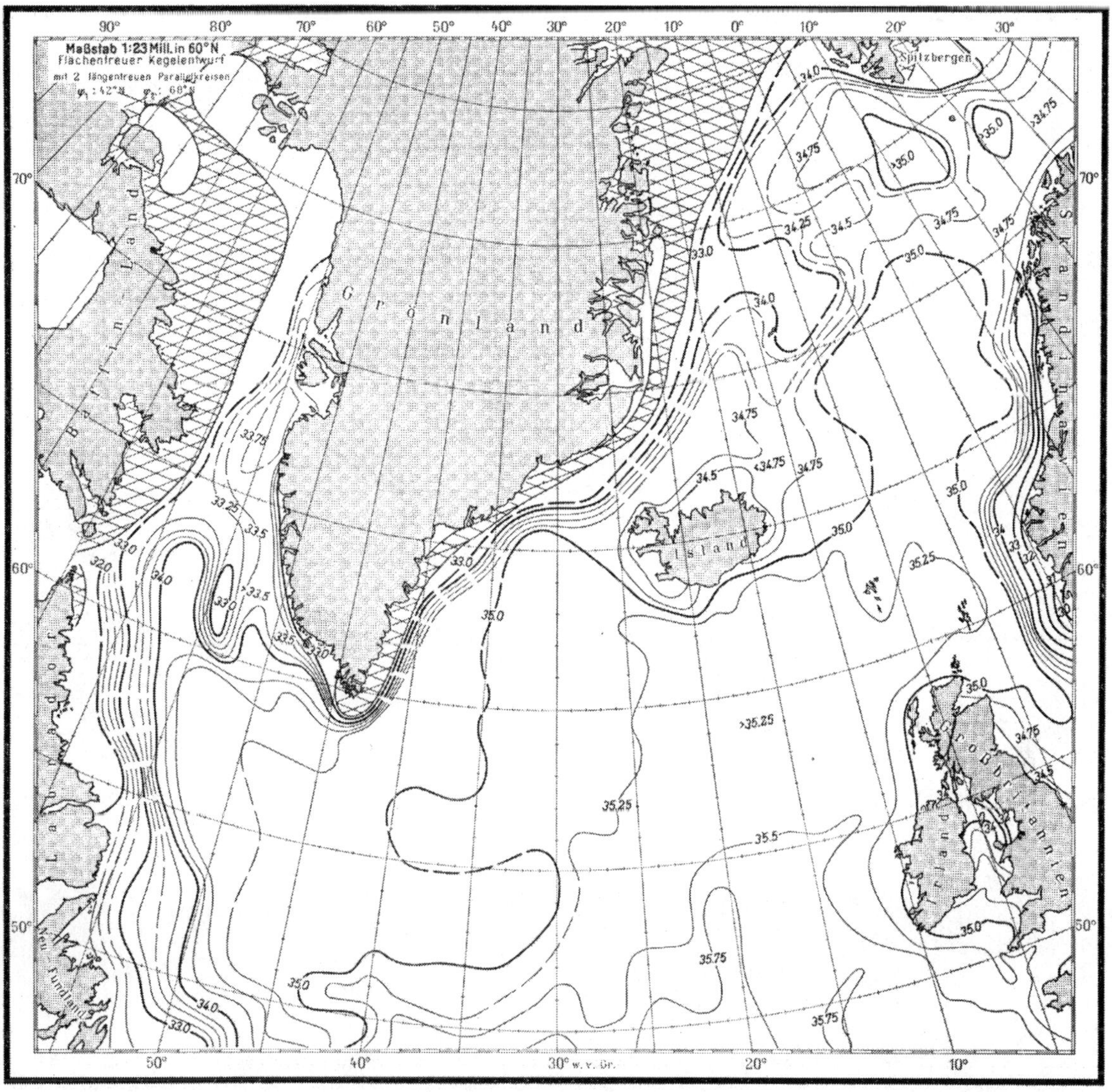

Mittlere Salzgehaltsverteilung $S^0/_{00}$ an der Meeresoberfläche des nördlichen Nordatlantischen Ozeans im Monat Juni

Beilage XXI

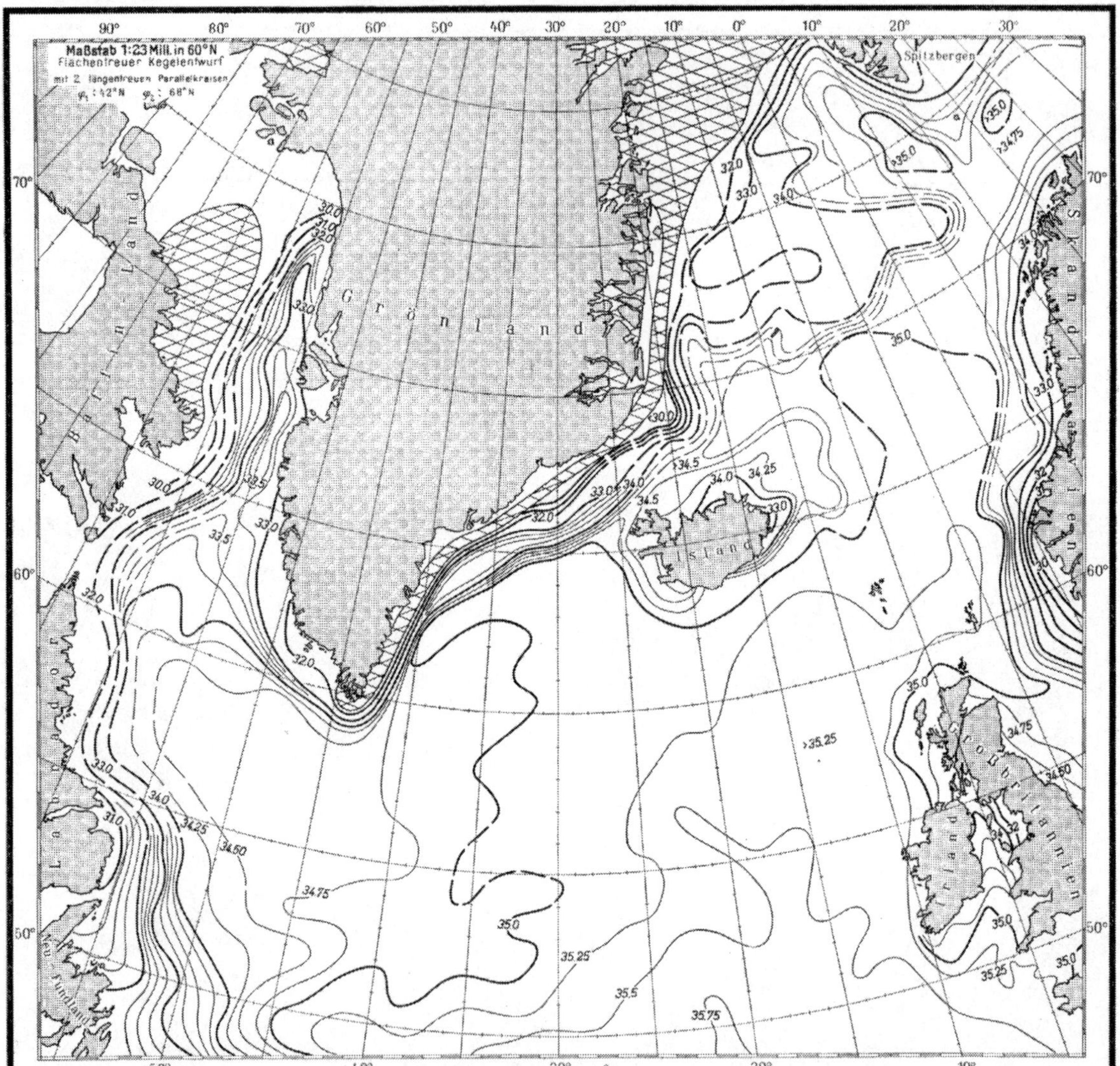

Mittlere Salzgehaltsverteilung $S^0/_{00}$ an der Meeresoberfläche des nördlichen Nordatlantischen Ozeans im Monat Juli

Beilage XXII

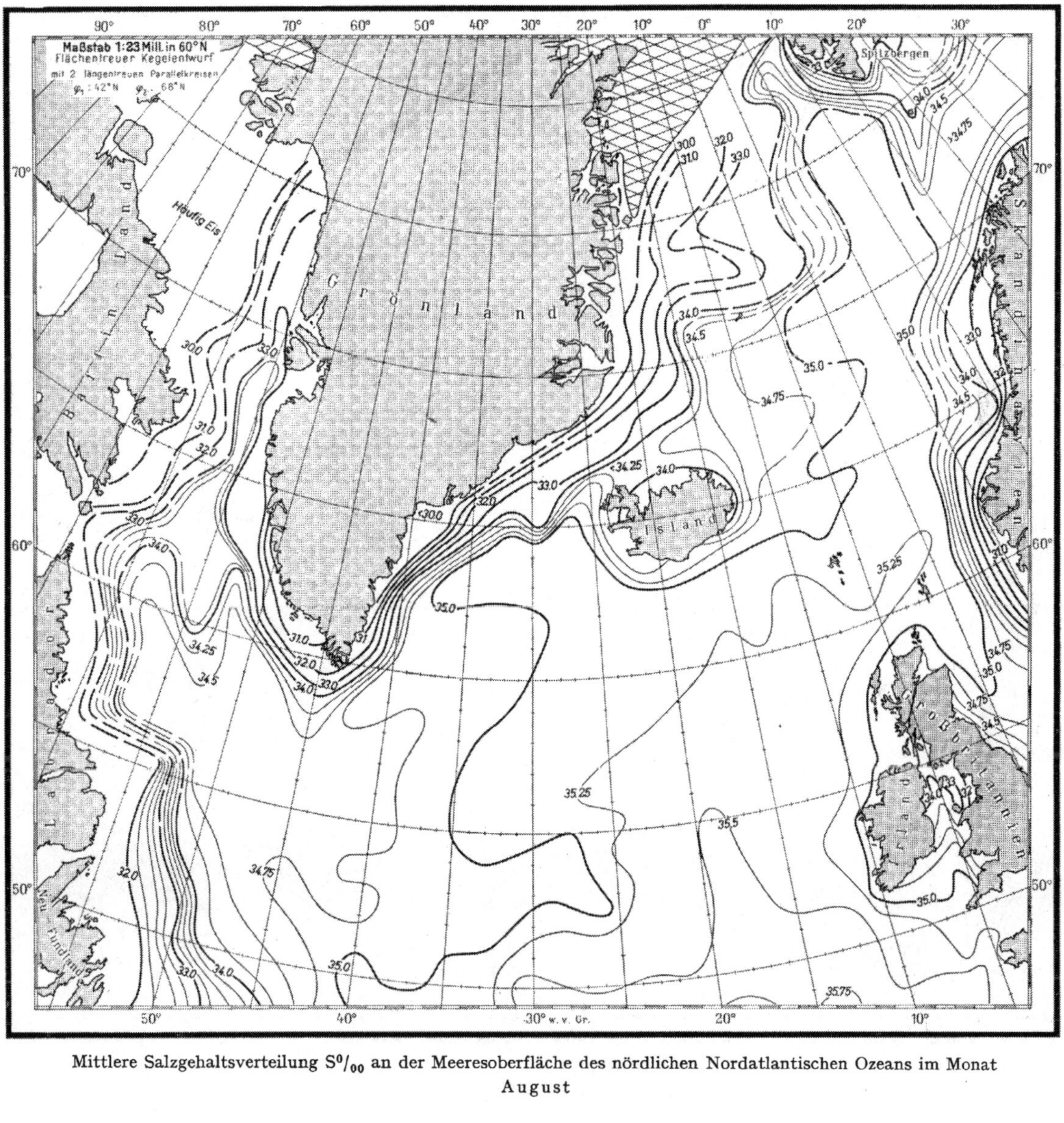

Mittlere Salzgehaltsverteilung $S^0/_{00}$ an der Meeresoberfläche des nördlichen Nordatlantischen Ozeans im Monat August

Beilage XXIII

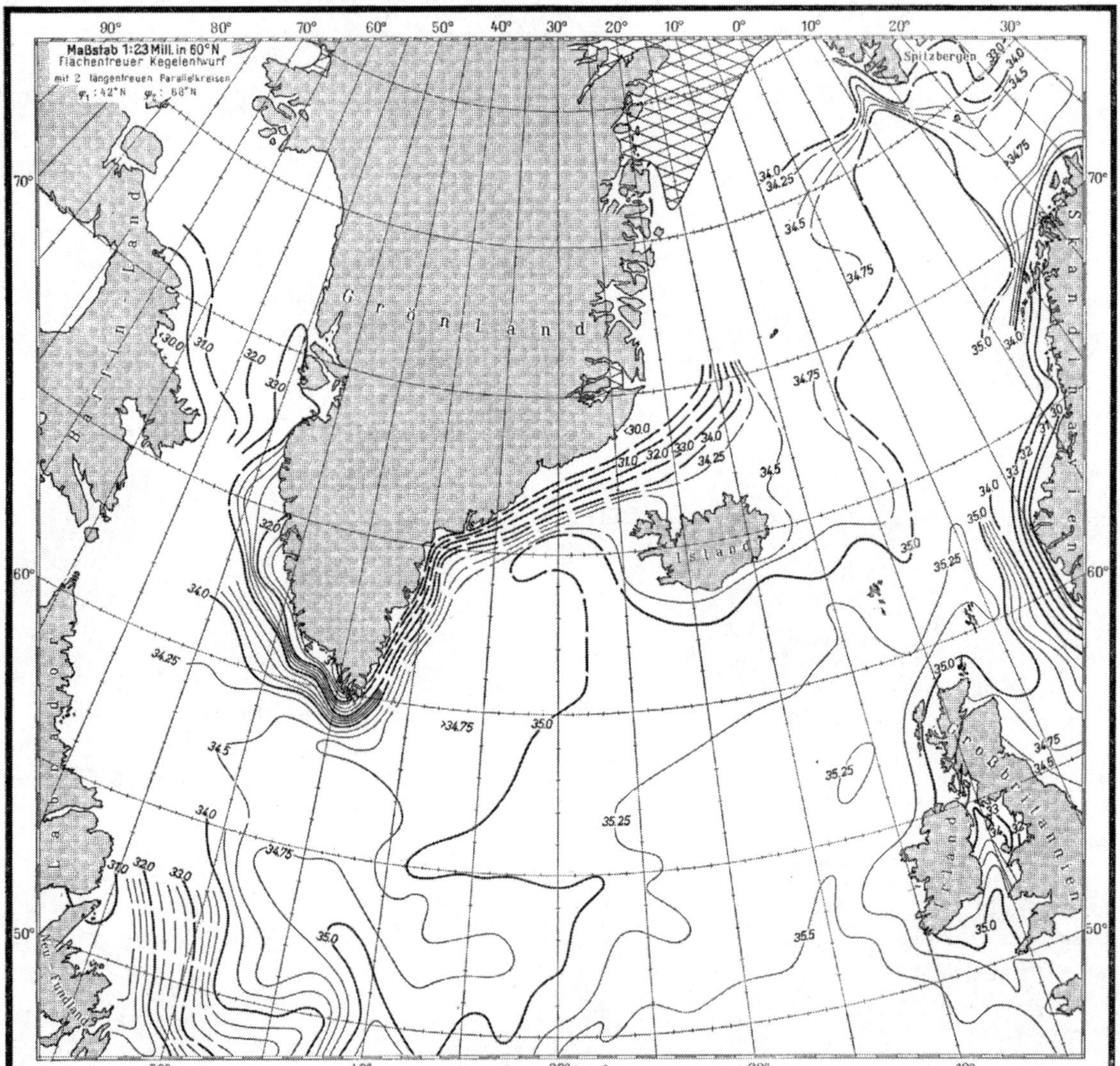

Mittlere Salzgehaltsverteilung $S^0/_{00}$ an der Meeresoberfläche des nördlichen Nordatlantischen Ozeans im Monat September

Beilage XXIV

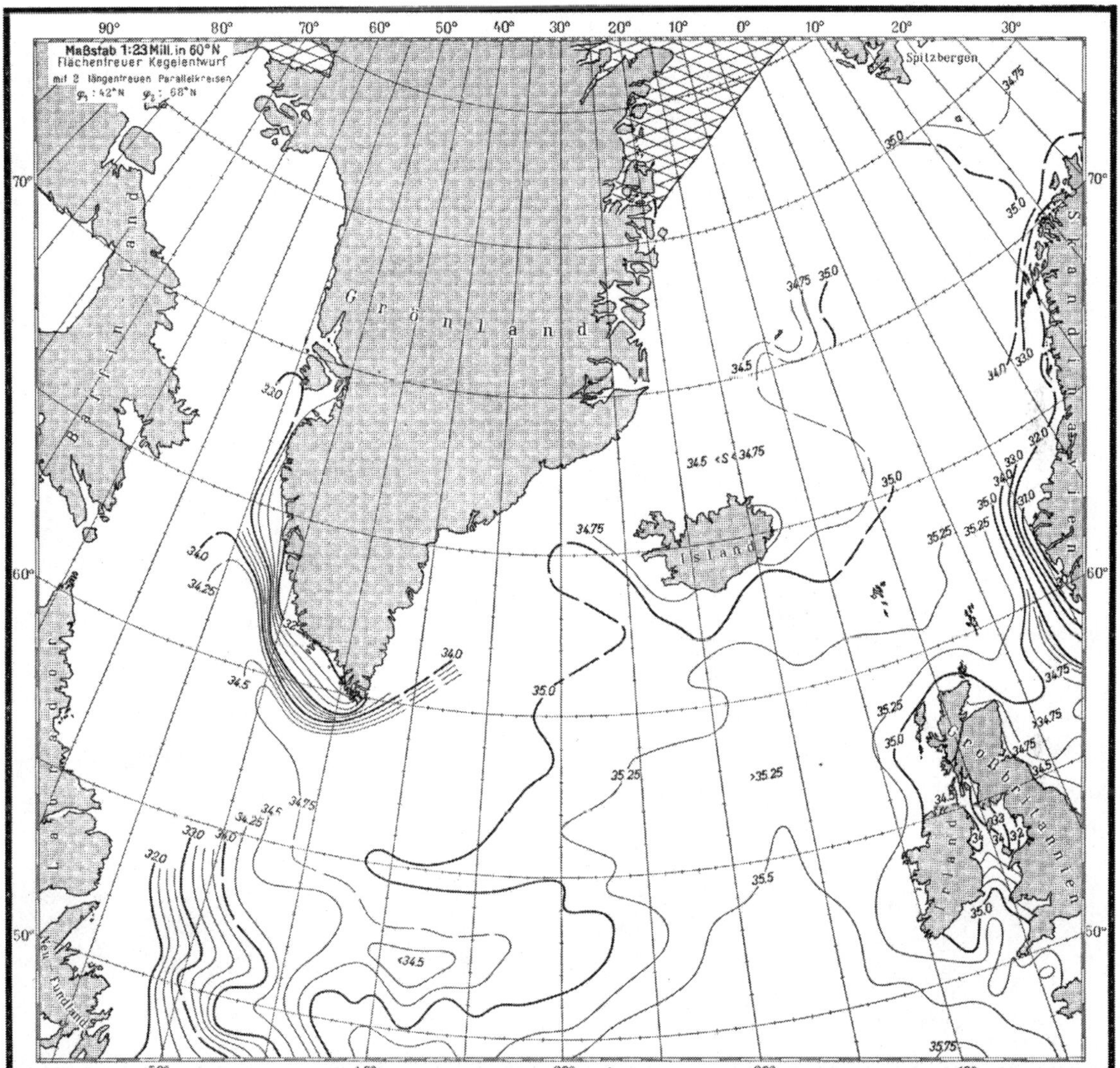

Mittlere Salzgehaltsverteilung $S^0/_{00}$ an der Meeresoberfläche des nördlichen Nordatlantischen Ozeans im Monat Oktober

Beilage XXV

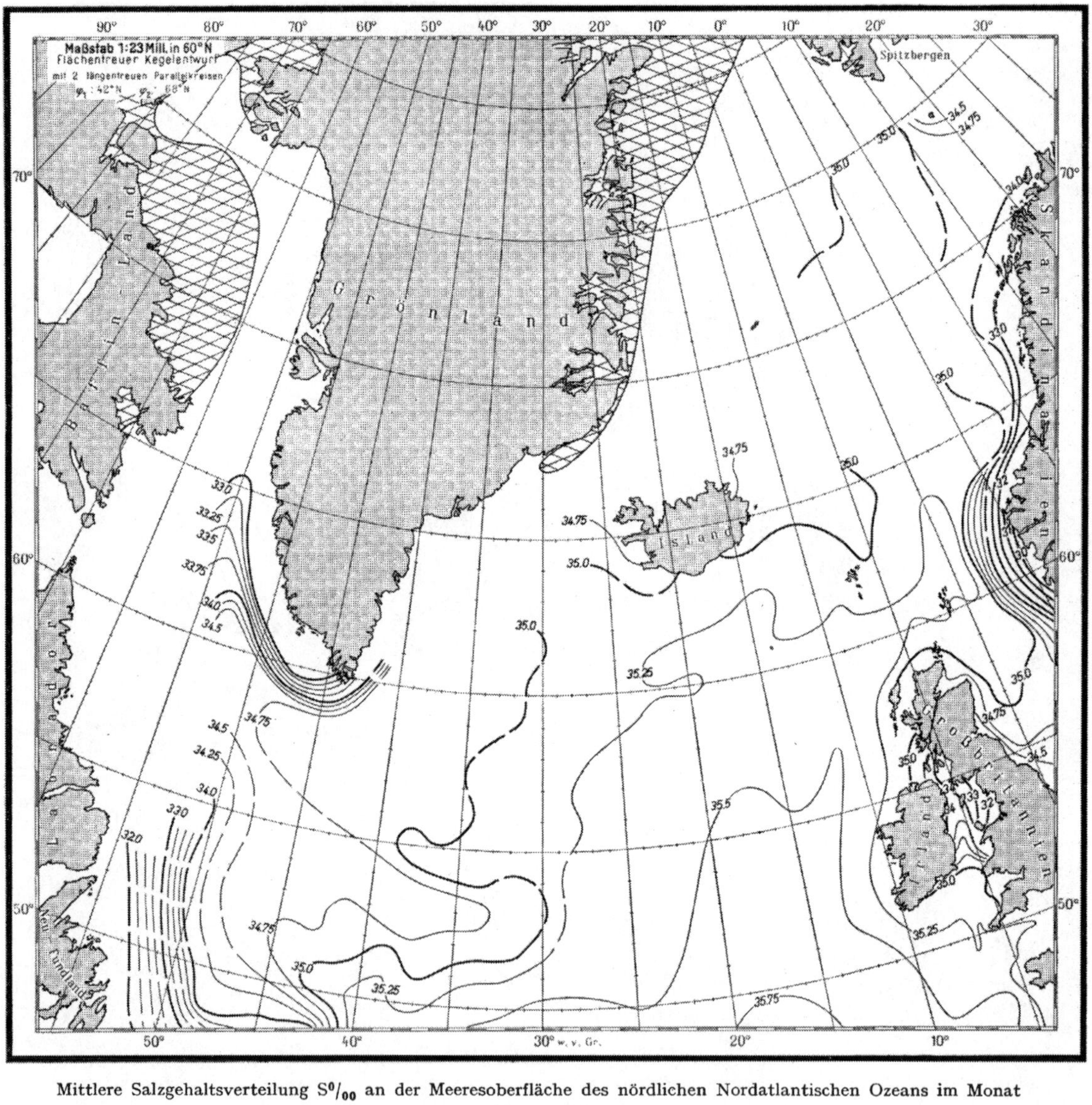

Mittlere Salzgehaltsverteilung $S^0/_{00}$ an der Meeresoberfläche des nördlichen Nordatlantischen Ozeans im Monat November

Beilage XXVI

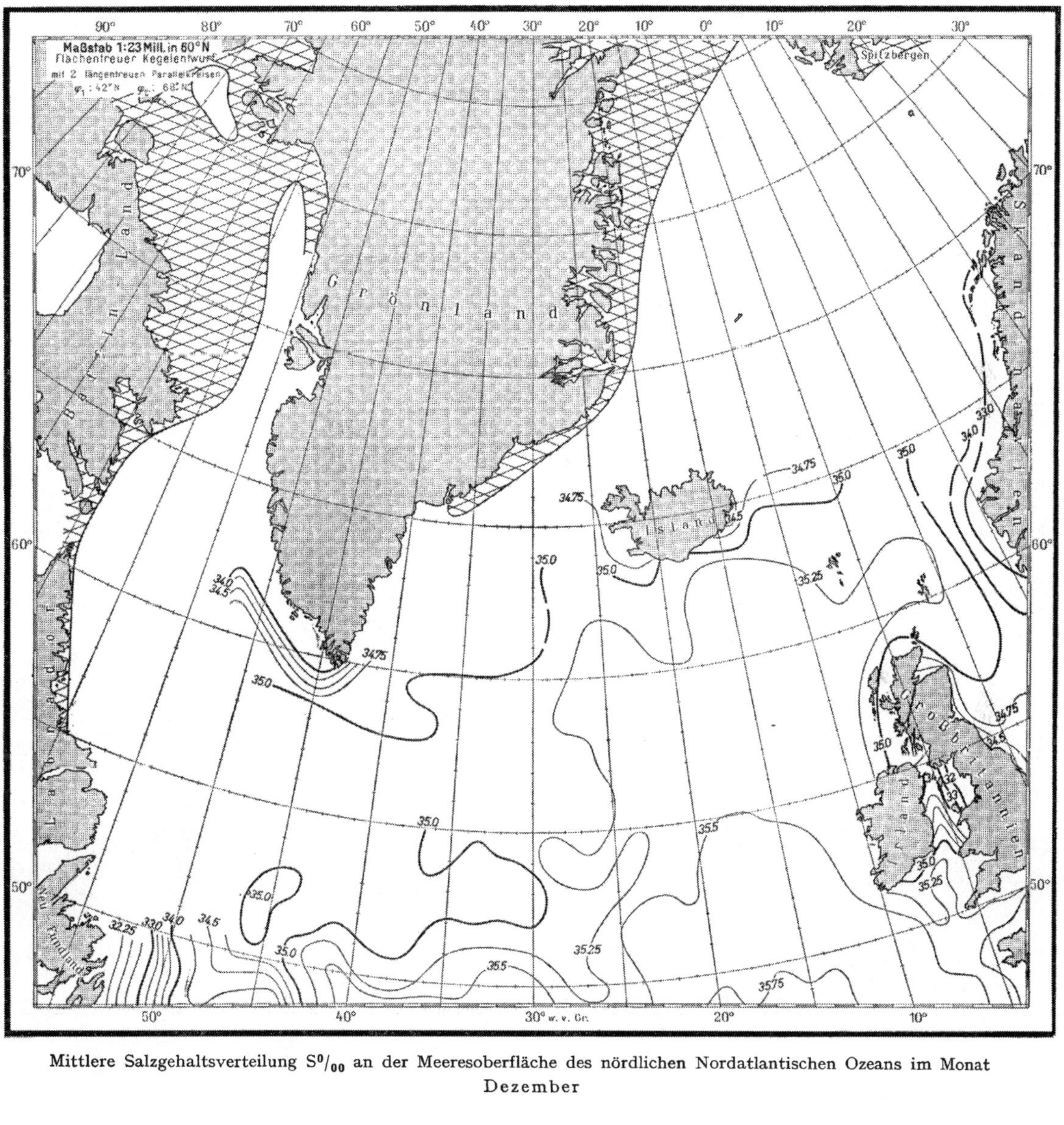

Mittlere Salzgehaltsverteilung $S^0/_{00}$ an der Meeresoberfläche des nördlichen Nordatlantischen Ozeans im Monat Dezember

Beilage XXVII

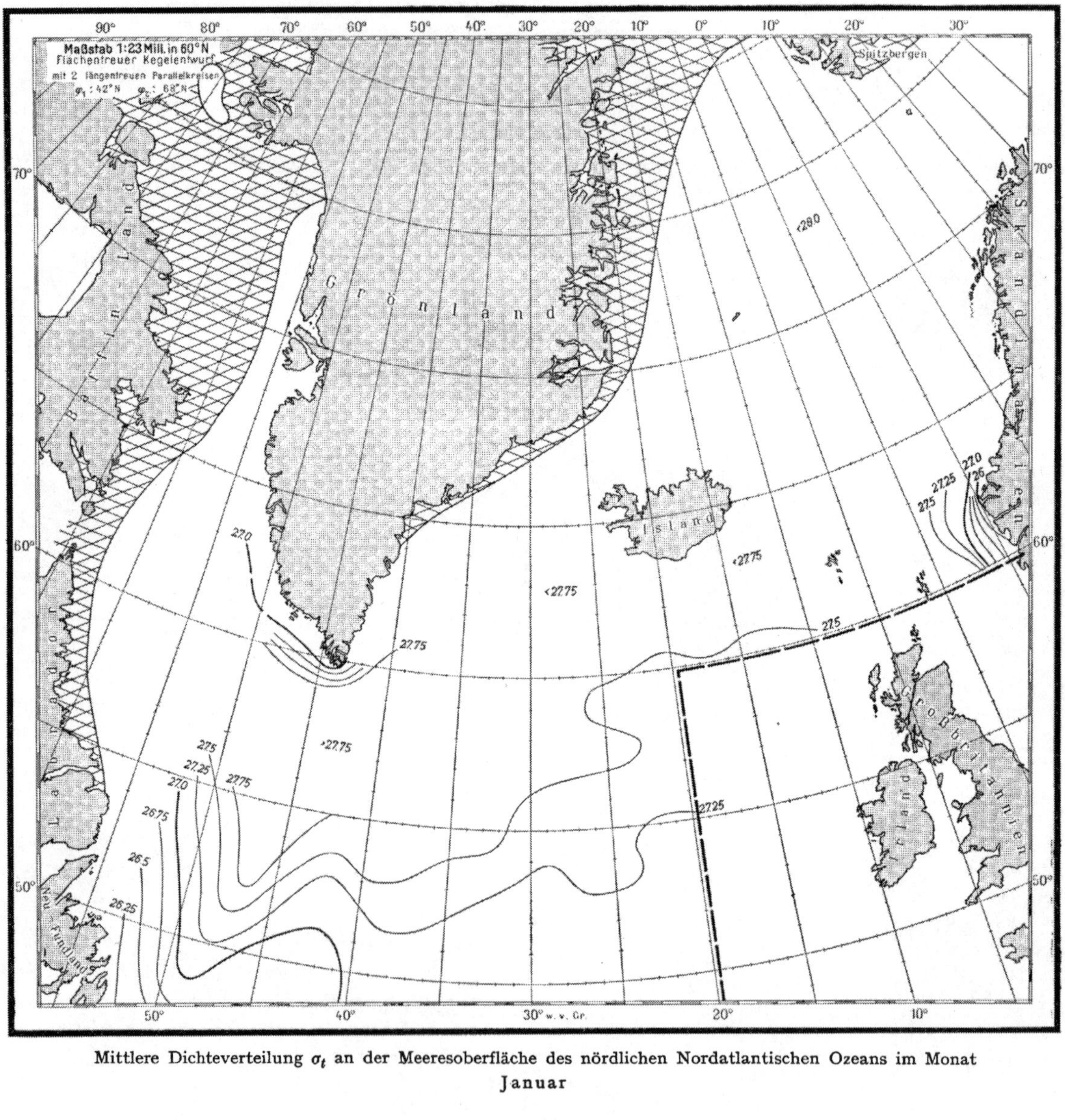

Mittlere Dichteverteilung σ_t an der Meeresoberfläche des nördlichen Nordatlantischen Ozeans im Monat Januar

Beilage XXVIII

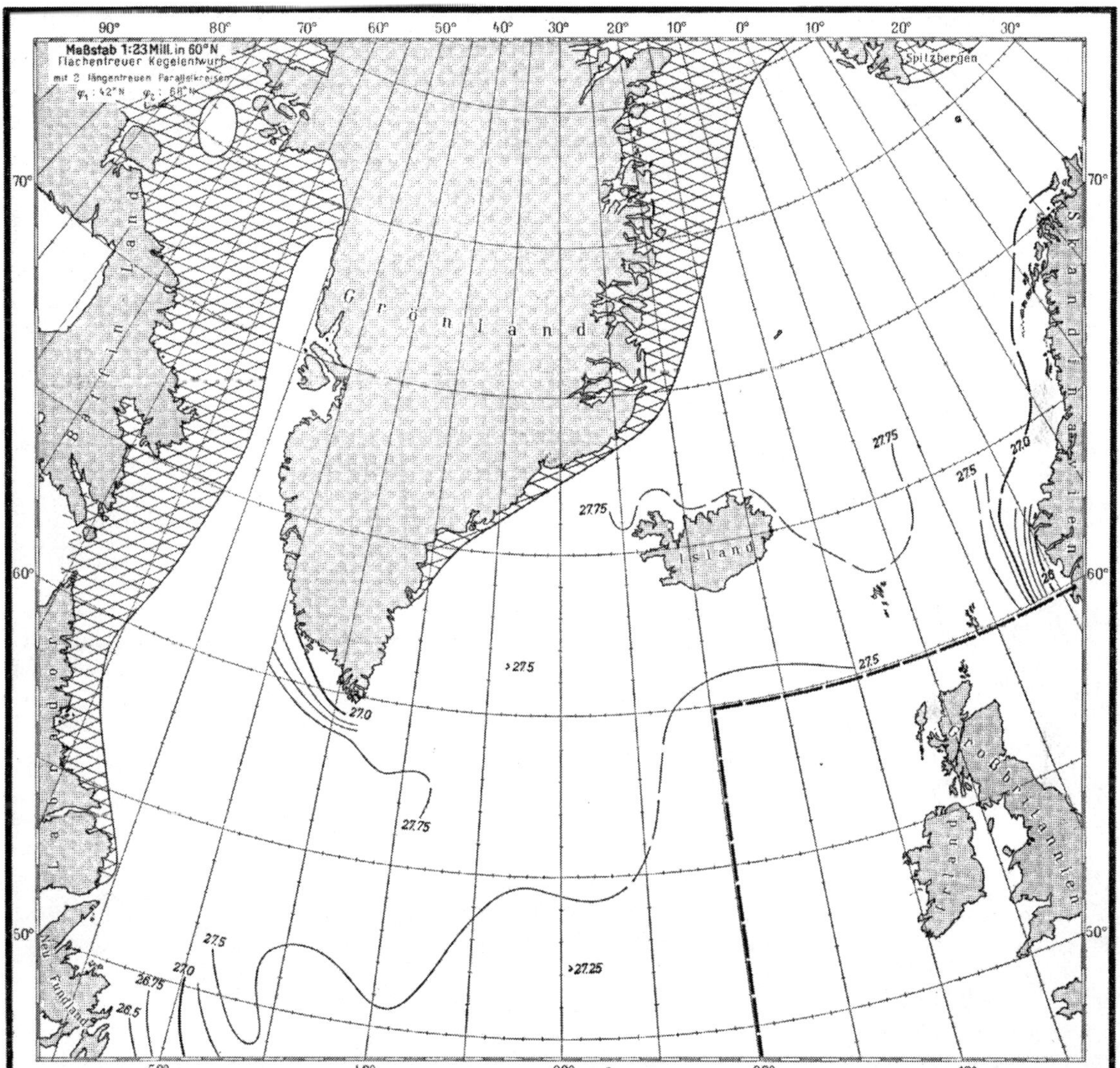

Mittlere Dichteverteilung σ_t an der Meeresoberfläche des nördlichen Nordatlantischen Ozeans im Monat Februar

Beilage XXIX

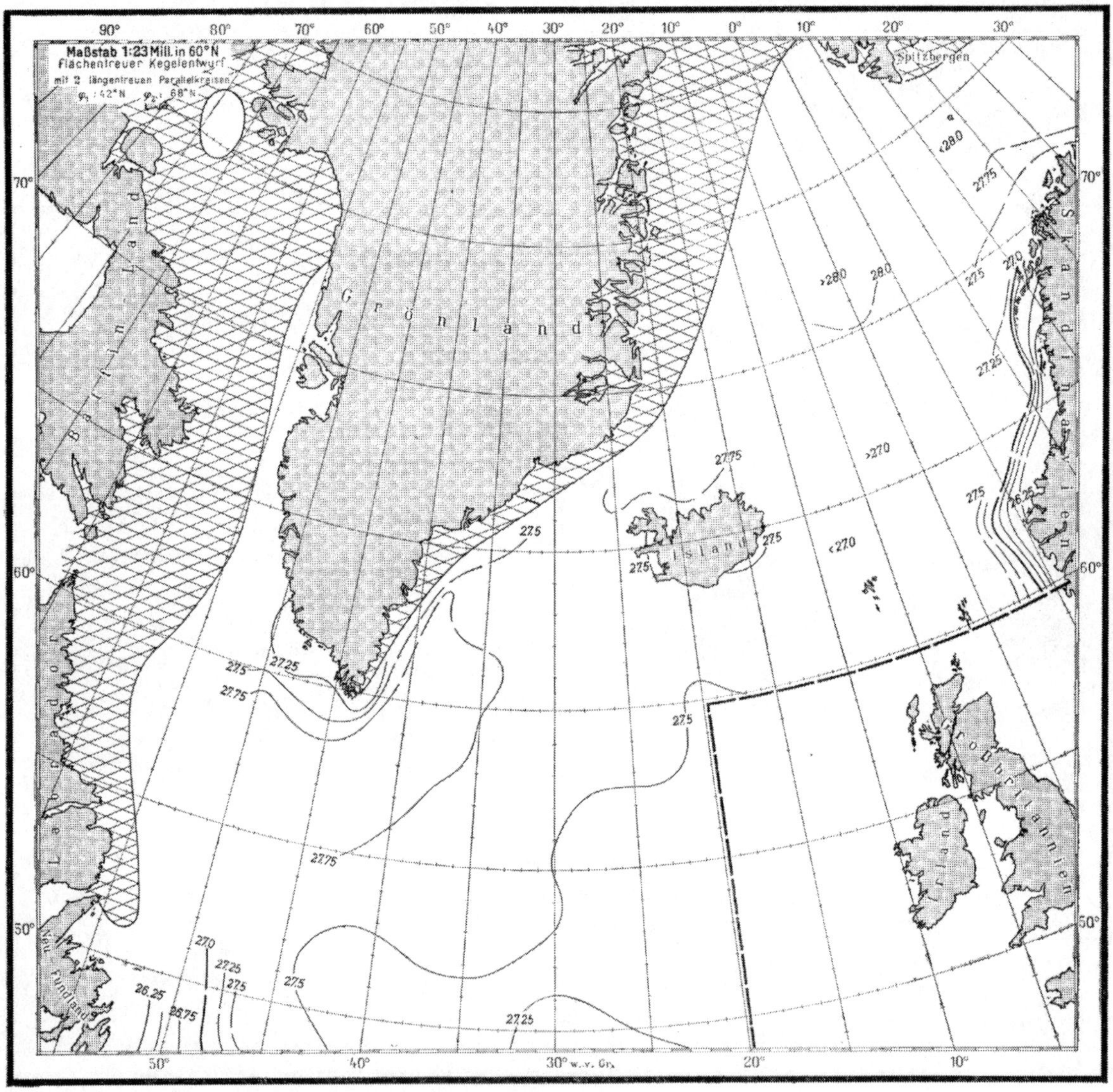

Mittlere Dichteverteilung σ_t an der Meeresoberfläche des nördlichen Nordatlantischen Ozeans im Monat März

Beilage XXX

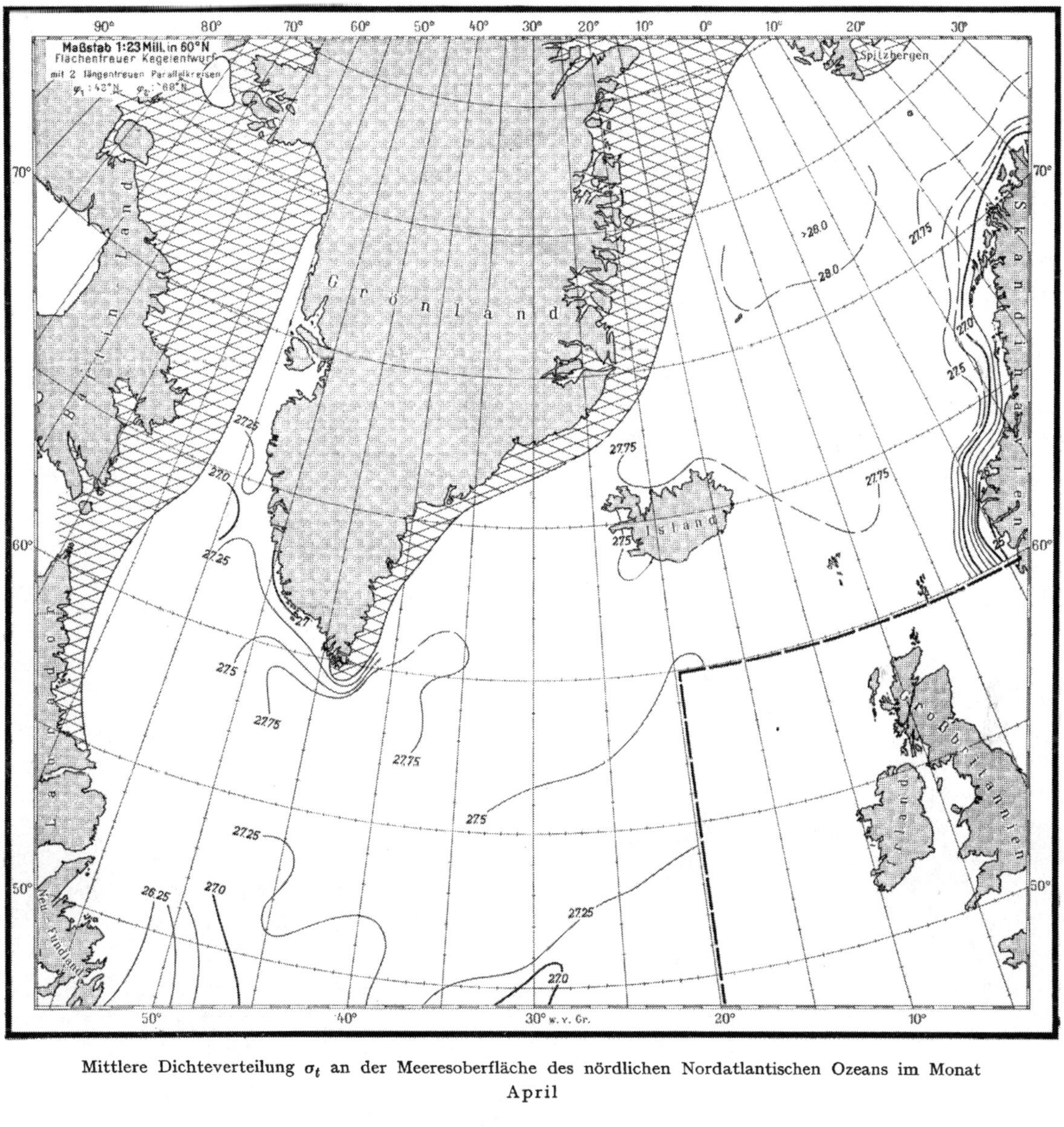

Mittlere Dichteverteilung σ_t an der Meeresoberfläche des nördlichen Nordatlantischen Ozeans im Monat April

Beilage XXXI

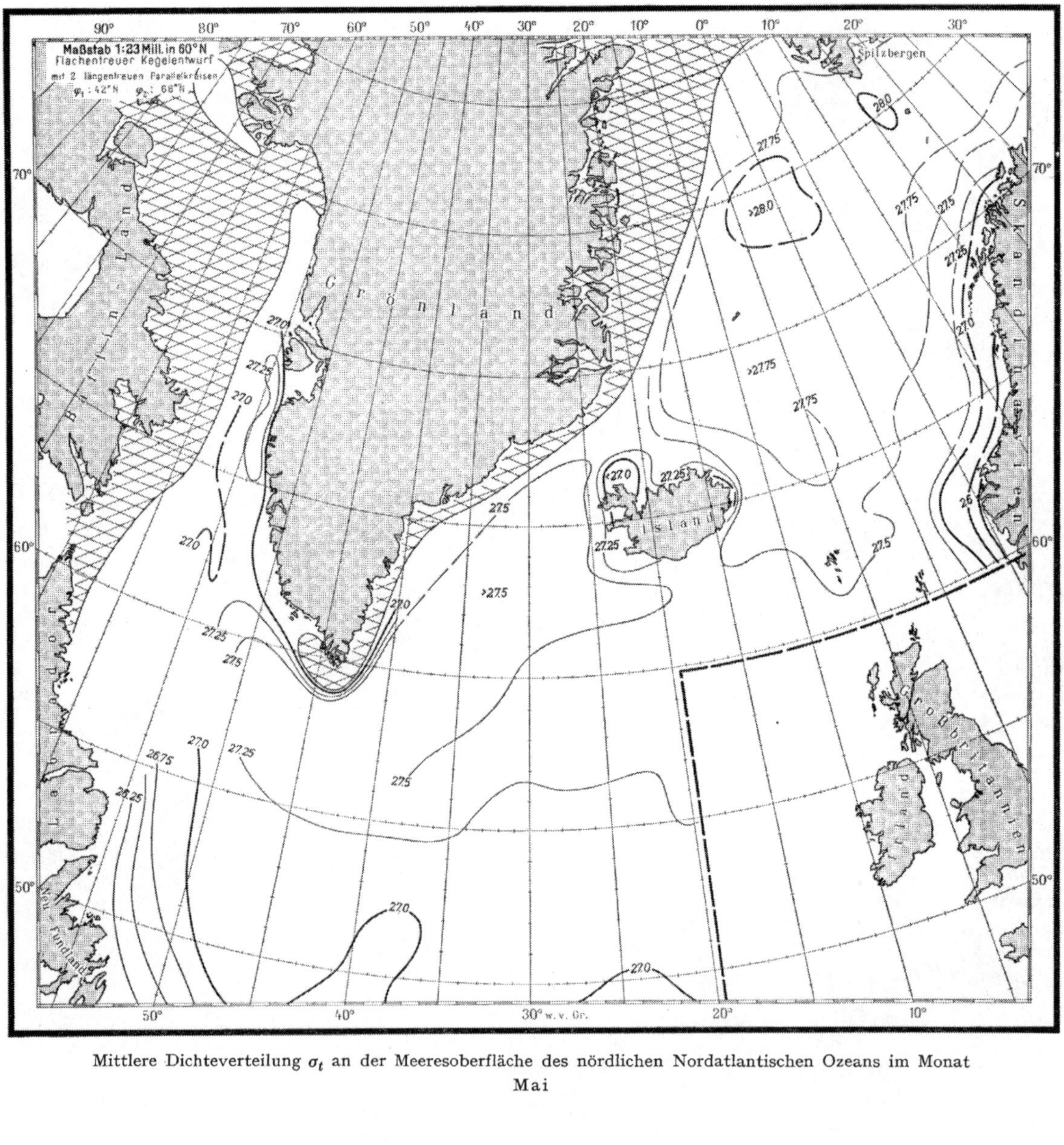

Mittlere Dichteverteilung σ_t an der Meeresoberfläche des nördlichen Nordatlantischen Ozeans im Monat Mai

Beilage XXXII

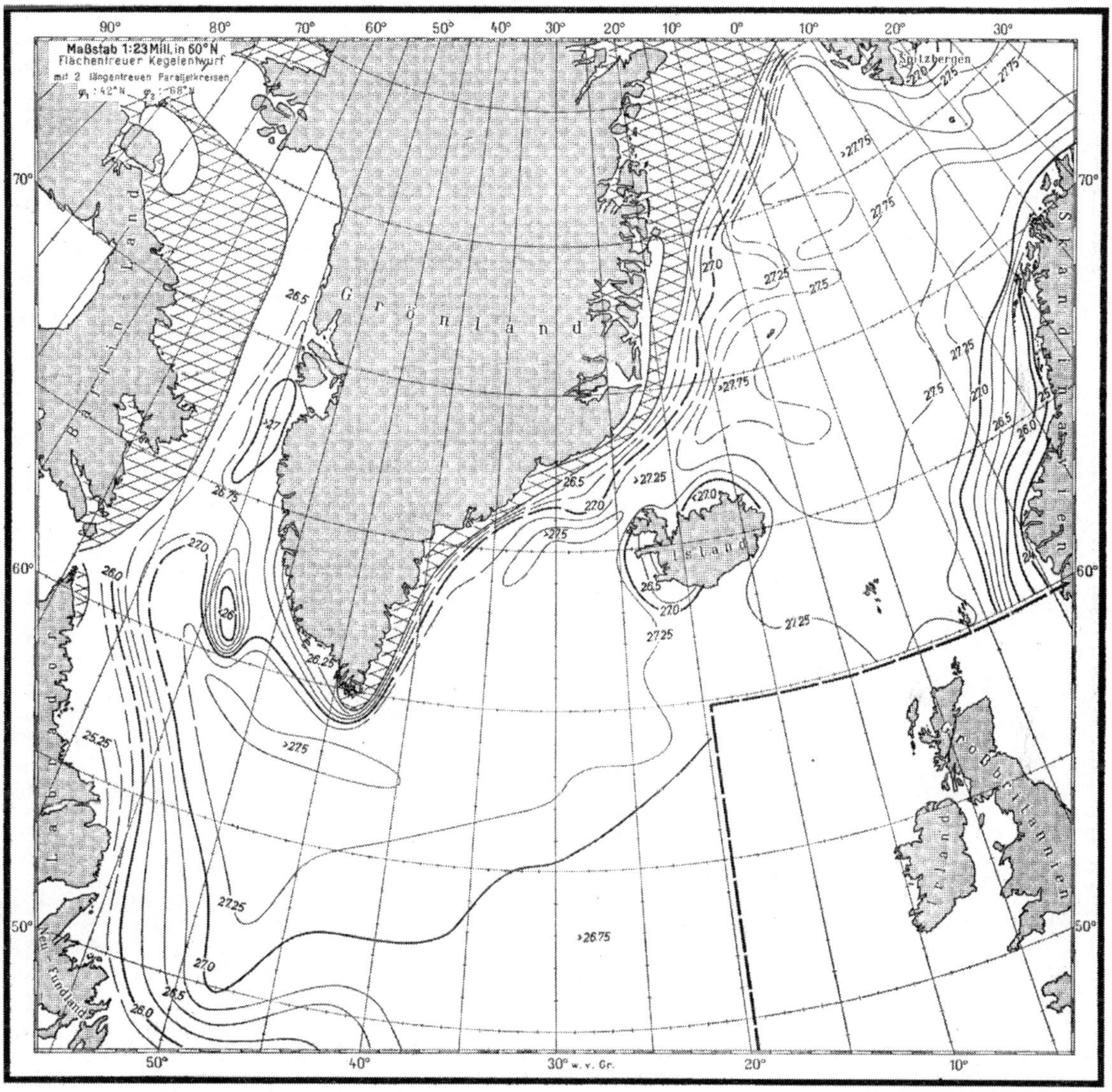

Mittlere Dichteverteilung σ_t an der Meeresoberfläche des nördlichen Nordatlantischen Ozeans im Monat Juni

Beilage XXXIII

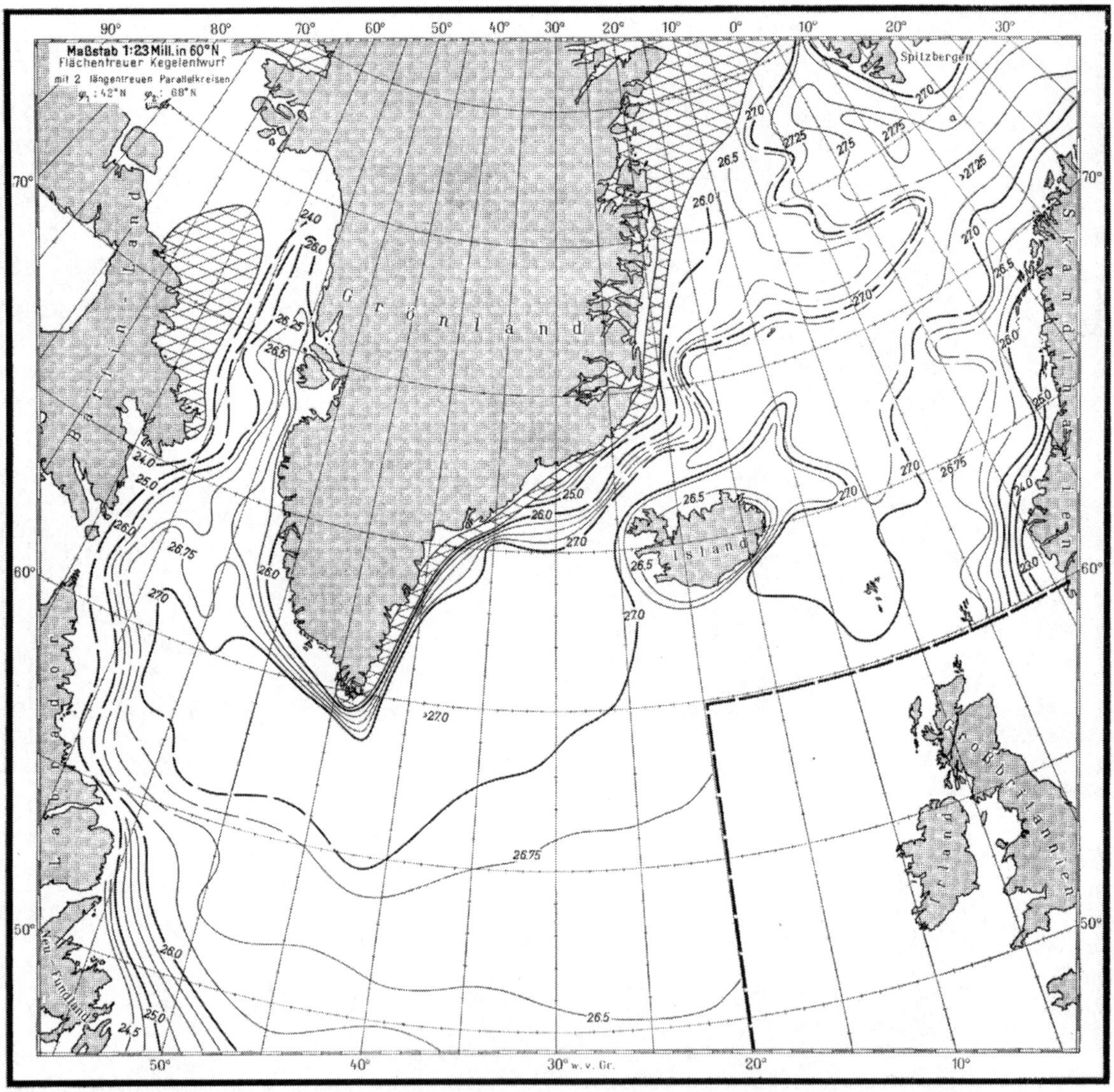

Mittlere Dichteverteilung σ_t an der Meeresoberfläche des nördlichen Nordatlantischen Ozeans im Monat Juli

Beilage XXXIV

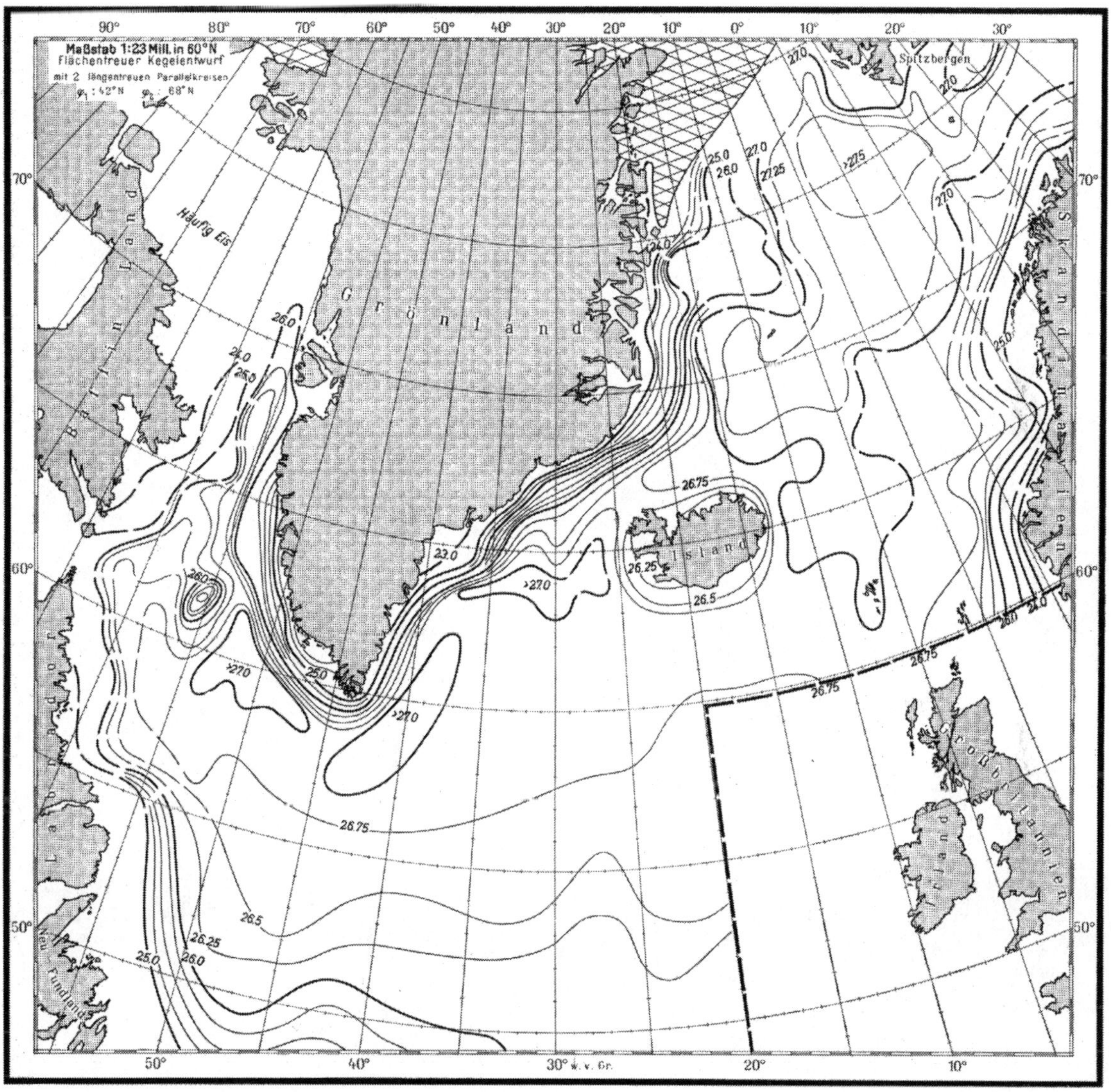

Mittlere Dichteverteilung σ_t an der Meeresoberfläche des nördlichen Nordatlantischen Ozeans im Monat August

Beilage XXXV

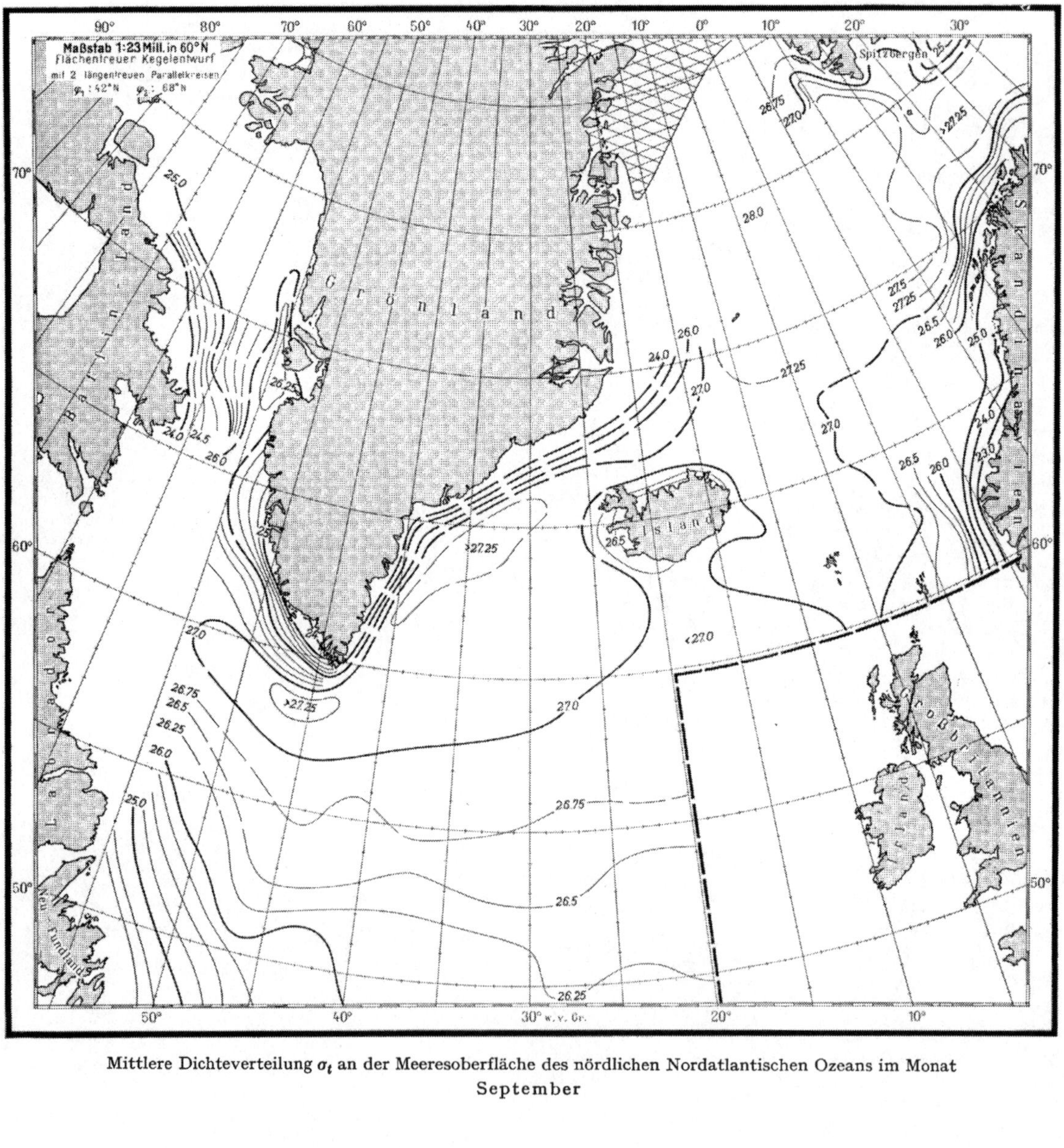

Mittlere Dichteverteilung σ_t an der Meeresoberfläche des nördlichen Nordatlantischen Ozeans im Monat September

Beilage XXXVI

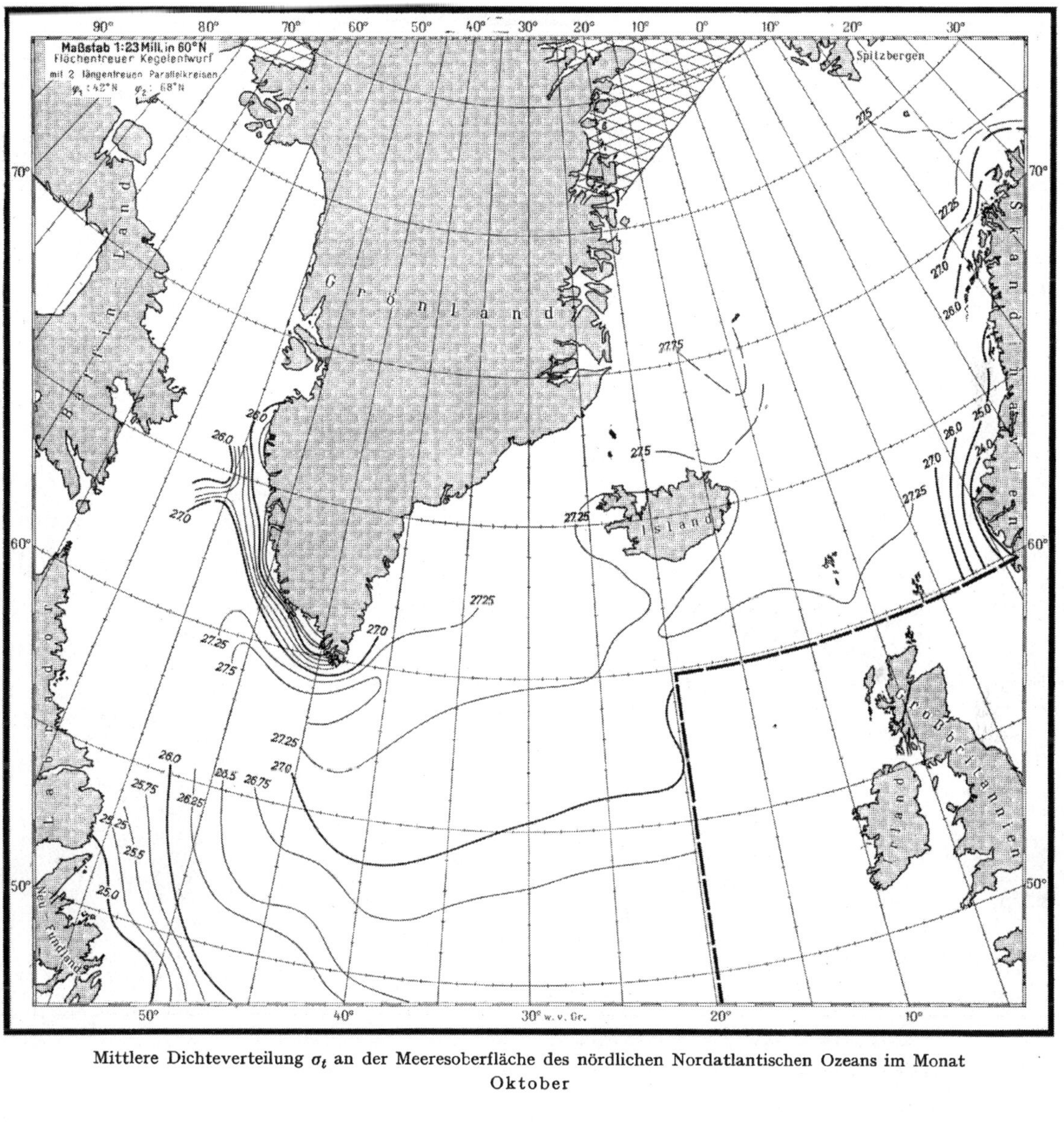

Mittlere Dichteverteilung σ_t an der Meeresoberfläche des nördlichen Nordatlantischen Ozeans im Monat Oktober

Beilage XXXVII

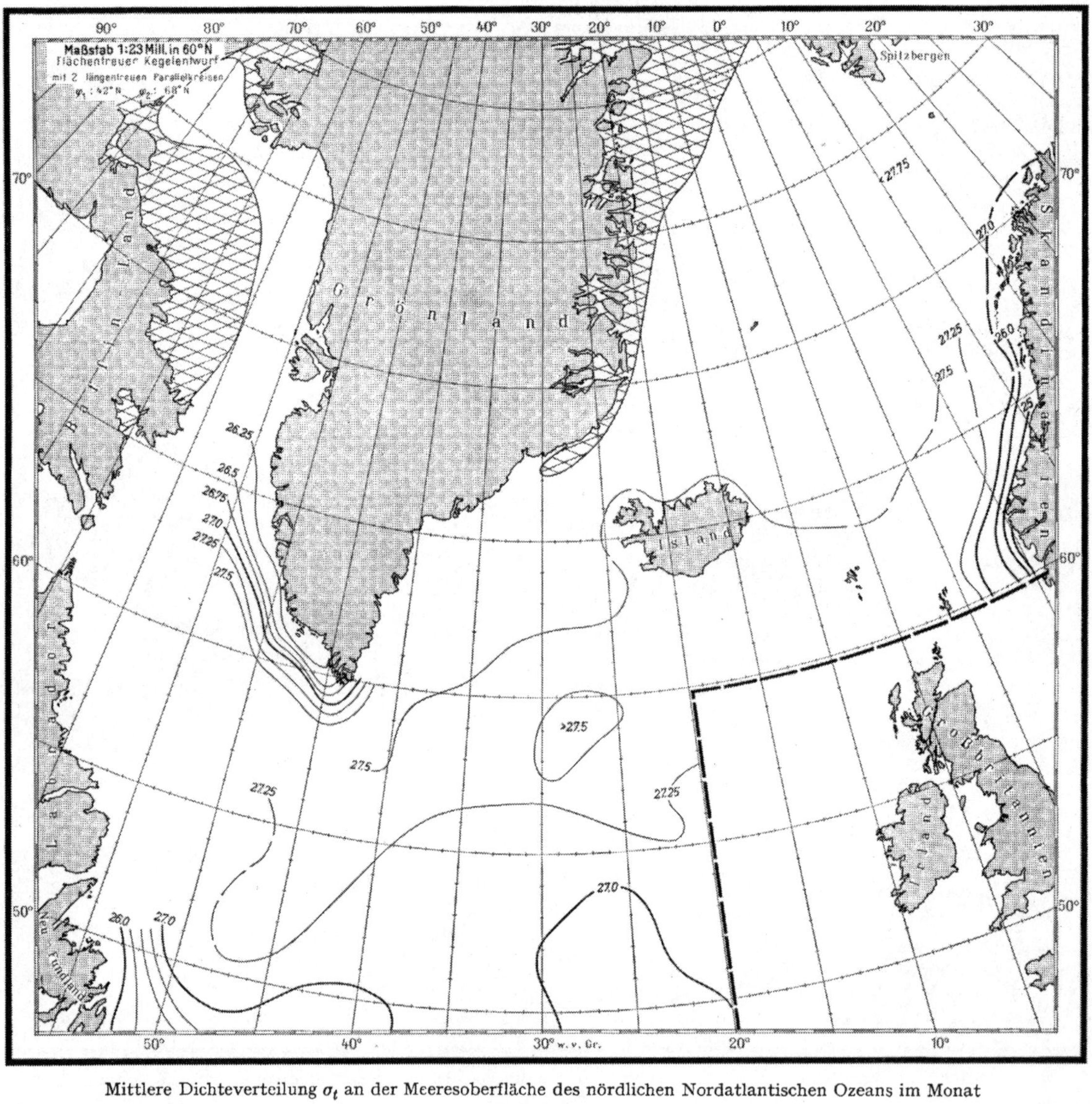

Mittlere Dichteverteilung σ_t an der Meeresoberfläche des nördlichen Nordatlantischen Ozeans im Monat November

Beilage XXXVIII

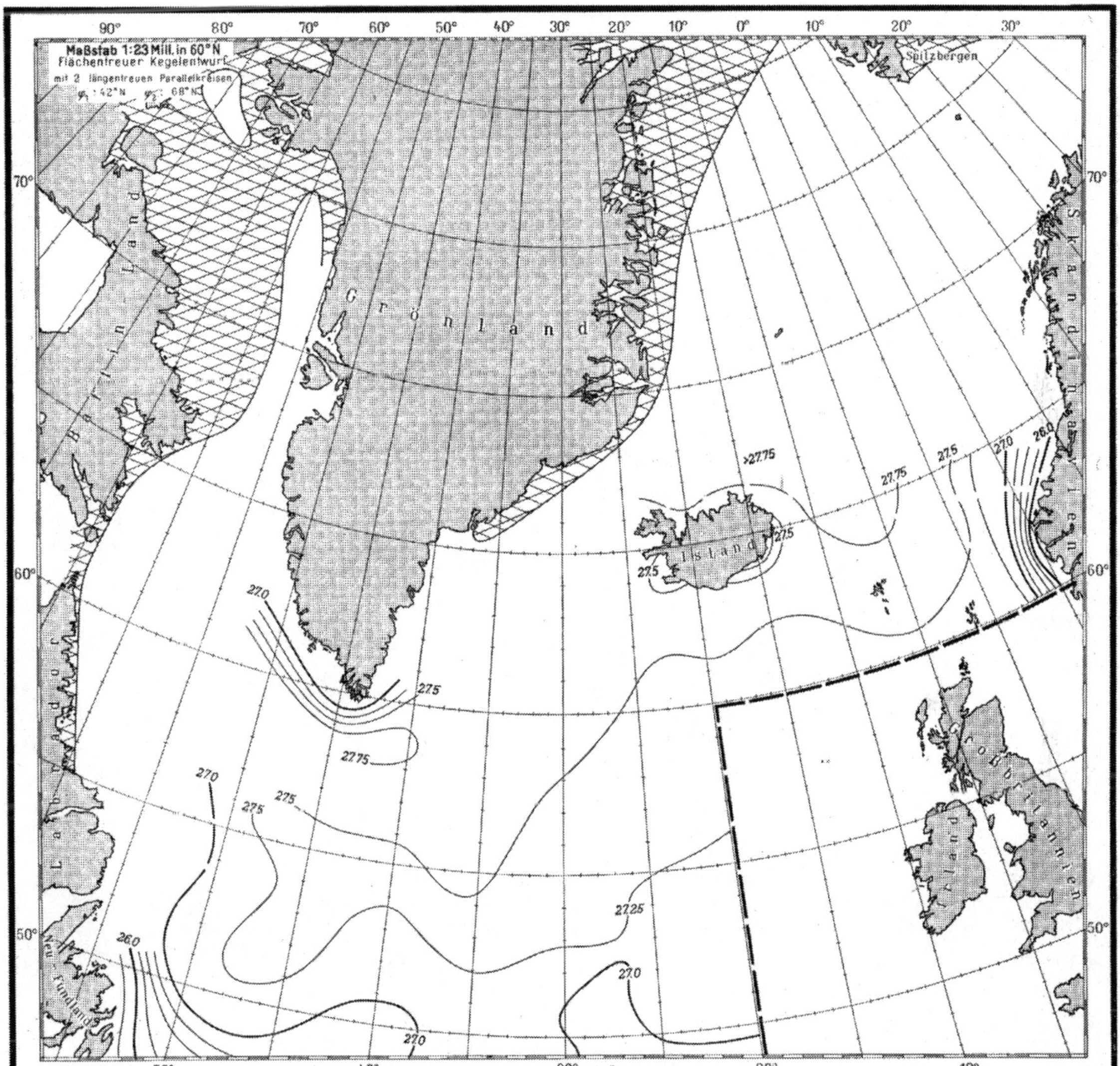

Mittlere Dichteverteilung σ_t an der Meeresoberfläche des nördlichen Nordatlantischen Ozeans im Monat **Dezember**

Beilage XXXIX

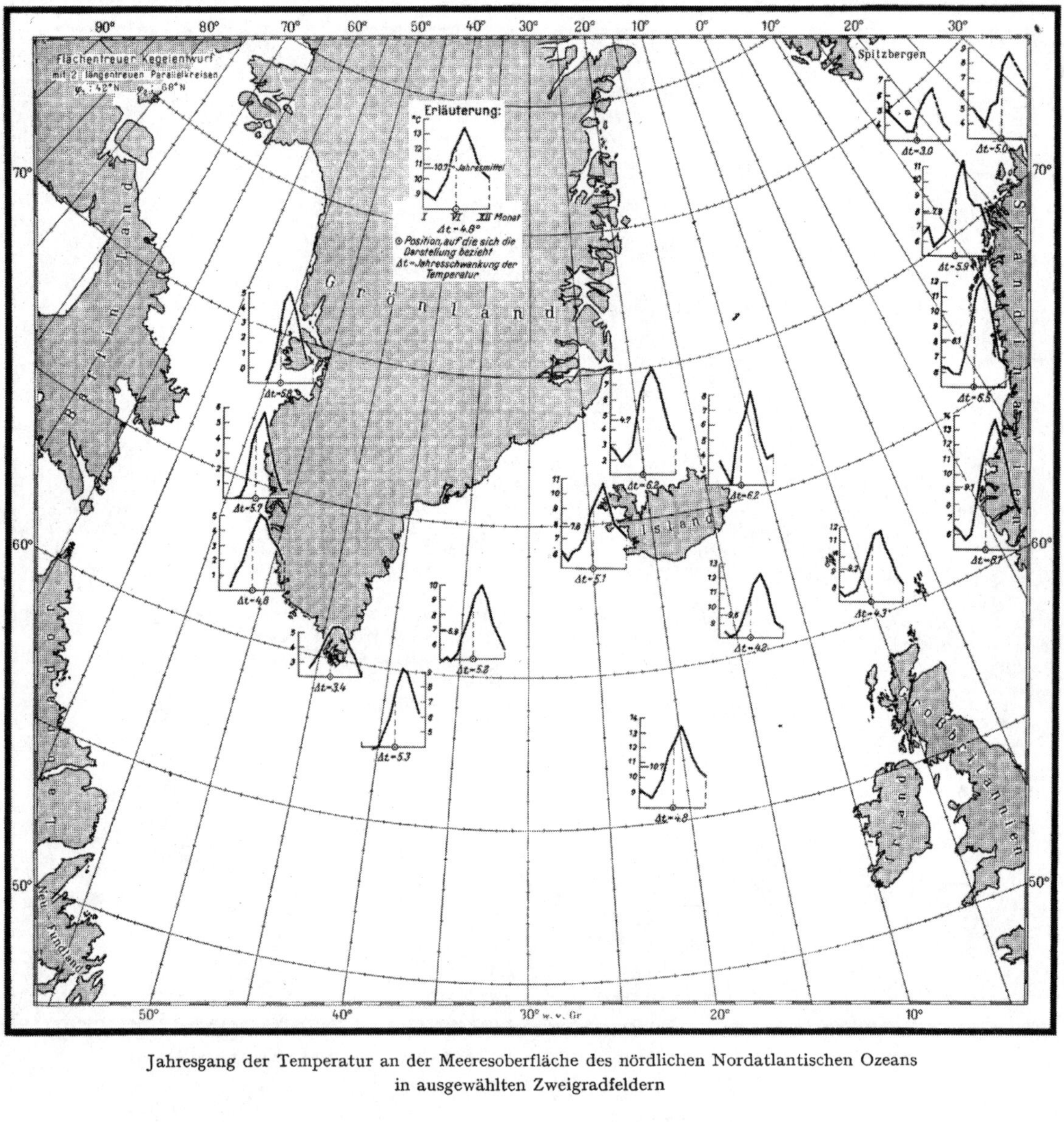

Jahresgang der Temperatur an der Meeresoberfläche des nördlichen Nordatlantischen Ozeans in ausgewählten Zweigradfeldern

Beilage XL

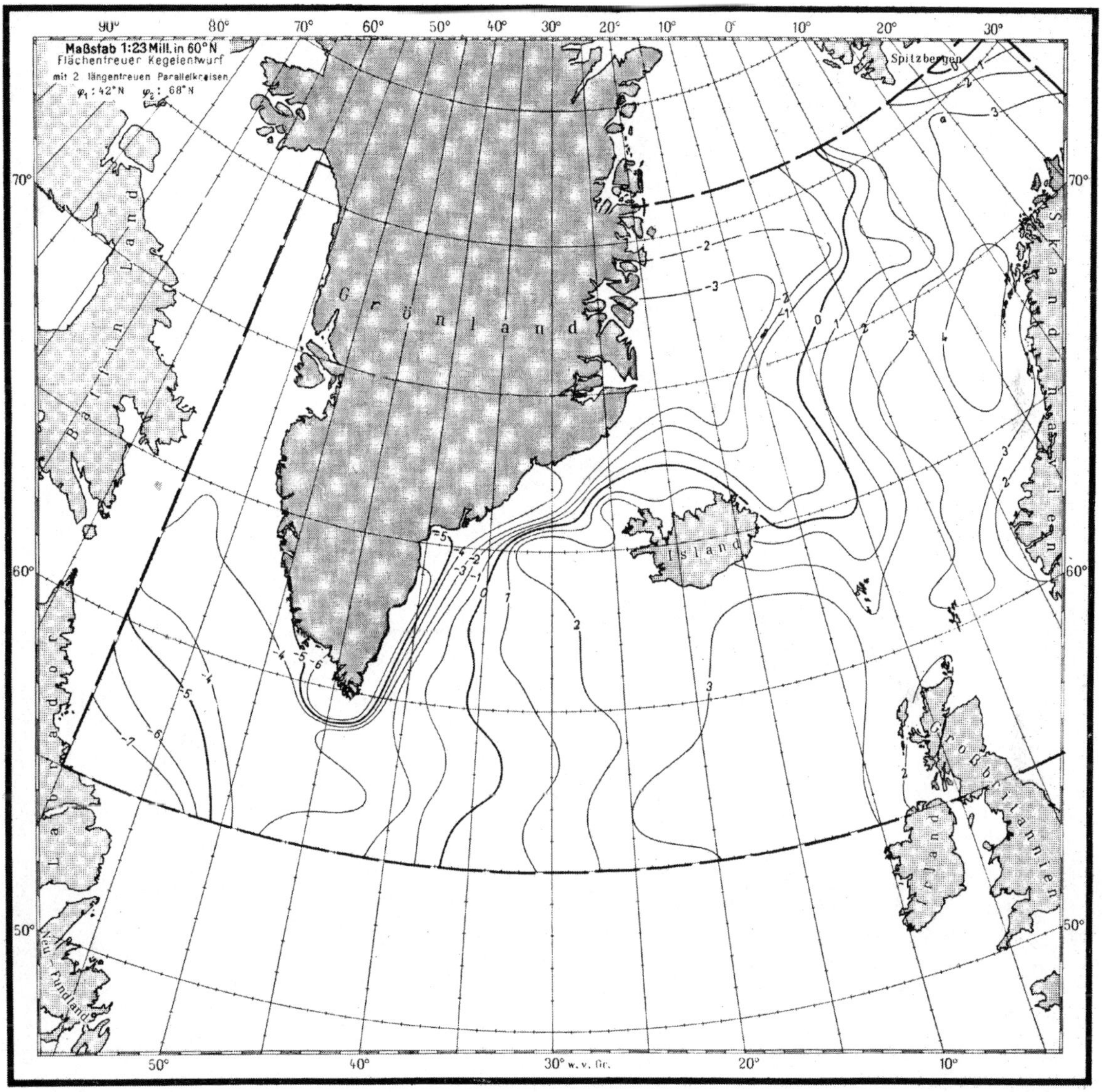

Temperaturanomalien an der Meeresoberfläche des nördlichen Nordatlantischen Ozeans im Monat Mai
(Erläuterungen s. S. 320)

Beilage XLI

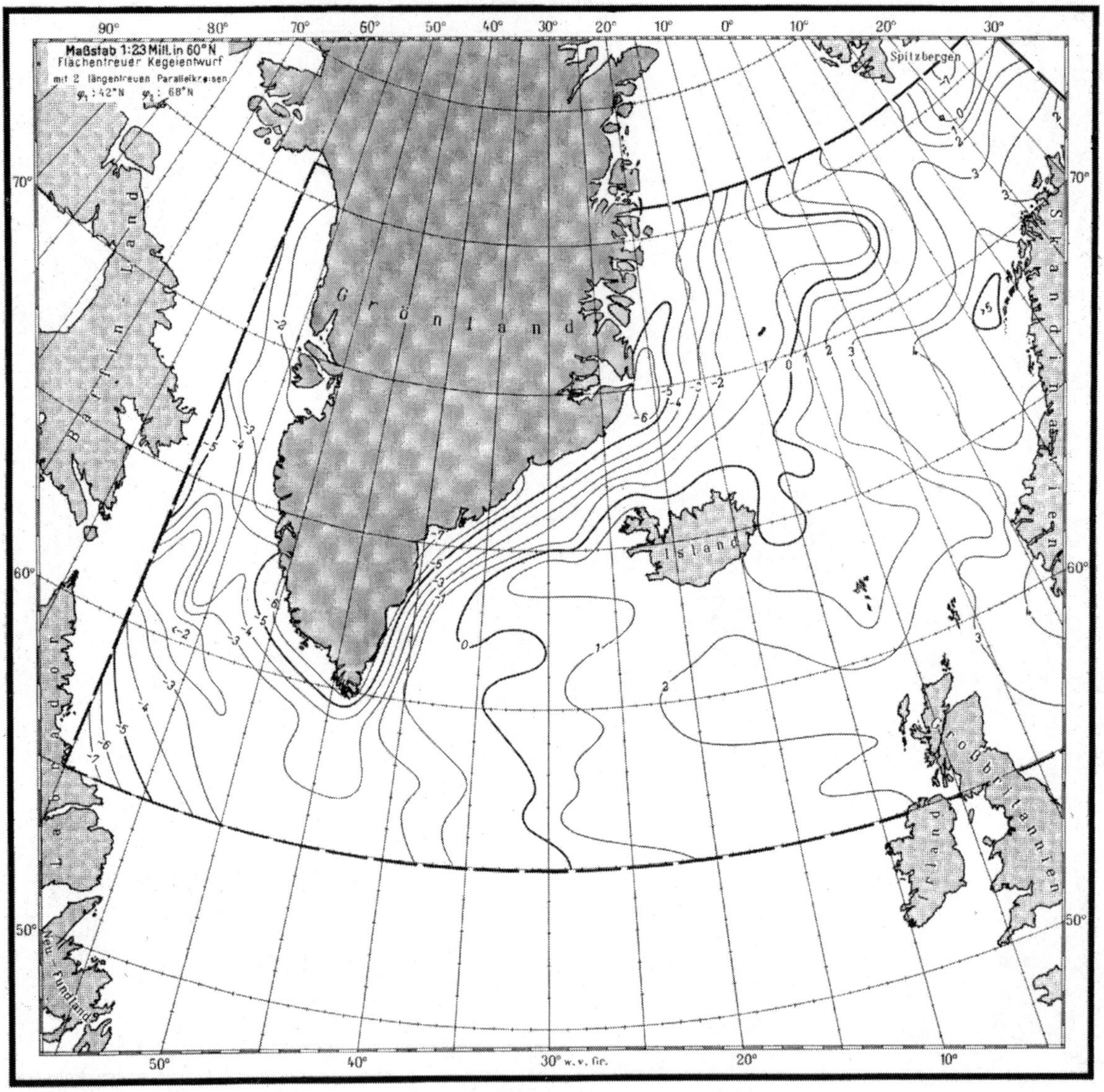

Temperaturanomalien an der Meeresoberfläche des nördlichen Nordatlantischen Ozeans im Monat August
(Erläuterungen s. S. 320)

MIX
Papier | Fördert gute Waldnutzung
FSC® C083411

Kolibri 360 GmbH
Ferdinand-Jühlke-Straße 7
99095 Erfurt, Deutschland
produktsicherheit@kolibri360.de